人力资源和社会保障部全国计算机信息高新技术考试

指定教材

Occupational Skill Testing Authority Ministry of MOLSS
全国计算机信息高新技术考试指定教材
OSTA
BHP
人力资源和社会保障部职业技能鉴定中心
北京希望电子出版社
Beijing Hope Electronic Press

U0861621

办公软件应用（Windows平台）

Windows 7、Office 2010 试题汇编

（高级操作员级）

国家职业技能鉴定专家委员会
计算机专业委员会 编写

北京希望电子出版社
Beijing Hope Electronic Press
www.bhp.com.cn

内容简介

由人力资源和社会保障部职业技能鉴定中心在全国统一组织实施的全国计算机信息高新技术考试是面向广大社会劳动者举办的计算机职业技能考试，考试采用国际通行的专项职业技能鉴定方式，测定应试者的计算机应用操作能力，以适应社会发展和科技进步的需要。

本书包含了全国计算机信息高新技术考试办公软件应用模块（Windows 平台）Windows 7、Office 2010 高级操作员级考试的全部试题，试题经国家职业技能鉴定专家委员会计算机专业委员会审定。本书既可供正式考试时使用，也可供考生考前练习之用，是参加办公软件应用（Windows 平台）Windows 7、Office 2010 高级操作员级考试的考生人手一册的必备技术资料。同时，本书可供高新技术考试的考评员和培训教师在组织培训、操作练习等方面使用。另外，本书还可作为各级各类大中专院校、技校、职高办公软件应用技能培训与测评的参考书。

为方便考生练习，全部的题库素材文件将在随书光盘、高新考试教材服务网（www.citt.org.cn）和北京希望电子出版社网站（www.bhp.com.cn）上提供。

需要本书或技术支持的读者，请与北京海淀区中关村大街 22 号中科大厦 A 座 9 层 906 室（邮编：100190）发行部联系，电话：010-62978181（总机），传真：010-82702698，E-mail：bhpjc@bhp.com.cn。体验高新技术考试教材及其网络服务，请访问 www.bhp.com.cn 或 www.citt.org.cn 网站。

图书在版编目（CIP）数据

办公软件应用（Windows 平台）Windows 7、Office 2010 试题汇编：高级操作员级 / 国家职业技能鉴定专家委员会计算机专业委员会编写. — 北京：北京希望电子出版社, 2014.1

人力资源和社会保障部全国计算机信息高新技术考试指定教材

ISBN 978-7-83002-126-9

Ⅰ. ①办… Ⅱ. ①国… Ⅲ. ①Windows 操作系统－技术培训－习题集②办公自动化－应用软件－技术培训－习题集 Ⅳ. ①TP316.7-44②TP317.1-44

中国版本图书馆 CIP 数据核字(2013)第 223860 号

出版：北京希望电子出版社
地址：北京市海淀区中关村大街 22 号
中科大厦 A 座 9 层 906 室
邮编：100190
网址：www.bhp.com.cn
电话：010-62978181（总机）转发行部
010-82702675（邮购）
传真：010-82702698
经销：各地新华书店

封面：张　洁
编辑：石文涛　刘　霞
校对：全　卫
开本：787mm×1092mm　1/16
印张：24.5
字数：581 千字
印刷：北京市密东印刷有限公司
版次：2018 年 2 月 1 版 8 次印刷

定价：39.80 元（配 1 张 CD 光盘）

国家职业技能鉴定专家委员会

计算机专业委员会名单

全国计算机信息高新技术考试

办公软件应用（Windows 平台）

Windows 7、Office 2010

高级操作员级考试

命题组成员

孟庆远　张　瑜　孙　平　王雅男

柳　超　胡　芳　陈　敏　张训军

徐建华　石文涛　刘　霞

全国计算机信息高新技术考试简介

全国计算机信息高新技术考试是根据原劳动部发[1996]19号《关于开展计算机信息高新技术培训考核工作的通知》文件，由人力资源和社会保障部职业技能鉴定中心统一组织的计算机及信息技术领域新职业国家考试。

原劳动部劳培司字[1997]63号文件明确指出，参加培训并考试合格者由原劳动部职业技能鉴定中心统一核发**《全国计算机信息高新技术考试合格证书》**。“该证书作为反映计算机操作技能水平的基础性职业资格证书，在要求计算机操作能力并实行岗位准入控制的相应职业作为上岗证；在其他就业和职业评聘领域作为计算机相应操作能力的证明。通过计算机信息高新技术考试，获得操作员、高级操作员资格者，分别视同于中华人民共和国中级、高级技术等级，其使用及待遇参照国家相应规定执行；获得操作师、高级操作师资格者，参加技师、高级技师技术职务评聘时分别作为其专业技能的依据”。

劳社鉴发[2004]18号文中，又进一步明确**“全国计算机信息高新技术考试作为国家职业鉴定工作和职业资格证书制度的有机组成部分”**。

全国计算机信息高新技术考试面向各类院校学生和社会劳动者，重点测评考生掌握计算机各类实际应用技能的水平。其考试内容主要是计算机信息应用技术。考试采用了一种新型的国际通用的专项职业技能鉴定方式。根据计算机信息技术在不同应用领域的特征，划分模块和平台，各模块按不同平台、不同等级分别进行考试。个人可根据实际需要选取考试模块，可根据职业和工作的需要选取若干相应模块进行组合而形成综合能力。目前划分了以下五个级别。

序号	级别	与国家职业资格对应关系
1	高级操作师级	中华人民共和国职业资格证书国家职业资格一级
2	操作师级	中华人民共和国职业资格证书国家职业资格二级
3	高级操作员级	中华人民共和国职业资格证书国家职业资格三级
4	操作员级	中华人民共和国职业资格证书国家职业资格四级
5	初级操作员级	中华人民共和国职业资格证书国家职业资格五级

目前划分了14个模块，45个系列，67个软件版本。

序号	模块	模 块 名 称	编号	平　台
1	00	初级操作员	001	Windows/Office（初级操作员）
		办公软件应用	002	Windows 平台（MS Office）（中、高级）
			003	Windows 平台（WPS）（中级）
2	01	数据库应用	012	Visual FoxPro 平台（中级）
			013	SQL Server 平台（中级）
			014	Access 平台（中级）
3	02	计算机辅助设计	021	AutoCAD 平台（中、高级）
			022	Protel 平台（中级）
4	03	图形图像处理	032	Photoshop 平台（中、高级）
			034	3D Studio MAX 平台（中、高级）
			035	CorelDRAW 平台（中、高级）
			036	Illustrator 平台（中级）

续表

序号	模块	模块名称	编号	平台
5	04	专业排版	042	PageMaker 平台（中级）
			043	Word 平台（中级）
6	05	因特网应用	052	Internet Explorer 平台（中级）
			053	ASP 平台（高级）
			054	电子政务（中级）
7	06	计算机中文速记	061	双文速记平台（初、中、高级）
8	07	微型计算机安装调试维修	071	IBM-PC 兼容机（中级）
9	08	局域网管理	081	Windows NT/2000 平台（中、高级）
			083	信息安全（中、高级）
10	09	多媒体软件制作	091	Director 平台（中级）
			092	Authorware 平台（中、高级）
11	10	应用程序设计编制	101	Visual Basic 平台（中级）
			102	Visual C++平台（中级）
			103	Delphi 平台（中级）
			104	Visual C#平台（中级）
12	11	会计软件应用	111	用友软件系列（中、高级）
			112	金蝶软件系列（中级）
13	12	网页制作	121	Dreamweaver 平台（中级）
			122	Fireworks 平台（中级）
			123	Flash 平台（中级）
			124	FrontPage 平台（中级）
			125	Macromedia 平台（高级）
14	13	视频编辑	131	Premiere 平台（中级）
			132	After Effects 平台（中级）

全国计算机信息高新技术考试密切结合计算机技术迅速发展的实际情况，根据软硬件发展的特点来设计考试内容和考核标准及方法，尽量采用优秀国产软件，采用标准化考试方法，重在考核计算机软件的操作能力，侧重专门软件的应用，培养具有熟练的计算机相关软件操作能力的劳动者。在考试管理上，采用随培随考的方法，不搞全国统一时间的考试，以适应考生需要。向社会公开考题和答案，不搞猜题战术，以求公平并提高学习效率。

人力资源和社会保障部职业技能鉴定中心根据“统一标准、统一命题、统一考务管理、统一考评员资格、统一培训考核机构条件标准、统一颁发证书”的原则进行质量管理，每一个考核模块都制定了相应的鉴定标准和考试大纲以及专门的培训教材，各地区的培训和考试都执行国家统一的标准和考试大纲，并使用统一教材，以避免“因人而异”的随意性，使证书获得者的水平具有等价性。

全国计算机高新技术考试面对广大计算机技术应用者，致力于计算机应用技术的普及和推广，提高应用人员的操作技术水平和高新技术装备的使用效率。为高新技术应用人员提供一个应用能力与水平的标准证明，以促进就业和人才流动。

详情请访问全国计算机信息高新技术考试教材服务网站（www.citt.org.cn），或是拨打咨询电话（010-82702672、010-82702665、010-62978181）进行咨询。

出 版 说 明

全国计算机信息高新技术考试是根据原劳动部发［1996］19号《关于开展计算机信息高新技术培训考核工作的通知》文件，由人力资源和社会保障部职业技能鉴定中心统一组织的计算机及信息技术领域新职业国家考试。

根据职业技能鉴定要求和劳动力市场化管理需要，职业技能鉴定必须做到操作直观、项目明确、能力确定、水平相当且可操作性强的要求。因此，全国计算机信息高新技术考试采用了一种新型的、国际通用的专项职业技能鉴定方式。根据计算机不同应用领域的特征，划分了模块和平台，各平台按等级分别独立进行考试，应试者可根据自己工作岗位的需要，选择考核模块和参加培训。

全国计算机信息高新技术考试特别强调规范性，人力资源和社会保障部职业技能鉴定中心根据“统一命题、统一考务管理、统一考评员资格、统一培训考核机构条件标准、统一颁发证书”的原则进行质量管理。每一个考试模块都制定了相应的鉴定标准和考试大纲，各地区进行培训和考试都执行统一的标准和大纲，并使用统一教材，以避免“因人而异”的随意性，使证书获得者的水平具有等价性。

本书包含了全国计算机信息高新技术考试办公软件应用模块（Windows 平台）Windows 7、Office 2010 高级操作员级考试的全部试题，书中试题根据办公软件应用模块（Windows 平台）培训和考核标准及高级操作员级考试大纲编写，经国家职业技能鉴定专家委员会计算机专业委员会审定。本书既可供正式考试时使用，也可供考生考前练习之用，是参加办公软件应用（Windows 平台）Windows 7、Office 2010 高级操作员级考试的考生人手一册的必备技术资料。同时，本书可供高新技术考试的考评员和培训教师在组织培训、操作练习等方面使用。另外，本书还可作为各级各类大中专院校、技校、职高办公软件应用技能培训与测评的参考书。

本书执笔人有张彦菲、何波束、马春凤、张琎瑛等，并感谢北京智源时代科技有限公司及九江学院提供技术支持，本书的不足之处敬请批评指正。

目　　录

第一单元　操作系统应用

1.1　第 1 题

【操作要求】

考生按如下要求进行操作。

1．**操作系统的基本操作：**

- **启动“资源管理器”：**开机，进入 Windows 7 操作系统，启动“资源管理器”。
- **创建文件夹：**在 C 盘根目录下建立考生文件夹，文件夹名为考生准考证后 7 位。
- **复制、重命名文件：**C 盘中有考试题库“Win2010GJW”文件夹，文件夹结构如下图所示。根据选题单指定题号，将题库中“KSML2”文件夹内相应的文件复制到考生文件夹中，将文件分别重命名为 A1、A2、A3、A4、A5、A6、A7、A8，扩展名不变。

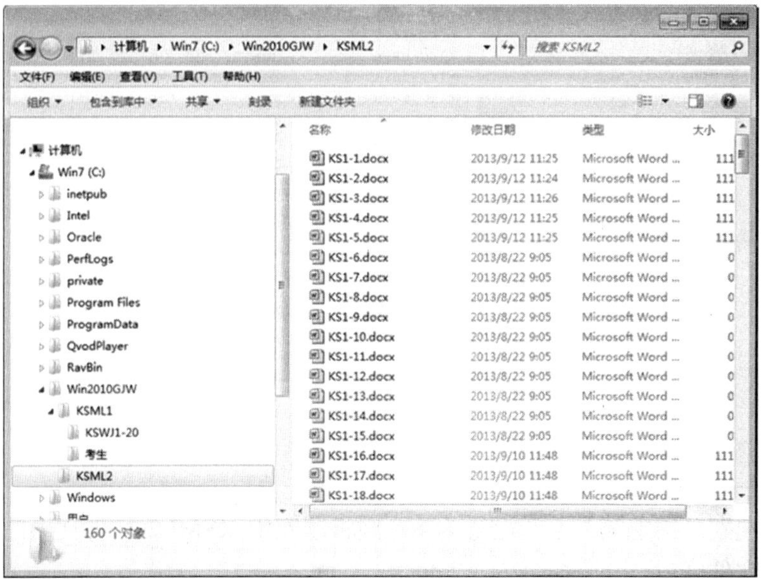

举例：选题单指定第二单元题号为 8，则将题库中 KSML2 文件夹内的 KS2-8.docx 复制到考生文件夹中，并重命名为 A2.docx。

2．**系统设置与优化：**

- 将程序“截图工具”先附到「开始」菜单上，然后再锁定到任务栏中。
- 应用“Aero 主题”中的“建筑”，并设置“更改图片时间间隔”为“30 秒”，播放方式为“无序播放”；设置窗口颜色为“大海”，且不启用透明效果，将设置完成的主题保存为“考生的主题”。

1.2 第 2 题

【操作要求】

考生按如下要求进行操作。

1. **操作系统的基本操作：**

- **启动“资源管理器”：**开机，进入 Windows 7 操作系统，启动“资源管理器”。
- **创建文件夹：**在 C 盘根目录下建立考生文件夹，文件夹名为考生准考证后 7 位。
- **复制、重命名文件：**C 盘中有考试题库“Win2010GJW”文件夹，文件夹结构如下图所示。根据选题单指定题号，将题库中“KSML2”文件夹内相应的文件复制到考生文件夹中，将文件分别重命名为 A1、A2、A3、A4、A5、A6、A7、A8，扩展名不变。

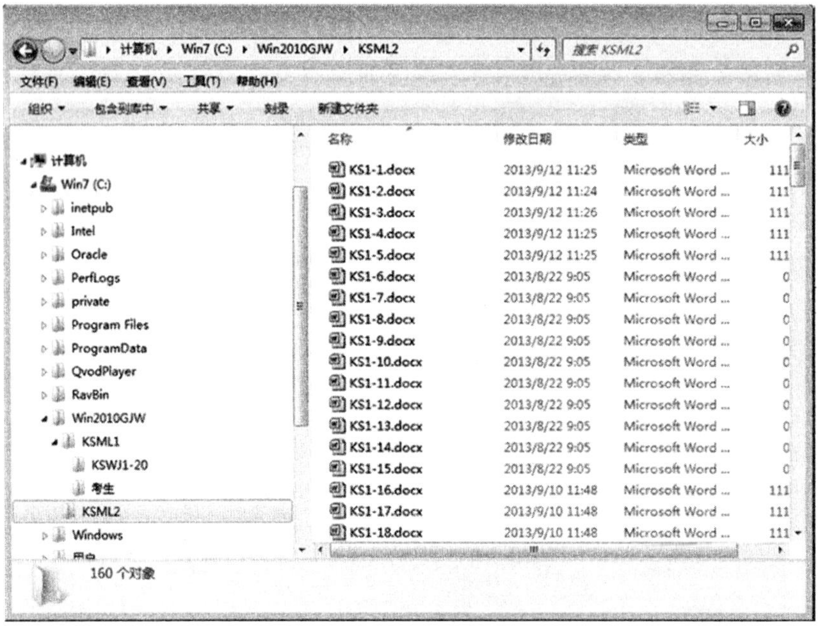

举例：选题单指定第二单元题号为 8，则将题库中 KSML2 文件夹内的 KS2-8.docx 复制到考生文件夹中，并重命名为 A2.docx。

2. **系统设置与优化：**

- 更改“系统声音”，应用声音方案“奏鸣曲”，并将程序事件“Windows 登录”的声音更改为“C:\Win2010GJW\KSML1\KSWJ1-2.wav”，最后将该方案另存为“考生声音方案”。
- 创建新的电源计划，设置计划名称为“考生电源计划”，将“用电池”和“接通电源”时“关闭显示器”的时间均设置为 1 小时非活动状态之后，并且均从不“使计算机进入睡眠状态”。

1.3　第 3 题

【操作要求】

考生按如下要求进行操作。

1．**操作系统的基本操作：**

- **启动“资源管理器”：**开机，进入 Windows 7 操作系统，启动“资源管理器”。
- **创建文件夹：**在 C 盘根目录下建立考生文件夹，文件夹名为考生准考证后 7 位。
- **复制、重命名文件：**C 盘中有考试题库“Win2010GJW”文件夹，文件夹结构如下图所示。根据选题单指定题号，将题库中“KSML2”文件夹内相应的文件复制到考生文件夹中，将文件分别重命名为 A1、A2、A3、A4、A5、A6、A7、A8，扩展名不变。

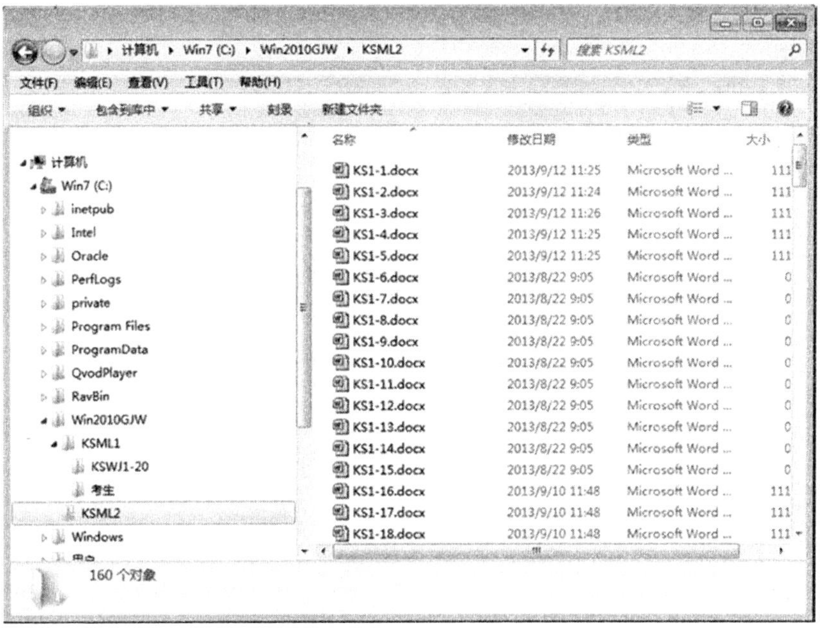

举例：选题单指定第二单元题号为 8，则将题库中 KSML2 文件夹内的 KS2-8.docx 复制到考生文件夹中，并重命名为 A2.docx。

2．**系统设置与优化：**

- 将显示器的“分辨率”调整为“1280×1024”像素，并设置监视器的“屏幕刷新频率”为“75 赫兹”，颜色为“真彩色（32 位）”。
- 为计算机创建一个新帐户，帐户类型为“管理员”，帐户名称为“考生帐户”，密码为“KAOSHENG123”，在欢迎屏幕和开始菜单上显示图片为（第 2 行第 3 张图片）。

1.4 第 4 题

【操作要求】

考生按如下要求进行操作。

1. 操作系统的基本操作：

- **启动“资源管理器”：** 开机，进入 Windows 7 操作系统，启动“资源管理器”。
- **创建文件夹：** 在 C 盘根目录下建立考生文件夹，文件夹名为考生准考证后 7 位。
- **复制、重命名文件：** C 盘中有考试题库“Win2010GJW”文件夹，文件夹结构如下图所示。根据选题单指定题号，将题库中“KSML2”文件夹内相应的文件复制到考生文件夹中，将文件分别重命名为 A1、A2、A3、A4、A5、A6、A7、A8，扩展名不变。

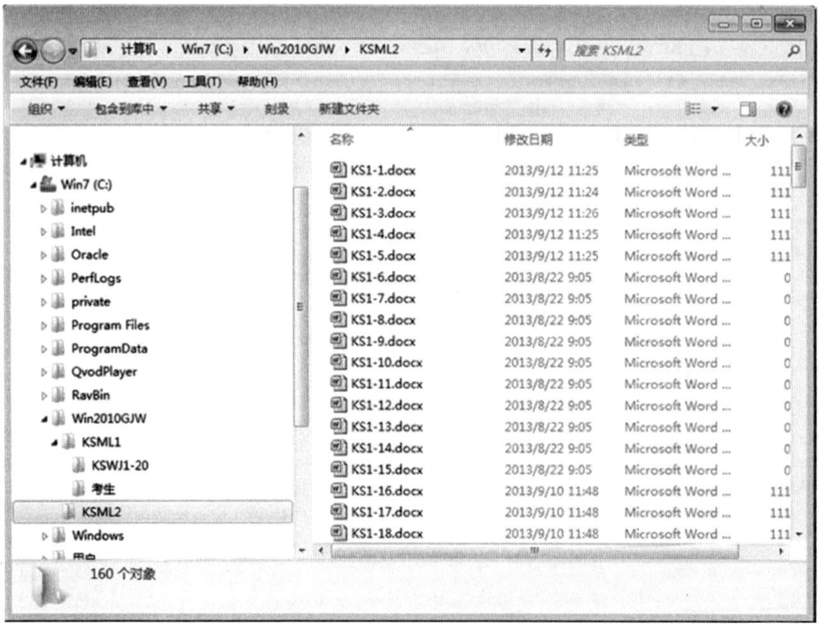

举例： 选题单指定第二单元题号为 8，则将题库中 KSML2 文件夹内的 KS2-8.docx 复制到考生文件夹中，并重命名为 A2.docx。

2. 系统设置与优化：

- 用“磁盘清理”程序对 C 驱动器进行清理，并删除扫描出的“Internet 临时文件”和“回收站”中的所有文件。
- 在 C 驱动器中查找出修改日期为“上星期”，大小为“小（10-100KB）”，扩展名为“.jpg”的所有文件。

1.5　第 5 题

【操作要求】

考生按如下要求进行操作。

1．操作系统的基本操作：

- **启动“资源管理器”：**开机，进入 Windows 7 操作系统，启动“资源管理器”。
- **创建文件夹：**在 C 盘根目录下建立考生文件夹，文件夹名为考生准考证后 7 位。
- **复制、重命名文件：**C 盘中有考试题库“Win2010GJW”文件夹，文件夹结构如下图所示。根据选题单指定题号，将题库中“KSML2”文件夹内相应的文件复制到考生文件夹中，将文件分别重命名为 A1、A2、A3、A4、A5、A6、A7、A8，扩展名不变。

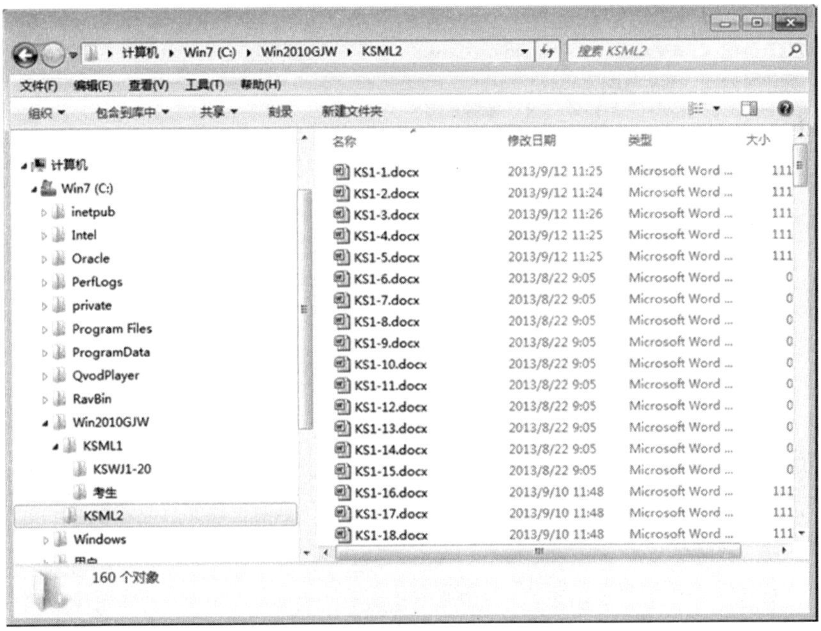

举例：选题单指定第二单元题号为 8，则将题库中 KSML2 文件夹内的 KS2-8.docx 复制到考生文件夹中，并重命名为 A2.docx。

2．系统设置与优化：

- 锁定任务栏，并设置屏幕上任务栏的位置为“顶部”，当任务栏被占满时合并任务栏按钮。
- 对系统的“日期和时间格式”进行设置，短日期显示为“yyyy-M-d”，短时间显示为“HH:mm”，一周的第一天为“星期一”。

1.6 第 6 题

【操作要求】

考生按如下要求进行操作。

1. 操作系统的基本操作：

- **启动"资源管理器"**：开机，进入 Windows 7 操作系统，启动"资源管理器"。
- **创建文件夹**：在 C 盘根目录下建立考生文件夹，文件夹名为考生准考证后 7 位。
- **复制、重命名文件**：C 盘中有考试题库"Win2010GJW"文件夹，文件夹结构如下图所示。根据选题单指定题号，将题库中"KSML2"文件夹内相应的文件复制到考生文件夹中，将文件分别重命名为 A1、A2、A3、A4、A5、A6、A7、A8，扩展名不变。

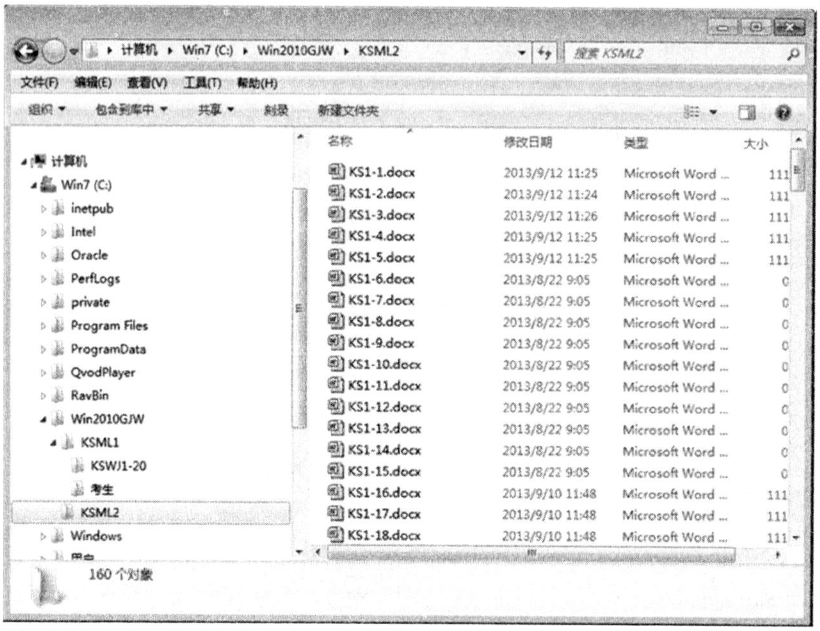

举例：选题单指定第二单元题号为 8，则将题库中 KSML2 文件夹内的 KS2-8.docx 复制到考生文件夹中，并重命名为 A2.docx。

2. 系统设置与优化：

- 更改鼠标指针方案"Windows Aero（系统方案）"中鼠标"移动"的形状为"C:\Win2010GJW\KSML1\SHUBIAO1-6.cur"，并将该方案另存为"新鼠标方案"。
- 应用"Aero 主题"中的"场景"，并设置"更改图片时间间隔"为"10 秒"，取消"无序播放"播放方式；并设置窗口颜色为"南瓜色"，且启用透明效果，将设置完成的主题保存为"考生的主题"。

1.7 第 7 题

【操作要求】

考生按如下要求进行操作。

1. **操作系统的基本操作：**

- **启动“资源管理器”：**开机，进入 Windows 7 操作系统，启动“资源管理器”。
- **创建文件夹：**在 C 盘根目录下建立考生文件夹，文件夹名为考生准考证后 7 位。
- **复制、重命名文件：**C 盘中有考试题库“Win2010GJW”文件夹，文件夹结构如下图所示。根据选题单指定题号，将题库中“KSML2”文件夹内相应的文件复制到考生文件夹中，将文件分别重命名为 A1、A2、A3、A4、A5、A6、A7、A8，扩展名不变。

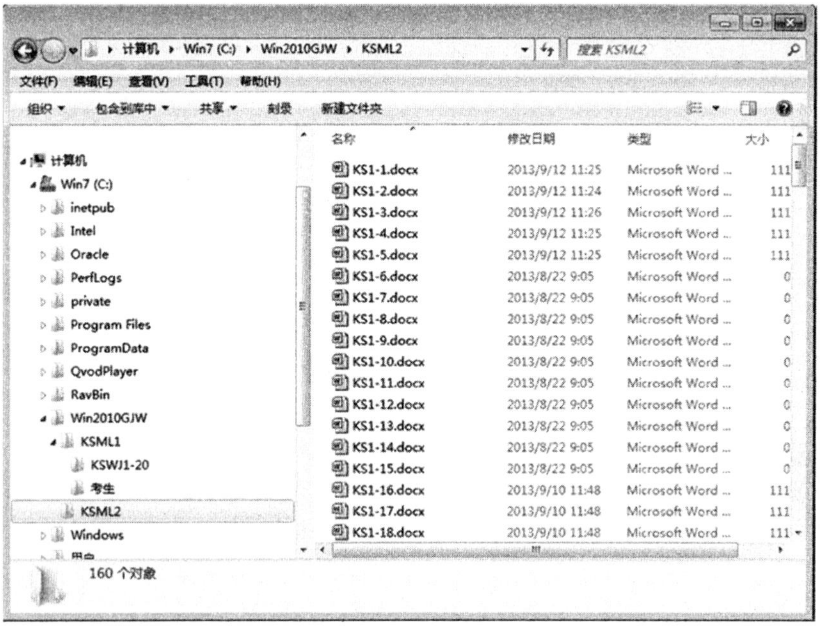

举例：选题单指定第二单元题号为 8，则将题库中 KSML2 文件夹内的 KS2-8.docx 复制到考生文件夹中，并重命名为 A2.docx。

2. **系统设置与优化：**

- 更改“系统声音”，应用声音方案“节日”，并将程序事件“Windows 注销”的声音更改为“C:\Win2010GJW\KSML1\KSWJ1-7.wav”，最后将该方案另存为“考生声音方案”。
- 对系统的“日期和时间格式”进行设置，短日期显示为“yyyy/M/d”，短时间显示为“HH:mm”，一周的第一天为“星期日”。

1.8　第 8 题

【操作要求】

考生按如下要求进行操作。

1. **操作系统的基本操作：**

- **启动“资源管理器”：** 开机，进入 Windows 7 操作系统，启动“资源管理器”。
- **创建文件夹：** 在 C 盘根目录下建立考生文件夹，文件夹名为考生准考证后 7 位。
- **复制、重命名文件：** C 盘中有考试题库“Win2010GJW”文件夹，文件夹结构如下图所示。根据选题单指定题号，将题库中“KSML2”文件夹内相应的文件复制到考生文件夹中，将文件分别重命名为 A1、A2、A3、A4、A5、A6、A7、A8，扩展名不变。

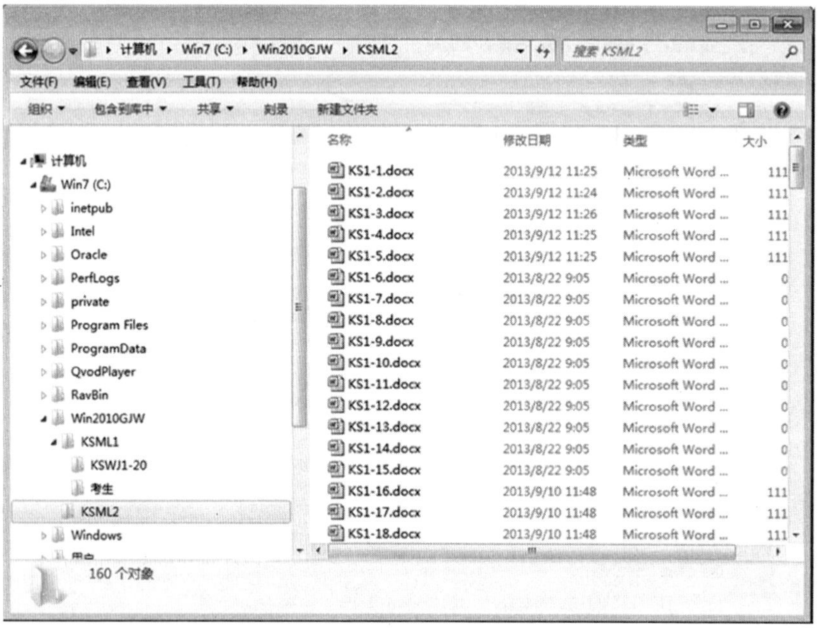

举例： 选题单指定第二单元题号为 8，则将题库中 KSML2 文件夹内的 KS2-8.docx 复制到考生文件夹中，并重命名为 A2.docx。

2. **系统设置与优化：**

- 锁定任务栏，并设置屏幕上任务栏的位置为“右侧”，当任务栏被占满时合并任务栏按钮。
- 设置电源使用方案为 20 分钟后关闭显示器，45 分钟后使计算机进入睡眠状态。

1.9　第 9 题

【操作要求】

考生按如下要求进行操作。

1．**操作系统的基本操作：**

- **启动“资源管理器”：**开机，进入 Windows 7 操作系统，启动“资源管理器”。
- **创建文件夹：**在 C 盘根目录下建立考生文件夹，文件夹名为考生准考证后 7 位。
- **复制、重命名文件：**C 盘中有考试题库“Win2010GJW”文件夹，文件夹结构如下图所示。根据选题单指定题号，将题库中“KSML2”文件夹内相应的文件复制到考生文件夹中，将文件分别重命名为 A1、A2、A3、A4、A5、A6、A7、A8，扩展名不变。

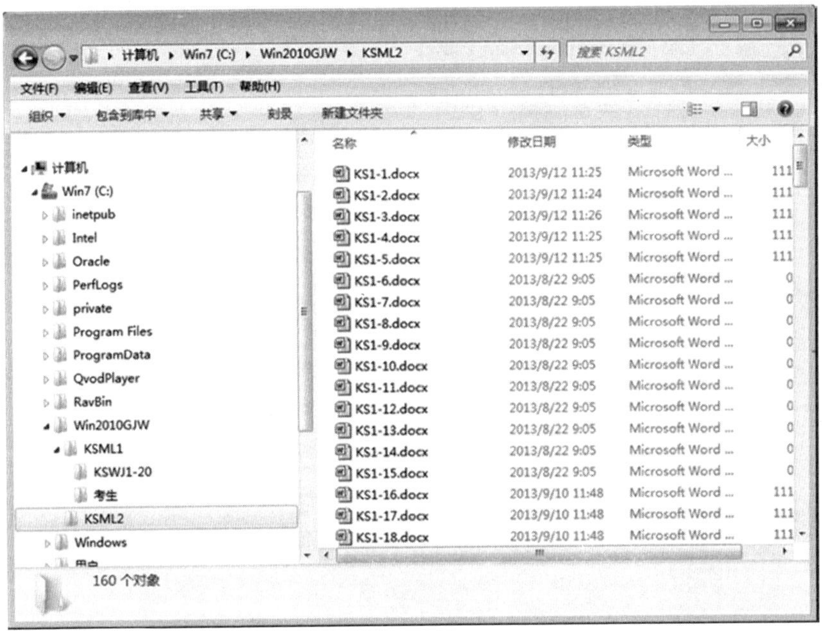

举例：选题单指定第二单元题号为 8，则将题库中 KSML2 文件夹内的 KS2-8.docx 复制到考生文件夹中，并重命名为 A2.docx。

2．**系统设置与优化：**

- 应用“三维文字”的屏幕保护程序，文本内容为“考试系统”，字体为华文行楷，旋转动态，表面样式为映像，镜面高亮显示；并设置等待时间为 10 分钟。
- 更改鼠标指针方案“Windows Aero（系统方案）”中鼠标“链接选择”的形状为“C:\Win2010GJW\KSML1\SHUBIAO1-9.cur”，并将该方案另存为“新鼠标方案”。

1.10 第 10 题

【操作要求】

考生按如下要求进行操作。

1．**操作系统的基本操作：**

- **启动“资源管理器”：**开机，进入 Windows 7 操作系统，启动“资源管理器”。
- **创建文件夹：**在 C 盘根目录下建立考生文件夹，文件夹名为考生准考证后 7 位。
- **复制、重命名文件：**C 盘中有考试题库“Win2010GJW”文件夹，文件夹结构如下图所示。根据选题单指定题号，将题库中“KSML2”文件夹内相应的文件复制到考生文件夹中，将文件分别重命名为 A1、A2、A3、A4、A5、A6、A7、A8，扩展名不变。

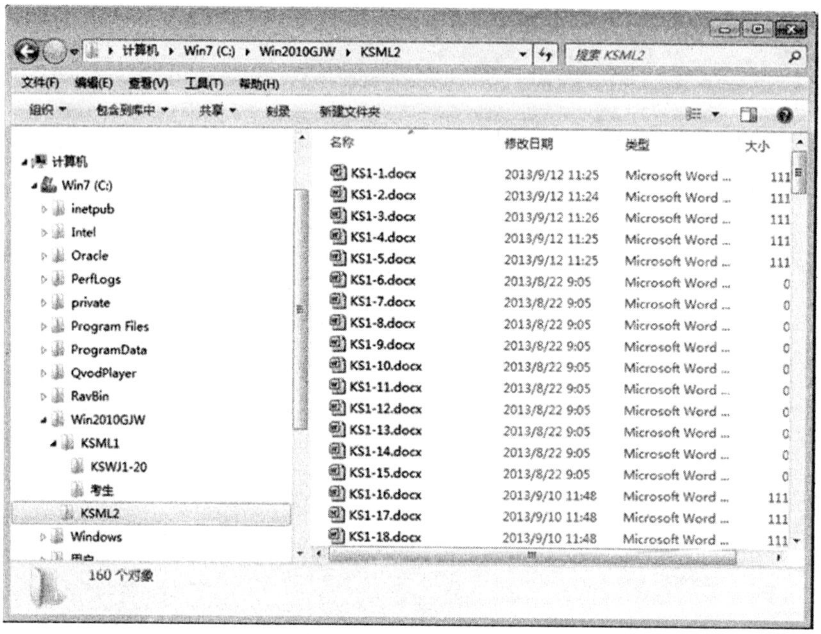

举例：选题单指定第二单元题号为 8，则将题库中 KSML2 文件夹内的 KS2-8.docx 复制到考生文件夹中，并重命名为 A2.docx。

2．**系统设置与优化：**

- 为计算机创建一个新帐户，帐户类型为“标准用户”，帐户名称为“考生”，密码为“KAOSHENG456”，在欢迎屏幕和开始菜单上显示图片为（第 1 行第 1 张图片）。
- 将文件 C:\Win2010GJW\KSML1\KSWJ1-10.rar 解压至考生文件夹中，更新方式为解压并更新文件、覆盖方式为自动重命名。

1.11 第 11 题

【操作要求】

考生按如下要求进行操作。

1. 操作系统的基本操作：

- **启动“资源管理器”：** 开机，进入 Windows 7 操作系统，启动“资源管理器”。
- **创建文件夹：** 在 C 盘根目录下建立考生文件夹，文件夹名为考生准考证后 7 位。
- **复制、重命名文件：** C 盘中有考试题库“Win2010GJW”文件夹，文件夹结构如下图所示。根据选题单指定题号，将题库中“KSML2”文件夹内相应的文件复制到考生文件夹中，将文件分别重命名为 A1、A2、A3、A4、A5、A6、A7、A8，扩展名不变。

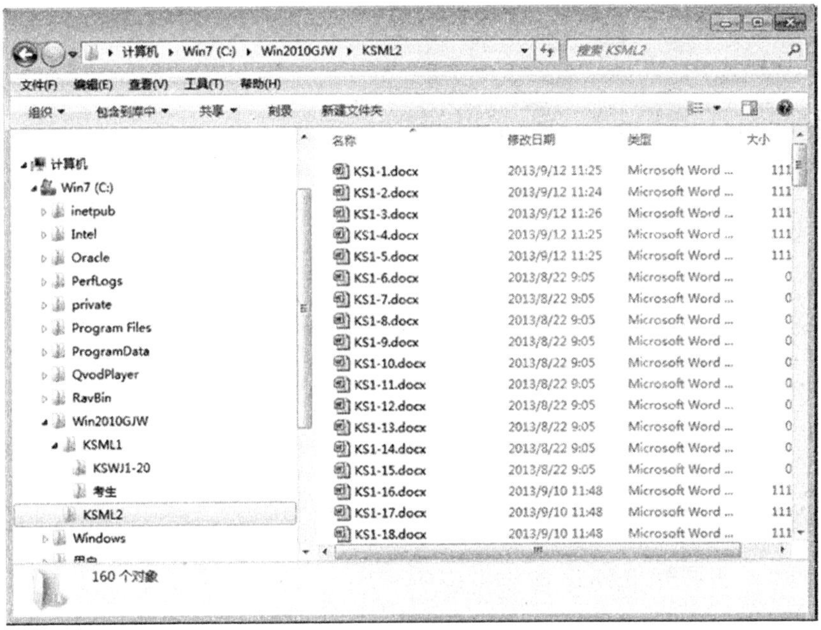

举例： 选题单指定第二单元题号为 8，则将题库中 KSML2 文件夹内的 KS2-8.docx 复制到考生文件夹中，并重命名为 A2.docx。

2. 系统设置与优化：

- 将程序“便笺”先附到「开始」菜单上，然后再锁定到任务栏中。
- 用“磁盘碎片整理程序”对 C 驱动器进行碎片整理，并设置计划为每周三 14:00 对 C 驱动器进行碎片整理。

1.12　第 12 题

【操作要求】

考生按如下要求进行操作。

1．**操作系统的基本操作：**

- **启动“资源管理器”：**开机，进入 Windows 7 操作系统，启动“资源管理器”。
- **创建文件夹：**在 C 盘根目录下建立考生文件夹，文件夹名为考生准考证后 7 位。
- **复制、重命名文件：**C 盘中有考试题库“Win2010GJW”文件夹，文件夹结构如下图所示。根据选题单指定题号，将题库中“KSML2”文件夹内相应的文件复制到考生文件夹中，将文件分别重命名为 A1、A2、A3、A4、A5、A6、A7、A8，扩展名不变。

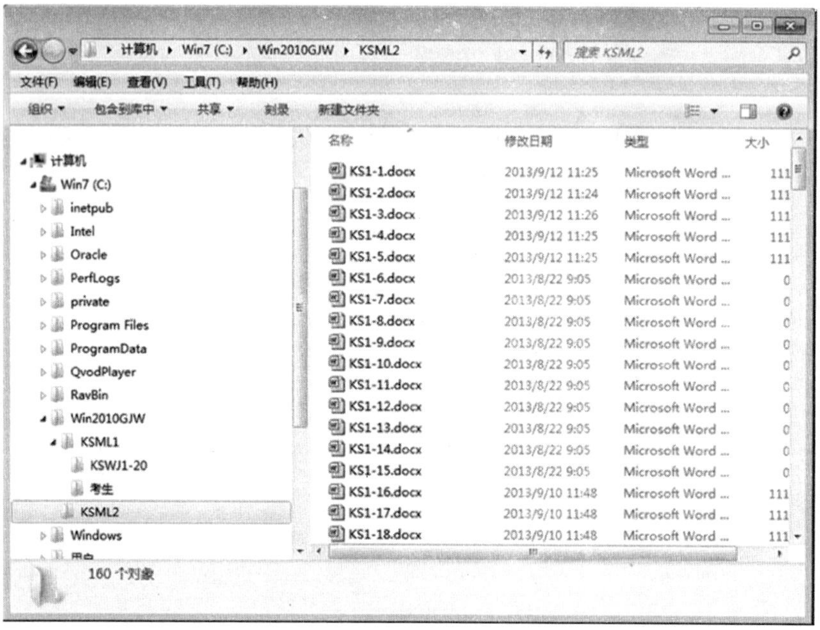

举例：选题单指定第二单元题号为 8，则将题库中 KSML2 文件夹内的 KS2-8.docx 复制到考生文件夹中，并重命名为 A2.docx。

2．**系统设置与优化：**

- 将 C:\Win2010GJW\KSML1\KSWJ1-12.docx 以“考生.rar”为文件名压缩至考生文件夹下，压缩方式为标准，更新方式为添加并替换文件，设置压缩密码为“KS123”，并加密文件名。
- 将“C:\Win2010GJW\KSML1\考生”文件夹设为“共享文件夹”，共享名称为“考生”，将同时共享的用户数量限制为 15，Everyone 的权限为“允许读取”。

1.13 第 13 题

【操作要求】

考生按如下要求进行操作。

1. 操作系统的基本操作：

- **启动“资源管理器”：** 开机，进入 Windows 7 操作系统，启动“资源管理器”。
- **创建文件夹：** 在 C 盘根目录下建立考生文件夹，文件夹名为考生准考证后 7 位。
- **复制、重命名文件：** C 盘中有考试题库“Win2010GJW”文件夹，文件夹结构如下图所示。根据选题单指定题号，将题库中“KSML2”文件夹内相应的文件复制到考生文件夹中，将文件分别重命名为 A1、A2、A3、A4、A5、A6、A7、A8，扩展名不变。

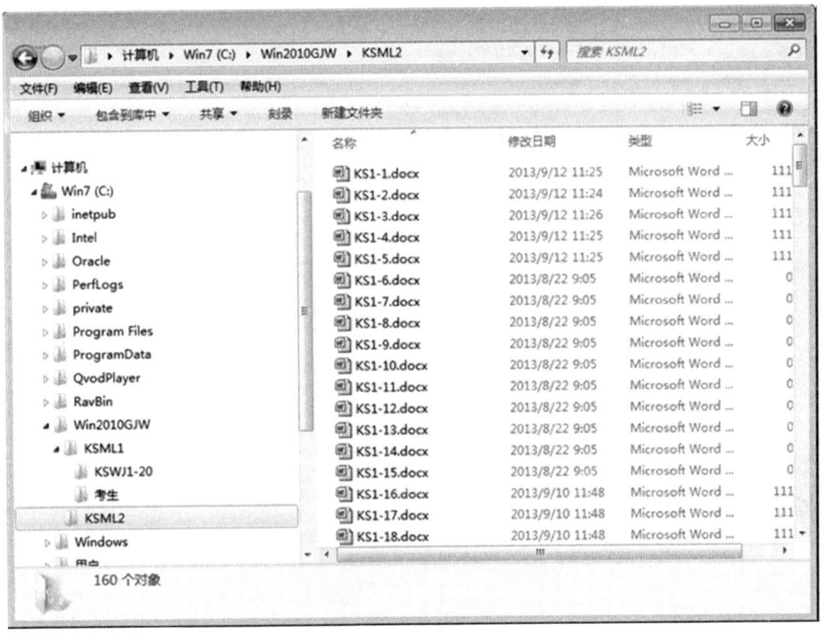

举例： 选题单指定第二单元题号为 8，则将题库中 KSML2 文件夹内的 KS2-8.docx 复制到考生文件夹中，并重命名为 A2.docx。

2. 系统设置与优化：

- 将显示器的“分辨率”调整为“1440×900”像素，“方向”调整为“横向”并设置监视器的“屏幕刷新频率”为“60 赫兹”，颜色为“真彩色（32 位）”。
- 调整鼠标属性，启用单击锁定，启用指针阴影，取消“允许主题更改鼠标指针”，设置鼠标指针的移动速度为快，并显示指针轨迹。

1.14 第 14 题

【操作要求】

考生按如下要求进行操作。

1．**操作系统的基本操作：**

- **启动“资源管理器”：**开机，进入 Windows 7 操作系统，启动“资源管理器”。
- **创建文件夹：**在 C 盘根目录下建立考生文件夹，文件夹名为考生准考证后 7 位。
- **复制、重命名文件：**C 盘中有考试题库“Win2010GJW”文件夹，文件夹结构如下图所示。根据选题单指定题号，将题库中“KSML2”文件夹内相应的文件复制到考生文件夹中，将文件分别重命名为 A1、A2、A3、A4、A5、A6、A7、A8，扩展名不变。

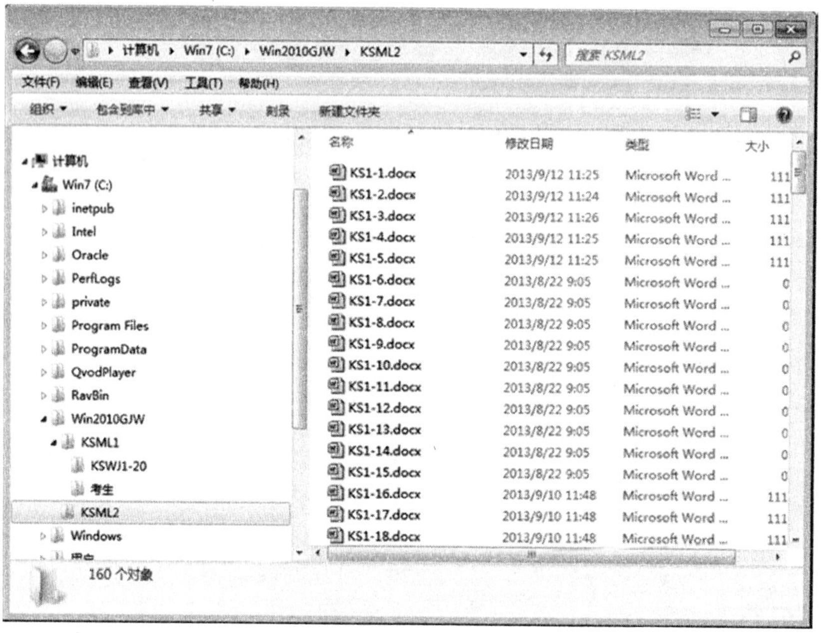

举例：选题单指定第二单元题号为 8，则将题库中 KSML2 文件夹内的 KS2-8.docx 复制到考生文件夹中，并重命名为 A2.docx。

2．**系统设置与优化：**

- 在任务栏上添加“桌面”工具栏，并将任务栏置于桌面的顶端，自动隐藏任务栏。
- 运用 Windows 7 的“库”功能，查找出 C 驱动器中修改日期为“上星期”，种类为“文档”，扩展名为“.docx”的所有文件。

1.15 第 15 题

【操作要求】

考生按如下要求进行操作。

1. 操作系统的基本操作：

- **启动"资源管理器"：**开机，进入 Windows 7 操作系统，启动"资源管理器"。
- **创建文件夹：**在 C 盘根目录下建立考生文件夹，文件夹名为考生准考证后 7 位。
- **复制、重命名文件：**C 盘中有考试题库"Win2010GJW"文件夹，文件夹结构如下图所示。根据选题单指定题号，将题库中"KSML2"文件夹内相应的文件复制到考生文件夹中，将文件分别重命名为 A1、A2、A3、A4、A5、A6、A7、A8，扩展名不变。

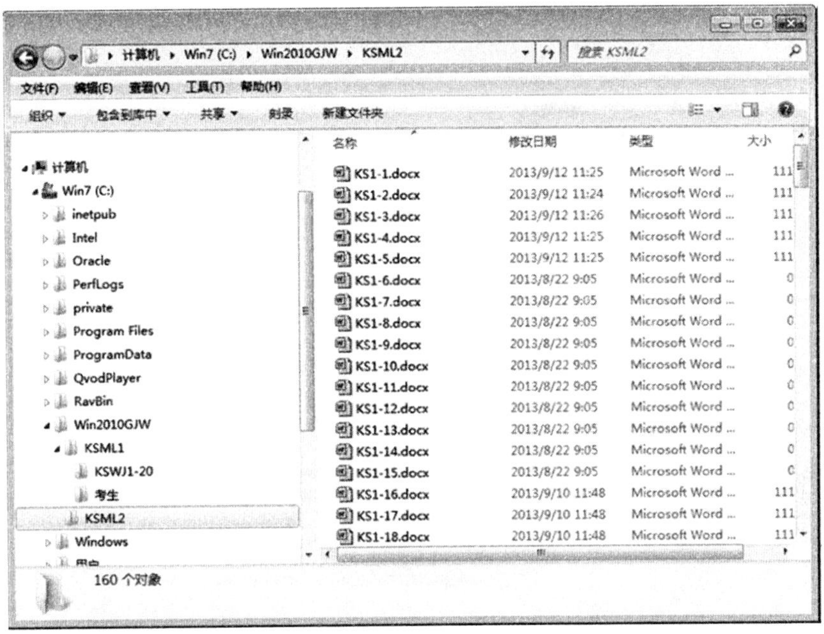

举例：选题单指定第二单元题号为 8，则将题库中 KSML2 文件夹内的 KS2-8.docx 复制到考生文件夹中，并重命名为 A2.docx。

2. 系统设置与优化：

- 将 C 驱动器中的".jpg"文件、".docx"文件，分别放入到"图片"库、"文档"库中。
- 设置开始菜单，将"自定义开始菜单"中"要显示的最近打开过的程序的数目"设置为"20"，将"要显示在跳转列表中最近使用的项目数"设置为"15"，并将"电源按钮操作"设置为"注销"。

1.16　第 16 题

【操作要求】

考生按如下要求进行操作。

1. **操作系统的基本操作：**

- **启动“资源管理器”：**开机，进入 Windows 7 操作系统，启动“资源管理器”。
- **创建文件夹：**在 C 盘根目录下建立考生文件夹，文件夹名为考生准考证后 7 位。
- **复制、重命名文件：**C 盘中有考试题库“Win2010GJW”文件夹，文件夹结构如下图所示。根据选题单指定题号，将题库中“KSML2”文件夹内相应的文件复制到考生文件夹中，将文件分别重命名为 A1、A2、A3、A4、A5、A6、A7、A8，扩展名不变。

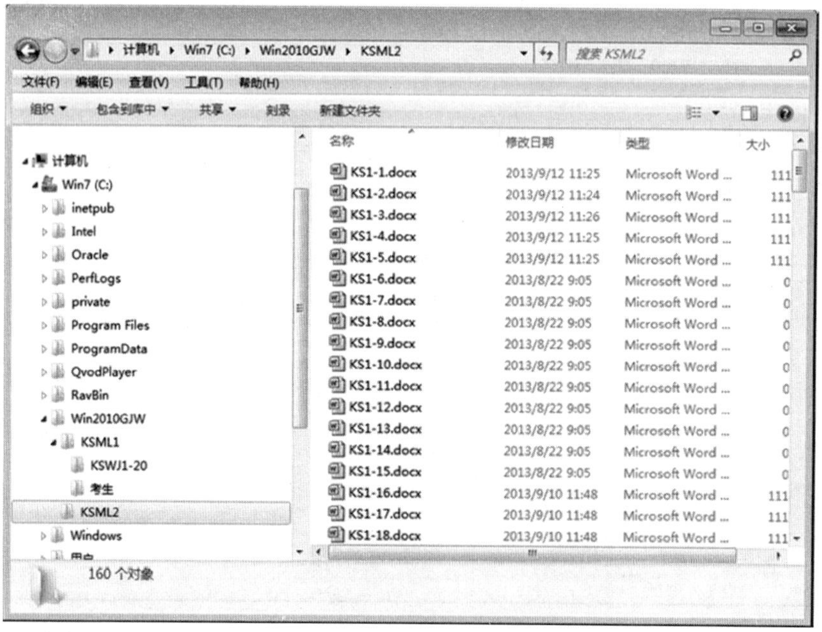

举例：选题单指定第二单元题号为 8，则将题库中 KSML2 文件夹内的 KS2-8.docx 复制到考生文件夹中，并重命名为 A2.docx。

2. **系统设置与优化：**

- 将程序“画图”先附到「开始」菜单上，然后再锁定到任务栏中。
- 应用“Aero 主题”中的“自然”，并设置“更改图片时间间隔”为“5 分钟”，播放方式为“无序播放”；设置窗口颜色为“太阳”，且不启用透明效果，将设置完成的主题保存为“新建主题”。

1.17　第 17 题

【操作要求】

考生按如下要求进行操作。

1. 操作系统的基本操作：

- **启动“资源管理器”：**开机，进入 Windows 7 操作系统，启动“资源管理器”。
- **创建文件夹：**在 C 盘根目录下建立考生文件夹，文件夹名为考生准考证后 7 位。
- **复制、重命名文件：**C 盘中有考试题库“Win2010GJW”文件夹，文件夹结构如下图所示。根据选题单指定题号，将题库中“KSML2”文件夹内相应的文件复制到考生文件夹中，将文件分别重命名为 A1、A2、A3、A4、A5、A6、A7、A8，扩展名不变。

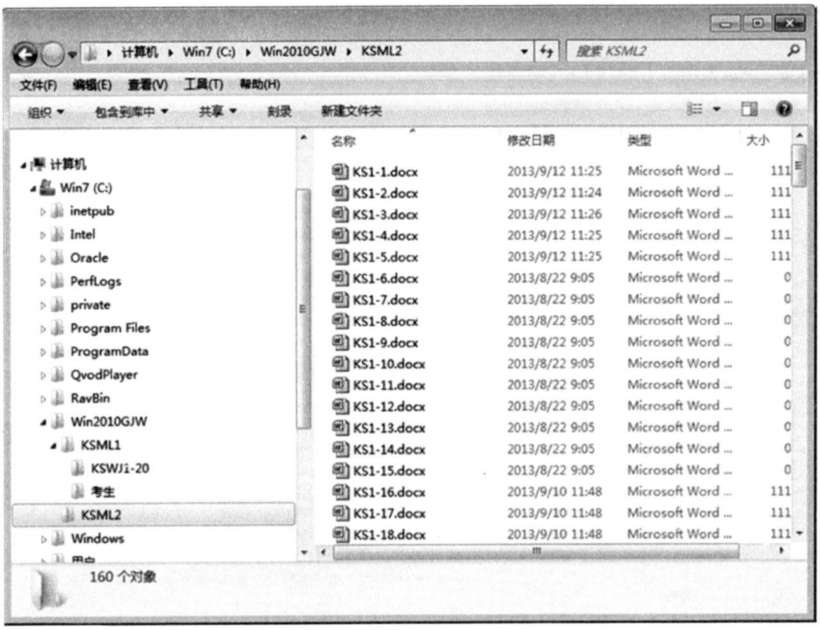

举例：选题单指定第二单元题号为 8，则将题库中 KSML2 文件夹内的 KS2-8.docx 复制到考生文件夹中，并重命名为 A2.docx。

2. 系统设置与优化：

- 更改“系统声音”，应用声音方案“风景”，并将程序事件“清空回收站”的声音更改为“C:\Win2010GJW\KSML1\KSWJ1-17.wav”，最后将该方案另存为“新声音方案”。
- 创建新的电源计划，设置计划名称为“新建电源计划”，将“用电池”和“接通电源”时“关闭显示器”的时间均设置为 45 分钟非活动状态之后，并且均设置为 3 小时后“使计算机进入睡眠状态”。

1.18　第 18 题

【操作要求】

考生按如下要求进行操作。

1．操作系统的基本操作：

- **启动“资源管理器”：**开机，进入 Windows 7 操作系统，启动“资源管理器”。
- **创建文件夹：**在 C 盘根目录下建立考生文件夹，文件夹名为考生准考证后 7 位。
- **复制、重命名文件：**C 盘中有考试题库“Win2010GJW”文件夹，文件夹结构如下图所示。根据选题单指定题号，将题库中“KSML2”文件夹内相应的文件复制到考生文件夹中，将文件分别重命名为 A1、A2、A3、A4、A5、A6、A7、A8，扩展名不变。

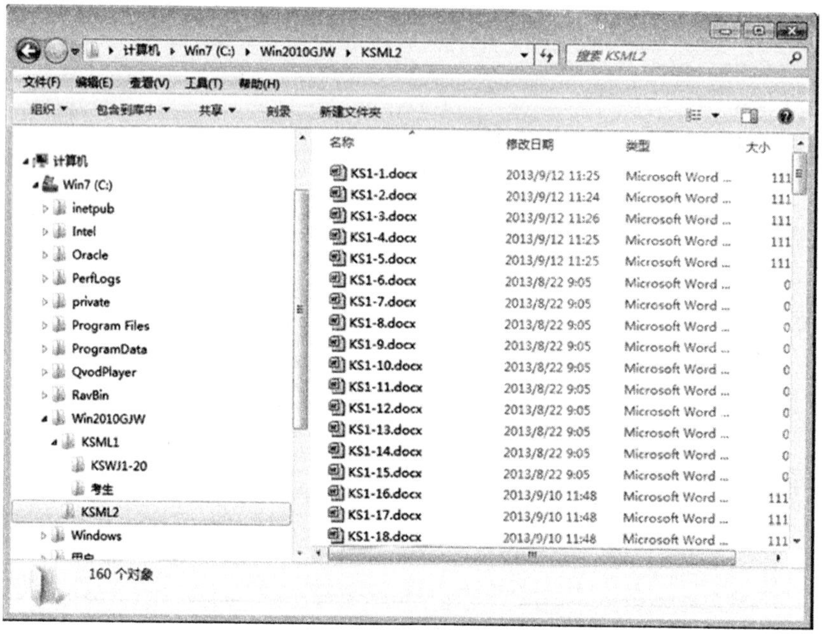

举例：选题单指定第二单元题号为 8，则将题库中 KSML2 文件夹内的 KS2-8.docx 复制到考生文件夹中，并重命名为 A2.docx。

2．系统设置与优化：

- 更改鼠标指针方案“Windows 黑色（系统方案）”中鼠标“移动”的形状为“C:\2010GJW\KSML1\SHUBIAO1-18.cur”，并将该方案另存为“考生鼠标方案”。
- 为计算机创建一个新帐户，帐户类型为“管理员”，帐户名称为“新建帐户”，密码为“KAOSHENG789”，在欢迎屏幕和开始菜单上显示图片为（第 4 行第 1 张图片）。

1.19 第 19 题

【操作要求】

考生按如下要求进行操作。

1．**操作系统的基本操作：**

- **启动“资源管理器”：**开机，进入 Windows 7 操作系统，启动“资源管理器”。
- **创建文件夹：**在 C 盘根目录下建立考生文件夹，文件夹名为考生准考证后 7 位。
- **复制、重命名文件：**C 盘中有考试题库“Win2010GJW”文件夹，文件夹结构如下图所示。根据选题单指定题号，将题库中“KSML2”文件夹内相应的文件复制到考生文件夹中，将文件分别重命名为 A1、A2、A3、A4、A5、A6、A7、A8，扩展名不变。

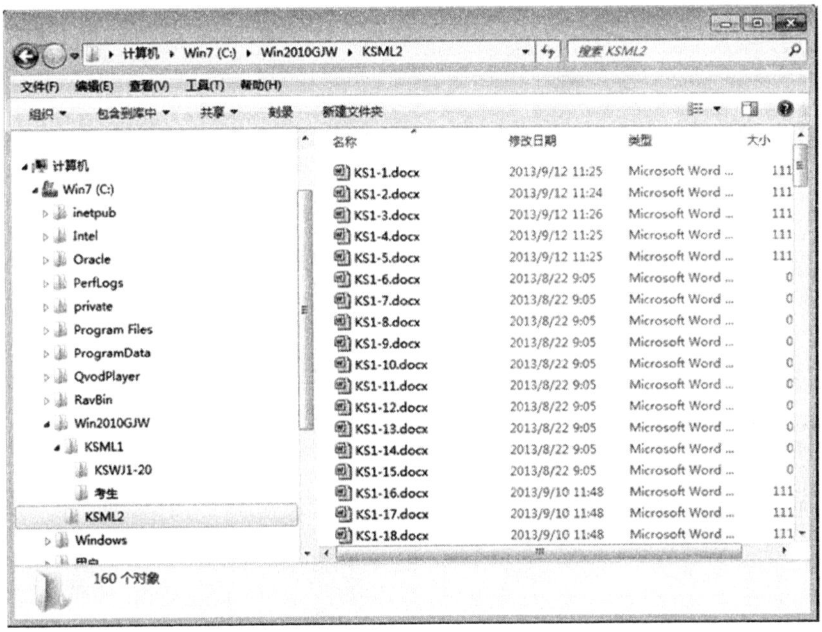

举例：选题单指定第二单元题号为 8，则将题库中 KSML2 文件夹内的 KS2-8.docx 复制到考生文件夹中，并重命名为 A2.docx。

2．**系统设置与优化：**

- 锁定任务栏，并使用小图标，设置屏幕上任务栏的位置为“左侧”，从不合并任务栏按钮。
- 对系统的“日期和时间格式”进行设置，短日期显示为“yy.M.d”，短时间显示为“tt h:mm”，一周的第一天为“星期四”。

1.20 第 20 题

【操作要求】

考生按如下要求进行操作。

1．操作系统的基本操作：

- **启动“资源管理器”**：开机，进入 Windows 7 操作系统，启动“资源管理器”。
- **创建文件夹**：在 C 盘根目录下建立考生文件夹，文件夹名为考生准考证后 7 位。
- **复制、重命名文件**：C 盘中有考试题库“Win2010GJW”文件夹，文件夹结构如下图所示。根据选题单指定题号，将题库中“KSML2”文件夹内相应的文件复制到考生文件夹中，将文件分别重命名为 A1、A2、A3、A4、A5、A6、A7、A8，扩展名不变。

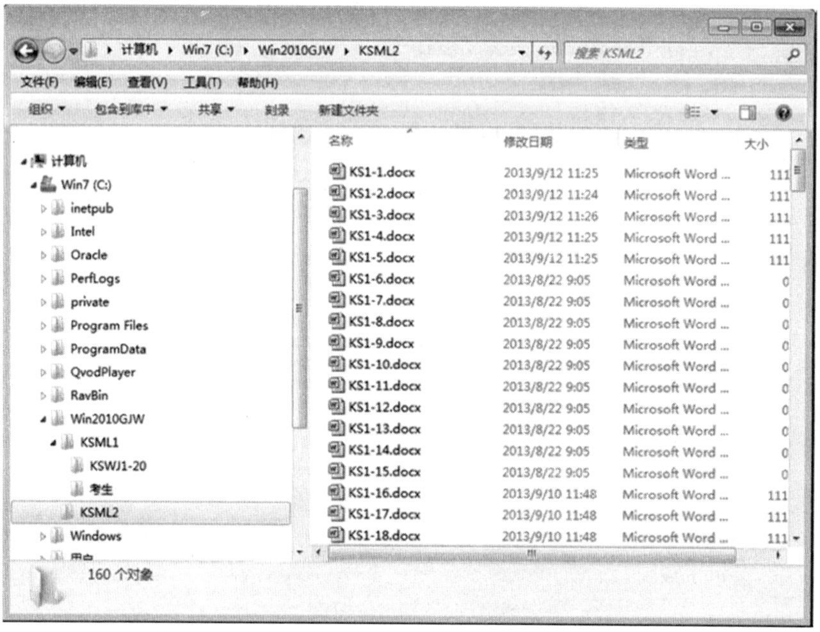

举例：选题单指定第二单元题号为 8，则将题库中 KSML2 文件夹内的 KS2-8.docx 复制到考生文件夹中，并重命名为 A2.docx。

2．系统设置与优化：

- 应用“照片”的屏幕保护程序，并将图片更改为“C:\Win2010GJW\KSML1\KSWJ1-20”文件夹内容，幻灯片放映速度为慢速，并且无序播放图片；并设置等待时间为 3 分钟。
- 运用 Windows 7 的“库”功能，查找出 C 驱动器中修改日期为“这个月的早些时候”，种类为“图片”，扩展名为“.png”的所有文件。

第二单元　文档处理的基本操作

2.1　第 1 题

【操作要求】

打开文档 A2.docx，按照样文进行如下操作。

1. 设置文档页面格式：

- 按【样文 2-1A】所示，设置页边距为上下各 4.2 厘米、左右各 3.3 厘米；为文档插入“危险性”页眉，左侧录入页眉标题为“环保漫谈”，右侧插入页码“第 1 页”，字体均为方正姚体、小四，并设置页眉距边界 2.5 厘米。
- 按【样文 2-1A】所示，为页面添加 1.5 磅、蓝色、双实线的页面边框，并设置边框与文字的距离上下左右均为 15 磅。

2. 设置文档编排格式：

- 按【样文 2-1A】所示，将标题设置为艺术字样式“填充 - 红色，强调文字颜色 2，暖色粗糙棱台”；字体为华文新魏，位置为“顶端居中，四周型文字环绕”；为其添加“转换”中“前近后远”弯曲的文本效果。
- 按【样文 2-1A】所示，将正文第 1 段中第 1 句文本“湿地是指一年中至少有一段时间……滩涂和沼泽群落等。”的字体设置为楷体_GB2312、小四、加粗，并添加红色波浪线下划线；将正文第 1 段的行距设置为固定值 23 磅。
- 按【样文 2-1A】所示，为正文第 2、3、4 段文本添加项目符号，并设置字体颜色为蓝色，段落间距为段前 0.5 行、段后 0.5 行。

3. 文档的插入设置：

- 在【样文 2-1A】所示位置插入图片文件 C:\Win2010GJW\KSML1\KSWJ2-1A.jpg，设置图片高度为 4.5 厘米、宽度为 6.8 厘米，环绕方式为紧密型，置于底层；为图片添加“马赛克气泡”的艺术效果和“柔化边缘 5 磅”的图片效果。

4. 文档表格的高级操作：

- 在 Word 2010 中打开文件 C:\Win2010GJW\KSML1\KSWJ2-1B.docx，以 A2-A.docx 为文件名保存至考生文件夹中。
- 按【样文 2-1B】所示，运用求和公式计算出“总计”值，将结果填写在相应的单元格内。
- 按【样文 2-1B】所示，为表格自动套用“中等深浅底纹 1 - 强调文字颜色 6”的表格样式。

5. 文档的保护操作：

- 在 A2-A.docx 文档中启动文档保护，仅允许对文档进行“填写窗体”操作，密码为“ks2-1”。

【样文 2-1A】

环保漫谈 第 1 页

保护湿地改善环境

湿地是指一年中至少有一段时间为潮湿或水涝的地区，其水深一般不超过 6 米，包括沼泽、泥炭地、滩涂和沼泽群落等。历史上北京有许多湿地，如“海淀”二字，即有“泉水丰茂，沼泽遍布”的含义。但随着城市的发展，大量湿地被改造、填埋，至今北京已没有严格意义的天然湿地了。湿地的丧失，是城市越来越酷热、越来越干旱的原因之一。

- 湿地含有丰沛水量，比陆地具有更大的比热，高温吸热，低温放热，从而调节气温，减小温差；同时，湿地是区域水循环的重要环节，雨季可以调蓄洪水，降低洪峰，并及时补充地下水，旱季可以增大蒸发，增加降水，从而减少旱、涝灾害。
- 湿地由动植物、微生物、土壤、水体以及砂砾基质组成，它们之间的生物、物理、化学作用使湿地成为天然的“空气净化器”和“污水处理厂”。大面积湿地可以直接吸附空气中的浮尘、细菌和有害气体，与降水、径流带来的尘土及有害物质一起沉滞于基质，从而起到净化空气的作用。
- 湿地为野生动植物提供良好的栖息地，以维持它们正常的繁衍，是天然的物种基因库；湿地提供丰富的水产品，出产泥炭、水电，可用于适度旅游开发，具有很高的经济价值；此外湿地还具有科研与景观价值。

【样文 2-1B】

商品销售记录				
名称	第一季度	第二季度	第三季度	第四季度
牙膏	493	443	369	626
牙刷	392	311	494	577
洗发露	517	732	750	605
洗衣粉	607	693	705	685
护发素	629	303	471	719
洗面奶	556	446	741	623
总计	3194	2928	3530	3835

2.2 第 2 题

【操作要求】

打开文档 A2.docx，按照样文进行如下操作。

1. 设置文档页面格式：

- 按【样文 2-2A】所示，设置上下左右页边距均为 3 厘米；为文档插入“细条纹”页眉和页脚，录入页眉标题为“首都风貌”，在页脚处插入页码“第 5 页”，字体均为华文楷体、小四、加粗、蓝色，并设置页眉距边界 2 厘米。
- 按【样文 2-2A】所示，设置页面的背景色为玫瑰红色（RGB：242，219，219）。

2. 设置文档编排格式：

- 按【样文 2-2A】所示，将标题设置为艺术字样式“填充 - 蓝色，强调文字颜色 1，塑料棱台，映像”；字体为隶书、60 磅，文字环绕为嵌入型、居中对齐；为其添加“细微效果 - 黑色，深色 1”的形状样式。
- 按【样文 2-2A】所示，为正文第 1 段添加浅黄色（RGB：255，255，155）底纹；正文部分所有文本的字体均为楷体_GB2312、小四、倾斜，段落间距为段前 0.5 行，行距为固定值 16 磅。
- 按【样文 2-2A】所示，为正文第 3、4、5、6 段文本添加项目符号，并设置字体颜色为深红色，悬挂缩进 1 字符。

3. 文档的插入设置：

- 按【样文 2-2B】所示，在文档的结尾处插入“矩阵”SmartArt 图形，设置该图形的布局为“带标题的矩阵”，更改颜色为“彩色范围 - 强调文字颜色 3 至 4”，并应用三维效果下“优雅”的外观样式；录入相应的文本内容，并设置字体为华文中宋、20 磅。

4. 文档表格的高级操作：

- 在 Word 2010 中打开文件 C:\Win2010GJW\KSML1\KSWJ2-2A.docx，以 A2-A.docx 为文件名保存至考生文件夹中。
- 按【样文 2-2C】所示，以“销售额”为主要关键字，对表格中的内容进行升序排序。
- 按【样文 2-2C】所示，为表格自动套用“浅色网格 - 强调文字颜色 4”的表格样式。

5. 文档的保护操作：

- 在A2-A.docx文档中启动文档保护，仅允许对文档进行“修订”操作，密码为“ks2-2”。

【样文 2-2A】

首都风貌

北京精神

2011 年 11 月 2 日，北京市公布了“北京精神”——“爱国、创新、包容、厚德”。作为城市精神，它是首都人民长期发展建设实践过程中所形成的精神财富的概括和总结，体现了社会主义核心价值体系的要求，体现了首都历史文化的特征，体现了首都群众的精神文化追求。

“爱国、创新、包容、厚德”是一个有机整体，充分体现了城市精神与核心价值的相互协调、城市共性与北京个性的相互兼容，历史底蕴与未来取向的相互统一、城市特色与市民气质的相互融合，反映了北京特有的文化品位和首善特质。“北京精神”还是一项长期的战略任务。要扎实、稳定地搞好“北京精神”的宣传和实践活动，使“北京精神”家喻户晓、人人践行。

- ⌘ “爱国”是“北京精神”的核心，是北京城市精神最深刻、最显著的特征，源远流长，历久弥新。
- ⌘ “创新”是“北京精神”的精髓，即突破常规、推陈出新。创新是民族进步之魂，是城市活力之源，它体现了北京积极进取、追求进步的精神状态。
- ⌘ “包容”是“北京精神”的特征，即宽容、容纳。不同国度、不同民族、不同区域的人，都能在北京寻找到发展的机会。
- ⌘ “厚德”是“北京精神”的品质，3000 多年的建城史和 850 年的建都史不仅赋予了北京辉煌灿烂的历史文化，也培育了北京市民胸怀坦荡、文明有礼的优秀品质，孕育了这座城市德泽育人、容载万物的独特城市品格。

第 5 页

【样文 2-2B】

【样文 2-2C】

产品名称	规格	销售量	单价	销售额
苹果汁	每箱 12 瓶	30	18	540
番茄酱	每箱 12 瓶	60	10	600
麻油	每箱 12 瓶	40	22	880
牛奶	每箱 24 瓶	80	19	1520
鸡	每袋 500 克	70	30	2100
酱油	每箱 12 瓶	100	21	2100
蟹	每袋 500 克	90	40	3600
海鲜粉	每箱 30 盒	150	25	3750

2.3　第 3 题

【操作要求】

打开文档 A2.docx，按照样文进行如下操作。

1. 设置文档页面格式：

- 按【样文 2-3A】所示，设置上下页边距为 2.8 厘米、左右页边距为 3.2 厘米；为文档插入“飞越型（偶数页）”页眉，录入页眉标题为“神秘的南极”，插入页码“第 2 页”，字体均为微软雅黑、小四、白色，并设置页眉距边界 2 厘米。
- 按【样文 2-3A】所示，为当前文档创建“参考资料”文字水印，字体为华文中宋、66 磅、紫色、半透明，版式为水平。

2. 设置文档编排格式：

- 按【样文 2-3A】所示，将标题设置为艺术字样式“填充 - 白色，渐变轮廓 - 强调文字颜色 1”；字体为华文琥珀、50 磅，文字环绕为上下型；为其添加“转换”中“正 V 形”弯曲的文本效果。
- 按【样文 2-3A】所示，为正文第 1 段添加浅蓝色（RGB：100，200，255）底纹，正文部分所有文本的字体均为方正姚体、五号，段落间距为段后 0.5 行，行距为单倍行距。
- 按【样文 2-3A】所示，为正文最后一段中的文本“南极洲”设置为中文版式中的“合并字符”格式，字体为华文细黑、11 磅、蓝色（RGB：0，0，255）。

3. 文档的插入设置：

- 按【样文 2-3A】所示，为正文第 4 段插入“大括号型引述 2”样式的文本框，并设置文本框的高度为 11.5 厘米、宽度为 5 厘米，环绕方式为嵌入型，字体颜色为白色。

4. 文档表格的高级操作：

- 在 Word 2010 中打开文件 C:\Win2010GJW\KSML1\KSWJ2-3A.docx，以 A2-A.docx 为文件名保存至考生文件夹中。
- 按【样文 2-3B】所示，运用求平均值公式计算出“平均值”，将结果填写在相应的单元格内。
- 按【样文 2-3B】所示，为表格自动套用“中等深浅底纹 2 - 强调文字颜色 3”的表格样式。

5. 文档的保护操作：

- 对文档 A2-A.docx 进行加密，设置打开此文档的密码为“ks2-3”。

【样文 2-3A】

第 2 页　神秘的南极

南极

南极被人们称为第七大陆，是地球上最后一个被发现、唯一没有土著人居住的大陆。南极大陆的总面积为 1390 万平方公里，相当于中国和印巴次大陆面积的总和，居世界各洲第五位。整个南极大陆被一个巨大的冰盖所覆盖，平均海拔为 2350 米。

南极洲蕴藏的矿物有 220 余种。主要有煤、石油、天然气、铂、铀、铁、锰、铜、镍、钴、铬、铅、锡、锌、金、铝、锑、石墨、银、金刚石等。主要分布在东南极洲、南极半岛和沿海岛屿地区。根据南极洲有大煤田的事实，可以推想它曾一度位于温暖的纬度地带，才能有茂密森林经地质作用而形成煤田，后来经过长途漂移，才来到现今的位置。

南极洲腹地几乎是一片不毛之地。那里仅有的生物就是一些简单的植物和一两种昆虫。但是，海洋里却充满了生机，那里有海藻、珊瑚、海星和海绵，大海里还有许许多多叫做磷虾的微小生物，磷虾为南极洲众多的鱼类、海鸟、海豹、企鹅以及鲸提供了食物来源。

气候严寒的南极洲，植物难于生长，偶能见到一些苔藓、地衣等植物。海岸和岛屿附近有鸟类和海兽，鸟类以企鹅为多。夏天，企鹅常聚集在沿海一带，构成有代表性的南极景象。海兽主要有海豹、海狮和海豚等。大陆周围的海洋，鲸成群，为世界重要的捕鲸区。由于捕杀过甚，鲸的数量大为减少，海豹等海兽也几乎绝迹。

南极洲是个巨大的天然“冷库”，是世界上淡水的重要储藏地，拥有地球 70%左右的淡水资源。

【样文 2-3B】

员工工资统计表					
姓名	部门	职务	基本工资	补贴	奖金总额
邓怡	人事部	经理	3000	280	300
刘一守	人事部	办事员	1500	100	150
苏益	人事部	办事员	1500	120	150
何勇	财务部	经理	3000	310	300
高鹏	财务部	会计	2000	200	200
陈涓涓	财务部	出纳	2000	200	200
杜鹏	销售部	经理	3000	170	150
吴启	销售部	业务员	1800	120	90
赵东阳	销售部	业务员	1800	120	90
张大明	销售部	业务员	1800	150	90
徐江	销售部	业务员	1800	110	90
	平均值		2109.09	170.91	164.55

2.4 第 4 题

【操作要求】

打开文档 A2.docx，按照样文进行如下操作。

1. 设置文档页面格式：

- 按【样文 2-4A】所示，设置上下左右页边距均为 3.5 厘米；为文档插入“边线型”页眉，录入页眉标题为“冬眠之谜”，字体为方正姚体、四号、黑色，并设置页眉距顶端距离为 3 厘米；在右侧页边距插入“圆（右侧）”型页码，页码数居中对齐。
- 按【样文 2-4A】所示，将图片 C:\Win2010GJW\KSML1\KSWJ2-4A.jpg 设置为页面的背景。

2. 设置文档编排格式：

- 按【样文 2-4A】所示，将标题设置为艺术字样式“填充 - 橙色，强调文字颜色 6，暖色粗糙棱台”；字体为华文彩云、40 磅、加粗、倾斜；顶端居中，四周型文字环绕；并为其添加“转换”中“正方形”弯曲的文本效果。
- 按【样文 2-4A】所示，为正文最后一段添加天蓝色（RGB：200，255，255）底纹；正文部分所有文本的字体均为华文中宋、小四，行距为固定值 20 磅。
- 按【样文 2-4A】所示，将正文最后一段中的文本“冬眠动物”设置为带括号的“双行合一”格式，字号为四号。

3. 文档的插入设置：

- 在【样文 2-4A】所示位置插入图片文件 C:\Win2010GJW\KSML1\KSWJ2-4B.jpg，设置图片的缩放比例为 60%，环绕方式为四周型环绕；为图片自动删除背景，并添加“橄榄色，11pt 发光，强调文字颜色 3”的图片效果。

4. 文档表格的高级操作：

- 在 Word 2010 中打开文件 C:\Win2010GJW\KSML1\KSWJ2-4C.docx，以 A2-A.docx 为文件名保存至考生文件夹中。
- 按【样文 2-4B】所示，运用求和公式计算出“年终总分”，将结果填写在相应的单元格内。
- 按【样文 2-4B】所示，为表格自动套用“彩色网格 - 强调文字颜色 6”的表格样式。

5. 文档的保护操作：

- 在 A2-A.docx 文档中启动文档保护，不允许对文档进行任何更改操作，密码为“ks2-4”。

【样文 2-4A】

冬眠之谜

动物是如何冬眠的

动物的冬眠，早就引起了人类的关注。

人们研究动物冬眠，主要是针对热血动物。因为它们能精确地和有目的地控制自己的体温。动物冬眠只是动物休眠的一种形式，此外还有夏眠、日眠和夜眠等。动物冬眠一般从当年 10 月或 11 月开始，直到次年 3、4 月份，其间每 3 天或 3 星期中断一次，以便能进食，排泄大小便，这叫休眠周期。

冬眠时，动物体内会发生一系列生理变化。心脏：跳动缓慢，心脏的功能大大降低。这样就有效地防止了血液循环紊乱；肺：呼吸减慢，一次呼吸最长达 10 分钟；肾：产生的尿量很少；脑：冬眠中骨髓仍在工作着，中脑代替间脑成为热调节器的变化中心。

动物的冬眠受自然条件影响最大。外界刺激越多，内部本能的适应能力越强。首先，外界温度对动物冬眠有重要影响。当周围环境温度在 5℃～10℃时，最宜引起冬眠。其次，食物的缺乏是促成冬眠的因素。对于鸟类，一般只要限制食物或者是让它饥饿，它就会立即进入昏睡状态。再次，光也是引起冬眠的重要外界条件。如果光线时间减少或昏暗时，动物便很快开始冬眠。

从根本上说，动物要度过冬眠，取决其两种适应的能力。其一是适应物质变化的全部过程，能在温度极低下度过来，并能迅速地复苏。其二是必须有很高的制造热量能力。一种是抖动肌肉生热；另一种是通过化学热调节器发挥作用。

(冬眠动物)有一种特有的组织——褐色脂肪组织。它从颈部延至脊髓，具有产生热量、保护动物安全过冬的能力。这一组织在冬天会慢慢地被消耗掉，到第二年夏天和秋天时又重新制造出来。至于冬眠动物自动调节生物节律和机体复苏的机制是怎样的，人们至今仍在探索。

【样文 2-4B】

恒大中学教师评分表							
姓名	性别	职称	出勤奖分	评教得分	竞赛奖分	其它	年终总分
孔德武	男	高级	88	85	89	87	349
石清华	女	一级	74	68	74	78	294
李珍珍	女	二级	97	78	57	85	317
杨小凤	女	高级	78	96	65	78	317
石富财	男	高级	91	86	85	86	348
张金宝	男	一级	87	88	85	91	351
刘凤英	女	二级	88	77	75	84	324
李国华	男	二级	61	85	74	84	304
叶杏梅	女	高级	75	97	84	75	331
李发财	男	一级	76	87	63	74	300
赵建民	男	一级	93	96	91	88	368

2.5　第 5 题

【操作要求】

打开文档 A2.docx，按照样文进行如下操作。

1. 设置文档页面格式：

- 按【样文 2-5A】所示，设置上下左右页边距均为 3.5 厘米；为文档插入“现代型（奇数页）”页眉，录入页眉标题为“人体科学”，字体为隶书、小二、加粗，并设置页眉距顶端距离为 2.7 厘米；在右侧页边距插入“轨道（右侧）”型页码。
- 按【样文 2-5A】所示，为当前文档创建“科普资料”文字水印，字体为微软雅黑、72 磅、半透明，版式为斜式。

2. 设置文档编排格式：

- 按【样文 2-5A】所示，将标题设置为艺术字样式“渐变填充 - 紫色，强调文字颜色 4，映像”；字体为隶书、60 磅，文字环绕为嵌入型，对齐方式为居中对齐；为其添加“细微效果 - 紫色，强调颜色 4”的形状样式，并为该形状样式添加“柔圆”的棱台效果。
- 按【样文 2-5A】所示，将正文第 1、2 段的字体设置为楷体_GB2312、四号、深蓝色；第 10 段的字体设置为黑体、小四；第 11 段的字体设置为华文新魏、小三、粉红色（RGB：255，50，200）；将正文各段的行距设置为固定值 20 磅。
- 按【样文 2-5A】所示，为正文第 4、5、6、7、9 段文本添加项目符号，并设置该格式为左侧缩进 0 字符、悬挂缩进 2 字符。

3. 文档的插入设置：

- 在【样文 2-5A】所示位置插入图片文件 C:\Win2010GJW\KSML1\KSWJ2-5A.jpg，设置图片的缩放比例为 15%，环绕方式为穿越型环绕；根据样文所示标记保留区域后，对图片进行删除背景操作，并为图片添加“塑封”的艺术效果。

4. 文档表格的高级操作：

- 在 Word 2010 中打开文件 C:\Win2010GJW\KSML1\KSWJ2-5B.docx，以 A2-A.docx 为文件名保存至考生文件夹中。
- 按【样文 2-5B】所示，以“产品型号”为主要关键字、“总个数”为次要关键字，对表格中的内容进行升序排序。
- 按【样文 2-5B】所示，为表格自动套用“浅色网格 - 强调文字颜色 2”的表格样式。

5. 文档的保护操作：

- 对文档 A2-A.docx 进行加密，设置打开此文档的密码为“ks2-5”。

【样文 2-5A】

关于人的大脑

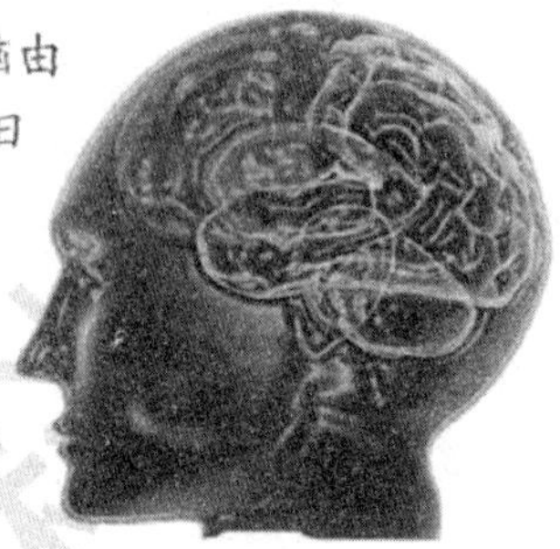

人的脑部构造分为大脑与小脑。大脑由大脑皮质（大脑新皮质）、大脑边缘叶（旧皮质）、脑干、脑梁所构成。大脑皮质从位置上可分为额叶、聂叶及枕叶三部分。

西元一九八一年，诺贝尔医学生理奖得主罗杰·史贝尼教授将左右脑的功能差异归类整理如下：

右脑（本能脑 潜意识脑）

❖ 图像化机能（企划力、创造力、想象力）

❖ 与宇宙共振共鸣机能（第六感、念力、透视力、直觉力、灵感、梦境等）

❖ 超高速自动演算机能（心算、数学）

❖ 超高速大量记忆（速读、记忆力）

左脑（意识脑）

❖ 知性、知识、理解、思考、判断、推理、语言、抑制

许多研究，特别是对脑损伤的研究表明大脑的两个半球确实存在分工的不同。左半球的优势在于分析具体的问题，而右半球则在分析画面、理解和识别上占优势。日本福冈九州大学的研究队伍发现在小鼠中有一种神经细胞的受体在大脑海马区的左右两侧是完全不同的，而海马区位于大脑的深处，是负责产生记忆和进行学习的主要区域。这些 NMDA 受体对于改变神经细胞间的联系的力度也即记忆和学习的基础来说是十分重要的。

另一方面，日本科学家们还在大脑的右半球细胞顶部的树状突（神经细胞的树状延伸部分）上发现了比底部更多类型的 NMDA 受体。而在左半球情况正好相反。神经细胞如何对输入的信号做出反应依赖于它在哪里接收到该信号，因此上述模式有助于了解记忆在两边产生情况的不同。

【样文 2-5B】

机械厂产品合格情况统计表				
车间	产品型号	不合格产品	合格产品	总个数
第三车间	S-01	40	4500	4540
第一车间	S-01	30	4600	4630
第五车间	S-02	80	4000	4080
第四车间	S-02	60	4800	4860
第六车间	S-03	70	4200	4270
第二车间	S-03	50	4300	4350

2.6　第 6 题

【操作要求】

打开文档 A2.docx，按照样文进行如下操作。

1. 设置文档页面格式：

- 按【样文 2-6A】所示，设置页边距为上下各 4 厘米，左右各 3 厘米；为文档插入“传统型”页眉和页脚，上方录入页眉标题为“乐观者与悲观者”，下方插入选取时间为“2010 年 7 月 1 日”，在页脚处插入页码“第 1 页”，字体均为隶书、小四，并设置页眉距边界 2 厘米。
- 按【样文 2-6A】所示，为页面添加 20 磅、橙色、艺术型的页面边框和浅绿色（RGB：214，227，188）的背景色。

2. 设置文档编排格式：

- 按【样文 2-6A】所示，将标题设置为艺术字样式“填充 - 蓝色，强调文字颜色 1，内部阴影 - 强调文字颜色 1”；字体为华文行楷，位置为“顶端居中，四周型文字环绕”；为其添加“阴影”中“右上对角透视”的文本效果。
- 按【样文 2-6A】所示，将正文第 1 段中文本的字体设置为方正姚体、小四、紫色，并添加着重号；将正文所有文本的行距设置为固定值 25 磅。
- 按【样文 2-6A】所示，为正文第 2 段文本添加浅蓝色底纹；将正文第 3、4 段文本设置字体为华文细黑、小四，颜色为水绿色（RGB：75，172，198），段落间距为段前 1 行、段后 1 行。

3. 文档的插入设置：

- 在文档结尾处插入文档属性“摘要”，内容为“康·帕乌斯托夫斯基是苏联著名小说家、剧作家、散文家和文艺评论家。”

4. 文档表格的高级操作：

- 在 Word 2010 中打开文件 C:\Win2010GJW\KSML1\KSWJ2-6A.docx，以 A2-A.docx 为文件名保存至考生文件夹中。
- 按【样文 2-6B】所示，运用求和公式计算出“实发工资”值，将结果填写在相应的单元格内。
- 按【样文 2-6B】所示，为表格自动套用“中等深浅底纹 2 - 强调文字颜色 5”的表格样式。

5. 文档的保护操作：

- 在 A2-A.docx 文档中启动文档保护，仅允许对文档进行“填写窗体”操作，密码为“ks2-6”。

【样文 2-6A】

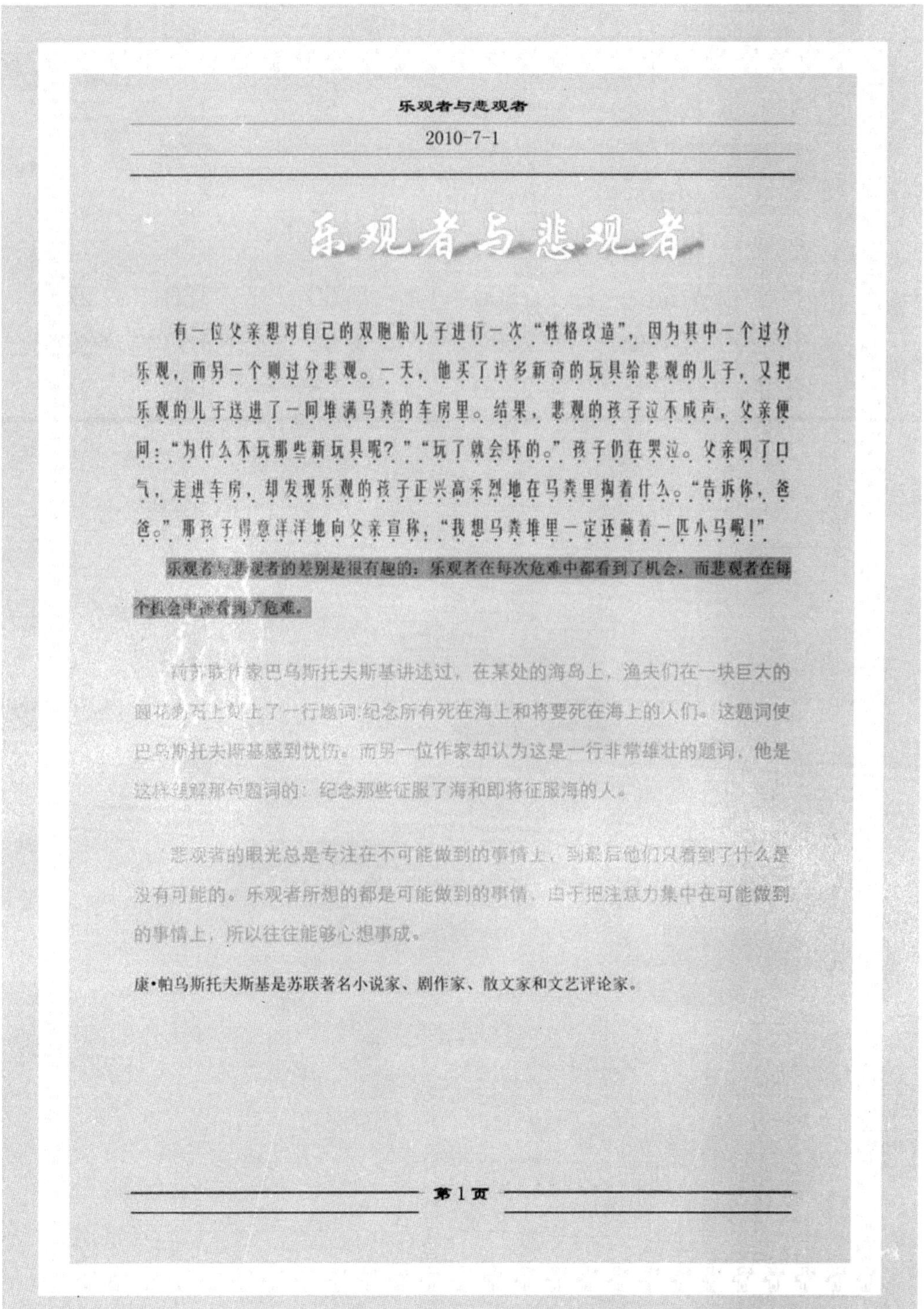

乐观者与悲观者

2010-7-1

乐观者与悲观者

有一位父亲想对自己的双胞胎儿子进行一次“性格改造”，因为其中一个过分乐观，而另一个则过分悲观。一天，他买了许多新奇的玩具给悲观的儿子，又把乐观的儿子送进了一间堆满马粪的车房里。结果，悲观的孩子泣不成声，父亲便问：“为什么不玩那些新玩具呢？”“玩了就会坏的。”孩子仍在哭泣。父亲叹了口气，走进车房，却发现乐观的孩子正兴高采烈地在马粪里掏着什么。“告诉你，爸爸。”那孩子得意洋洋地向父亲宣称，“我想马粪堆里一定还藏着一匹小马呢！”

乐观者与悲观者的差别是很有趣的：乐观者在每次危难中都看到了机会，而悲观者在每个机会中都看到了危难。

前苏联作家巴乌斯托夫斯基讲述过，在某处的海岛上，渔夫们在一块巨大的圆石头上刻上了一行题词:纪念所有死在海上和将要死在海上的人们。这题词使巴乌斯托夫斯基感到忧伤。而另一位作家却认为这是一行非常雄壮的题词，他是这样理解那句题词的：纪念那些征服了海和即将征服海的人。

悲观者的眼光总是专注在不可能做到的事情上，到最后他们只看到了什么是没有可能的。乐观者所想的都是可能做到的事情，由于把注意力集中在可能做到的事情上，所以往往能够心想事成。

康•帕乌斯托夫斯基是苏联著名小说家、剧作家、散文家和文艺评论家。

第 1 页

【样文 2-6B】

HH学院教职员工工资一览表						
编号	姓名	部门	基本工资	工龄工资	津贴	实发工资
HH01	王飞	教务处	1800	50	150	2000
HH02	陈瑚	后勤处	2000	55	250	2305
HH03	林风	教研处	2100	60	350	2510
HH04	赵亚	办公室	2200	45	200	2445
HH05	何平	后勤处	2500	50	180	2730
HH06	杨帅	教务处	2800	53	160	3013
HH07	张芷	保卫处	2300	28	130	2458

2.7　第 7 题

【操作要求】

打开文档 A2.docx，按照样文进行如下操作。

1. 设置文档页面格式：

- 按【样文 2-7A】所示，设置页边距上下各 2.5 厘米、左右各 3 厘米；为文档插入“字母表型”页眉，录入页眉标题为“再试一次”，字体为方正姚体、四号、加粗、紫色，并设置页眉距边界 2.7 厘米。
- 按【样文 2-7A】所示，设置页面的背景色为“水滴”纹理。

2. 设置文档编排格式：

- 按【样文 2-7A】所示，将标题设置为艺术字样式“填充 - 蓝色，透明强调文字颜色 1，轮廓 - 强调文字颜色 1”；字体为华文行楷、48 磅，文字环绕为嵌入型、居中对齐；为其添加“样式 6”的形状样式。
- 按【样文 2-7A】所示，将正文第 1 段字体设置为华文新魏、三号、深红色；为正文第 2 段添加紫色底纹；正文第 2、3、4 段字体均设置为微软雅黑、小四、加粗、倾斜；正文部分所有文本段落间距为段前 0.5 行，行距为固定值 18 磅。

3. 文档的插入设置：

- 按【样文 2-7B】所示，在文档的结尾处插入“关系”SmartArt 图形，设置该图形的布局为“公式”，更改颜色为“彩色范围 - 强调文字颜色 2 至 3”，并应用三维效果下“优雅”的外观样式；录入相应的文本内容，并设置字体为华文中宋、30 磅。

4. 文档表格的高级操作：

- 在 Word 2010 中打开文件 C:\Win2010GJW\KSML1\KSWJ2-7A.docx，以 A2-A.docx 为文件名保存至考生文件夹中。
- 按【样文 2-7C】所示，运用求和公式计算出“合计”，将结果填写在相应的单元格内。
- 按【样文 2-7C】所示，为表格自动套用“中等深浅网格 3 - 强调文字颜色 3”的表格样式。

5. 文档的保护操作：

- 在 A2-A.docx 文档中启动文档保护，仅允许对文档进行“修订”操作，密码为“ks2-7”。

【样文 2-7A】

再试一次

再试一次

人生的道路不可能是一帆风顺，挫折与困难再所难免，但是它们也是一种财富。只要认真总结经验，找出失败的原因，继续尝试，最终必将会拥抱一片灿烂和辉煌。挫折是再所难免的，人的一生总会遇到许多挫折和打击。美学家朱光潜说：“正路并不一定是平坦大道，难免有些曲折和崎岖险阻，要绕一些弯，甚至难免误入歧途。”在经受了挫折后，我们能否从容面对挫折，勇于喊出“再试一次”呢？

有个年轻人去微软公司应聘，而该公司并没有刊登过招聘广告。见总经理疑惑不解，年轻人用不太娴熟的英语解释说自己是碰巧路过这里，就贸然进来了。总经理感觉挺新鲜，破例让他一试。面试的结果出人意料，年轻人表现糟糕。他对总经理的解释是事先没有准备，总经理以为他不过是找个托词下台阶，就随口应道：“等你准备好了再来试吧”。

一周后，年轻人再次走进微软公司的大门，这次他依然没有成功。但比起第一次，他的表现要好得多。而总经理给他的回答仍然同上一次一样：“等你准备好了再来试吧。”就这样，这个青年先后五次踏进微软公司的大门，最终被公司录用，成为公司的重点培养对象。也许，我们的人生旅途上沼泽遍布，荆棘丛生；也许，我们追求的风景总是山重水复，不见柳暗花明；也许，我们前行的步履总是沉重、蹒跚；也许，我们需要在黑暗中摸索很长时间，才能寻找到光明；也许，我们虔诚的信念会被世俗的尘雾缠绕，而不能自由翱翔；也许，我们高贵的灵魂暂时在现实中找不到寄放的净土。那么，我们为什么不可以以勇敢者的气魄，坚定而自信地对自己说一声“再试一次！”这代表的是一种永不言败的精神，是一个真理渐进的过程。永不言败再试一次是获得成功的先决条件。不过这个反复的过程却达数百次之多。须知，发现一个真理决不会像发现树上的一只鸟那样简单。这个过程往往会失败几百次甚至上千次。

成功需要挑战，我们要勇敢的接受挑战。只要我们找准方向，抓牢铁索，再试一次，你就有可能达到成功的彼岸！

【样文 2-7B】

【样文 2-7C】

苏果商厦 2009 年销售计划（单位：万元）				
分类 季度	家电	化妆品	服装	食品
一季度	810	500	500	700
二季度	890	570	600	760
三季度	950	620	700	850
四季度	980	700	800	920
合计	3630	2390	2600	3230

2.8 第 8 题

【操作要求】

打开文档 A2.docx，按照样文进行如下操作。

1. 设置文档页面格式：

- 按【样文 2-8A】所示，设置上下左右页边距均为 3 厘米；为文档插入“网格”页眉，录入页眉标题为“人生彩虹总在风雨后”，字体为隶书、四号、红色、文本右对齐，并设置页眉距边界为 2 厘米；在左侧页边距插入“箭头（左侧）”型页码，页码数居中对齐。
- 按【样文 2-8A】所示，将图片 C:\Win2010GJW\KSML1\KSWJ2-8A.jpg 设置为页面的背景。

2. 设置文档编排格式：

- 按【样文 2-8A】所示，将标题设置为艺术字样式“填充 - 无，轮廓 - 强调文字颜色 2”；字体为楷体_GB2312、40 磅；为其添加“橄榄色，5pt 发光，强调文字颜色 3”的文字效果；顶端居中，四周型文字环绕。
- 按【样文 2-8A】所示，为正文第 1 段添加淡紫色（RGB：178，161，199）的底纹；正文部分所有文本的字体均为华文新魏、四号、黄色，行距为固定值 16 磅。
- 按【样文 2-8A】所示，将正文最后一段中的文本“那美丽的彩虹”设置为带括号的“双行合一”格式，字号为小三。

3. 文档的插入设置：

- 在【样文 2-8A】所示位置插入图片文件 C:\Win2010GJW\KSML1\KSWJ2-8B.jpg，设置图片的缩放比例为 30%，环绕方式为四周型环绕；为图片自动删除背景，并添加“蓝色，11pt 发光，强调文字颜色 1”的图片效果。

4. 文档表格的高级操作：

- 在 Word 2010 中打开文件 C:\Win2010GJW\KSML1\KSWJ2-8C.docx，以 A2-A.docx 为文件名保存至考生文件夹中。
- 按【样文 2-8B】所示，以“总分”为主要关键字、“数学”为次要关键字，对表格中的内容进行降序排序。
- 按【样文 2-8B】所示，为表格自动套用“彩色网格 - 强调文字颜色 4”的表格样式。

5. 文档的保护操作：

- 在 A2-A.docx 文档中启动文档保护，对文档进行“不允许任何更改（只读）”操作，密码为“ks2-8”。

【样文 2-8A】

人生彩虹总在风雨后

人生彩虹总在风雨后

“阳光总在风雨后，请相信有彩虹”，相信大家一定对这首歌熟悉了，每当歌声响起后，我便会坚定自己的信念，用信心来迎接挑战，不论失败与否，不论结果是赢是输，我都会勇敢去面对，因为我相信，阳光总在风雨后。

[illegible]天气闷热无比，[illegible]儿在树[illegible]，路是[illegible]，我坐在阳台上，[illegible]过玻璃杯[illegible]平静，仿佛像一潭平静的湖水，没有一丝的波澜，天空上总是有几只鸟儿飞来飞去，不知为何，我感[illegible]周围的空气越来越闷热，到处都出奇的安静，安静的有一些诡异，这也许是暴风雨之前的平静吧！

果不一会儿，便看到了远方飘来一大片乌云，把太阳一下子给吞没了，刚才还是阳光明媚的大地突然间变得暗淡无光，就在这时，[illegible]开始呼啸，刚才还平静的树叶被突如其来的大风一下[illegible]了，[illegible]一道道耀眼的闪电划过，一声声雷鸣传来，[illegible]在耳朵环绕，天地都仿佛为之震撼。

一声雷鸣又来了，那些鸟儿仍在飞翔，高傲的飞翔，用他那翅膀和不屈的意志向风雨搏斗，这时，大雨倾盆而下，鸟儿仍不停止搏斗，但他已力不从心了，他的翅膀已经被淋湿了，他飞不起来，但他不愿就此放弃，用尽自己最后的力气向一棵大树飞去，茂密的树叶顿时掩住了他的身躯，雨，依然没有停，狂风仍在呼啸，雷电仍在轰鸣，只不过已无开始那磅礴的气势。

不一会，雨停了，风也减弱了，雷声已远去，大雨已经冲洗了大地，突然，阴霾天空突然放出一阵阵光明，撒向大地，带给人温暖，我依然为那鸟儿担心，突然，一个熟悉的影子从树叶中飞出，又翱翔在了天空上，将我那无尽的忧虑也带向了远方，天空上挂起了一座美丽的彩虹。

人生，也许有不如意，但千万不要因为一点困难便轻言放弃；人生，也许有太多的风风雨雨要面对，但千万不能因为失败，而失去生活的信心；人生，也许有高峰，也有低谷，当你处在高峰时，千万不要骄傲，当你处在低谷时，也不要失去勇气，朋友，请相信，人生，十有八九不如意！

我坚信([illegible])和那耀眼的光明，总在风雨之后。

【样文 2-8B】

华夏中学一年级成绩单								
姓名	语文	数学	英语	政治	历史	地理	生物	总分
丁七	85	97	88.5	93	82	90	86	621.5
丁八	76	77	85.5	80	71	82	78	549.5
丁二	75	53	63	86	83	75	79	514
丁六	64	77	68	79	66	72	63	489
丁三	69	79	75	77	64	54	47	465
丁五	61	40	67	64	74	83	76	465
丁四	68	78	73.5	80	58	44	63	464.5
丁一	73	92	68.5	62	62	36	56	449.5

2.9　第 9 题

【操作要求】

打开文档 A2.docx，按照样文进行如下操作。

1. 设置文档页面格式：

- 按【样文 2-9A】所示，设置上下左右页边距均为 3 厘米；为文档插入“奥斯汀”页眉和页脚，录入页眉标题为“保护黄河”，页脚插入页码“第 3 页”，字体均为华文琥珀、四号、蓝色，并设置页眉距边界 2.5 厘米。
- 按【样文 2-9A】所示，为当前文档创建“保护黄河”文字水印，字体为华文行楷、72 磅、橙色、半透明，版式为水平。

2. 设置文档编排格式：

- 按【样文 2-9A】所示，将标题设置为艺术字样式“填充 - 橙色，强调文字颜色 6，暖色粗糙棱台”；字体为华文彩云、50 磅，文字环绕为上下型；为其添加“细微效果 - 水绿色，强调颜色 5”的形状样式。
- 按【样文 2-9A】所示，为正文第 2 段添加浅蓝色底纹；正文部分所有文本的字体均为楷体_GB2312、小四、深红色，段落间距为段前 0.5 行，行距为固定值 24 磅。
- 按【样文 2-9A】所示，为正文最后一段中的文本“母亲河”设置为中文版式中的“合并字符”格式，字体为微软雅黑、10 磅、蓝色。

3. 文档的插入设置：

- 按【样文 2-9A】所示，为正文第 1 段插入“字母表型引述”样式的文本框，文本内容的行距为固定值 20 磅，并设置文本框的高度为 7.07 厘米、宽度为 14.5 厘米，环绕方式为嵌入型，形状轮廓颜色为绿色。

4. 文档表格的高级操作：

- 在 Word 2010 中打开文件 C:\Win2010GJW\KSML1\KSWJ2-9A.docx，以 A2-A.docx 为文件名保存至考生文件夹中。
- 按【样文 2-9B】所示，运用求和公式计算出“合计”值，将结果填写在相应的单元格内。
- 按【样文 2-9B】所示，为表格自动套用“浅色网格 - 强调文字颜色 3”的表格样式。

5. 文档的保护操作：

- 对文档 A2-A.docx 进行加密，设置打开此文档的密码为“ks2-9”。

【样文 2-9A】

保护黄河

黄 河

近 10 年来，黄河源区河湖附近多年冻土区范围存在大幅度退化现象，局部多年冻土层厚度减薄乃至消失，多年冻土下界上升，且垂直上升幅度大于 50 米。自 1980 年以来，季节性冻土最大冻结深度由原来的 3.2 米渐变为 2.8 米，出现季节性冻结深度变浅、季节性冻土厚度变薄和冻结期缩短等退化现象。多年冻土退化使赋存于高寒草地和维系高寒草甸生长发育的多年冻土表部的冻结层地下水水位下降，从而引发和加剧了高寒草地的“三化”（退化、沙漠化、盐渍化）以及水环境变异，并认为这是导致黄河源区占主导地位的高寒草甸失水向沙漠化草地和“黑土滩”退化的主要地质原因。

黄河源区地下水类型主要为多年冻土区的基岩类冻结层上水、松散岩类冻结层上水和冻结层下水，非多年冻土区及多年冻土区融区内的松散岩类孔隙水。冻结层水受多年冻土层及季节性冻土层影响，水文地质复杂多变，尤其是冻结层上水的动态变化年内及年际间极不稳定。黄河源区的主要自然生态系统多建于冻土地质环境条件之上，冻土的发育需要有丰沛的水源及寒冷的条件，而近几十年来，全球气温升高等因素已使冻土环境发生变化并关联到生态环境中的水、土、热等环境条件的变化，从而导致生态环境恶化。

黄河是我们的母亲河，保护黄河源区多年冻土已刻不容缓。我们华夏子孙的文明是蘸着黄河水写成的，可以说没有黄河就没有我们现在人类的文明。保护黄河刻不容缓，让我们加入到保护黄河湿地的队伍中来吧，不要让黄河母亲再流泪了。我志愿加入到保护黄河湿地的志愿者中来，希望有理想的年轻人都加入到保护黄河湿地的队伍中来，让我们共同努力，共创美好家园！

第 3 页

【样文 2-9B】

电器门市部第一季度销售情况统计表				
电器名称	一月（台）	二月（台）	三月（台）	合计
XF 冰箱	320	200	330	850
HE 空调	280	170	300	750
TCL 电视	220	360	280	860
BD 洗衣机	180	220	230	630
XTE 洗衣机	370	420	260	1050
CW 电视	268	290	300	858
AKS 空调	50	180	240	470

2.10 第 10 题

【操作要求】

打开文档 A2.docx，按照样文进行如下操作。

1. 设置文档页面格式：

- 按【样文 2-10A】所示，设置上下左右页边距均为 3.5 厘米；为文档插入“朴素型（奇数页）”页眉，录入页眉标题为“明清漆饰家具”，在页脚处插入页码“第 1 页”，字体均为隶书、小二，并设置页眉距边界为 2.2 厘米。
- 按【样文 2-10A】所示，为当前文档创建“历史资料”文字水印，字体为微软雅黑、72 磅、蓝色、半透明，版式为斜式。

2. 设置文档编排格式：

- 按【样文 2-10A】所示，将标题设置为艺术字样式“渐变填充 - 紫色，强调文字颜色 4，映像”；字体为华文琥珀、60 磅，文字环绕为嵌入型，对齐方式为居中对齐；为其添加“橙色，5pt 发光，强调文字颜色 6”的文本效果，并为其添加“彩色轮廓 - 水绿色，强调颜色 5”的形状样式。
- 按【样文 2-10A】所示，将正文第 1 段的字体设置为楷体_GB2312、四号、深红色；第 2 段的字体设置为黑体、小四、橙色；第 3 段的字体设置为华文新魏、小三、粉红色（RGB：255，50，200），并添加浅蓝色粗线下划线；将正文各段的行距设置为固定值 20 磅。

3. 文档的插入设置：

- 在【样文 2-10A】所示位置插入图片文件 C:\Win2010GJW\KSML1\KSWJ2-10A.jpg，设置图片的缩放比例为 20%，环绕方式为穿越型环绕；为图片添加“纹理化”的艺术效果，并设置缩放比例为 100。

4. 文档表格的高级操作：

- 在 Word 2010 中打开文件 C:\Win2010GJW\KSML1\KSWJ2-10B.docx，以 A2-A.docx 为文件名保存至考生文件夹中。
- 按【样文 2-10B】所示，以“总个数”为主要关键字、“合格产品（个）”为次要关键字，对表格中的内容进行降序排序。
- 按【样文 2-10B】所示，为表格自动套用“浅色列表 - 强调文字颜色 1”的表格样式。

5. 文档的保护操作：

- 对文档 A2-A.docx 进行加密，设置打开此文档的密码为“ks2-10”。

【样文 2-10A】

明清漆饰家具

明清漆饰家具

——摘自《追踪古人、古事、古物》

据史料记载，我国运用漆工工艺制造精美的家具大约是在公元前八世纪到公元前五世纪的春秋时代。而古代漆器的第一个黄金时代出现在战国时期，当时出现了彩绘漆床、漆几、漆俎、漆箱等。以后从秦汉到隋唐，又经历了五代、宋元，漆饰家具的工艺也进一步地完善。我们可以从不久前老山汉墓中出土的一块描金漆板中可见一斑。然而到了明清两代，我国古代漆器家具工艺在不断推陈出新中又发展到了一个新的高峰。

明清漆木家具大体可以分为两类。一类是素色漆裹家具，常出现于箱子、柜子及各种制作考究的桌案。其造法一般是先用漆灰填木缝后再上一层漆灰、糊织物或披麻，然后再上一层漆灰，最后上素漆等几道工序。素漆的颜色常见的有红、黑、绿等。每道工序的加工次数或多或少，做工或精或粗。第二类是描金彩绘家具，就是在家具素漆的基础上用金、银粉或铜粉描绘图案文饰，有时也用其它颜色做适当彩绘。彩绘的图案各式各样，有山水、花鸟、人物。一般人物的题材不外乎“婴戏图”、“历史典故”及“美女图”等。等绘完图后，再罩一层清漆加以固定颜料。

造漆裹所用的材料有生漆、麻布、土子、砖灰（调漆灰用）、熟漆（调色漆用）及各种矿物质颜料。所用颜料不外乎银朱、赭石、靛花、石黄、烟煤。家具有了漆裹，对防止木料开裂和对箱柜的防虫、防尘都起重要的作用。值得一提的是一般漆木家具的木材所采用的是软木，如榉木、杉木、松木等。没见用硬木的。北方人称之为“柴木”，而南方人则称“白木”。因为硬木家具不易虫蛀且有其自然的木纹装饰。

第 1 页

【样文 2-10B】

机械厂前六车间产品情况统计表				
车间	产品型号	不合格产品（个）	合格产品（个）	总个数
第四车间	S-02	60	4800	4860
第一车间	S-01	30	4600	4630
第三车间	S-01	40	4500	4540
第二车间	S-03	50	4300	4350
第六车间	S-03	70	4200	4270
第五车间	S-02	80	4000	4080

2.11　第 11 题

【操作要求】

打开文档 A2.docx，按照样文进行如下操作。

1. 设置文档页面格式：

- 按【样文 2-11A】所示，设置上下左右页边距均为 3 厘米；为文档插入“堆积型”页眉和页脚，录入页眉标题为“《儒德李生之墓铭》”，在页码文本框中插入页码“3”，在页脚处输入“《中国书法史》”，字体均为华文行楷、小四、加粗、深红色，并设置页眉距边界 2 厘米。
- 按【样文 2-11A】所示，设置页面背景色为“雨后初晴”的预设渐变效果。

2. 设置文档编排格式：

- 按【样文 2-11A】所示，将标题设置为艺术字样式“填充 - 红色，强调文字颜色 2，粗糙棱台”；字体为微软雅黑、45 磅，文字环绕为上下型、居中对齐。
- 按【样文 2-11A】所示，为正文第 1 段添加黑色的“点 - 短线”下划线；正文部分所有文本的字体均为华文新魏、四号、紫色，段落间距为段前 1 行，行距为固定值 22 磅。
- 按【样文 2-11A】所示，为正文第 2 段添加浅黄色（RGB：255，204，102）的底纹。

3. 文档的插入设置：

- 在【样文 2-11A】所示位置插入图片文件 C:\Win2010GJW\KSML1\KSWJ2-11A.jpg，设置图片的缩放比例为 80%，环绕方式为四周型环绕；添加“棱台左透视，白色”的图片样式和“橄榄色，11pt 发光，强调文字颜色 3”的图片效果。

4. 文档表格的高级操作：

- 在 Word 2010 中打开文件 C:\Win2010GJW\KSML1\KSWJ2-11B.docx，以 A2-A.docx 为文件名保存至考生文件夹中。
- 按【样文 2-11B】所示，以“学费”为主要关键字，对表格中的内容进行升序排序。
- 按【样文 2-11B】所示，为表格自动套用“浅色网格 - 强调文字颜色 4”的表格样式。

5. 文档的保护操作：

- 在 A2-A.docx 文档中启动文档保护，仅允许对文档进行“修订”操作，密码为“ks2-11”。

【样文 2-11A】

《儒德李生之墓铭》

3

北魏《李瞻墓志》

——摘自《中国书法史》

《李瞻墓志》全称《儒德李生之墓铭》，刻于北魏正始五年（508）正月，墓志为覆斗形状，石高三十六点五厘米，宽四十三厘米，字面高二十九厘米，宽三十六点五厘米，正书十六行，行十五字，有棋盘格，二零零零年出土于河北赞皇。

此志书法点画丰腴舒展，结体翔动开张，其字形时有舛误，殆由石质松脆且镌刻仓促所致，然以此更见率意洒脱，不衫履之趣。

据《魏书·李灵传》，灵弟均，官赵郡太守，与志文合。均子璨，字世显，累官赵郡、常山二郡太守，显祖时参与平定淮北，迁宁朔将军、兖州刺史，姑臧侯，加建武将军，志文简略。璨子元茂，太和八年袭爵，卒徐州刺史。元茂弟宣茂，太和初官中书博士，

除宁朔将军、兼定州大中正，徙平阳太守，复以罪左迁步兵校尉，正始初除太中大夫，迁光禄大夫，平东将军、幽州刺史，志文仅言其太中大夫。宣茂长子蕤之，字修远；次子志，字敬远；三子幼远，不及李瞻。李瞻字恭远，依古代习惯，应排序于敬远之上，以未仕早卒，史乃缺载。志言李瞻于经学、小学用力颇多，世号之曰“儒德李生”，既冠而以暴疾卒于家。专文不言李瞻生卒之年，但述大魏正始五年正月入穴，则其卒当在四年秋冬之时。

《中国书法史》

【样文 2-11B】

某学院学费简介			
姓名	系别	专业	学费
李畅	新闻	文秘	3200
江珊	广告	平面设计	3800
李明	新闻	中文	4000
王强	新闻	中文	4000
汪珞	计算机	编程	4500
王飞	英语	商务英语	6000

2.12 第 12 题

【操作要求】

打开文档 A2.docx，按照样文进行如下操作。

1. 设置文档页面格式：

- 按【样文 2-12A】所示，设置上下页边距为 3.5 厘米，左右页边距为 3 厘米；为文档插入“危险性”页眉，录入页眉标题为“电脑病毒的预防”，页脚处插入页码“第 1 页”，字体均为华文中宋、四号、深蓝色、居左，并设置页眉页脚距边界各 2 厘米。
- 按【样文 2-12A】所示，为页面添加 3.0 磅、紫色的三线页面边框，并设置边框与文字的距离上下 1 磅、左右 4 磅；设置页面背景为浅蓝色由深到浅的渐变背景。

2. 设置文档编排格式：

- 按【样文 2-12A】所示，将标题设置为艺术字样式“填充 - 红色，强调文字颜色 2，暖色粗糙棱台”；字体为华文新魏，字号为 43 磅，位置为“顶端居中，四周型文字环绕”；为其添加“转换”中“腰鼓”弯曲的文本效果。
- 按【样文 2-12A】所示，将正文第 1 段的文本字体设置为华文行楷、小四、倾斜，并添加红色、粗点式下划线；将正文第 1 段的行距设置为固定值 20 磅。
- 按【样文 2-12A】所示，将正文第 3 段的文本设置为竖排文本框格式，隶书，小四，行距为固定值 18 磅，文本框环绕方式为上下型。
- 按【样文 2-12A】所示，为正文第 6～11 段文本添加项目符号，并设置字体颜色为深红色中心辐射深色变体渐变，段落间距为段前 0.5 行、段后 0.5 行。

3. 文档的插入设置：

- 在【样文 2-12A】所示位置插入图片文件 C:\Win2010GJW\KSML1\KSWJ2-12A.jpg，设置图片高度为 4.5 厘米、宽度为 5.8 厘米，环绕方式为紧密型，置于底层；为图片添加“胶片颗粒”的艺术效果和“柔化边缘 10 磅”的图片效果。

4. 文档表格的高级操作：

- 在 Word 2010 中打开文件 C:\Win2010GJW\KSML1\KSWJ2-12B.docx，以 A2-A.docx 为文件名保存至考生文件夹中。
- 按【样文 2-12B】所示，运用算术平均值公式计算出“平均分”值，将结果填写在相应的单元格内。
- 按【样文 2-12B】所示，为表格自动套用“中等深浅底纹 1 - 强调文字颜色 5”的表格样式。

5. 文档的保护操作：

- 在 A2-A.docx 文档中启动文档保护，仅允许对文档进行“填写窗体”操作，密码为“ks2-12”。

【样文 2-12A】

电脑病毒的预防

电脑病毒的预防

21世纪是信息化的社会，电脑已经成为我们工作、学习、生活中必不可少的工具。电脑感染病毒会给我们带来很多麻烦，甚至会造成很大的损失。因此今天就和大家分享一下如何预防电脑病毒的经验。

电脑病毒有许多种类，大体上可分为源码病毒、外壳病毒、操作系统病毒等几类，例如，大麻病毒就是一种操作系统病毒。

电脑病毒能够像生物病毒一样，在许多电脑之间传播，危害极大。
电脑可以通过软件盘、网络传播，使电脑“生病”。

当电脑出现异常现象时，我们应先确认它是否有病毒。如果系统不认硬盘，应从软盘启动，然后再利用杀毒软件来检查并清除病毒。病毒对电脑系统造成的破坏是很大的，而且被破坏的部分是很难恢复甚至是不可恢复的；一些电脑病毒隐蔽性较强不易被发现，还有一部分病毒即使被发现也不易被清除；而且一些新的病毒又不断出现。因此，我们必须通过严密的措施防止电脑病毒的侵入，具体措施如下：

要防止“病从口入”，在使用任何磁盘时都要事先用杀病毒软件检查是否带毒。

- 安装防病毒卡。
- 严禁任何人员使用其他外来拷贝盘，不使用盗版软件，特别是不得用盗版软件盘玩电脑游戏。
- 对于系统文件，如 DOS 各种文件，以及所有需要保护的数据文件，如自己录入好的文章等都要作好备份以进行保存。
- 将有关文件和数据加密保护，在需要时再对其进行解密。
- 对一些文件和子目录进行加密，或将其属性改为只读或隐含。
- 电脑系统感染病毒后，可利用一定的防毒硬件和软件进行清除。硬件清除法是通过硬件方式来实现杀毒的。对于非电脑专业人员该方法是一种较好的选择。我国的反病毒产品主要是以反病毒卡为代表的辅助硬件产品。如华能反病毒卡、智能病毒防护卡和瑞星防病毒卡等。软件清除法是利用一定的杀毒软件清除程序中存留的有害的病毒程序，例如金山公司的金山毒霸，江民公司的 KV3000 等都是很好的杀毒软件。

第 1 页

【样文 2-12B】

水利水电学校2009届毕业生答辩成绩表						
学号	姓名	工程测量	测量平差	城镇规划	仪器维修	平均分
98D001	张立平	78	80	85	90	83.25
98D002	王老五	65	69	76	80	72.5
98D003	李正三	89	86	90	95	90
98D004	王淼	90	88	95	68	85.25
98D005	刘畅	92	68	70	80	77.5
98D006	赵龙	86	65	78	85	78.5
98D007	张虎	78	67	75	69	72.25
98D008	秦雪	72	60	73	80	71.25

2.13　第 13 题

【操作要求】

打开文档 A2.docx，按照样文进行如下操作。

1. 设置文档页面格式：

- 按【样文 2-13A】所示，设置上下左右页边距均为 2.5 厘米；为文档插入“细条纹”型页眉和页脚，录入页眉标题为“沙尘暴简介”，在页脚处插入页码“第 1 页”，字体均为华文楷体、四号、加粗、深蓝色，并设置页眉页脚各距边界 1.5 厘米。
- 按【样文 2-13A】所示，将图片 C:\Win2010GJW\KSML1\KSWJ2-13A.jpg 设置为页面的背景。

2. 设置文档编排格式：

- 按【样文 2-13A】所示，将标题设置为艺术字样式“填充 - 红色，强调文字颜色 2，双轮廓 - 强调文字颜色 2”；字体为隶书、60 磅，文字环绕为嵌入型、居中对齐；为其添加“紧密映像，4pt 偏移量”的文本效果。
- 按【样文 2-13A】所示，为正文第 1 段添加淡紫色（RGB：204，192，217）底纹；正文部分所有文本的字体均为华文新魏、小四、倾斜，段落间距为段前 0.5 行，行距为固定值 16 磅。
- 按【样文 2-13A】所示，将正文第 4 段文本设置为紫色（RGB：100，50，200）。

3. 文档的插入设置：

- 按【样文 2-13A】所示，为正文第 3 段插入“条纹型引述”样式的文本框，并设置文本框的高度为 6 厘米、宽度为 15 厘米，环绕方式为上下型，字体颜色为白色。

4. 文档表格的高级操作：

- 在 Word 2010 中打开文件 C:\Win2010GJW\KSML1\KSWJ2-13B.docx，以 A2-A.docx 为文件名保存至考生文件夹中。
- 按【样文 2-13B】所示，运用求和公式计算出“合计”值，将结果填写在相应的单元格内；用最大值函数计算出每类图书的最高销售量，将结果填写在相应的单元格内。
- 按【样文 2-13B】所示，为表格自动套用“浅色网格 - 强调文字颜色 4”的表格样式，并设置文本“水平居中”对齐。

5. 文档的保护操作：

- 在 A2-A.docx 文档中启动文档保护，仅允许对文档进行“修订”操作，密码为“ks2-13”。

【样文 2-13A】

沙尘暴简介

沙尘暴天气多发生在内陆沙漠地区，源地主要有撒哈拉沙漠，北美中西部和澳大利亚也是沙尘暴天气的源地之一。1933～1937 年由于严重干旱，在北美中西部就产生过著名的碗状沙尘暴。

亚洲沙尘暴活动中心主要在约旦沙漠、巴格达与海湾北部沿岸之间的下美索不达米亚、阿巴斯附近的伊朗南部海滨，稗路支到阿富汗北部的平原地带。前苏联的中亚地区哈萨克斯坦、乌兹别克斯坦及土库曼斯坦都是沙尘暴频繁影响区，但其中心在里海与咸海之间沙质平原及阿姆河一带。

中国西北地区由于独特的地理环境，也是沙尘暴频繁发生的地区，主要源地有古尔班通古特沙漠、塔克拉玛干沙漠、巴丹吉林沙漠、腾格里沙漠、乌兰布和沙漠和毛乌素沙漠等。从 1999 年到 2002 年春季，中国境内共发生 55 次 12 次沙尘天气，其中有 31 次起源于蒙古国中南部戈壁地区，换句话说，就是每年肆虐中国的沙尘，约有六成来自境外。这是 7 月 2 日，中国气象局副局长李黄向媒体公布的研究结果。他说，2002 年春季，中国北方共出现了 12 次沙尘天气过程，具有出现时段集中、发生强度大、影响范围广等 3 个特点。

影响中国的沙尘天气源地，可分为境外和境内两种。分析表明：三分之二的沙尘天气起源于蒙古国南部地区，在途经中国北方时得到沙尘物质的补充而加强；境内沙源仅为三分之一左右。发生在中亚（哈萨克斯坦）的沙尘天气，不可能影响中国西北地区东部乃至华北地区。新疆南部的塔克拉玛干沙漠是中国境内的沙尘天气高发区，但一般不会影响到西北地区东部和华北地区。中国的沙尘天气路径可分为西北路径、偏西路径和偏北路径：西北 1 路路径，沙尘天气一般起源于蒙古高原中西部或内蒙古西部的阿拉善高原，主要影响中国西北、华北；西北 2 路路径，沙尘天气起源于蒙古国南部或内蒙古中西部，主要影响西北地区东部、华北北部、东北大部；偏西路径，沙尘天气起源于蒙古国西南部或南部的戈壁地区、内蒙古西部的沙漠地区，主要影响中国西北、华北；偏北路径，沙尘天气一般起源于蒙古国乌兰巴托以南的广大地区，主要影响西北地区东部、华北大部和东北南部。世界上共有四大沙尘暴多发区，它们分别是：北美、大洋洲、中亚以及中东地区。

【样文 2-13B】

某图书馆 2009 年图书销售情况统计表						
书店名称	教育类（本）	小说类（本）	法律类（本）	电子类（本）	水利类（本）	合计
大石桥书店	300	900	1650	1800	1200	5850
金水区书苑	400	750	1500	1000	800	4450
陇海路书社	500	800	1450	1500	900	5150
伏牛路书城	700	600	1300	1700	650	4950
大前门书店	400	400	800	2100	1000	4700
避沙港书社	600	410	900	2000	1100	5010
最高销售量	700	900	1650	2100	1200	

2.14 第 14 题

【操作要求】

打开文档 A2.docx，按照样文进行如下操作。

1. 设置文档页面格式：

- 按【样文 2-14A】所示，设置上下左右页边距均为 2.5 厘米；为文档插入“现代型（偶数页）”页眉，录入页眉标题为“科学精神和人文精神”，字体为隶书、小二、加粗，并设置页眉距边界为 2.2 厘米；在右侧页边距插入“箭头（右侧）”型页码。
- 按【样文 2-14A】所示，为当前文档创建“科学人文”文字水印，字体为华文行楷、96 磅、浅蓝、半透明，版式为斜式。

2. 设置文档编排格式：

- 按【样文 2-14A】所示，将标题设置为艺术字样式“填充 - 红色，强调文字颜色 2，粗糙棱台”；字体为隶书、40 磅，文字环绕为嵌入型，对齐方式为居中对齐；为其添加“转换”中的“前近后远”的文本效果。
- 按【样文 2-14A】所示，将正文第 1 段的字体设置为楷体_GB2312、四号、蓝色，并为其加上红色的双波浪线下划线，行距设置为固定值 23 磅。
- 按【样文 2-14A】所示，为正文第 3～14 段文本添加编号，并设置该格式为左侧缩进 0 字符，悬挂缩进 2 字符，行距为固定值 18 磅，字体设置为黑体、五号、深红色。

3. 文档的插入设置：

- 按【样文 2-14A】所示，为正文第 2 段插入“年刊型引述”样式的文本框，字体设置为华文新魏、四号、黑色；将其设为竖排文本，首行缩进 2 字符，行距为固定值 17 磅；设置文本框的高度为 5.2 厘米、宽度为 15.8 厘米，环绕方式为四周型。

4. 文档表格的高级操作：

- 在 Word 2010 中打开文件 C:\Win2010GJW\KSML1\KSWJ2-14A.docx，以 A2-A.docx 为文件名保存至考生文件夹中。
- 按【样文 2-14B】所示，以“总工资”为主要关键字、“学历”为次要关键字，对表格中的内容进行降序排序。
- 按【样文 2-14B】所示，为表格自动套用“中等深浅网格 3 - 强调文字颜色 6”的表格样式。

5. 文档的保护操作：

- 对文档 A2-A.docx 进行加密，设置打开此文档的密码为“ks2-14”。

【样文 2-14A】

科学精神和人文精神

科学精神和人文精神

人文精神是一种普遍的人类自我关怀，表现为对人的尊严、价值、命运的维护、追求和关切，对人类遗留下来的各种精神文化现象的高度珍视，对一种全面发展的理想人格的肯定和塑造；而人文学科是集中表现人文精神的知识教育体系，它关注的是人类价值和精神表现。

科学精神是人们在长期的科学实践活动中形成的共同信念、价值标准和行为规范的总称。科学精神就是指由科学性质所决定并贯穿于科学活动之中的基本的精神状态和思维方式，是体现在科学知识中的思想或理念。它一方面约束科学家的行为，是科学家在科学领域内取得成功的保证；另一方面，又逐渐地渗入大众的意识深层。科学精神应包括12个方面的特征：

1) 执着的探索精神。根据已有知识、经验的启示或预见，科学家在自己的活动中总是既有方向和信心，又有锲而不舍的意志。
2) 创新、改革精神。这是科学的生命，科学活动的灵魂。
3) 虚心接受科学遗产的精神。科学活动有如阶梯式递进的攀登，科学成就在本质上是积累的结果，科学是继承性最强的文化形态之一。
4) 理性精神。科学活动须从经验认识层次上升到理论认识层次，或者说，有个科学抽象的过程。为此，必须坚持理性原则。
5) 求实精神。科学须正确反映客观现实，实事求是，克服主观臆断。
6) 求真精神。在严格确定的科学事实面前。科学家勇于维护真理，反对独断、虚伪和谬误。
7) 实证精神。科学的实践活动是检验科学理论真理性的唯一标准。
8) 严格精确的分析精神。科学不停留在定性描述层面上，确定性或精确性是科学的显著特征之一。
9) 协作精神。由于现代科学研究项目规模的扩大，须依靠多学科和社会多方面的协作与支持，才能有效地完成任务。
10) 民主精神。科学从不迷信权威，并敢于向权威挑战。
11) 开放精神。科学无国界，科学是开放的体系，它不承认终极真理。
12) 功利精神。科学是生产力，科学的社会功能得到了充分的体现，应当为人类社会谋福利。

【样文 2-14B】

中学教师工资表							
姓名	性别	学历	职称	基本工资	奖金	补贴	总工资
赵龙	男	本科	一级	1000	150	35	1185
王占永	男	大专	高级	900	130	27	1057
赵凤	女	大专	一级	800	160	38	998
秦稳孔	男	本科	一级	800	160	30	990
王霞	女	大专	一级	800	140	38	978
李畅	男	本科	一级	800	120	36	956
王传亮	男	本科	二级	700	150	30	880
史明	男	中专	二级	700	150	28	878
张立平	女	中专	高级	600	200	40	840
董军	男	中专	二级	600	100	25	725
李宁霞	女	大专	一级	500	130	28	658
刘玉玲	女	中专	一级	500	120	29	649

2.15　第 15 题

【操作要求】

打开文档 A2.docx，按照样文进行如下操作。

1. 设置文档页面格式：

- 按【样文 2-15A】所示，设置上下左右页边距均为 3 厘米；为文档插入“拼板型（奇数页）”页眉和页脚，录入页眉标题为“蒙古国简介”，字体为华文行楷、四号、加粗、深蓝色，在页脚处插入页码“第 5 页”，字体为华文楷体、四号、加粗、紫色，并设置页眉距边界 1.5 厘米、页脚距边界 2 厘米。
- 按【样文 2-15A】所示，设置页面的背景为“30%”的图案填充，前景色为“浅绿”色，背景色为“白色”。

2. 设置文档编排格式：

- 按【样文 2-15A】所示，将标题设置为艺术字样式“填充 - 白色，投影”；字体为华文彩云、60 磅，文字环绕为嵌入型、居中对齐；为其添加“强烈效果 - 水绿色，强调颜色 5”的形状样式。
- 按【样文 2-15A】所示，正文部分所有文本的字体均为隶书、四号，段落间距为段后 0.5 行，行距为固定值 18 磅。
- 按【样文 2-15A】所示，正文第 3 段文本的字体颜色为红色，并加上黑色的粗虚下划线。

3. 文档的插入设置：

- 按【样文 2-15A】所示，在正文第 1 段“蒙古国”后面插入属性为“备注”的文档部件，内容为“（蒙古语：Монгол улс）”，并设置文本字体为宋体、五号、紫色；在正文第 2 段段首插入属性为“主题”的文档部件，内容为“地理位置：”，并设置文本字体为华文中宋、三号、蓝色。

4. 文档表格的高级操作：

- 在 Word 2010 中打开文件 C:\Win2010GJW\KSML1\KSWJ2-15A.docx，以 A2-A.docx 为文件名保存至考生文件夹中。
- 按【样文 2-15B】所示，运用求平均值公式计算出“平均消费”值，将结果填写在相应的单元格内。
- 按【样文 2-15B】所示，为表格自动套用“中等深浅网格 3”的表格样式。

5. 文档的保护操作：

- 在 A2-A.docx 文档中启动文档保护，对文档进行“不允许任何更改（只读）”操作，密码为“ks2-15”。

【样文 2-15A】

蒙古国简介

蒙古国

蒙古国（蒙古语：Монгол улс），别称草原之国，蒙语原意：永恒之火或永不熄灭的火。蒙古国首都为乌兰巴托。蒙古包是蒙古人祖祖辈辈住惯了的移动房屋，是牧民在草原上逐水草而居的家。乌兰巴托（Ulaanbaatar），意思是“红色英雄城”，原名库伦，蒙古人民共和国首都乌兰巴托(Ulaanbaatar)是一座具有浓郁草原风貌的现代城市。它已有 300 多年的历史，面积 4704 平方公里，常住人口 94.2 万（2004 年底），其中 70%的人口是年轻人，是世界上人口最年轻的城市之一。蒙古国的春节蒙语称“白月”，蒙古国日期与中国藏历新年相同，是蒙古民间最隆重的节日，以前称为“牧民节”，只在牧区庆祝。1988 年 12 月，蒙古大人民呼拉尔主席团决定，春节为全民的节日。

地理位置：蒙古国深居亚欧大陆腹地，属东亚，乃世界第二大内陆国（第一大为哈萨克斯坦），地处蒙古高原。东、南、西三面与中国接壤，北面同俄罗斯的西伯利亚为邻。大部分地区为山地或高原，平均海拔 1600 米。西部为山地，阿尔泰山自西北向东南蜿蜒。位于中蒙边界上的友谊峰海拔 4374 米，为全国最高峰。其他埃恩赫塔伊万山海拔 3905 米、阿格拉山海拔 3738 米、尚德山海拔 2825 米、扎卢丘特山海拔 2799 米。群山之间多盆地和谷地；东部为地势平缓的高地；南部是占国土面积 1/3 的戈壁地区。

蒙古大部分地区属大陆性温带草原气候，季节变化明显，冬季长，常有大风雪；夏季短，昼夜温差大；春、秋两季短促。每年有一半以上时间为大陆高气压笼罩，是世界上最强大的蒙古高气压中心，为亚洲季风气候区冬季“寒潮”的源地之一。无霜期大约从 6 月－9 月，只有 90－110 多天。降水很少，年平均降水量约 120－250 毫米，70%集中在 7、8 月；西北部地区属温带针叶林气候，许多高峰终年积雪。

第 5 页

【样文 2-15B】

2009 年部分城市消费水平调查（最高为 100）					
城市	副食	日常生活用品	服装	耐用消费品	平均消费
哈尔滨	85.03	92.3	89.2	94.78	90.33
郑州	90.8	88.75	89.7	99.45	92.18
西安	89.56	84.32	86	88.26	87.04
南京	87.68	90.18	91.5	88.2	89.39
兰州	80.23	83.26	90.56	88.73	85.7
合肥	78.53	75.68	80.69	95.15	82.51

2.16 第 16 题

【操作要求】

打开文档 A2.docx，按照样文进行如下操作。

1. 设置文档页面格式：

- 按【样文 2-16A】所示，设置页边距为上下各 4.5 厘米，左右各 4 厘米；为文档插入“拼板型（偶数页）”页眉和页脚，录入页眉标题为“健康之路”，页脚处插入页码“第 1 页”，字体均为华文彩云、小三、深红色、加粗，并设置页眉和页脚距边界均为 2 厘米。
- 按【样文 2-16A】所示，为页面添加 18 磅、浅绿色、艺术型的页面边框，设置边框与页边的距离上下左右均为 30 磅，为页面添加天蓝色（RGB：102，255，255）由深到浅的斜上渐变背景。

2. 设置文档编排格式：

- 按【样文 2-16A】所示，将标题设置为艺术字样式“填充 - 蓝色，强调文字颜色 1，塑料棱台，映像”；字体为华文行楷、初号，环绕方式为嵌入型；为其添加“转换”中“停止”弯曲的文本效果。
- 按【样文 2-16A】所示为正文第 2 段添加浅蓝色底纹；正文部分所有文本的字体均为华文细黑、小四，段落间距为段后 1 行，行距为固定值 25 磅。
- 按【样文 2-16A】所示，为正文最后一段中的文本“海滨空气”设置为中文版式中带括号的“双行合一”格式，字体为华文琥珀、三号、紫色。

3. 文档的插入设置：

- 在【样文 2-16A】所示位置插入图片文件 C:\Win2010GJW\KSML1\KSWJ2-16A.jpg，设置图片高度为 5 厘米、宽度为 6 厘米，环绕方式为四周型，为图片添加“映像圆角矩形”的图片样式。

4. 文档表格的高级操作：

- 在 Word 2010 中打开文件 C:\Win2010GJW\KSML1\KSWJ2-16B.docx，以 A2-A.docx 为文件名保存至考生文件夹中。
- 按【样文 2-16B】所示，运用求和公式计算出“总计”值，将结果填写在相应的单元格内。
- 按【样文 2-16B】所示，为表格自动套用“中等深浅网格 1 - 强调文字颜色 3”的表格样式。

5. 文档的保护操作：

- 在 A2-A.docx 文档中启动文档保护，仅允许对文档进行“修订”操作，密码为“ks2-16”。

【样文 2-16A】

健康之路

海滨的空气

当你来到海滨，一定会觉得海滨的空气特别新鲜，特别让人精神舒畅。为什么海滨的空气特别清新呢？

这是因为海浪每天不断地拍打着海岸，海潮时涨时落，给海滨带来美丽的景色和悦耳的涛声，同时也带来了湿润的海滨空气。同时海滨的空气中含有大量的负氧离子，负氧离子称为“空气维生素”，它可以通过呼吸进入人体，改善肺的换气功能，增加氧的吸入量，二氧化碳的呼出量。

负氧离子是带负电的离子，有杀菌的作用，在空气中能抑制细菌的繁殖。大量的负氧离子提高人的交感神经的功能，使人精神焕发，精力充沛，还能增加血液中的血红蛋白的含量。

因此，海滨建有很多的疗养院，因为，【海滨空气】对患有肺气肿、高血压、神经衰弱、哮喘、贫血等疾病的人有治疗作用，有益于人体的健康，使人精神振奋。

第1页

【样文 2-16B】

工程原料款（元）				
原料	工程 1	工程 2	工程 3	工程 4
空心砖	10000	2000	20000	15000
木材	3000	500	5000	8000
水泥	20000	4000	30000	40000
钢筋	40000	500	30000	7000
细沙	3000	1000	2000	8000
大沙	8000	800	7000	10000
总计	84000	8800	94000	88000

2.17　第 17 题

【操作要求】

打开文档 A2.docx，按照样文进行如下操作。

1. 设置文档页面格式：

- 按【样文 2-17A】所示，设置上下左右页边距均为 2 厘米；为文档插入“字母表型”页眉和页脚，录入页眉标题为“名花简介”，在页脚处插入页码“第 2 页”，字体均为隶书、三号、加粗、黄色、居中对齐，并设置页眉和页脚距边界均为 1.8 厘米。
- 按【样文 2-17A】所示，将图片 C:\Win2010GJW\KSML1\KSWJ2-17A.jpg 设置为页面的背景。

2. 设置文档编排格式：

- 按【样文 2-17A】所示，将标题设置为艺术字样式“填充 - 橄榄色，强调文字颜色 3，粉状棱台”；字体为华文新魏、70 磅，文字环绕为嵌入型、居中对齐；为其添加“细微效果 - 橙色，强调颜色 6”的形状样式和“预设 7”的形状效果。
- 按【样文 2-17A】所示，为正文第 2 段添加浅蓝色底纹；正文部分所有文本的字体均为黑体、五号、黄色、加粗，段落间距为段后 0.5 行，行距为多倍行距、1.25 行。
- 按【样文 2-17A】所示，为正文最后一段中的文本“蝴蝶兰”设置为中文版式中“合并字符”格式，字体为华文细黑、8 磅、红色。

3. 文档的插入设置：

- 按【样文 2-17A】所示，为正文第 3 段插入“平衡引言”样式的文本框，设置文本框的高度为 3.5 厘米、宽度为 14 厘米，环绕方式为嵌入型，字体颜色为紫色。

4. 文档表格的高级操作：

- 在 Word 2010 中打开文件 C:\Win2010GJW\KSML1\KSWJ2-17B.docx，以 A2-A.docx 为文件名保存至考生文件夹中。
- 按【样文 2-17B】所示，以“九月份”为主要关键字、“八月份”为次要关键字，对表格中的内容进行降序排序。
- 按【样文 2-17B】所示，为表格自动套用“中等深浅底纹 2 - 强调文字颜色 5”的表格样式。

5. 文档的保护操作：

- 在 A2-A.docx 文档中启动文档保护，仅允许对文档进行“填写窗体”操作，密码为“ks2-17”。

【样文 2-17A】

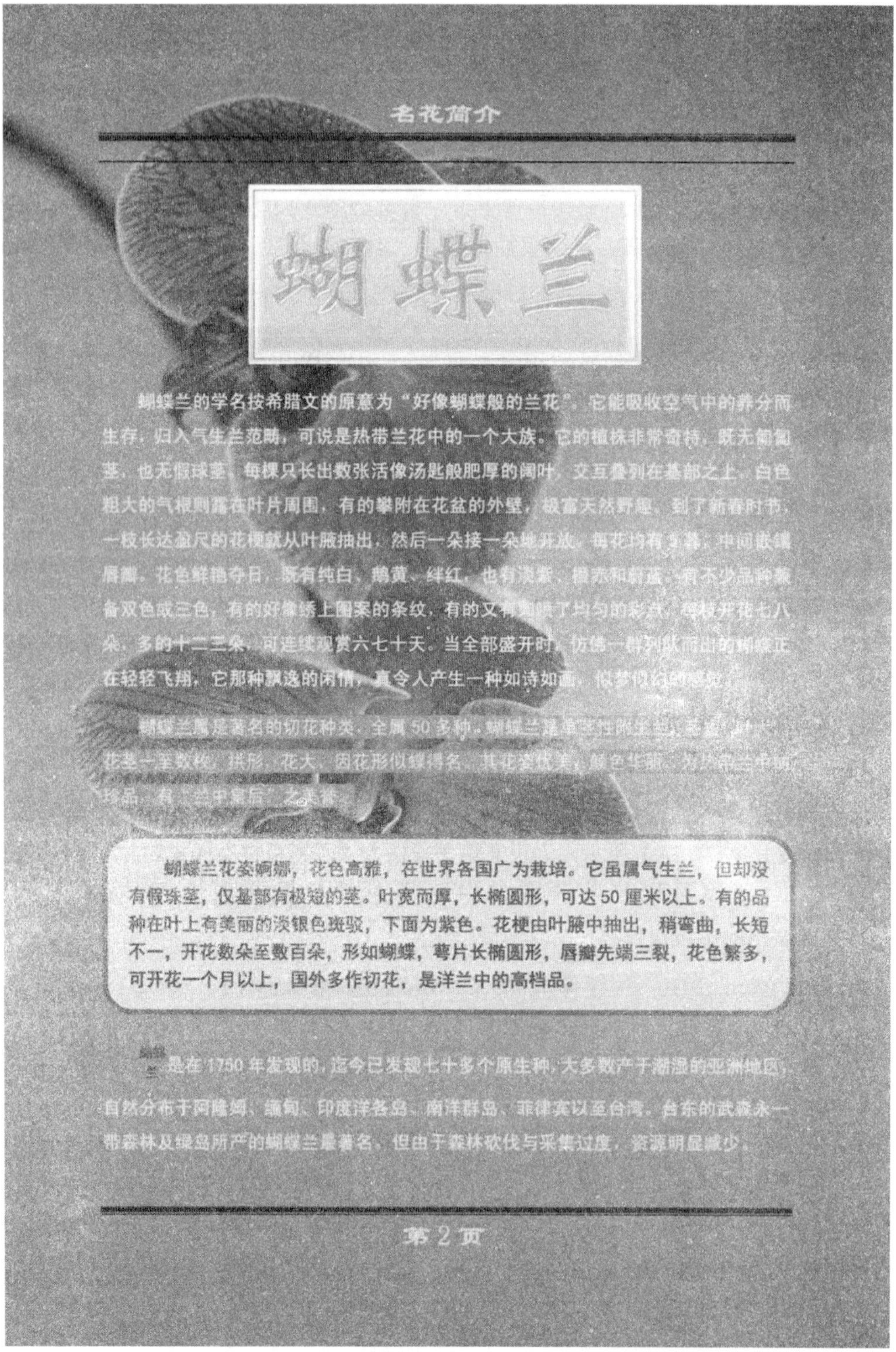

名花简介

蝴蝶兰

蝴蝶兰的学名按希腊文的原意为“好像蝴蝶般的兰花”。它能吸收空气中的养分而生存，归入气生兰范畴，可说是热带兰花中的一个大族。它的植株非常奇特，既无匍匐茎，也无假球茎，每棵只长出数张活像汤匙般肥厚的阔叶，交互叠列在基部之上。白色粗大的气根则露在叶片周围，有的攀附在花盆的外壁，极富天然野趣。到了新春时节，一枝长达盈尺的花梗就从叶腋抽出，然后一朵接一朵地开放。每花均有5萼，中间嵌镶唇瓣。花色鲜艳夺目，既有纯白、鹅黄、绯红，也有淡紫、橙赤和蔚蓝，有不少品种兼备双色或三色，有的好像绣上图案的条纹，有的又有如喷了均匀的彩点。每枝开花七八朵，多的十二三朵，可连续观赏六七十天。当全部盛开时，仿佛一群列队而出的蝴蝶正在轻轻飞翔，它那种飘逸的闲情，真令人产生一种如诗如画，似梦似幻的感觉。

蝴蝶兰属是著名的切花种类，全属50多种。蝴蝶兰是单茎性附生兰，茎短，叶大，花茎一至数枚，拱形，花大，因花形似蝶得名。其花姿优美，颜色华丽，为热带兰中的珍品，有“兰中皇后”之美誉。

蝴蝶兰花姿婀娜，花色高雅，在世界各国广为栽培。它虽属气生兰，但却没有假珠茎，仅基部有极短的茎。叶宽而厚，长椭圆形，可达50厘米以上。有的品种在叶上有美丽的淡银色斑驳，下面为紫色。花梗由叶腋中抽出，稍弯曲，长短不一，开花数朵至数百朵，形如蝴蝶，萼片长椭圆形，唇瓣先端三裂，花色繁多，可开花一个月以上，国外多作切花，是洋兰中的高档品。

蝴蝶兰是在1750年发现的，迄今已发现七十多个原生种，大多数产于潮湿的亚洲地区，自然分布于阿隆姆、缅甸、印度洋各岛、南洋群岛、菲律宾以至台湾。台东的武森永一带森林及绿岛所产的蝴蝶兰最著名，但由于森林砍伐与采集过度，资源明显减少。

第2页

【样文 2-17B】

某部门第三季度预算执行情况表			
项目	七月份	八月份	九月份
教材款	1200	2770	4568
培训费	3545	2566	4568
开站费	1222	1440	2700
考务费	2333	1300	1541
办公耗材	3640	1833	1500
管理费	1110	1500	1450
劳保用品	1350	1860	1245

2.18　第 18 题

【操作要求】

打开文档 A2.docx，按照样文进行如下操作。

1. 设置文档页面格式：

- 按【样文 2-18A】所示，设置上下左右页边距均为 2.5 厘米；为文档插入“边线型”页眉，录入页眉标题为“三茶小知识”，字体为华文新魏、四号、绿色，并设置页眉距边界 2 厘米；在右侧页边距插入“圆（右侧）”型页码，页码数居中对齐，对象顶端对齐。
- 按【样文 2-18A】所示，为当前文档创建“茶树特征”文字水印，字体为华文行楷、96 磅、浅蓝色、半透明，版式为斜式。

2. 设置文档编排格式：

- 按【样文 2-18A】所示，将标题设置为艺术字样式“填充 - 橄榄色，强调文字颜色 3，轮廓 - 文本 2”；字体为华文中宋、36 磅，位置为“顶端居中，四周型文字环绕”，文本轮廓为 0.75 磅；为其添加“转换”中的“波形 2”的文本效果。
- 按【样文 2-18A】所示，将正文第 1 段的字体设置为微软雅黑、小四、褐色（RGB：102，51，0）、加粗，并为其添加红色的双波浪线下划线；将正文第 2～8 段的字体设置为华文中宋、小四、深蓝色；将正文各段的间距设置为段前、段后各 0.5 行，第 1 段的行距为 1.5 倍行距，第 2～8 段的行距为固定值 22 磅。
- 按【样文 2-18A】所示，为正文第 2～8 段添加项目符号，并设置该格式为左侧缩进 0 字符，悬挂缩进 2 字符。

3. 文档的插入设置：

- 按【样文 2-18B】所示，在文档的结尾处插入“关系”SmartArt 图形，设置该图形的布局为“标签式拱形”，更改颜色为“彩色 - 强调文字颜色”，并应用三维效果下“优雅”的外观样式；录入相应的文本内容，并设置字体为华文细黑、32 磅、深蓝色。

4. 文档表格的高级操作：

- 在 Word 2010 中打开文件 C:\Win2010GJW\KSML1\KSWJ2-18A.docx，以 A2-A.docx 为文件名保存至考生文件夹中。
- 按【样文 2-18C】所示，运用求平均数公式计算出“平均成绩”值，将结果填写在相应的单元格内。
- 按【样文 2-18C】所示，为表格自动套用“中等深浅网格 3 - 强调文字颜色 5”的表格样式。

5. 文档的保护操作：

- 对文档 A2-A.docx 进行加密，设置打开此文档的密码为“ks2-18”。

【样文 2-18A】

三茶小知识

1

山茶、油茶和茶梅

植物园的山茶园种植有山茶、油茶和茶梅。可是放眼望去，好像都长的差不多，真是很难区分啊。不过掌握了下面的小技巧，相信就可以轻松识别它们了。

- 首先树高不同：山茶和油茶属于常绿灌木或小乔木，成年山茶高可达 15 米，成年油茶高达 8 米，成年茶梅为灌木，高达 3 米。
- 同时树叶存在差异：一是叶大小不同：茶梅叶片较小，叶长 5 厘米以下；山茶和油茶的叶片较大，长度都在 5 厘米以上；而且山茶叶片比油茶的更长一些。
- 叶色不同：山茶和油茶叶片颜色较浅，茶梅叶片颜色较深。
- 叶脉明显程度不同：茶梅网状叶脉不明显；山茶较茶梅明显，但两者网状脉基本不突出；油茶网状叶脉较前两者明显，并且背面的脉络明显突出。
- 叶缘锯齿锋利程度不同：油茶叶缘锯齿比较锋利，触摸有扎手的感觉；而山茶和茶梅叶缘锯齿较为圆滑，触摸不感到扎手。
- 其次花期不同：山茶的花期在 1 至 3 月，油茶则是 9 月到第二年 2 月，而茶梅的花期在 11 月至第二年 1 月。
- 此外落花的形态也有差别：山茶花是整朵地凋落；而茶梅花是一片片地散落；油茶花落花形态介于二者之间，有的花整朵凋落，有的花则片片散落。

【样文 2-18B】

【样文 2-18C】

学生成绩登记表				
姓名	语文	数学	英语	平均成绩
王明起	78	90	75	81
张洪旺	88	93	83	88
田亮	90	94	66	83.33
邓江海	75	84	74	77.67
李湘芳	95	56	80	77
张朋	65	77	60	67.33
苏强	86	81	68	78.33

2.19　第 19 题

【操作要求】

打开文档 A2.docx，按照样文进行如下操作。

1. 设置文档页面格式：

- 按【样文 2-19A】所示，设置页边距为上下各 4 厘米，左右各 3 厘米；为文档插入“危险性”页眉，左侧录入页眉标题为“未来世界”，右侧插入页码“第 4 页”，字体均为黑体、小四、紫色，并设置页眉和页脚距边界均为 2.3 厘米。
- 按【样文 2-19A】所示，为页面添加预设下“茵茵绿原”的斜上渐变背景。

2. 设置文档编排格式：

- 按【样文 2-19A】所示，将标题设置为艺术字样式“填充 - 橙色，强调文字颜色 6，暖色粗糙棱台”；字体为方正姚体、36 磅，环绕方式为紧密型；为其添加“半映像，接触”和三维旋转“离轴 1 右”的文本效果。
- 按【样文 2-19A】所示为正文第 4 段添加紫色（RGB：255，0，255）底纹；正文部分所有文本的字体均为华文行楷、小四，段落间距为段后 0.5 行，行距为固定值 18 磅。
- 按【样文 2-19A】所示，为正文最后一段中的文本“农业工厂”设置为中文版式中带括号的“双行合一”格式，字体为幼圆、小三、红色、加粗。

3. 文档的插入设置：

- 在【样文 2-19A】所示位置插入图片文件 C:\Win2010GJW\KSML1\KSWJ2-19A.jpg，设置图片缩放比例为 120%，环绕方式为紧密型；为图片添加“简单框架，白色”的图片样式和三维旋转“极左极大透视”的图片效果，并更改图片边框颜色为黄色。

4. 文档表格的高级操作：

- 在 Word 2010 中打开文件 C:\Win2010GJW\KSML1\KSWJ2-19B.docx，以 A2-A.docx 为文件名保存至考生文件夹中。
- 按【样文 2-19B】所示，运用求和公式计算出“总计”值，将结果填写在相应的单元格内。
- 按【样文 2-19B】所示，为表格自动套用“彩色列表 - 强调文字颜色 4”的表格样式。

5. 文档的保护操作：

- 在 A2-A.docx 文档中启动文档保护，不允许对文档进行任何更改操作，密码为“ks2-19”。

【样文 2-19A】

未来世界　　第 4 页

未来的农业工厂

随着社会的发展，各种新兴技术大量涌现，各个学科之间的结合性越来越强，如果不综合运用于实践，便难以体现出未来科学的真正价值。而机电技术作为重要的基础性学科担负着将各门学科的多种技术结合在一起的重任，并将为转换成巨大的生产力、推动社会高速的发展起着重大作用。

当前社会的人口巨增，可耕面积大量减少，人类的基础饮食面临着巨大的潜在威胁。据此本学院提出以智能机器人技术、先进控制技术、生物技术为结合的未来农业工厂。

当前，人类农业的生产，更多地依赖于自然的供给，受自然的制约。比如阳光，空气，水分等。然而，这些生长条件虽并不可少但并非是最佳，由此也就直接影响着农作物产品的生产周期、发育状况、品种式样及用途多样性。这既导致了人们缺乏各种食品的充分供给的矛盾，又导致了与随着人们日益增长的各种食品需求不协调的矛盾。然而，未来的一个世纪里，是一个以生物技术为先导，各种技术相互联结共同进步产生技术巨大革命的世纪。

农业工厂的提出，是综合了未来的先进智能机器人技术——可以感应出农作物在生长过程中的各种需求并反馈给控制单元先进技术、先进控制技术——能够控制模拟自然环境的产生并控制调节模拟自然环境对农作物生长发育过程中的各种利于生长的最佳配给，以利于农作物的生长。生物技术——指按照人的意愿采取一定的技术手段，直接或间接地利用生物体及其机能，创造新的生物品种和新的生物制品。并在当前的体细胞杂交技术、转基因技术、组培技术、克隆技术基础上，认清农作物的发育过程，进行各种育种工作。

农业工厂综合利用先进的智能机器人技术、先进控制技术、未来生物技术并结合农作物的生长规律，将古老农业和传统的工业结合在一起。一改过去面朝黄土背朝天的平面化的落后的农业生产模式，转变为全新的、立体的、智能化的生产模式，达到了缩短周期、增加产量、丰富品种、提高质量、丰富产品用途，从而使农业生产发生翻天覆地的变化。

【样文 2-19B】

产品质量统计表						
产品名称	一级	二级	三级	四级	五级	总计
MUJI	500	244	122	89	63	1018
MEZU	825	521	310	245	120	2021
HX	180	100	78	66	45	469
DZH	450	240	110	86	55	941
KGTNC	360	220	145	79	48	852
SXI	270	140	100	56	35	601

2.20　第 20 题

【操作要求】

打开文档 A2.docx，按照样文进行如下操作。

1. 设置文档页面格式：

- 按【样文 2-20A】所示，设置上下左右页边距均为 3.3 厘米；为文档插入“奥斯汀”页眉，录入页眉标题为“赏析珠宝”，在页脚处插入页码“第 1 页”，字体均为楷体_GB2312、四号、橙色、加粗、居中对齐，边框为高度 26.5 厘米，宽度 16.5 厘米，并设置页眉和页脚的距边界均为 2 厘米。
- 按【样文 2-20A】所示，为当前文档创建“珠宝特质”文字水印，字体为微软雅黑、80 磅、紫色、半透明，版式为水平。

2. 设置文档编排格式：

- 按【样文 2-20A】所示，将标题设置为艺术字样式“填充 - 蓝色，强调文字颜色 1，金属棱台，映像”；字体为黑体、60 磅，环绕方式为嵌入型；为其添加“细微效果 - 橄榄色，强调颜色 3”的形状样式。
- 按【样文 2-20A】所示，将正文第 2 段的字体设置为华文琥珀、小三、深蓝色，并为其填充橙色底纹；将正文第 4、5、6 段的字体设置为幼圆、蓝色、加粗；将正文各段的间距设置为段前、段后各 0.5 行，行距为固定值 16 磅。
- 按【样文 2-20A】所示，为正文第 4、5、6 添加编号，并设置该格式为左侧缩进 0 字符，悬挂缩进 2 字符。

3. 文档的插入设置：

- 按【样文 2-20A】所示，为正文第 3 段插入“原创引言”样式的文本框，设置文本框的高度为 4.7 厘米、宽度为 14.5 厘米，环绕方式为嵌入型，字体设置为华文隶书、小四、绿色，首行缩进 2 字符，行距为固定值 15 磅。

4. 文档表格的高级操作：

- 在 Word 2010 中打开文件 C:\Win2010GJW\KSML1\KSWJ2-20A.docx，以 A2-A.docx 为文件名保存至考生文件夹中。
- 按【样文 2-20B】所示，以“第二季度”为主要关键字、“第四季度”为次要关键字，对表格中的内容进行升序排序。
- 按【样文 2-20B】所示，为表格自动套用“浅色底纹 - 强调文字颜色 2”的表格样式。

5. 文档的保护操作：

- 对文档 A2-A.docx 进行加密，设置打开此文档的密码为“ks2-20”。

【样文 2-20A】

赏析珠宝

珠宝两字对我们来说肯定是不陌生的，自古以来，珠宝两字就经常出现在人们的生活词汇之中。当前，随着人们生活水平和审美能力的提高，珠宝正迅速地进入千百万平民百姓家中。但是，究竟什么是珠宝？珠宝为何价值不菲？怎样认识珠宝？

何为珠宝

除了专业人士外，很少人认真探究珠宝的含义，而习惯将金银等金属之外的天然材料（矿物、岩石、生物等）制成的，具有一定价值的首饰、工艺品或其他珍藏统称为珠宝，故有“金银珠宝”的说法，经营这些物品的珠宝行也统称为“珠宝行”。科学地说，“珠宝”与广义的“宝石”的概念是相同的。广义的宝石泛指那些适宜进行琢磨或雕刻加工为首饰或工艺品的原料。但是，能够雕刻石狮子的花岗岩是否也属宝石？回答是否定的，因为，作为宝石，必须具备以下几个特点：

珠宝特质

一、“美”，即艳丽晶莹，光彩夺目。宝石如果不美就不能成为宝石，这种美或表现为绚丽的颜色，或表现为透明而洁净，或具特殊的光学效应（如猫眼、变彩、夜光等现象），或具特殊的图案（如菊花石、玛瑙、梅花玉等）。明白了这一点，我们就明白为何同为金刚石，透明少瑕者可用来琢磨成名贵的钻石，而透明度差、多瑕、色黑者则只能用作工业原料。

二、“久”，即质地坚硬耐磨，能够经久不变。由于宝石的价值高，人们必然期望它能够经久耐用，可保值甚至世袭的物品。钻石之所以成为最昂贵的宝石，其中一个原因就是它是世界上最硬、又不怕腐蚀的宝石，故世上价值较高的宝石多为一些硬度大、耐腐蚀的硅酸盐矿物（如翡翠）、少数氧化物（如红宝石、蓝宝石）及单质矿物（如钻石），而质软、易受腐蚀的宝石（如岫玉、南方玉等）本身价值较低，常用于制作工艺品，以工取胜；但也有少数宝石不在此列，如欧泊、珍珠。

三、“稀”，即产量少。物以稀为贵，世上极为稀少的祖母绿宝石，上等质量者每克拉（0.2克）价值上万美元，而某些颇美丽又可耐“久”的宝石（如紫晶），由于产量较多，开采较容易，其价格一直较低。某些常见的岩石，经琢磨后也具美观耐久的特点，但却不能成为宝石大家庭中的一员，其原因就是物易得必贱。

【样文 2-20B】

液晶电视销量统计

品牌	第一季度	第二季度	第三季度	第四季度
DZH	150	196	225	256
SXJ	240	211	268	305
HX	245	300	280	560
KJ	350	396	412	699
CWE	420	400	375	455
XM	310	400	415	520
LMT	370	470	455	402
TCT	400	500	480	411

第三单元　文档处理的综合操作

3.1　第 1 题

【操作要求】

打开文档 A3.docx，按以下要求进行操作。

1．应用样式：

- 按【样文 3-1A】所示，将文档中第 1 行的样式设置为“文章标题”，第 2 行的样式设置为“标题注释”。

2．模板的应用：

- 按【样文 3-1A】所示，将正文的前三个段落套用模板文件 C:\Win2010GJW\KSML1\KSDOTX3.dotx 中“正文段落”的样式。

3．修改样式：

- 按【样文 3-1B】所示，以正文为样式基准，对“重点正文”样式进行修改：字体为仿宋_GB2312，字号为小四，字形为加粗；为文本填充预设颜色中“熊熊火焰”效果，方向为“线性向下”；更改行距为固定值 18 磅，自动更新对当前样式的改动，并将该样式应用于正文第 4 段。
- 按照【样文 3-1B】所示，对“项目符号”样式进行修改：字体为方正姚体，文字颜色为深红色，项目符号为“▦”，并将改动后的该样式应用于正文第 5～10 段。

4．新建样式：

- 按照【样文 3-1C】所示，以正文为样式基准，新建样式命名为“段落样式 1”，设置字体为华文细黑，字号为小四，文字颜色为深蓝色，行距为固定值 18 磅，段前、段后间距均为 0.5 行，并将该样式应用于正文的最后两个段落。

【样文 3-1A】

多媒体的知识

佚名供稿

多媒体是计算机和视频技术的结合，实际上它是两个媒体；声音和图像，或者用现在的术语：音响和电视。多媒体本身有两个方面，和所有现代技术一样它是由硬件和软件，或机器和思想混合组成。可以将多媒体技术和功能在概念上区分为控制系统和信息。多媒体之所以能够实现是依靠数字技术。

多媒体代表数字控制和数字媒体的汇合，电脑是数字控制系统，而数字媒体是当今音频和视频最先进的存储和传播形式。事实上有人就简单地认为多媒体是电脑和电视的结合。电脑的能力达到实时处理电视和声音数据流的水平，这时多媒体就诞生了。

多媒体电脑需要具有比主流电脑更强的能力，多媒体电脑决定了主流电脑的发展。区别普通电脑和多媒体电脑的主要东西是声卡和只读光盘驱动器。光盘是多媒体的主要存储和交换媒体。

在计算机和通信领域，我们所指的信息的正文、图形、声音、图像、动画，都可以称为媒体。从计算机和通信设备处理信息的角度来看，我们可以将自然界和人类社会原始信息存在的形式——数据、文字、有声的语言、音响、绘画、动画、图像（静态的照片和动态的电影、电视和录像）等，归结为三种最基本的媒体：声、图、文。所谓多媒体，是指能够同时采集、处理、编辑、存储和展示两个或以上不同类型信息媒体的技术，这些信息媒体包括文字、声音、图形、图像、动画和活动影像等。

【样文 3-1B】

多媒体技术有以下几个主要特点：

- 集成性：能够对信息进行多通道统一获取、存储、组织与合成。
- 控制性：多媒体技术是以计算机为中心，综合处理和控制多媒体信息，并按人的要求以多种媒体形式表现出来，同时作用于人的多种感官。
- 交互性：交互性是多媒体应用有别于传统信息交流媒体的主要特点之一。
- 非线性：多媒体技术的非线性特点将改变人们传统循序性的读写模式。
- 实时性：当用户给出操作命令时，相应的多媒体信息都能够得到实时控制。
- 方便性：用户可以按照自己意愿来使用信息，任取图、文、声等信息表现形式。

【样文 3-1C】

总之，由于信息最本质的概念是客观事物属性的表面特征，其表现方式是多种多样的，因此，较为准确而全面的多媒体定义，就应该是指多种信息类型的综合。

这些媒体可以是图形、图像、声音、文字、视频、动画等信息表示形式，也可以是显示器、扬声器、电视机等信息的展示设备，传递信息的光纤、电缆、电磁波等中介媒质，还可以是存储信息的磁盘、光盘、磁带等存储实体。

3.2 第 2 题

【操作要求】

打开文档 A3.docx，按以下要求进行操作。

1. 应用样式：

- 按【样文 3-2A】所示，将文档中第 1 行的样式设置为“主标题”，第 2 行的样式设置为“副标题”。

2. 修改样式：

- 按【样文 3-2A】所示，以正文为样式基准，对“首段落”样式进行修改：字体为楷体_GB2312，字号为小四，文字颜色为蓝色（RGB：20，10，230），红色的双实线下划线；更改行距为 1.5 倍行距，自动更新对当前样式的改动，并将该样式应用于正文第 1 段。
- 按【样文 3-2A】所示，以正文为样式基准，对“重点段落”样式进行修改：字体为幼圆，字形为加粗；更改行距为 1.5 倍行距，并为段落添加 1.5 磅、单波浪线边框和浅蓝色（RGB：200，230，255）底纹，自动更新对当前样式的改动，并将该样式应用于正文第 2、3 段。

3. 新建样式：

- 按照【样文 3-2B】所示，以正文为样式基准，新建样式命名为“段落样式 2”，设置字体为华文中宋，字号为三号，字形为加粗，文字颜色为深绿色（RGB：0，100，0），添加“紧密映像，接触”的文本效果，行距为固定值 18 磅，段后间距为 1 行，并将该样式应用于正文的第 4 段中。

4. 模板的应用：

- 按【样文 3-2B】所示，将正文的第 5～10 段套用模板文件 C:\Win2010GJW\KSML1\KSDOTX3.dotx 中“项目符号”的样式。
- 保存文档后，再将当前文档以 A3a 为文件名另存为考生文件夹下的模板文件。

【样文 3-2A】

氨基酸的作用

——摘自《中国科普博览》

氨基酸是构成生物体蛋白质并同生命活动有关的最基本的物质，是在生物体内构成蛋白质分子的基本单位，与生物的生命活动有着密切的关系。它在抗体内具有特殊的生理功能，是生物体内不可缺少的营养成分之一。

氨基酸通过肽键连接起来成为肽与蛋白质。氨基酸、肽与蛋白质（蛋白质食品）均是有机生命体组织细胞的基本组成成分，对生命活动发挥着举足轻重的作用。

人类为了生存必需摄取食物，以维持抗体正常的生理、生化、免疫机能，以及生长发育、新陈代谢等生命活动，食物在体内经过消化、吸收、代谢，促进抗体生长发育、益智健体、抗衰防病、延年益寿的综合过程称为营养。食物中的有效成分称为营养素。

【样文 3-2B】

氨基酸对人体的作用：

- *牛磺酸——帮助脂肪消化、心脏毛病、低血糖症，并且是所有氨基酸的组成单位。它是胆汁主要的成分，胆汁帮助消化脂肪、吸收脂溶性纤维素及控制血清的胆固醇量。*
- *组氨酸——对生长、组织修护、溃疡、消化及胃液等，均具重要性。它有助于治疗过敏、贫血等病，制造红血球、白血球，都需要此氨基酸。*
- *色氨酸——有助于减低对疼痛的敏感度，缓解疼痛。*
- *甲硫氨酸——它辅助脂肪分解，预防肝及动脉的脂肪堆积，脂肪会阻碍血流到脑部、心脏及肾脏。*
- *赖氨酸——是建构人体蛋白质极为重要的必需氨基酸，可促进生长发育、组织修复及产生抗体、激素和酶。*
- *叶酸——涉及蛋白质代谢，一直被拿来预防及治疗叶酸贫血症。叶酸帮助调节胚胎神经细胞的发育，使它们生长与发育。与维生素 B12 同时服用，叶酸最能发挥功用。*

3.3　第 3 题

【操作要求】

打开文档 A3.docx，按以下要求进行操作。

1. 创建主控文档、子文档：

- 按照【样文 3-3A】所示，将文档 A3.docx 创建为一级主控文档，把标题“作者简介”下的内容创建为子文档，并锁定子文档的链接。

2. 插入书签、批注：

- 在标题“狂人日记”位置处插入书签“已阅读”，以位置作为排序依据。
- 为标题“一件小事”添加批注“本篇最初发表于 1919 年 12 月 1 日北京《晨报-周年纪念增刊》。”

3. 创建封面、目录：

- 按照【样文 3-3B】所示，在文档开头处建立“自动目录 1”样式的目录，并设置字形为加粗，行距为 1.5 倍行距。
- 按照【样文 3-3C】所示，为文档插入“对比度”型的封面，设置封面标题为“鲁迅作品集”，作者为“鲁迅”，摘要内容为“鲁迅的作品包括杂文、短篇小说、评论、散文、翻译作品。”

【样文 3-3A】

【样文 3-3B】

目录

【样文 3-3C】

3.4　第 4 题

【操作要求】

打开文档 A3.docx，按以下要求进行操作。

1. 应用样式：

- 按【样文 3-4A】所示，将文档中第 1 行的样式设置为“文章标题”，第 2 行的样式设置为“标题注释”。

2. 模板的应用：

- 按【样文 3-4A】所示，将正文的第 1 段套用模板文件 C:\Win2010GJW\KSML1\KSDOTX3.dotx 中“正文段落 5”的样式。

3. 新建样式：

- 按【样文 3-4B】所示，以正文为样式基准，新建样式命名为“考生样式 1”，设置字体为方正姚体，字号为四号，字形为加粗，文字颜色为蓝色（RGB：0，50，200），首行缩进 2 字符，行距为固定值 18 磅，段前、段后间距均为 1 行，并将该样式应用于正文的第 2 段。

4. 修改样式：

- 按【样文 3-4C】所示，以正文为样式基准，对“要点段落”样式进行修改：字体为华文新魏，字号为小三，字形为加粗，文字颜色为浅绿色；更改段落间距为段前、段后 0.5 行，自动更新对当前样式的改动，并将该样式应用于正文第 3、4 段。
- 按【样文 3-4D】所示，对“明显参考”样式进行修改：字体为华文细黑，字号为小四，字形为加粗；为选定的文字添加 1.5 磅、红色、虚线边框，并将改动后的该样式应用于正文第 5 段。

【样文 3-4A】

生物材料的未来

——摘自《益寿文摘》

生物材料（Biomaterials）又称生物医用材料（Biomedical Materials），它是对生物体进行诊断、治疗和置换损坏的组织、器官或增进其功能的材料。生物材料的起步很早。早在公元前 5000 年就已经用人工牙植入口腔额骨，来修复失牙。由于当时工业不发达，直到 20 世纪 30 年代，随着工业的兴起才出现少数医用材料。20 世纪中后期，高分子工业的迅猛发展推动了生物医用材料的发展。直到 20 世纪 80 年代中期，生物医用材料还被视为一类无生命的材料。

【样文 3-4B】

20 世纪 80 年代后，随着生物技术研究的进展，人类已开始将生物技术应用于研制生物材料，在材料结构及功能设计中引入生物支架——活性细胞，利用生物要素和功能去构建所希望的材料，从而提出了组织工程的概念。它标志着医学将走出组织器官移植的范畴，步入到制造组织和器官的新时代，是 21 世纪具有巨大潜力的高科技产业。

【样文 3-4C】

在组织工程研究中，核心是建立由细胞和生物材料构成的三维空间复合体。因此大力研究和开发新一代生物医用材料——生物相容性良好并可被人体逐步降解吸收的生物材料，是 21 世纪生物医用材料发展的重要方向。

随着人类生活水平的提高和寿命的延长，对人工骨替代材料的需求越来越多。仅人工骨关节一项，全世界目前每年需求达 100 万套。我国现有 300 万人因为先天性关节炎和骨伤等原因造成骨损伤，其中很大一部分需要全髋关节置换。但目前我国大陆(不包括台港澳)的人工关节置换每年只有 3～4 万套，与人口 2000～3000 万的台湾省持平，而且 2/3 以上是价格昂贵的国外产品。国内的人工关节厂家规模小且质量不高。这极大的限制了我国国民医疗水平的改善和国民身体素质的提高。所以，研制具有自主知识产权的高水平人工骨制品对于全国和首都的发展具有重大的社会和经济意义。

【样文 3-4D】

据介绍，美国生物医用材料的产值已高达上百亿美元，而我国生物材料市场占世界份额还不到 2%。由此可见，生物医用材料和制品的发展前景十分广阔。

3.5 第 5 题

【操作要求】

打开文档 A3.docx，按以下要求进行操作。

1. 创建主文档、获取数据源：

- 在当前文档中，套用信函的形式创建主文档，并打开数据源 C:\Win2010GJW\KSML1\KSWJ3-5.xlsx。

2. 编辑主文档：

- 按【样文 3-5】所示，在当前主文档的相应位置上分别插入合并域“姓名”、“电话号码”、“欠费月数”和“欠费金额”。
- 按【样文 3-5】所示，在文档结尾处插入适当的 Word 域，使其在完成每次合并时能输入所需日期，设置该域所用到的提示文字为“请输入日期!”，默认填充文字为“年月日”，默认时间为“2010 年 9 月 10 日”。设置完成后对文档 A3.docx 进行保存。

3. 合并邮件：

- 依据“欠费金额”递减的顺序对记录进行排序，然后将“欠费金额”在 400 以上的记录进行合并，将合并的结果以 A3-A.docx 为文件名保存至考生文件夹中。

【样文 3-5】

缴费通知

«姓名»

您好：

您的电话 «电话号码» 现已欠费 «欠费月数» 个月，欠费金额 «欠费金额» 元，请您于 9 月 15 日前及时到通讯公司营业厅缴纳话费，否则将做拆机处理。

谢谢合作！

恒利达通讯公司

2010 年 9 月 10 日

3.6　第 6 题

【操作要求】

打开文档 A3.docx，按以下要求进行操作。

1. 应用样式：

- 按【样文 3-6A】所示，将文档中第 1 行的样式设置为“主标题”，第 2 行的样式设置为“标题注释”。

2. 新建样式：

- 按照【样文 3-6A】所示，以文章正文为样式基准，新建样式命名为“段落样式 6”，设置字体为华文楷体，字号为小四，文字颜色为粉红色（RGB：255，0，255），添加“向右偏移”阴影的文本效果，行距为固定值 18 磅，段落间距为段前段后各 0.5 行，并将该样式应用于正文的第 1 段中。

3. 修改样式：

- 按【样文 3-6A】所示，以正文为样式基准，对“重点正文”样式进行修改：字体为华文新魏，字号为四号，文字颜色为蓝色（RGB：0，0，255），文本边框为“碧海青天”效果；更改行距为固定值 16 磅，自动更新对当前样式的改动，并将该样式应用于正文第 2 段。
- 按【样文 3-6B】所示，以正文为样式基准，对“列出段落”样式进行修改：字体为隶书，字号为四号，文字颜色为紫色，更改行距为固定值 16 磅，段落间距为段前 0.5 行，并将该样式应用于正文第 3 段。

4. 模板的应用：

- 按【样文 3-6B】所示，将正文的第 4 段套用模板文件 C:\Win2010GJW\KSML1\KSDOTX3.dotx 中“正文段落 4”的样式。
- 保存文档后，再将当前文档以 A3a 为文件名另存为考生文件夹下的模板文件。

【样文 3-6A】

取之不尽、用之不竭的太阳能

——摘自《科普知识》

另一种广泛利用的清洁能源是太阳能。太阳是光明的象征，46 亿年来太阳一直照耀着地球，送来光也送来热。将阳光聚焦，可以将光能转化为热能，传说阿基米德就曾经利用聚光镜反射阳光，烧毁了来犯的敌舰。在日照充足的地方，人们在生产和生活中已大量使用太阳灶、太阳能热水器和干燥器。

太阳灶的原理很简单，用金属或其他材料制成类似镜面的装置，将阳光反射到某一焦点，就可以得到100℃或者更高的温度，足够用来做饭、烧水或加热各种物体了。如果镜面的方向能够随着太阳的位置变化而自动调整，太阳能的利用率就更高了。例如，现在世界上最大的抛物面型反射聚光器有 9 层楼高，总面积 2500 平方米，焦点温度高达 4000℃，许多金属都可以被熔化。

太阳能热水器的构造要简单得多，因为不需要它产生太阳的温度。在多数情况下，可以将太阳能热水器的集热器制成箱式、蛇型管式、直管式、平板式或枕式，通过管道与水源和储水箱相连。利用太阳能供应浴室热水在我国北方比较常见。按照北京的气候条件，每年从 5 月起直到 10 月初，采光总面积 100 平方米的集热器加上 12 吨的水箱，可以从早到晚供应 300 人洗浴用的热水，既不用烧煤也不需要补充其他热源，水温高时还要添加冷水。

【样文 3-6B】

阳光也可以用来发电。比较常见的光电池是用半导体材料硅制成的硅电池，它能将 13%－20%的日光能转化为电能。许多电子计算器和其他小型电子仪器现在已经采用太阳能电池供电，人造卫星和宇宙飞船更是主要依靠太阳能电池来提供电力。但是阳光在到达地面以前要经过大气的反射、散射和吸收，能量损失较大；加上阴天、昼夜变化和雨雪等降水过程的影响，目前地面上利用日光发电受到一定限制。科学家设想利用地球轨道卫星在太空中发电，再通过一定的转换装置输送回地面供人类使用，情况就大不一样了。因为在太空不仅不受气候的影响，甚至也没有昼夜的区别，一天 24 小时都可以发电；加上没有重力和风力的影响，光电池的总面积可以尽量扩大。由卫星组成的太阳能发电站可以在高空轨道上大面积聚集阳光，通过高性能的光电池转换成电能，再通过微波发生器转换成微波并发回地面，地面的接收天线再把收到的微波整流并送往通向各地的电力网，供广大用户使用。

无论是生物质能、风能，还是水力、温差和潮汐能，归根结底都是太阳能的转化形式。即使是矿物燃料，也是通过生物的化石形式保存下来的亿万年以前的太阳能，都不会造成污染，都是清洁能源。同时，在太阳系继续存在的漫长时期内，它们将始终取之不尽、用之不竭，因而又是最廉价的能源。

3.7　第 7 题

【操作要求】

打开文档 A3.docx，按以下要求进行操作。

1．应用样式：

- 按【样文 3-7A】所示，将文档中第 1 行的样式设置为“标题 7”，第 2 行的样式设置为“副标题，引用 1”。

2．模板的应用：

- 按【样文 3-7A】所示，将正文的第 1 段套用模板文件 C:\Win2010GJW\KSML1\KSDOTX3.dotx 中“正文段落 6”的样式。

3．新建样式：

- 按【样文 3-7B】所示，以正文 02 为样式基准，新建样式命名为“新建样式 7”，设置字体为楷体_GB2312，字号为小四，字形为加粗，文字颜色为深红色，文本填充为“红日西斜”效果，首行缩进 2 字符，行距为单倍行距，段后间距为 1 行，并将该样式应用于正文的第 3、5 段。

4．修改样式：

- 按【样文 3-7B】所示，以强调为样式基准，对“行号”段落样式进行修改：字体为华文彩云，字号为小三，字形为加粗，文字颜色为橙色；文本边框为“彩虹出岫Ⅱ”效果，并将该样式应用于正文第 2、4 段。
- 按【样文 3-7C】所示，对“文本块”样式进行修改：字体为楷体_GB2312，字号为四号，文字颜色为水绿色（RGB：75，172，198），字形为加粗、倾斜；为选定的文字添加蓝色的双实线下划线，并将改动后的该样式应用于正文第 6 段。

【样文 3-7A】

生物电脑概述

——摘自《羊城晚报》

在《高达》中，所谓生物电脑并非指“有生命的电脑”，而是“仿生电脑”。高达 F91 装备使用的仿生神经回路就是一种典型的生物电脑。使用生物电脑的 MS，可以更有效地感知机师的脑波，以自动采取不同的作战程式，而 NEWTYPE 的能力也可以借助其得到进一步的发挥。

【样文 3-7B】

生物电脑的由来

人们惊叹于钱钟书先生超凡的记忆力。据说有人从图书馆随便翻出什么古典文集来，钱钟书都能准确无误地复述其内容。20 世纪的人，只能为之兴叹，称之为天才；但是，生活在 21 世纪的人们就有可能与钱钟书在记忆力上一试高低。这种可能性来自即将成为 21 世纪人类生活新伙伴的生物电脑。中国科学院计算机研究所的专家胡伟武告诉记者，目前以集成电路为基础的传统计算机已经快要发展到极限。按照目前的速度，计算机发展遵循的“摩尔定律”（每 18 个月芯片速度翻一番，价格降低一半）将在 2007 年失效。生物技术与计算机技术联姻的生物电脑成为计算机发展的一个新的突破口。生物电脑就是利用生物分子代替硅，实现更大规模的高度集成。

生物电脑的特点

生物电脑的另一个显著特点就是存储量极大。单个的细菌细胞，大小只有 1 微米见方，与一个硅晶体管的尺寸差不多，但是却能成为容纳超过 1M 字节的 DNA 存储器。生物芯片快捷而准确，可以直接接受人脑的指挥，成为人脑的外延或扩充部分，它以从人体细胞吸收营养的方式来补充能量。

【样文 3-7C】

生物电脑将能用来改善和增强人的记忆力。英国电信研究所所长科克伦甚至感慨道：“想想拥有一个真正快速处理数据和记忆的大脑吧，它不会曲解，不会老化。我们将不会忘掉任何东西，也可以加工一切信息……”

3.8　第 8 题

【操作要求】

打开文档 A3.docx，按以下要求进行操作。

1. 创建主控文档、子文档：

- 按照【样文 3-8A】所示，将文档 A3.docx 创建为一级主控文档，把“第十五章　总结”下的内容创建为子文档，并锁定子文档的链接。

2. 插入书签、批注：

- 在“第三章　路径工具的使用”位置处插入书签“考试内容”，以名称作为排序依据，并隐藏书签。
- 为“第十章　综合案例——邮票”添加批注“本章主要是考核画笔工具、描边工具、文字工具等综合运用。”

3. 创建封面、目录：

- 按照【样文 3-8B】所示，在文档开头处建立“自动目录 1”样式的目录，并设置字形为加粗，行距为 2 倍行距。
- 按照【样文 3-8C】所示，为文档插入“瓷砖型”的封面，设置封面标题为“PhotoShop 教案”，字体为华文行楷，字号为 60 磅，并添加“红色，5pt 发光，强调文字颜色 2”的文本效果。

【样文 3-8A】

PhotoShop 教案

- 第一章　初识 PhotoShop
- 第二章　选区工具的使用。
- 第三章　路径工具的使用
- 第四章　常用绘图工具的使用
- 第五章　初识图层
- 第六章　图像色彩和色调控制
- 第七章　图层详解
- 第八章　蒙版的使用
- 第九章　滤镜的使用
- 第十章　综合案例——邮票
- 第十一章　综合案例——人物
- 第十二章　通道的使用
- 第十三章　综合案例——几种常用字效果
- 第十四章　综合案例——图层字
- 第十五章　总结

【样文 3-8B】

目录

【样文 3-8C】

3.9 第 9 题

【操作要求】

打开文档 A3.docx，按以下要求进行操作。

1．创建主控文档、子文档：

- 按照【样文 3-9A】所示，将文档 A3.docx 创建为一级主控文档，把“第十章　会计工作的组织”下的内容创建为子文档，并锁定子文档的链接。

2．插入题注、书签、批注：

- 在“第一章　总论”中的每个插图的下方的图题位置，插入“图一、图二、图三”等所示的题注，字体为幼圆、五号、加粗。
- 在“第五章　主要经济业务的核算”位置处插入书签“重点内容”，以位置作为排序依据，不隐藏书签。

3．创建封面、目录：

- 按照【样文 3-9B】所示，在文档开头处建立“自动目录 2”样式的目录，并设置字体为隶书，字号为小四，字形为加粗，行距为固定值 16 磅。
- 按照【样文 3-9C】所示，为文档插入“细条纹”型的封面，设置封面标题为“《基础会计学》教案”，字体为华文行楷，并添加“渐变填充 - 紫色，强调文字颜色 4，映像”的文本效果。副标题为“适用专业：财经类专科、高职各专业”，字体为华文楷体，字形为加粗。

【样文 3-9A】

《基础会计学》教案

第一章　总论

第二章　会计科目与账户

第三章　复式记账

第四章　会计凭证与账簿

第五章　主要经济业务的核算

第六章　期末账项调整与结转

第七章　财产清查

第八章　会计报表

第九章　会计核算形式

第十章　会计工作的组织

【样文 3-9B】

目录

【样文 3-9C】

《基础会计学》教案

适用专业：财经类专科、高职各专业

3.10　第 10 题

【操作要求】

打开文档 A3.docx，按以下要求进行操作。

1. 应用样式：

- 按【样文 3-10A】所示，将文档中第 1 行的样式设置为“书籍标题”，第 2 行的样式设置为“副标题”。

2. 新建样式：

- 按照【样文 3-10A】所示，以正文为样式基准，新建样式命名为“正文文本 5”，设置字体为方正舒体，字号为四号，文字颜色为水绿色（RGB：75，172，198），为选中文本添加紫色的粗实线下划线，添加“右上对角透视”阴影的文本效果，行距为固定值 24 磅，并将该样式应用于正文的第 1 段中。

3. 修改样式：

- 按【样文 3-10B】所示，以正文为样式基准，对“引用”样式进行修改：字体为华文隶书，字号为小四，文字颜色为蓝色（RGB：0，0，255），字形为加粗，文本边框为紫色（RGB：255，0，255）；更改行距为固定值 16 磅，段落间距为段前 0.5 行；编号样式为：“1. 、2.……”，悬挂缩进 2 字符，自动更新对当前样式的改动，并将该样式应用于正文第 2～9 段。
- 按【样文 3-10C】所示，对“重点正文”样式进行修改：字体为微软雅黑，字号为四号，文本填充为“漫漫黄沙”效果；更改行距为 1.5 倍行距，段落间距为段前、段后各 1 行，并将该样式应用于正文第 10 段。

4. 模板的应用：

- 按【样文 3-10C】所示，将正文的第 11 段套用模板文件 C:\Win2010GJW\KSML1\KSDOTX3.dotx 中“正文段落 9”的样式。
- 保存文档后，再将当前文档以 A3a 为文件名另存为考生文件夹下的模板文件。

【样文 3-10A】

光纤网络的知识

佚名供稿

光纤网络是利用光在玻璃或塑料制成的纤维中的全反射原理而达成的光传导工具接到公司或家或机房，利用交换机或其他终端转换为普通RJ45网线接到电脑上，也叫LAN，由交换机或其他终端自动分配IP，内网IP需要在终端后台设置，默认为自动，不用拨号。光纤网络有许多突出的优点：

【样文 3-10B】

1. 频带宽。频带的宽窄代表传输容量的大小。载波的频率越高，可以传输信号的频带宽度就越大。在 VHF 频段，载波频率为 48.5MHz～300Mhz。带宽约 250MHz，只能传输 27 套电视和几十套调频广播。

2. 损耗低。在同轴电缆组成的系统中，最好的电缆在传输 800MHz 信号时，每公里的损耗都在 40dB 以上。相比之下，光导纤维的损耗则要小得多，传输 1.31um 的光，每公里损耗在 0.35dB 以下若传输 1.55um 的光，每公里损耗更小，可达 0.2dB 以下。

3. 重量轻。因为光纤非常细，单模光纤芯线直径一般为 4um～10um，外径也只有 125um，加上防水层、加强筋、护套等，用 4～48 根光纤组成的光缆直径还不到 13mm，比标准同轴电缆的直径 47mm 要小得多，加上光纤是玻璃纤维，比重小，使它具有直径小、重量轻的特点，安装十分方便。

4. 抗干扰能力强。

5. 保真度高。

6. 工作性能可靠。我们知道，一个系统的可靠性与组成该系统的设备数量有关。

7. 成本不断下降。目前，有人提出了新摩尔定律，也叫做光学定律（Optical Law）。该定律指出，光纤传输信息的带宽，每 6 个月增加 1 倍，而价格降低 1 倍。光通信技术的发展，为 Internet 宽带技术的发展奠定了非常好的基础。

8. 光纤通信原理。光纤通信是利用光波在光导纤维中传输信息的通信方式。由于激光具有高方向性、高相干性、高单色性等显著优点，光纤通信中的光波主要是激光，所以又叫做激光-光纤通信。

【样文 3-10C】

光纤通信的原理是在发送端首先要把传送的信息（如话音）变成电信号，然后调制到激光器发出的激光束上，使光的强度随电信号的幅度（频率）变化而变化，并通过光纤发送出去；在接收端，检测器收到光信号后把它变换成电信号，经解调后恢复原信息。

光纤通信是现代通信网的主要传输手段，它的发展历史只有一二十年，已经历三代：短波长多模光纤、长波长多模光纤和长波长单模光纤。采用光纤通信是通信史上的重大变革，美、日、英、法等 20 多个国家已宣布不再建设电缆通信线路，而致力于发展光纤通信。中国光纤通信已进入实用阶段。

3.11　第 11 题

【操作要求】

打开文档 A3.docx，按以下要求进行操作。

1．应用样式：

- 按【样文 3-11A】所示，将文档中第 1 行的样式设置为“标题”，第 2 行的样式设置为“副标题”。

2．模板的应用：

- 按【样文 3-11A】所示，将正文第 1 段套用模板文件 C:\Win2010GJW\KSML1\KSDOTX3.dotx 中“正文段落 2”的样式。

3．修改样式：

- 按【样文 3-11B】所示，以正文为样式基准，对“文章正文”样式进行修改：字体为华文行楷，字号为四号，字形为加粗，文字颜色为深红色，添加“紧密映像，接触”映像的文本效果，更改行距为 1.5 倍行距，自动更新对当前样式的改动，并将该样式应用于正文第 2 段。
- 按【样文 3-11B】所示，对“列出段落”样式进行修改：字体为华文细黑，字形为加粗、倾斜，字号为四号，文字颜色为褐色（RGB：102，51，0）；更改段落间距为段前、段后各 0.5 行，自动更新对当前样式的改动，并将该样式应用于正文第 3 段。

4．新建样式：

- 按照【样文 3-11C】所示，以正文为样式基准，新建样式命名为“段落样式 11”，设置字体为华文彩云，字号为四号，文字颜色为绿色，为文本添加 0.75 磅的“圆点”短划线轮廓线的文本效果，行距为固定值 20 磅，段前、段后间距均为 0.5 行，并将该样式应用于正文的最后两个段落。

【样文 3-11A】

生物材料的未来

——摘自《益寿文摘》

生物材料（Biomaterials）又称生物医用材料（Biomedical Materials），它是对生物体进行诊断、治疗和置换损坏的组织、器官或增进其功能的材料。生物材料的起步很早。早在公元前 5000 年就已经用人工牙植入口腔额骨，来修复失牙。由于当时工业不发达，直到 20 世纪 30 年代，随着工业的兴起才出现少数医用材料。20 世纪中后期，高分子工业的迅猛发展推动了生物医用材料的发展。直到 20 世纪 80 年代中期，生物医用材料还被视为一类无生命的材料。

【样文 3-11B】

20 世纪 80 年代后，随着生物技术研究的进展，人类已开始将生物技术应用于研制生物材料，在材料结构及功能设计中引入生物支架——活性细胞，利用生物要素和功能去构建所希望的材料，从而提出了组织工程的概念。它标志着医学将走出组织器官移植的范畴，步入到制造组织和器官的新时代，是21 世纪具有巨大潜力的高科技产业。

在组织工程研究中，核心是建立由细胞和生物材料构成的三维空间复合体。因此大力研究和开发新一代生物医用材料——生物相容性良好并可被人体逐步降解吸收的生物材料，是 21 世纪生物医用材料发展的重要方向。

【样文 3-11C】

随着人类生活水平的提高和寿命的延长，对人工骨替代材料的需求越来越多。仅人工骨关节一项，全世界目前每年需求达 100 万套。我国现有 300 万人因为先天性关节炎和骨伤等原因造成骨损伤，其中很大一部分需要全髋关节置换。但目前我国大陆（不包括台港澳）的人工关节置换每年只有 3～4 万套，与人口 2000～3000 万的台湾省持平，而且 2/3 以上是价格昂贵的国外产品。国内的人工关节厂家规模小且质量不高。这较大的限制了我国国民医疗水平的改善和国民身体素质的提高。所以，研制具有自主知识产权的高水平人工骨制品对于全国和首都的发展具有重大的社会和经济意义。

据介绍，美国生物医用材料的产值已高达上百亿美元，而我国生物材料市场占世界份额还不到 2%。由此可见，生物医用材料和制品的发展前景十分广阔。

3.12 第 12 题

【操作要求】

打开文档 A3.docx，按以下要求进行操作。

1．创建主文档、获取数据源：

- 在当前文档中，套用信函的形式创建主文档，并打开数据源 C:\Win2010GJW\KSML1\KSWJ3-12.xlsx。

2．编辑主文档：

- 按【样文 3-12A】所示，在当前主文档的相应位置上分别插入合并域“姓名”、“系别”、“专业”和“学费”。
- 按【样文 3-12A】所示，在报名截止日期处插入适当的 Word 域，使其在完成每次合并时能输入所需日期，设置该域所用到的提示文字为“请输入日期!”，默认填充文字为“年月日”，默认时间为“2010 年 8 月 28 日”。设置完成后对文档 A3.docx 进行保存。

3．合并邮件：

- 按【样文 3-12B】所示，筛选出“系别”为“外语”系的记录进行合并，将合并的结果以 A3-A.docx 为文件名保存至考生文件夹中。

【样文 3-12A】

录取通知书

«姓名»同学：

你已被我院 «系别» 系 «专业» 专业正式录取，报名时请带上你的身份证、准考证和学费 «学费» 元，请务必在 2010 年 8 月 28 日 前到校报道！

武汉大学招生办

2010-7-20

【样文 3-12B】

录取通知书

张宇同学：

你已被我院 外语 系 俄语 专业正式录取，报名时请带上你的身份证、准考证和学费 7000 元，请务必在 2010 年 8 月 28 日 前到校报道！

武汉大学招生办

2010-7-20

录取通知书

孙清同学：

你已被我院 外语 系 阿拉伯语 专业正式录取，报名时请带上你的身份证、准考证和学费 7000 元，请务必在 2010 年 8 月 28 日 前到校报道！

武汉大学招生办

2010-7-20

3.13 第 13 题

【操作要求】

打开文档 A3.docx，按以下要求进行操作。

1．应用样式：

- 按【样文 3-13A】所示，将文档中第 1 行的样式设置为“标题 3”，第 2 行的样式设置为“标题 4”。

2．新建样式：

- 按照【样文 3-13A】所示，以正文为样式基准，新建样式命名为“段落样式 13”，设置字体为华文行楷，字号为四号，文字颜色为黄色，并为文本添加“水绿色，5pt 发光，强调文字颜色 5”的发光文本效果，行距为固定值 18 磅，段后间距为 0.5 行，自动更新对当前样式的改动，并将该样式应用于正文的第 1～4 段。

3．模板的应用：

- 按【样文 3-13B】所示，将正文的第 5～8 段套用模板文件 C:\Win2010GJW\KSML1\KSDOTX3.dotx 中“正文段落 3”的样式。

4．修改样式：

- 按【样文 3-13C】所示，以正文为样式基准，对“列出段落”样式进行修改：字体为华文楷体，字号为四号，字形为加粗，为文本添加紫色双波浪线下划线，更改行距为固定值 20 磅，段前、段后间距均为 0.5 行，特殊格式为无，自动更新对当前样式的改动，并将该样式应用于正文第 9 段。
- 按照【样文 3-13C】所示，对“项目符号”样式进行修改：字体为方正姚体，字号为小四，文字颜色为浅蓝色，左侧缩进为 0 字符，项目符号为“✧”，并将改动后的该样式应用于正文第 10～12 段。

【样文 3-13A】

候鸟迁徙路线

——摘自《森林报》

秋天到了，天气凉了，一群大雁往南飞。一会儿排成个一字，一会儿排成个人字……这是有关候鸟迁徙的课文。

每年的特定时节，成千上万的鸟沿着有规律的、相对固定的路线、定时地在繁殖区和越冬区之间进行长距离的往返，这些鸟就是候鸟。全球8条候鸟迁徙路线中，有3条经过我国境内。候鸟为何会迁徙，人类的活动对候鸟的迁徙有何影响，希望能让读者进一步了解候鸟、善待它们。

渤海湾复杂多样的生态环境，为各种鸟类提供了良好的觅食和栖息条件。虫、鱼、虾、蟹、贝类、沙蚕等资源丰富，为鸟类提供了丰富的食物条件，是东亚至澳大利亚之间迁徙通道上的重要迁徙停歇和觅食地，也是大量水鸟的越冬地。

每年利用渤海湾湿地停歇、繁殖和越冬的各种水鸟有150余种，数量以百万计。

【样文3-13B】

我国鸟类有1300种左右，其中候鸟大约600多种。在不同的地域，根据候鸟出现的时间，可以将候鸟分为夏候鸟、冬候鸟、旅鸟、漂鸟。

候鸟每年迁徙有两个原因：一是为了寻找食物和繁殖，一般迁徙到温带地区，二是为了避开寒冷的天气，一般迁徙到热带地区。

温带地区：夏季昼长夜短，鸟类有更长的白天可以觅食、哺育幼雏，并且温带地区夏季的昆虫量也比热带地区丰富，天敌也较少，压力相对较低。但冬季气候严寒，经常面临食物缺乏的问题。

热带地区：冬季气候温和，且冬季食物资源也比温带地区丰富很多。但夏季繁殖季面临巢位与食物资源的强烈竞争，同时天敌的捕食压力也比较大。

【样文3-13C】

中国候鸟迁徙路线：

- ✧ 东部迁徙路线：在俄罗斯、日本、朝鲜半岛和我国东北与华北东部繁殖的湿地水鸟，春、秋季节通过我国东部沿海地区进行南北方向的迁徙。
- ✧ 西部迁徙路线：内蒙古西部、甘肃、青海和宁夏的候鸟，秋季向南迁飞，至四川盆地西部和云贵高原越冬。新疆地区的湿地水鸟可向东南汇入该西部迁徙路线。
- ✧ 中部迁徙路线：在内蒙古东部、中部草原，华北西部和陕西地区繁殖的候鸟，秋季进入四川盆地越冬，或继续向华中或更南的地区越冬。

3.14 第 14 题

【操作要求】

打开文档 A3.docx，按以下要求进行操作。

1. 创建主文档、获取数据源：

- 在当前文档中，套用信函的形式创建主文档，并打开数据源 C:\Win2010GJW\KSML1\KSWJ3-14.xlsx。

2. 编辑主文档：

- 按【样文 3-14A】所示，在当前主文档的相应位置上分别插入合并域“楼号”、“室号”、“水费”、“电费”、“卫生费”、“燃气费”和“共计费用”。
- 按【样文 3-14A】所示，在交费日期处插入适当的 Word 域，使其在完成每次合并时能输入所需日期，设置该域所用到的提示文字为“请输入日期!”，默认填充文字为“年月日”，默认时间为“2010 年 8 月 15 日”。设置完成后对文档 A3.docx 进行保存。

3. 合并邮件：

- 按【样文 3-14B】所示，依据“共计费用”降序的顺序对记录进行排序，然后将“共计费用”在 400 元以上、600 元以下的记录进行合并，将合并的结果以 A3-A.docx 为文件名保存至考生文件夹中。

【样文 3-14A】

四季阳光花园小区物业管理费的收缴通知

楼号：«楼号»

室号：«室号» 水费：«水费» 元， 电费：«电费» 元， 卫生费：«卫生费» 元，燃气费：«燃气费» 元，共计 «共计费用» 元，请您务必在 2010 年 8 月 15 日 前到物业管理办交清，否则将酌情处理！

特此通知！

四季阳光花园小区物业管理办

2010 年 8 月 10 日

【样文 3-14B】

四季阳光花园小区物业管理费的收缴通知

楼号：21

室号： 106　水费： 120 元， 电费： 150 元， 卫生费： 80 元，燃气费： 170 元， 共计 520 元，请您务必在 2010 年 8 月 15 日 前到物业管理办交清，否则将酌情处理！

特此通知！

四季阳光花园小区物业管理办

2010 年 8 月 10 日

四季阳光花园小区物业管理费的收缴通知

楼号：7

室号： 302　水费： 90 元， 电费： 80 元， 卫生费： 80 元，燃气费： 200 元， 共计 450 元，请您务必在 2010 年 8 月 15 日 前到物业管理办交清，否则将酌情处理！

特此通知！

四季阳光花园小区物业管理办

2010 年 8 月 10 日

3.15 第 15 题

【操作要求】

打开文档 A3.docx，按以下要求进行操作。

1．创建主文档、获取数据源：

- 在当前文档中，套用信函的形式创建主文档，并打开数据源 C:\Win2010GJW\KSML1\KSWJ3-15.xlsx。

2．编辑主文档：

- 按【样文 3-15A】所示，在当前主文档的相应位置上插入合并域“公司名称”。
- 按【样文 3-15A】所示，在开会时间处插入适当的 Word 域，使其在完成每次合并时能输入所需日期和时间，设置该域所用到的提示文字为“请输入日期和时间！”，默认填充文字为“年月日下午”，默认时间为“2010 年 8 月 27 日下午 14:00”。设置完成后对文档 A3.docx 进行保存。

3．合并邮件：

- 按【样文 3-15B】所示，依据“公司名称”降序的顺序对记录进行排序，然后将前两条记录进行合并，将合并的结果以 A3-A.docx 为文件名保存至考生文件夹中。

【样文 3-15A】

邀请函

«公司名称»您好:

本公司将于 2010 年 8 月 27 日下午 14:00 在四川省成都市锦江宾馆举行 025 项目的新闻发布会，特邀请您届时参加。

四川省恒瑞实业有限公司

2010 年 8 月 24 日

【样文 3-15B】

邀请函

金科电脑公司您好:

本公司将于 2010 年 8 月 27 日下午 14: 00 在四川省成都市锦江宾馆举行 025 项目的新闻发布会，特邀请您届时参加。

四川省恒瑞实业有限公司

2010 年 8 月 24 日

邀请函

柯达实业有限公司您好:

本公司将于 2010 年 8 月 27 日下午 14: 00 在四川省成都市锦江宾馆举行 025 项目的新闻发布会，特邀请您届时参加。

四川省恒瑞实业有限公司

2010 年 8 月 24 日

3.16　第 16 题

【操作要求】

打开文档 A3.docx，按以下要求进行操作。

1．应用样式：

- 按【样文 3-16A】所示，将文档中第 1 行的样式设置为“文章标题”，第 2 行的样式设置为“标题注释”。

2．模板的应用：

- 按【样文 3-16A】所示，将正文的第 1 段套用模板文件 C:\Win2010GJW\KSML1\KSDOTX3.dotx 中“正文段落 7”的样式。

3．修改样式：

- 按【样文 3-16B】所示，以正文为样式基准，对“正文要点”样式进行修改：字体为华文新魏，字号为四号，字形为加粗；为文本填充预设颜色中“心如止水”的文本效果，类型为“射线”，方向为“从左上角”；更改间距为段前 0.5 行，行距为固定值 18 磅，自动更新对当前样式的改动，并将该样式应用于正文第 2 段。
- 按【样文 3-16B】所示，对“重点段落”样式进行修改：字体为华文彩云，字号为小四，文字颜色为深红色，字形为加粗；为文本添加“水绿色，8pt 发光，强调文字颜色 5”的发光文本效果；更改间距为段前、段后各 0.5 行，行距为固定值 16 磅，并将改动后的该样式应用于正文第 3 段。

4．新建样式：

- 按照【样文 3-16C】所示，以正文为样式基准，新建样式命名为“考生样式 16”，设置字体为方正舒体，字号为小三，文字颜色为褐色（RGB：102，51，0）；为文本添加“紧密映像，接触”的映像文本效果；行距为 1.5 倍行距，并将该样式应用于正文第 4 段。

【样文 3-16A】

版纳植物园的美丽暮秋

——摘自《中国科学网》

暮秋本是一个肃杀的季节，秋风秋雨将五彩的树叶打落，将世界变成一片枯黄。然而正是这种即将失去的感觉让人更加珍惜秋的时光。老人们聚在一起晒晒太阳，妇女们将被褥拿出来晒一晒，暖暖床铺。孩子们也将柜子里的新衣穿上，好吃好喝地储存脂肪，准备过冬。然而，地处热带边缘的西双版纳并非如此。

【样文 3-16B】

西双版纳的暮秋已没了初秋时节的热烫，更没了夏日的濡湿和闷热。树上的知了早没了踪影，林间更显清幽。远眺山峦，一层层薄雾笼罩，残存的热带雨林依然生机勃勃，率已黯然，而大片的胶林也似乎准备好了，浓浓的秋意即将染红版纳的山川。版纳秋日让大批外来版纳的人有了一些似曾相识的感觉。中国人喜爱秋天，秋天是变幻的季节，大自然魔术师般的表演催生了汉民族浓浓的诗情画意，无论走到哪里都深深地眷恋华夏之秋。西双版纳的植物和森林与广袤的温带不同，秋意自然也不一样。

没有温带的桃李杏梅，桑槐榆柘，版纳园的自然风光与传统中国园林有着天壤的差别。中国园林以中国经典的植物认知为基石，多用既可赏花又可食果的果树，既可赏花又可入药的药用植物，既可赏花又增收益的香料植物，甚或种植谷物蔬菜，园林呈现出春华秋实的美丽或田舍风光的诗意。而版纳植物园则按照科学植物分类系统，与中国传统认知截然不同，这使得植物赏析呈现出全新的格局。西双版纳的暮秋开花植物与夏季有很大的不同，暮秋是属于扶桑花、豆花、薯蓣、禾草的。继夏日的姜科、楝科、兰科、爵床科之后，秋日的槿科、豆科、禾本科、薯蓣科、菊科、苋科、凤仙花科、使君子科等纷纷开花，与四季常开的龙船花、朱缨花、火焰花、羊蹄甲、红纸扇、三角梅、睡莲等构成了版纳园晚秋的绚烂花姿。

【样文 3-16C】

谈花并不意味着版纳的暮秋只属于开花植物，而是因为人们天性偏爱花朵罢了。版纳的暮秋还属于兰花螳螂，属于数目甚多的蜘蛛。此时此刻，小蜘蛛纷纷从卵袋中出来，感受秋日的新生洗礼，一种钻石般的蜘蛛的出现更是让人留恋、彷徨，版纳的秋天到底是怎样的一个季节。红色的爱地草，僵死的寒蝉，飞舞的蛱蝶，花团锦簇的美丽山扁豆，刚刚孵化的蜘蛛，在本该轮回的四季之中，西双版纳以独特的生命韵律，再一次将人感动，迷惑，并渐渐消融在暮秋的草木之中。

3.17 第 17 题

【操作要求】

打开文档 A3.docx，按以下要求进行操作。

1．应用样式：

- 按【样文 3-17A】所示，将文档中第 1 行的样式设置为“标题”，第 2 行的样式设置为“副标题”。

2．修改样式：

- 按【样文 3-17A】所示，以正文为样式基准，对“文章正文”样式进行修改：字体为方正姚体，字号为小四，文字颜色为紫色，有着重号；更改行距为固定值 24 磅，间距为段后 0.5 行，自动更新对当前样式的改动，并将该样式应用于正文第 1 段。
- 按【样文 3-17B】所示，以正文为样式基准，对“正文样式”样式进行修改：字体为华文琥珀，字号为小四；为文本填充预设颜色中“孔雀开屏”的文字效果，类型为“矩形”，方向为“从右下角”；更改行距为固定值 18 磅，自动更新对当前样式的改动，并将该样式应用于正文第 2 段。

3．新建样式：

- 按照【样文 3-17B】所示，以正文为样式基准，新建样式命名为“段落样式 17”，设置字体为华文新魏，字号为四号，文字颜色为绿色，为文本添加橙色的双波浪线下划线，行距为 1.5 倍行距，段前、段后间距为各 1 行，并将该样式应用于正文的第 3 段中。

4．模板的应用：

- 按【样文 3-17C】所示，将正文的第 4、5 段套用模板文件 C:\Win2010GJW\KSML1\KSDOTX3.dotx 中“正文段落 8”的样式。
- 保存文档后，再将当前文档以 A3a 为文件名另存为考生文件夹下的模板文件。

【样文 3-17A】

时间即生命

梁实秋

最令人怵目惊心的一件事，是看着钟表上的秒针一下一下的移动，每移动一下就是表示我们的寿命已经缩短了一部分。再看看墙上挂着的可以一张张撕下的日历，每天撕下一张就是表示我们的寿命又缩短了一天。因为时间即生命。没有人不爱惜他的生命，但很少人珍视他的时间。如果想在有生之年做一点什么事，学一点什么学问，充实自己，帮助别人，使生命成为有意义，不虚此生，那么就不可浪费光阴。

【样文 3-17B】

这道理人人都懂，可是很少有人真能积极不懈的善于利用他的时间。我自己就是浪费了很多时间的一个人。我不打麻将，我不经常的听戏看电影，几年中难得一次，我不长时间看电视，通常只看半个小时，我也不串门子闲聊天。有人问我："那么你大部分时间都做了些什么呢？"我痛自反省，我发现，除了职务上的必须及人情上所不能免的活动之外，我的时间大部分都浪费了。我应该集中精力，读我所未读过的书，我应该利用所有时间，写我所要写的东西，但是我没能这样做。我的好多的时间都糊里糊涂的混过去了，"少壮不努力，老大徒伤悲。"

例如我翻译莎士比亚，本来计划于课余之暇每年翻译两部，二十年即可完成，但是我用了三十年，主要的原因是懒。翻译之所以完成，主要的是因为活得相当长久，十分惊险。翻译完成之后，虽然仍有工作计划，但体力渐衰，有力不从心之感。假使年轻的时候鞭策自己，如今当有较好或较多的表现。然而悔之晚矣。再例如，作为一个中国人，经书不可不读。我年过三十才知道读书自修的重要。

【样文 3-17C】

我披阅，我圈点，但是恒心不足，时作时辍。五十以学易，可以无大过矣，我如今年过八十，还没有接触过易经，说来惭愧。史书也很重要。我出国留学的时候，我父亲买了一套同文石印的前四史，塞满了我的行箧的一半空间，我在外国混了几年之后又把前四史原封带回来了。直到四十年后才鼓起勇气读了“通鉴”一遍。现在我要读的书太多，深感时间有限。

无论做什么事，健康的身体是基本条件。我在学校读书的时候，有所谓“强迫运动”，我踢破过几双球鞋，打断过几只球拍。因此侥幸维持下来最低限度的体力。老来打过几年太极拳，目前则以散步活动筋骨而已。寄语年轻朋友，千万要持之以恒的从事运动，这不是嬉戏，不是浪费时间。健康的身体是作人做事的真正的本钱。

3.18　第 18 题

【操作要求】

打开文档 A3.docx，按以下要求进行操作。

1. 创建主控文档、子文档：

- 按照【样文 3-18A】所示，将文档 A3.docx 创建为一级主控文档，把标题“第七章　局域网中常用的网络操作系统”下的内容创建为子文档，并锁定子文档的链接。

2. 插入书签、批注：

- 在标题“第二章　计算机网络的结构”位置处插入书签“认识计算机网络”，以位置作为排序依据，并隐藏书签。
- 为标题“第三章　计算机网络的分类”添加批注“计算机网络的分类方法多种多样，最常用是按照网络覆盖的地理范围进行分类，在日常生活中，人们也普遍接受这样的分类方式。”

3. 创建封面、目录：

- 按照【样文 3-18B】所示，在文档开头处建立“自动目录 2”样式的目录，并设置字体为华文细黑，字号为五号，字形为加粗，行距为固定值 16 磅。
- 按照【样文 3-18C】所示，为文档插入“平衡”型的封面，设置封面标题为“计算机网络基础”，字体为华文细黑，字号为小初，文字颜色为浅绿色，字形为加粗；副标题为“应用教程”，字体为华文中宋，字号为一号，文字颜色为紫色。

【样文 3-18A】

计算机网络基础知识
第一章　计算机网络的简介
第二章　计算机网络的结构
第三章　计算机网络的分类
第四章　网络连接组件
第五章　网络通信协议
第六章　网络操作系统简介
第七章　局域网中常用的网络操作系统

【样文 3-18B】

目录

【样文 3-18C】

3.19 第 19 题

【操作要求】

打开文档 A3.docx，按以下要求进行操作。

1. 创建主文档、获取数据源：

- 在当前文档中，套用信函的形式创建主文档，并打开数据源 C:\Win2010GJW\KSML1\KSWJ3-19.xlsx。

2. 编辑主文档：

- 按【样文 3-19A】所示，在当前主文档的相应位置上分别插入合并域“姓名”、“语文”、“数学”、“英语”和“总分”。
- 按【样文 3-19A】所示，在文档报名日期处插入适当的 Word 域，使其在完成每次合并时能输入所需日期，设置该域所用到的提示文字为“请输入日期和时间！”，默认填充文字为“年月日上午”，默认时间为“2010 年 8 月 25 日上午 9:00”。设置完成后对文档 A3.docx 进行保存。

3. 合并邮件：

- 按【样文 3-19B】所示，依据“总分”递减的顺序对记录进行排序，然后将“总分”最高的两项记录进行合并，将合并的结果以 A3-A.docx 为文件名保存至考生文件夹中。

【样文 3-19A】

考试成绩通知单

尊敬的 «姓名» 家长：

您的孩子这学期考试成绩如下：语文 «语文» 分，数学 «数学» 分，英语 «英语» 分，总成绩 «总分» 分，祝您及您的孩子假期愉快！新学期将于 2010 年 8 月 25 日上午 9:00 到学校教务处报名。

新远小学教务处

2010 年 7 月 10 日

【样文 3-19B】

考试成绩通知单

尊敬的 江丽 家长：

您的孩子这学期考试成绩如下：语文 90 分，数学 88 分，英语 86 分，总成绩 264 分，祝您及您的孩子假期愉快！新学期将于 2010 年 8 月 25 日上午 9:00 到学校教务处报名。

新远小学教务处

2010 年 7 月 10 日

考试成绩通知单

尊敬的 方小平 家长：

您的孩子这学期考试成绩如下：语文 76 分，数学 95 分，英语 92 分，总成绩 263 分，祝您及您的孩子假期愉快！新学期将于 2010 年 8 月 25 日上午 9:00 到学校教务处报名。

新远小学教务处

2010 年 7 月 10 日

3.20 第 20 题

【操作要求】

打开文档 A3.docx，按以下要求进行操作。

1. 创建主文档、获取数据源：

- 在当前文档中，套用信函的形式创建主文档，并打开数据源 C:\Win2010GJW\KSML1\KSWJ3-20.xlsx。

2. 编辑主文档：

- 按【样文 3-20A】所示，在当前主文档的相应位置上分别插入合并域“姓名”、“部门”和“职位”。
- 按【样文 3-20A】所示，在文档报名日期处插入适当的 Word 域，使其在完成每次合并时能输入所需日期，设置该域所用到的提示文字为“请输入日期和时间！”，默认填充文字为“年月日上午”，默认时间为“2010 年 8 月 2 日上午 8:00”。设置完成后对文档 A3.docx 进行保存。

3. 合并邮件：

- 按【样文 3-20B】所示，筛选出“职位”为“经理”的记录进行合并，将合并的结果以 A3-A.docx 为文件名保存至考生文件夹中。

【样文 3-20A】

录取通知书

«姓名»先生/女士：

你已被我公司正式录取，面试岗位是 «部门» 部的 «职位» 职位，请于 2010 年 8 月 2 日上午 8:00 带着有效证件到我公司人事部报到！

宏达公司人事部

2010-7-30

【样文 3-20B】

录取通知书

汪珊先生/女士：

你已被我公司正式录取，面试岗位是 人事 部的 经理 职位，请于 2010 年 8 月 2 日上午 8:00 带着有效证件到我公司人事部报到！

宏达公司人事部

2010-7-30

录取通知书

刘飞先生/女士：

你已被我公司正式录取，面试岗位是 销售 部的 经理 职位，请于 2010 年 8 月 2 日上午 8:00 带着有效证件到我公司人事部报到！

宏达公司人事部

2010-7-30

第四单元　数据表格处理的基本操作

4.1　第 1 题

【操作要求】

在电子表格软件中打开文档 A4.xlsx，进行如下操作。

1．表格环境的设置与修改：

- 按【样文 4-1A】所示，在 Sheet1 工作表中表格标题行的下方插入一空行，在表格 A 列的左侧插入一空列。
- 按【样文 4-1A】所示，将单元格区域 B1:F2 的名称定义为“统计表标题”。

2．表格格式的编排与修改：

- 按【样文 4-1A】所示，将表格中标题区域 B1:F2 设置为“合并后居中”格式，将其字体设置为华文行楷，字号为 18 磅；将表头行（B3:F3 单元格区域）的字体设置为隶书、16 磅、蓝色。
- 按【样文 4-1A】所示，为表格的标题行填充浅绿色（RGB：200，250，220）底纹，为表格中“分店名称”和“地理位置”两列填充浅黄色（RGB：255，255，153）底纹，为另外三列填充淡紫色（RGB：255，204，255）底纹，为整个表格添加如样文所示线型的边框，边框颜色设置为蓝色。
- 按【样文 4-1A】，自动调整表格的列宽为最适合列宽，将表格中数据区域设置为水平居中格式。

3．数据的管理与分析：

- 按【样文 4-1B】所示，在 Sheet2 工作表表格中，筛选出“服装类”大于 60000、“百货类”大于或等于 65000 的值。
- 按【样文 4-1B】所示，在 Sheet2 工作表表格中，利用条件格式将介于 60000 到 90000 之间的数据以“绿填充色深绿色文本”突出显示出来。
- 按【样文 4-1B】所示，在 Sheet2 工作表表格中，利用每一行的数据，在最后一个单元格中插入折线图迷你图。

4．图表的运用：

- 按【样文 4-1C】所示，利用 Sheet3 工作表中相应的数据，在该工作表中创建一个三维簇状条形图。在底部显示图例，调整图表的大小为高 11 厘米、宽 15 厘米，并录入图表标题文字。

5．数据文档的修订与保护：

- 保护 A4.xlsx 工作簿的结构，密码为“gjks4-1”。

【样文 4-1A】

某商场各分店销售情况统计表				
分店名称	地理位置	家电类	百货类	服装类
旗舰店	人民路	99000	94400	96700
一分店	新华街	56000	90000	95000
二分店	花园路	65000	68000	65000
三分店	前进路	45000	65000	62000
四分店	平安路	57000	87000	40000
五分店	健康路	45000	98000	54000
六分店	安民路	65000	65000	64000
七分店	永乐路	57000	55000	66000

【样文 4-1B】

某商场各分店销售情况统计表					
分店名称	地理位置	家电类	百货类	服装类	
旗舰店	人民路	99000	94400	96700	
一分店	新华街	56000	90000	95000	
二分店	花园路	65000	68000	65000	
三分店	前进路	45000	65000	62000	
六分店	安民路	65000	65000	64000	

【样文 4-1C】

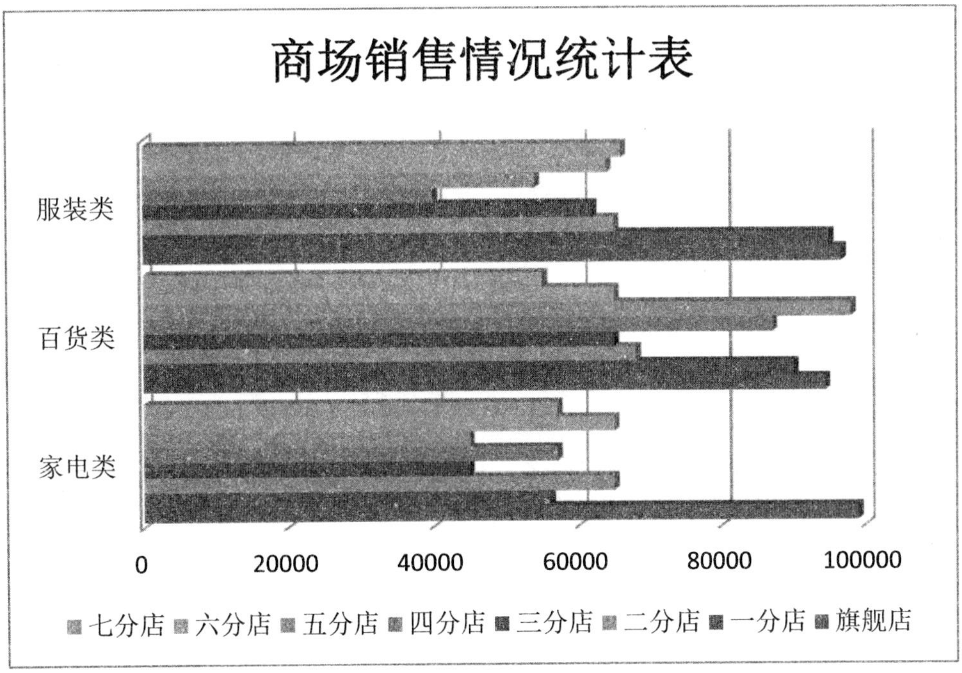

4.2　第 2 题

【操作要求】

在电子表格软件中打开文档 A4.xlsx，进行如下操作。

1．表格环境的设置与修改：

- 在工作簿中插入新工作表，并重命名为“抽样调查表”，将 Sheet1 工作表中的内容复制到该工作表中。
- 将“抽样调查表”工作表中表格的标题单元格（A1）的名称定义为“抽样调查”。

2．表格格式的编排与修改：

- 按【样文 4-2A】所示，将 Sheet1 工作表中表格标题区域 A1:G1 设置为“合并后居中”格式，将其字体设置为隶书，字号为 18 磅，将行高设置为 25；将表头行（A2:G2 单元格区域）和第 1、2 列（A3:B9 单元格区域）的字体均设置为楷体_GB2312、14 磅。
- 按【样文 4-2A】所示，将 C:\Win2010GJW\KSML1\KSWJ4-2.jpg 设定为 Sheet1 工作表的背景。
- 按【样文 4-2A】，自动调整 Sheet1 工作表中表格的列宽为最适合列宽，将表格中数据区域设置为水平居中格式。

3．数据的管理与分析：

- 按【样文 4-2A】所示，在 Sheet1 工作表表格中，对各公司 1～4 月份的数据进行求和计算，并填入到“总计”一列相对应的单元格中。
- 按【样文 4-2B】所示，使用 Sheet2 工作表表格中的数据，以“所在城市”为报表筛选项，以“公司名称”为列标签，以“1～4 月份”为求和项，从 Sheet2 工作表的 B15 单元格起建立数据透视表。
- 按【样文 4-2B】所示，在数据透视表中，利用条件格式将郑州的三家公司 1～4 月份利润值最大的 5 项以“浅红填充色深红色文本”突出显示出来。

4．图表的运用：

- 按【样文 4-2C】所示，利用 Sheet3 工作表中相应的数据，在该工作表中创建一个折线图图表。在右侧显示图例，调整图表的大小为高 9 厘米、宽 14 厘米，并录入图表标题文字。

5．数据文档的修订与保护：

- 对文件 A4.xlsx 的内容进行加密，设置打开此工作簿的密码为“gjks4-2”。

【样文 4-2A】

私营企业利税抽样调查表（单位：万元）						
公司名称	所在城市	1月份	2月份	3月份	4月份	总计
德银物业	郑州	587	487	785	659	2518
惠民搬运	广州	875	578	547	950	2950
园苑房产	广州	687	658	658	854	2857
新地广告	北京	497	985	698	657	2837
达利营销	郑州	587	875	598	357	2417
拓展房产	北京	876	781	562	741	2960
佳景房产	郑州	785	852	213	963	2813

【样文 4-2B】

所在城市	郑州			
	列标签			
值	达利营销	德银物业	佳景房产	总计
求和项:1月份	587	587	785	1959
求和项:2月份	875	487	852	2214
求和项:3月份	598	785	213	1596
求和项:4月份	357	659	963	1979

【样文 4-2C】

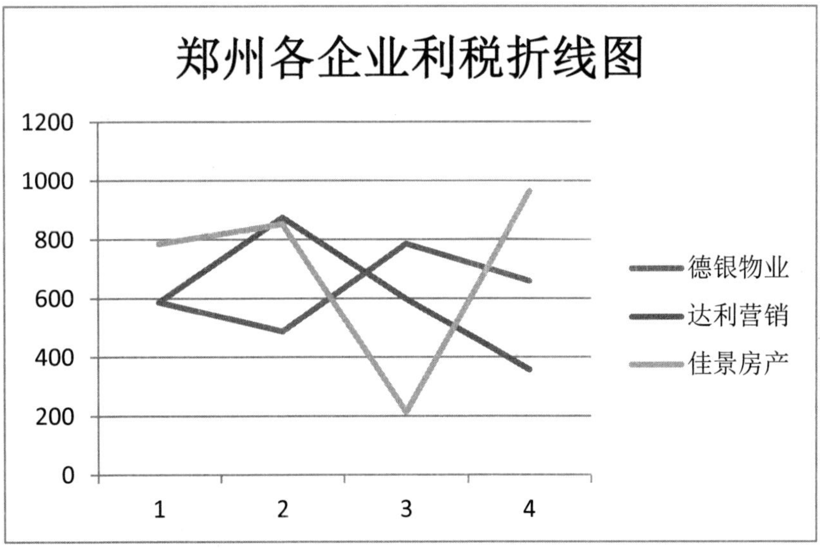

4.3 第 3 题

【操作要求】

在电子表格软件中打开文档 A4.xlsx，进行如下操作。

1. 表格环境的设置与修改：

- 按【样文 4-3A】所示，在 Sheet1 工作表的 A9 单元格下方插入一空行，并录入相应的内容。
- 按【样文 4-3A】所示，将单元格区域 A2:I2 的名称定义为“一览表”，将 Sheet1 工作表重命名为“职工资料统计表”。

2. 表格格式的编排与修改：

- 按【样文 4-3A】所示，将表格中标题区域 A2:I2 设置为“合并后居中”格式，将其字体设置为华文新魏，字号为 24 磅，并添加玫瑰红色（RGB：230，185，185）底纹，设置标题行行高为 35。
- 按【样文 4-3A】所示，将单元格区域 A4:I13 的字体均设置为华文细黑、14 磅、深红色，并为其套用“表样式中等深浅 24”的表格样式。
- 按【样文 4-3A】，自动调整表格的列宽为最适合列宽，将单元格区域 A4:I13 设置为文本左对齐格式。

3. 数据的管理与分析：

- 按【样文 4-3A】所示，在“职工资料统计表”工作表表格中，对各位职工的“总收入”进行求和计算，将结果填入到相应的单元格中。
- 按【样文 4-3B】所示，使用 Sheet2 工作表表格中的内容，分别以“学历”和“职务”为分类汇总字段，以“总收入”为汇总项，进行求平均值的嵌套分类汇总。
- 按【样文 4-3B】所示，在分类汇总表中，利用条件格式将介于 3000 到 5000 之间的数据以“浅红色填充”突出显示出来。

4. 图表的运用：

- 按【样文 4-3C】所示，利用 Sheet3 工作表中相应的数据，在该工作表中创建一个三维簇状柱形图。在右侧显示图例，调整图表的大小为高 10 厘米、宽 15 厘米，并录入图表标题、坐标轴标题文字。

5. 数据文档的修订与保护：

- 保护 A4.xlsx 工作簿中的“职工资料统计表”工作表，仅允许其它用户进行“设置列格式”和“设置行格式”的操作，保护密码为“gjks4-3”。

【样文 4-3A】

大道影视制作有限公司职员一览表								
姓名	性别	出生年月	学历	职务	基本工资	效益奖金	生活补贴	总收入
钱亮	男	1985/3/5	大学	工程师	3000	2200	500	5700
周岳	男	1989/6/30	研究生	总工程师	3500	2300	500	6300
郑涛	男	1983/2/1	研究生	高级工程师	3800	2300	500	6600
刘彦波	女	1990/2/15	大学	供销经理	3200	2300	500	6000
韩清	女	1980/5/21	大学	经济师	2300	2300	500	5100
关悦	男	1987/5/4	研究生	高级工程师	3500	2300	500	6300
张丽	女	1984/9/2	大学	工程师	2200	2000	500	4700
赵亚美	女	1982/2/21	大专	秘书	1900	1500	400	3800
林丽娟	女	1984/10/1	大专	经济师	2000	1700	500	4200

【样文 4-3B】

大道影视制作有限公司职员一览表								
姓名	性别	出生年月	学历	职务	基本工资	效益奖金	生活补贴	总收入
钱亮	男	1985/3/5	大学	工程师	3000	2200	500	5700
张丽	女	1984/9/2	大学	工程师	2200	2000	500	4700
				工程师 平均值				5200
刘彦波	女	1990/2/15	大学	供销经理	3200	2300	500	6000
				供销经理 平均值				6000
韩清	女	1980/5/21	大学	经济师	2300	2300	500	5100
				经济师 平均值				5100
			大学 平均值					5375
林丽娟	女	1984/10/1	大专	经济师	2000	1700	500	4200
				经济师 平均值				4200
赵亚美	女	1982/2/21	大专	秘书	1900	1500	400	3800
				秘书 平均值				3800
			大专 平均值					4000
周岳	男	1989/6/30	研究生	总工程师	3500	2300	500	6300
郑涛	男	1983/2/1	研究生	总工程师	3800	2300	500	6600
				总工程师 平均值				6450
			研究生 平均值					6450
			总计平均值					5300

【样文 4-3C】

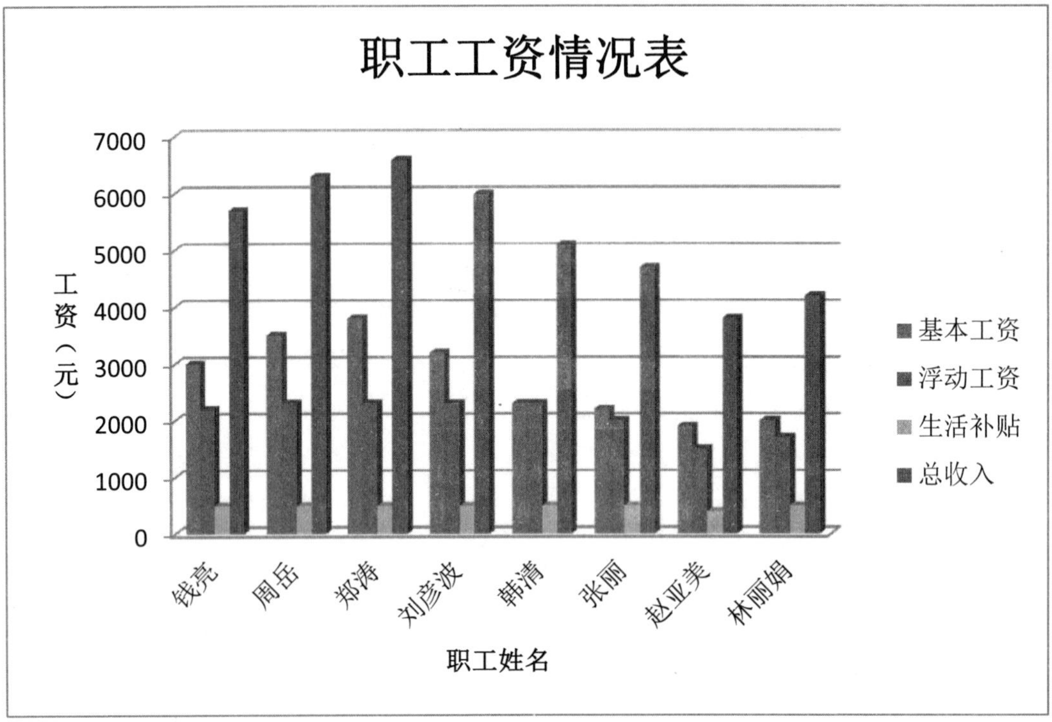
职工工资情况表
7000
6000
5000
4000
3000
2000
1000
0
工资（元）
钱亮
周岳
郑涛
刘彦波
韩清
张丽
赵亚美
林丽娟
职工姓名
基本工资
浮动工资
生活补贴
总收入

4.4　第 4 题

【操作要求】

在电子表格软件中打开文档 A4.xlsx，进行如下操作。

1．表格环境的设置与修改：

- 按【样文 4-4A】所示，在 Sheet1 工作表的 A7 单元格上方插入一空行，并录入相应的内容。
- 按【样文 4-4A】所示，将 Sheet1 工作表中标题行的行高设置为 25，并将标题单元格（A1）的名称定义为“学生成绩”。

2．表格格式的编排与修改：

- 按【样文 4-4A】所示，将 Sheet1 工作表中表格标题区域 A1:G1 设置为“合并后居中”格式，将其字体设置为方正姚体，字号为 20 磅；将表头行（A2:G2 单元格区域）的字号设置为 14 磅、加粗、居中对齐；将其他单元格区域的字体均设置为华文中宋、11 磅、深红色。
- 按【样文 4-4A】所示，将 C:\Win2010GJW\KSML1\KSWJ4-4.jpg 设定为 Sheet1 工作表的背景。
- 按【样文 4-4A】，调整 Sheet1 工作表中表格的列宽为 10，并为整个表格添加粗匣框线。

3．数据的管理与分析：

- 按【样文 4-4A】所示，在 Sheet1 工作表表格中，求出各考生成绩的平均分数，并填入到“平均分”一列相对应的单元格中。
- 按【样文 4-4B】所示，在 Sheet2 工作表表格中，以“数学”为主要关键字、“语文”为次要关键字、“地理”为第三关键字进行降序排序。
- 按【样文 4-4B】所示，在 Sheet2 工作表表格中，利用条件格式将考生各科成绩低于平均值的单元格以“绿填充色深绿色文本”突出显示出来。

4．图表的运用：

- 按【样文 4-4C】所示，利用 Sheet3 工作表中相应的数据，在该工作表中创建一个分离型三维饼图。显示数据标签，并居中放置在数据点上；在顶部显示图例，并录入图表标题文字。

5．数据文档的修订与保护：

- 保护工作簿 A4.xlsx 的窗口和结构，设置保护密码为“gjks4-4”。

【样文 4-4A】

学习成绩表

学号	姓名	数学	语文	地理	历史	平均分
s200000	党利英	99	88	87	100	93.5
s200001	邓武	98	75	87	99	89.8
s200002	田英	89	98	88	86	90.3
s200003	孙炳	89	89	86	99	90.8
s200004	孙殿英	85	74	98	76	83.3
s200005	李刚	89	87	85	83	86.0
s200006	刘海华	87	88	85	87	86.8
s200007	赵伟	87	87	86	86	86.5
s200008	赵丽华	85	86	86	83	85.0
s200009	孙亚平	82	80	87	80	82.3
s200010	王硕	78	85	97	88	87.0

【样文 4-4B】

学习成绩表

学号	姓名	数学	语文	地理	历史
s200007	党利英	99	88	87	100
s200006	邓武	98	75	87	99
s200005	田英	89	98	88	86
s200008	刘海华	89	88	85	87
s200003	孙炳	89	87	86	99
s200001	李刚	89	87	85	83
s200002	赵伟	87	87	86	86
s200009	赵丽华	85	86	86	83
s200010	孙亚平	82	80	87	80
s200004	王硕	78	85	97	88

【样文 4-4C】

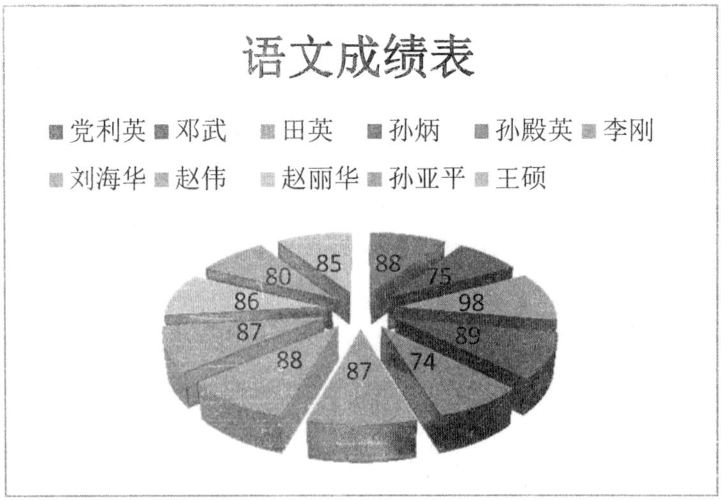

4.5　第 5 题

【操作要求】

在电子表格软件中打开文档 A4.xlsx，进行如下操作。

1. 表格环境的设置与修改：

- 按【样文 4-5A】所示，在 Sheet1 工作表中表格标题行的下方插入一空行，并设置该行的行高为 10。
- 按【样文 4-5A】所示，将标题单元格（A1）的名称定义为“大李乡统计表”，并将 Sheet1 工作表重命名为“统计表”。

2. 表格格式的编排与修改：

- 按【样文 4-5A】所示，将“统计表”工作表中表格标题区域 A1:E2 设置为“合并后居中”格式，并为其应用“标题 1”的单元格样式；为表头行（A3:E3 单元格区域）应用“汇总”的单元格样式；为其他单元格区域应用“注释”的单元格样式。
- 按【样文 4-5A】所示，将“统计表”工作表中的单元格区域 A3:E9 设置为垂直、水平居中格式，并为其套用“表样式中等深浅 14”的表格格式。
- 按【样文 4-5A】所示，在“统计表”工作表中自动调整表格的列宽为最适合列宽，并为整个表格添加双实线外边框线。

3. 数据的管理与分析：

- 按【样文 4-5B】所示，在 Sheet2 工作表表格中，利用公式计算出超额部分的数据，将结果填入到相应的单元格中。
- 按【样文 4-5B】所示，使用 Sheet2 工作表表格中的数据，以“编号”为报表筛选项，以“负责人”为列标签，以“农产品名称”为行标签，分别以“实缴数量”、“应缴数量”和“超额”为求和项，从 Sheet2 工作表的 A13 单元格起建立数据透视表。
- 按【样文 4-5B】所示，在数据透视表中，利用条件格式中“四等级”图标集来突出显示统计表中的相关数据。

4. 图表的运用：

- 按【样文 4-5C】所示，利用 Sheet3 工作表中相应的数据，在该工作表中创建一个簇状圆锥图。录入图表标题、坐标轴标题文字，并为图例区添加“彩色轮廓 - 橄榄色，强调颜色 3”的形状样式。

5. 数据文档的修订与保护：

- 对 A4.xlsx 工作簿中的内容进行加密，设置打开此工作簿的密码为“gjks4-5”。

【样文 4-5A】

大李乡缴售公粮统计表				
编号	农产品名称	负责人	实缴数量(千克)	应缴数量(千克)
1	小麦	李旺盛	5665	5560
2	玉米	周民义	6476	6400
3	大豆	田翠花	6464	5124
4	花生	田翠花	2155	2140
5	水稻	周民义	4145	4211
6	油菜	李旺盛	6532	6542

【样文 4-5B】

编号	(全部)			
	列标签			
行标签	李旺盛	田翠花	周民义	总计
大豆				
求和项:实缴数量(千克)		6464		6464
求和项:应缴数量(千克)		5124		5124
求和项:超额(千克)		1340		1340
花生				
求和项:实缴数量(千克)		2155		2155
求和项:应缴数量(千克)		2140		2140
求和项:超额(千克)		15		15
水稻				
求和项:实缴数量(千克)			4145	4145
求和项:应缴数量(千克)			4211	4211
求和项:超额(千克)			-66	-66
小麦				
求和项:实缴数量(千克)	5665			5665
求和项:应缴数量(千克)	5560			5560
求和项:超额(千克)	105			105
油菜				
求和项:实缴数量(千克)	6532			6532
求和项:应缴数量(千克)	6542			6542
求和项:超额(千克)	-10			-10
玉米				
求和项:实缴数量(千克)			6476	6476
求和项:应缴数量(千克)			6400	6400
求和项:超额(千克)			76	76
求和项:实缴数量(千克)汇总	**12197**	**8619**	**10621**	**31437**
求和项:应缴数量(千克)汇总	**12102**	**7264**	**10611**	**29977**
求和项:超额(千克)汇总	**95**	**1355**	**10**	**1460**

【样文 4-5C】

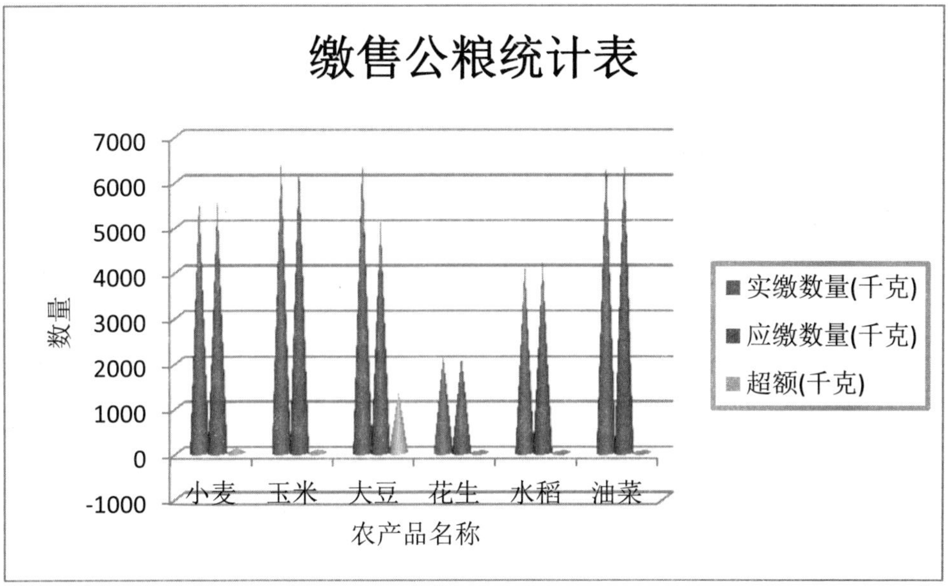
缴售公粮统计表
7000
6000
5000
4000
3000
2000
1000
0
-1000
数量
小麦
玉米
大豆
花生
水稻
油菜
农产品名称
实缴数量(千克)
应缴数量(千克)
超额(千克)

4.6 第 6 题

【操作要求】

在电子表格软件中打开文档 A4.xlsx，进行如下操作。

1. 表格环境的设置与修改：

- 按【样文 4-6A】所示，将 Sheet1 工作表中表格标题行上方的两行（空行）删除，将表格 A 列（空列）删除。
- 按【样文 4-6A】所示，将单元格区域 A1:H2 的名称定义为“积分表”。

2. 表格格式的编排与修改：

- 按【样文 4-6A】所示，将表格中标题区域 A1:H2 设置为“合并后居中”格式，将其字体设置为华文行楷，字号为 22 磅，蓝色；为表格的标题行填充淡紫色（RGB：200，150，255）底纹。
- 按【样文 4-6A】所示，将表头行（A3:H3 单元格区域）的字体设置为华文新魏、16 磅、白色，填充浅蓝色底纹；为表格中数据区域填充浅黄色（RGB：255，255，153）底纹，文本区域填充浅绿色（RGB：200，250，220）底纹；为整个表格添加如样文所示线型的边框，边框颜色设置为红色。
- 按【样文 4-6A】，自动调整表格的列宽为最适合列宽，将表格中数据区域设置为水平居中、垂直居中格式。

3. 数据的管理与分析：

- 按【样文 4-6A】所示，在 Sheet1 工作表表格中，对各位教师的“年终总分”进行求和计算，将结果填入到相应的单元格中。
- 按【样文 4-6B】所示，在 Sheet2 工作表表格中，以“年终总分”为主要关键字，以“评教得分”为次要关键字，进行降序排序。
- 按【样文 4-6B】所示，在 Sheet2 工作表表格中，利用条件格式将数据以“蓝 - 白 - 红色阶”突出显示出来。

4. 图表的运用：

- 按【样文 4-6C】所示，利用 Sheet3 工作表中相应的数据，在该工作表中创建一个圆环图。在底部显示图例，调整图表的大小为高 8 厘米、宽 10 厘米，为图表添加“彩色轮廓 - 橙色，强调颜色 6”的形状样式；录入图表标题文字，并为图表标题添加“渐变填充 - 紫色，强调文字颜色 4，映像”的艺术字样式。

5. 数据文档的修订与保护：

- 保护 A4.xlsx 工作簿的结构，密码为“gjks4-6”。

【样文 4-6A】

华信学院教师积分表							
姓名	性别	职称	出勤奖分	评教得分	竞赛奖分	其它	年终总分
孔德	男	教授	78	85	78	87	328
石清	女	教授	74	68	74	78	294
李珍	女	教授	77	78	57	85	297
杨凤	女	副教授	78	96	65	78	317
石富	男	讲师	79	86	85	86	336
张宝	男	讲师	77	88	85	87	337
刘英	女	副教授	78	87	75	84	324
李国	男	讲师	71	85	74	84	314
叶华	女	副教授	75	87	84	75	321
李武	男	教授	76	87	74	74	311

【样文 4-6B】

华信学院教师积分表							
姓名	性别	职称	出勤奖分	评教得分	竞赛奖分	其它	年终总分
张宝	男	讲师	77	88	85	87	337
石富	男	讲师	79	86	85	86	336
孔德	男	教授	78	85	78	87	328
刘英	女	副教授	78	87	75	84	324
叶华	女	副教授	75	87	84	75	321
杨凤	女	副教授	78	96	65	78	317
李国	男	讲师	71	85	74	84	314
李武	男	教授	76	87	74	74	311
李珍	女	教授	77	78	57	85	297
石清	女	教授	74	68	74	78	294

【样文 4-6C】

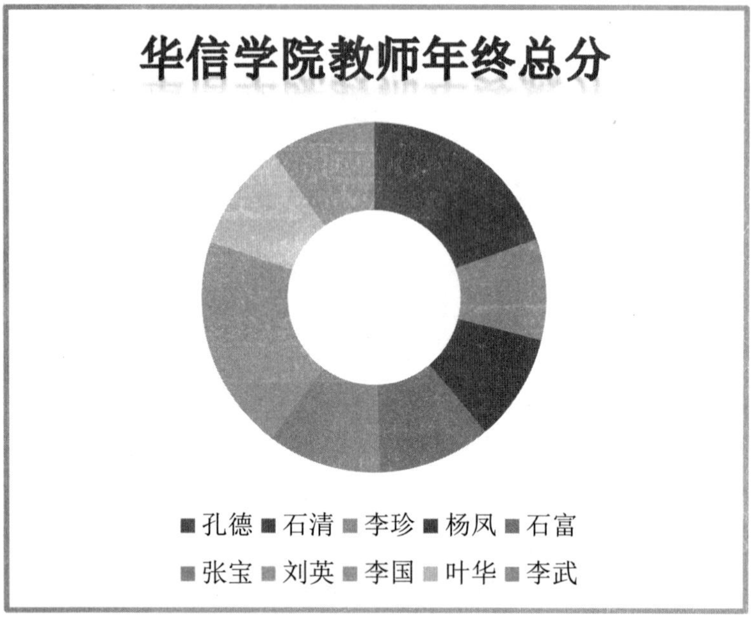

4.7　第 7 题

【操作要求】

在电子表格软件中打开文档 A4.xlsx，进行如下操作。

1. **表格环境的设置与修改：**

- 在工作簿中插入新工作表，并重命名为“职员工资表”，并将该工作表移至 Sheet2 工作表前方，将 Sheet1 工作表中的内容复制到该工作表中。
- 按【样文 4-7A】所示，在“职员工资表”工作表的 A7 单元格上方插入一空行，并录入相应的内容，并将工作表中表格的标题单元格（A1）的名称定义为“工资表”。

2. **表格格式的编排与修改：**

- 按【样文 4-7A】所示，将“职员工资表”工作表中表格标题区域 A1:J1 设置为“合并后居中”格式，将其字体设置为华文隶书，字号为 22 磅，将行高设置为 30；将表头行（A2:J2 单元格区域）的字体设置为华文新魏、16 磅；将表格第 A、B 列（A3:B18 单元格区域）的字体均设置为华文行楷、14 磅。
- 按【样文 4-7A】所示，为“职员工资表”工作表套用“表样式深色 11”的表格样式。
- 按【样文 4-7A】所示，自动调整“职员工资表”工作表中表格的列宽为最适合列宽，将表格中数据区域设置为水平居中、垂直居中格式。

3. **数据的管理与分析：**

- 按【样文 4-7A】所示，在“职员工资表”工作表表格中，利用相关公式计算出各职员的“实发工资”值，将结果填入到相应的单元格中。
- 按【样文 4-7B】所示，使用 Sheet2 工作表表格中的数据，以“部门名称”为分类字段，以“实发工资”为汇总项，进行求平均值分类汇总。
- 按【样文 4-7B】所示，分类汇总表中，利用条件格式将文本包含“5”的项以“绿填充色深绿色文本”突出显示出来。

4. **图表的运用：**

- 按【样文 4-7C】所示，利用 Sheet3 工作表中相应的数据，在该工作表中创建一个簇状条形图图表。在右侧显示图例，调整图表的大小为锁定纵横比、高 10 厘米，并录入图表标题文字，为图表添加“角度”棱台的形状效果。

5. **数据文档的修订与保护：**

- 对文件 A4.xlsx 的内容进行加密，设置打开此工作簿的密码为“gjks4-7”。

【样文 4-7A】

某公司职员工资表

部门名称	职员姓名	基本工资	奖金	加班费	补助	旷工	水电费	房租费	实发工资
人事部	于飞	1200	400	130	200	30	41	120	1739
人事部	王子奇	1200	400	30	200	15	44	120	1651
后勤部	王宏伟	1000	400	30	200	0	42	120	1468
财务部	周松	1300	400	40	200	60	50	120	1710
财务部	张雪	1300	400	40	200	40	42	120	1738
后勤部	孙飞	1000	400	50	200	60	48	120	1422
保安部	赵阳	1000	400	100	200	15	46	0	1639
保安部	曾艳芳	1000	400	40	200	60	39	120	1421
财务部	金立	1300	400	60	200	30	40	120	1770
后勤部	王芳	1000	400	40	200	50	42	0	1548
商品部	肖杰	1200	400	70	200	0	40	120	1710
出纳部	刘颖	1400	400	40	200	30	40	120	1850
统计部	杨洋	1400	400	80	200	30	47	120	1883
出纳部	田超	1400	400	40	200	30	47	120	1843
商品部	邹恒	1500	400	40	200	0	55	0	2085
商品部	宋欢	1500	400	100	200	0	36	120	2044

【样文 4-7B】

某公司职员工资表

部门名称	职员姓名	基本工资	奖金	加班费	补助	旷工	水电费	房租费	实发工资
保安部	赵阳	1000	400	100	200	15	46	0	1639
保安部	曾艳芳	1000	400	40	200	60	39	120	1421
保安部 平均值									1530
财务部	周松	1300	400	40	200	60	50	120	1710
财务部	张雪	1300	400	40	200	40	42	120	1738
财务部	金立	1300	400	60	200	30	40	120	1770
财务部 平均值									1739.333
出纳部	刘颖	1400	400	40	200	30	40	120	1850
出纳部	田超	1400	400	40	200	30	47	120	1843
出纳部 平均值									1846.5
后勤部	王宏伟	1000	400	30	200	0	42	120	1468
后勤部	孙飞	1000	400	50	200	60	48	120	1422
后勤部	王芳	1000	400	40	200	50	42	0	1548
后勤部 平均值									1479.333
人事部	于飞	1200	400	130	200	30	41	120	1739
人事部	王子奇	1200	400	30	200	15	44	120	1651
人事部 平均值									1695
商品部	肖杰	1200	400	70	200	0	40	120	1710
商品部	邹恒	1500	400	40	200	0	55	0	2085
商品部	宋欢	1500	400	100	200	0	36	120	2044
商品部 平均值									1946.333
统计部	杨洋	1400	400	80	200	30	47	120	1883
统计部 平均值									1883
总计平均值									1720.063

【样文 4-7C】

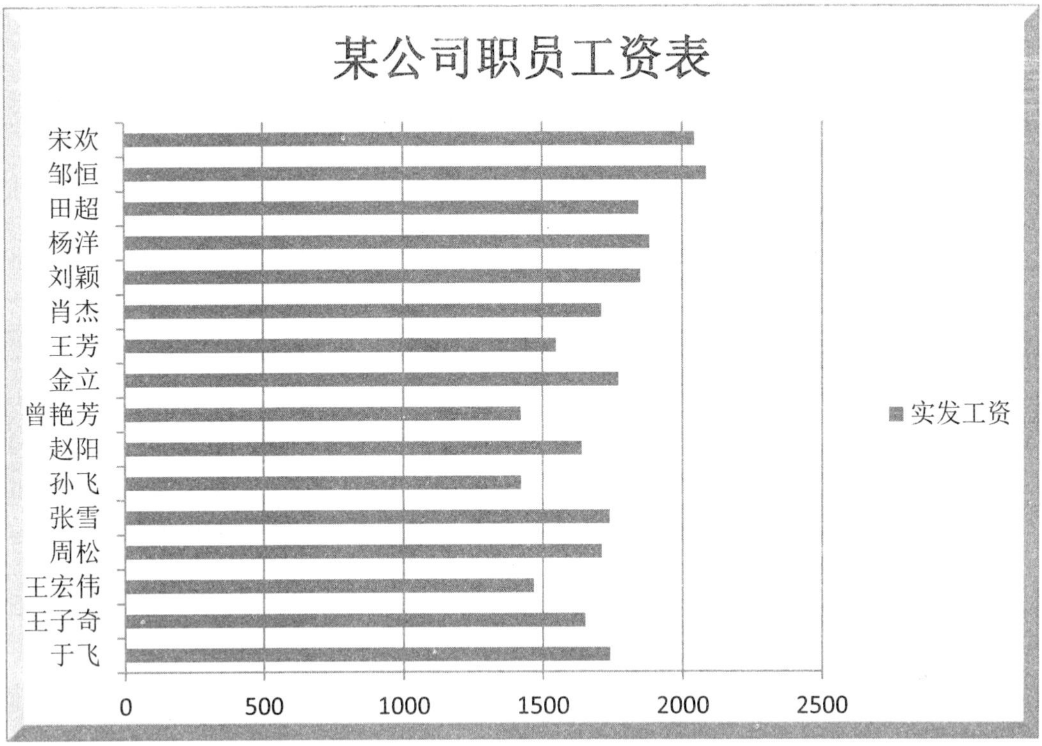
某公司职员工资表
宋欢
邹恒
田超
杨洋
刘颖
肖杰
王芳
金立
曾艳芳
赵阳
孙飞
张雪
周松
王宏伟
王子奇
于飞
0
500
1000
1500
2000
2500
实发工资

4.8　第 8 题

【操作要求】

在电子表格软件中打开文档 A4.xlsx，进行如下操作。

1．表格环境的设置与修改：

- 按【样文 4-8A】所示，在 Sheet1 工作表中 A1 单元格的上方插入一空行，在 B1 单元格中输入相应内容，并设置该行的行高为 30。
- 按【样文 4-8A】所示，将标题单元格（B1）的名称定义为“成绩单”，并将 Sheet1 工作表重命名为“成绩单”，标签为红色。

2．表格格式的编排与修改：

- 按【样文 4-8A】所示，将“成绩单”工作表中表格标题区域 B1:E1 设置为“合并后居中”格式，垂直居中，并为其应用“标题 4”的单元格样式，字体为隶书、24 磅；为表头行（B2:E2 单元格区域）应用“60% - 强调文字颜色 3”的单元格样式，字体为幼圆、12 磅、加粗；为其他单元格区域应用“注释”的单元格样式。
- 按【样文 4-8A】所示，将“成绩单”工作表中的单元格区域 B2:E17 设置为垂直居中、水平居右格式。
- 按【样文 4-8A】所示，在“成绩单”工作表中自动调整表格的列宽为最适合列宽，并为表格添加如样文所示线型的边框，边框颜色设置为深红色。

3．数据的管理与分析：

- 按【样文 4-8B】所示，在 Sheet2 工作表表格中，利用公式计算出应发工资的数据，将结果填入到相应的单元格中。
- 按【样文 4-8B】所示，使用 Sheet2 工作表表格中的数据，以“性别”为报表筛选项，以“部门”为列标签，以“姓名”为行标签，分别以“月薪”、“补助”、“奖金”为求和项，从 Sheet2 工作表的 A15 单元格起建立数据透视表。
- 按【样文 4-8B】所示，在数据透视表中，利用条件格式将“开发部”和“市场部”中的员工相关数据用“三色旗”图标集突出显示。

4．图表的运用：

- 按【样文 4-8C】所示，利用 Sheet3 工作表中相应的数据，在该工作表中创建一个雷达图图表。录入图表标题，为图表添加“细微效果 - 蓝色，强调颜色 1”的形状样式，并为图例区添加“强烈效果 - 橙色，强调颜色 6”的形状样式。

5．数据文档的修订与保护：

- 对 A4.xlsx 工作簿中的内容进行加密，设置打开此工作簿的密码为“gjks4-8”。

【样文 4-8A】

成绩单

课程编号	课程名称	期中成绩	期末成绩
3050	电子商务技术基础	100	75
3050	电子商务技术基础	78	55
3050	电子商务技术基础	78	64
3050	电子商务技术基础	45	95
3050	电子商务技术基础	35	45
3050	电子商务技术基础	100	82
3050	电子商务技术基础	89	95
3050	电子商务技术基础	44	82
3060	电子商务技术基础乙	78	73
3060	电子商务技术基础乙	100	82
3060	电子商务技术基础乙	56	64
3060	电子商务技术基础乙	78	75
3060	电子商务技术基础乙	89	64
3060	电子商务技术基础乙	89	82
3060	电子商务技术基础乙	50	82

【样文 4-8B】

性别	(全部)		
	列标签		
行标签	开发部	市场部	总计
李光			
求和项:月薪		1200	1200
求和项:补助		100	100
求和项:奖金		230	230
刘云			
求和项:月薪	700		700
求和项:补助	500		500
求和项:奖金	210		210
宋美美			
求和项:月薪		1500	1500
求和项:补助		100	100
求和项:奖金		235	235
宋朋			
求和项:月薪	900		900
求和项:补助	500		500
求和项:奖金	210		210
求和项:月薪汇总	**1600**	**2700**	**4300**
求和项:补助汇总	**1000**	**200**	**1200**
求和项:奖金汇总	**420**	**465**	**885**

【样文 4-8C】

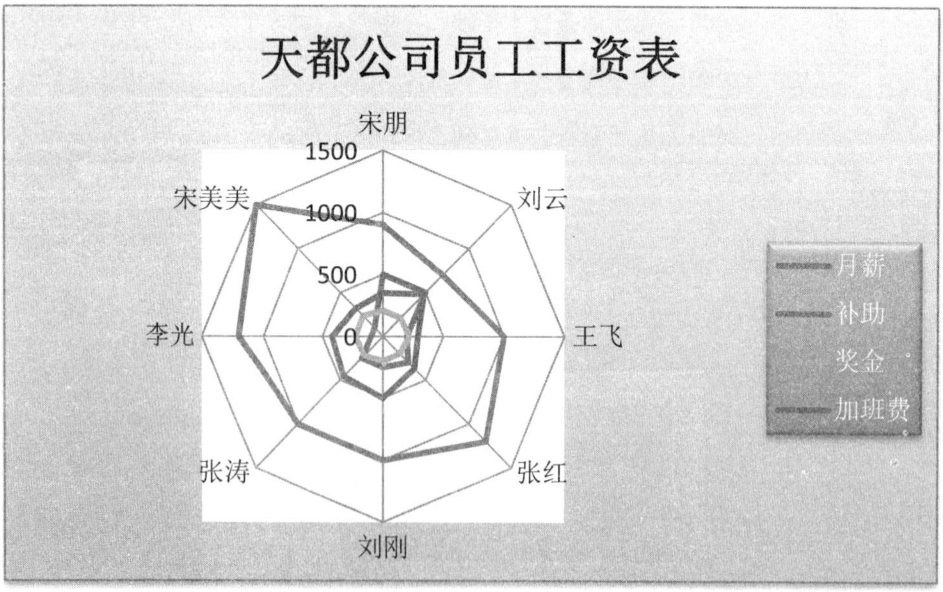

4.9　第 9 题

【操作要求】

在电子表格软件中打开文档 A4.xlsx，进行如下操作。

1. 表格环境的设置与修改：

- 按【样文 4-9A】所示，复制 Sheet1 工作表，并将新工作表命名为“销售统计表”，将该工作表移至 Sheet2 工作表的前面。
- 按【样文 4-9A】所示，将“销售统计表”工作表中标题行的行高设置为 30，并将单元格区域 A1:G1 的名称定义为“统计表”。

2. 表格格式的编排与修改：

- 按【样文 4-9A】所示，将“销售统计表”工作表表格中标题区域 A1:G1 设置为“合并后居中”格式，将其字体设置为华文行楷，字号为 22 磅，并填充由白到蓝的水平渐变底纹；将表头行（A2:G2 单元格区域）的字体设置为隶书、16 磅。
- 按【样文 4-9A】所示，将单元格区域 A3:G15 的字体均设置为华文细黑、12 磅、紫色；将单元格区域 A2:G15 自动套用“表样式浅色 6”的表格样式。
- 按【样文 4-9A】所示，自动调整表格的列宽为最适合列宽，将整个表格设置为居中对齐格式。

3. 数据的管理与分析：

- 按【样文 4-9B】所示，在 Sheet2 工作表表格中，以“第一季度”为主要关键字、“第二季度”为次要关键字进行升序排序。
- 按【样文 4-9B】所示，在 Sheet2 工作表表格中，利用条件格式中“五象限图”图标集来突出显示统计表中的相关数据。
- 按【样文 4-9B】所示，在 Sheet2 工作表表格中，利用每一行的数据，在最后一个单元格中插入柱形图迷你图。

4. 图表的运用：

- 按【样文 4-9C】所示，利用 Sheet3 工作表中相应的数据，在该工作表中创建一个三维曲面图。调整图表的大小为高 8 厘米、宽 20 厘米，并录入图表标题，设置主要刻度单位为固定值 50000，为图表添加“细微效果 - 黑色，深色 1”的形状样式。

5. 数据文档的修订与保护：

- 保护 A4.xlsx 工作簿中的“销售统计表”工作表，仅允许其它用户进行“选定锁定单元格”和“选定未锁定的单元格”的操作，保护密码为“gjks4-9”。

【样文 4-9A】

产品销售情况统计表

销售地区	商品名称	品牌	规格	单价	数量	销售金额
北京	彩电	SN	40寸液晶	7500	90	¥675,000.00
杭州	空调	HR	KFR-26GW/27BP	2619	300	¥785,700.00
上海	彩电	FLP	42寸液晶	8990	100	¥899,000.00
天津	冰箱	HX	BCD-197T	1613	120	¥193,560.00
北京	冰箱	HR	BCD-215KA	2106	200	¥421,200.00
天津	彩电	SH	PT42600NHD	6999	50	¥349,950.00
天津	空调	HR	KF-23GW/Z8	1799	210	¥377,790.00
杭州	冰箱	HR	BCD-215KA	2148	30	¥64,440.00
上海	空调	HX	KFR-26GW/27BP	2599	450	¥1,169,550.00
杭州	彩电	SN	40寸液晶	7650	170	¥1,300,500.00
北京	空调	HR	KFRD-23GW	3979	370	¥1,472,230.00
上海	冰箱	SMZ	KK20V71TI	2268	200	¥453,600.00
北京	空调	HX	KFR-26GW/27BP	2490	160	¥398,400.00

【样文 4-9B】

产品销售情况统计表（万元）

名称	第一季度	第二季度	第三季度	第四季度	
油料	274	468	825	375	
农药	546	257	844	543	
钢材	546	729	405	753	
木材	735	852	642	532	
化学原料	773	853	735	674	
化肥	853	457	357	462	

【样文 4-9C】

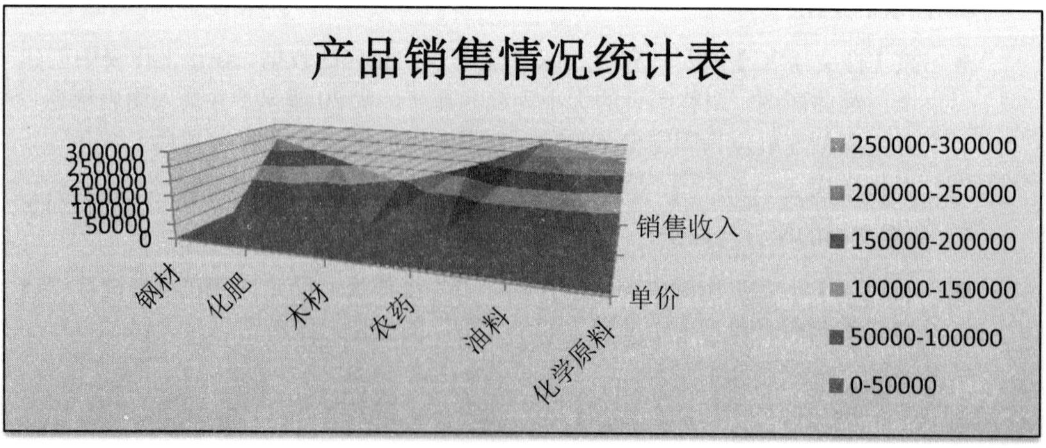

4.10　第 10 题

【操作要求】

在电子表格软件中打开文档 A4.xlsx，进行如下操作。

1．表格环境的设置与修改：

- 按【样文 4-10A】所示，在 Sheet1 工作表中表格标题行的下方插入一空行，在表格 A 列的左侧插入一空列。
- 按【样文 4-10A】所示，将单元格区域 B1:F2 的名称定义为“预算执行情况”。

2．表格格式的编排与修改：

- 按【样文 4-10A】所示，将 Sheet1 工作表表格中标题区域 B1:F2 设置为“合并后居中”格式，将其字体设置为方正姚体、深红色，字号为 20 磅，填充由黄色到浅绿色中心辐射渐变底纹；将表头行（B3:F3 单元格区域）的字体设置为隶书、16 磅、蓝色，填充图案样式为“6.25% 灰色”的底纹。
- 按【样文 4-10A】所示，为表格中“部门”列（B4:B10 单元格区域）填充黄色底纹，为数据区域填充浅蓝色底纹，为整个表格添加如样文所示线型的边框，边框颜色设置为红色。
- 按【样文 4-10A】所示，自动调整表格的列宽为最适合列宽，将表格中数据区域设置为右对齐格式。

3．数据的管理与分析：

- 按【样文 4-10B】所示，在 Sheet2 工作表表格中，利用公式计算出最大值的数据，将结果填入到相应的单元格中。
- 按【样文 4-10B】所示，在 Sheet2 工作表表格中，利用条件格式将介于 2000 到 5000 之间的数据以“红色边框”突出显示出来。
- 按【样文 4-10B】所示，在 Sheet2 工作表表格中，利用每一行的数据，在最后一个单元格中插入盈亏迷你图。

4．图表的运用：

- 按【样文 4-10C】所示，利用 Sheet3 工作表中相应的数据，在该工作表中创建一个带数据标记的折线图。居中覆盖标题，并录入图表标题文字，字体为方正舒体，字号为 20 磅，并为标题添加“填充 - 无，轮廓 - 强调文字颜色 2”的艺术字样式，为图表添加“左上对角透视”的形状效果。

5．数据文档的修订与保护：

- 保护 A4.xlsx 工作簿的结构，密码为“gjks4-10”。

【样文 4-10A】

预算执行情况统计表				
部门	2007年	2008年	2009年	2010年
办公室	4545	5755	5654	8895
教务处	4554	5686	5566	8889
政教处	5022	7885	4555	7784
总务处	1222	7485	4465	6855
教研室	2333	7885	4545	4578
德育处	4566	5478	6745	4587
教育处	3545	2566	4568	7889

【样文 4-10B】

预算执行情况统计表						
部门	2007年	2008年	2009年	2010年	最大值	
办公室	4545	5755	5654	8895	8895	
教务处	4554	5686	5566	8889	8889	
政教处	5022	7885	4555	7784	7885	
总务处	1222	7485	4465	6855	7485	
教研室	2333	7885	4545	4578	7885	
德育处	4566	5478	6745	4587	6745	
教育处	3545	2566	4568	7889	7889	

【样文 4-10C】

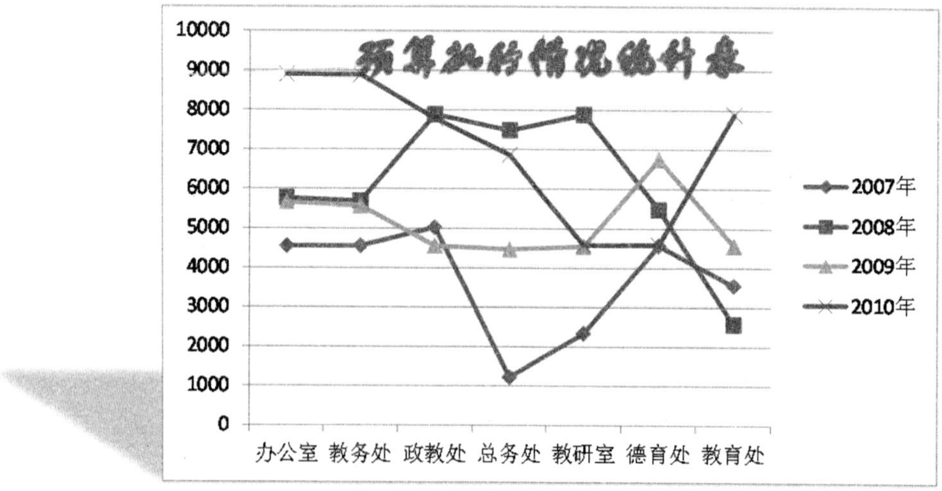

4.11　第 11 题

【操作要求】

在电子表格软件中打开文档 A4.xlsx，进行如下操作。

1. 表格环境的设置与修改：

- 按【样文 4-11A】所示，在 Sheet1 工作表中表格标题行的下方插入一空行，并设置该行的行高为 25。
- 按【样文 4-11A】所示，将标题单元格（A1）的名称定义为“工资表”，并将 Sheet1 工作表重命名为“工资表”。

2. 表格格式的编排与修改：

- 按【样文 4-11A】所示，将“工资表”工作表中表格标题区域 A1:K2 设置为“合并后居中”格式，并为其应用“汇总”的单元格样式，字体设置为华文行楷、26 磅、紫色；为表头行（A3:K3 单元格区域）应用“强调文字颜色 6”的单元格样式；为其他单元格区域应用“解释性文本”的单元格样式。
- 按【样文 4-11A】所示，将“工资表”工作表中的单元格区域 A3:K15 自动套用“表样式浅色 15”的表格格式，将单元格区域 D4:K15 设置为右对齐格式。
- 按【样文 4-11A】所示，在“工资表”工作表中自动调整表格的列宽为最适合列宽，行高（除标题行）为 16，并为单元格区域 A3:K15 添加紫色粗实线外边框线。

3. 数据的管理与分析：

- 按【样文 4-11A】所示，在“工资表”工作表表格中，利用公式计算出实发工资的数据，将结果填入到相应的单元格中。
- 按【样文 4-11B】所示，使用 Sheet2 工作表表格中的数据，以“性别”为报表筛选项，以“部门”为列标签，以“姓名”为行标签，分别以“基本工资”、“岗位工资”、“餐补”、“交通费”、“电话费”、“加班补助”和“住房补助”为求和项，从 Sheet2 工作表的 A20 单元格起建立数据透视表。
- 按【样文 4-11B】所示，在数据透视表中，利用条件格式将“金玉”、“马俊”和“张平”三人的数据以“渐变填充”下的“紫色数据条”的数据条来突出显示。

4. 图表的运用：

- 按【样文 4-11C】所示，利用 Sheet3 工作表中相应的数据，在该工作表中创建一个三维面积图。录入图表标题、坐标轴标题文字，设置图表大小为锁定纵横比、高度为 10 厘米，并为图表添加“细微效果 - 紫色，强调颜色 4”的形状样式。

5. 数据文档的修订与保护：

- 对 A4.xlsx 工作簿中的内容进行加密，设置打开此工作簿的密码为“gjks4-11”。

【样文 4-11A】

工资表

姓名	性别	部门	基本工资	岗位工资	餐补	交通费	电话费	加班补助	住房补助	实发工资
张平	女	开发部	1200	200	150	800	200	200	350	3100
辛旺	男	开发部	800	150	150	200	150	200	350	2000
杨洋	女	销售部	800	150	150	200	150	200	350	2000
陆路	男	人事部	800	150	150	100	150	100	350	1800
孟凯	男	开发部	800	150	150	100	150	100	350	1800
马洪涛	男	开发部	800	150	150	50	100	100	350	1700
刘华	女	销售部	800	150	150	50	100	100	350	1700
张峰	男	开发部	800	150	150	50	100	100	350	1700
马俊	男	销售部	800	150	150	50	100	100	350	1700
李强	男	人事部	800	150	150	50	100	100	350	1700
周东	女	销售部	800	100	150	50	50	0	350	1500
金玉	女	人事部	800	100	150	50	50	0	350	1500

【样文 4-11B】

性别	(全部)			
	列标签			
行标签	开发部	人事部	销售部	总计
金玉				
求和项:基本工资		800		800
求和项:岗位工资		100		100
求和项:餐补		150		150
求和项:交通费		50		50
求和项:电话费		50		50
求和项:加班补助		0		0
求和项:住房补助		350		350
马俊				
求和项:基本工资			800	800
求和项:岗位工资			150	150
求和项:餐补			150	150
求和项:交通费			50	50
求和项:电话费			100	100
求和项:加班补助			100	100
求和项:住房补助			350	350
张平				
求和项:基本工资	1200			1200
求和项:岗位工资	200			200
求和项:餐补	150			150
求和项:交通费	800			800
求和项:电话费	200			200
求和项:加班补助	200			200
求和项:住房补助	350			350
求和项:基本工资汇总	**1200**	**800**	**800**	**2800**
求和项:岗位工资汇总	**200**	**100**	**150**	**450**
求和项:餐补汇总	**150**	**150**	**150**	**450**
求和项:交通费汇总	**800**	**50**	**50**	**900**
求和项:电话费汇总	**200**	**50**	**100**	**350**
求和项:加班补助汇总	**200**	**0**	**100**	**300**
求和项:住房补助汇总	**350**	**350**	**350**	**1050**

【样文 4-11C】

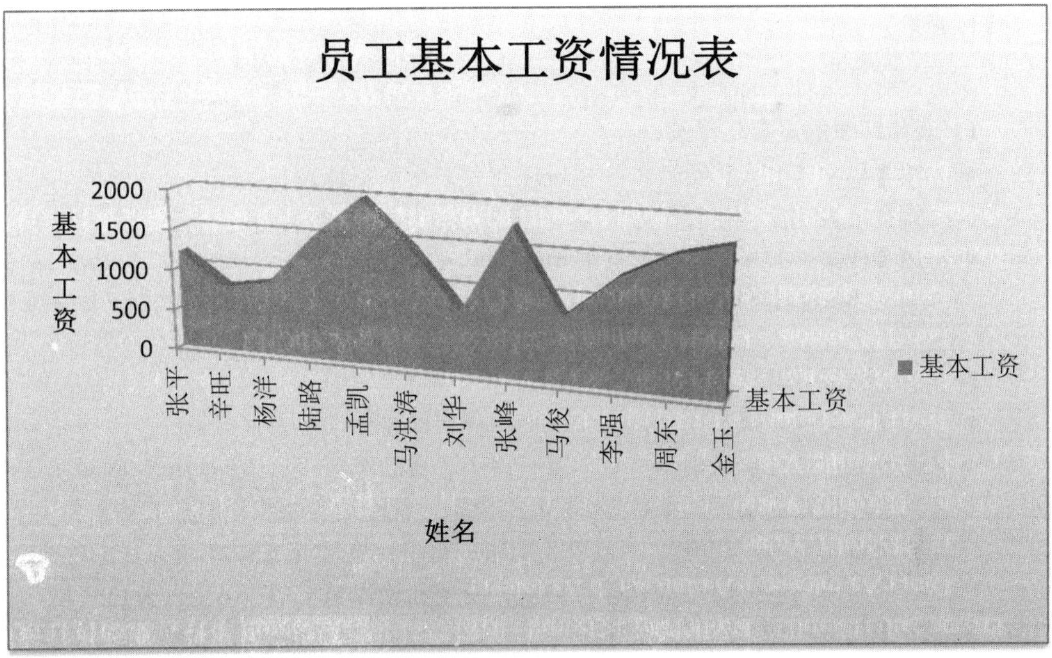
员工基本工资情况表
2000
1500
1000
500
0
基本工资
张平
辛旺
杨洋
陆路
孟凯
马洪涛
刘华
张峰
马俊
李强
周东
金玉
基本工资
基本工资
姓名

4.12 第 12 题

【操作要求】

在电子表格软件中打开文档 A4.xlsx，进行如下操作。

1. 表格环境的设置与修改：

- 按【样文 4-12A】所示，在 Sheet1 工作表中表格标题行的下方插入一空行，设置行高为 30。
- 按【样文 4-12A】所示，将单元格区域 A1 的名称定义为“啤酒销售情况”；分别将 Sheet1、Sheet2、Sheet3 工作表重命名为“啤酒销售情况表”、“评分表”、“银行存取表”。

2. 表格格式的编排与修改：

- 按【样文 4-12A】所示，将“啤酒销售情况表”工作表表格中标题区域 A1:P2 设置为“合并后居中”格式，垂直居中，自动套用“适中”的单元格样式，将其字体设置为幼圆，字号为 24 磅，加粗；将表头行（单元格区域 A3:P4）的字体设置为宋体、12 磅、深蓝色、加粗；将单元格区域 A3:D4 填充浅绿色底纹，将单元格区域 E3:K4 填充橙色底纹；将单元格区域 L3:P4 填充浅蓝色底纹。
- 按【样文 4-12A】所示，为表格中“品牌”列（单元格区域 A5:A10）填充黄色底纹，为“本周利润”和“库存利润”列（单元格区域 O5:P10）填充紫色底纹；为单元格区域 A3:P10 添加外边框线为双实线，颜色为紫色（RGB：255，0，255），内部网格线为双点划线，颜色为红色。
- 按【样文 4-12A】所示，自动调整表格的列宽为最适合列宽，将整个表格设置为水平居中格式。

3. 数据的管理与分析：

- 按【样文 4-12B】所示，在“评分表”工作表表格中，利用公式计算出相应的数据，将结果填入到相应的单元格中。
- 按【样文 4-12B】所示，在“评分表”工作表表格中，利用条件格式将最终得分的数据以“三色交通灯（有边框）”图标集突出显示出来。
- 按【样文 4-12B】所示，在“评分表”工作表表格中，利用每一个人的最初得分的数据，在最后一个单元格中插入折线图迷你图，并为其添加“迷你图样式彩色 #4”的样式。

4. 图表的运用：

- 按【样文 4-12C】所示，利用“银行存取表”工作表中相应的数据，在该工作表中创建一个复合饼图。显示数据标签，并放置在最佳位置；在顶部显示图例，并录入图表标题文字，设置图表的高为 10 厘米、宽为 15 厘米，并添加“草皮”棱台的形状效果。

5. 数据文档的修订与保护：

- 保护 A4.xlsx 工作簿的结构和窗口，密码为“gjks4-12”。

【样文 4-12A】

“为食家”大排档啤酒销售情况表																
品牌	进价（元）	进货（瓶）	售价（元）	一周销售情况							本周销量	库存（瓶）	营业额（元）	本周利润	库存利润
				日	一	二	三	四	五	六					
生力	5.00	250	8.00	50	20	23	28	33	18	42					
珠江	3.00	300	6.00	62	25	26	35	31	28	50					
纯生	2.00	300	4.00	68	26	24	30	33	23	56					
山水	1.80	350	3.50	73	28	30	33	39	26	67					
蓝带	3.50	300	7.00	53	22	25	31	36	29	46					
蓝妹	4.50	250	8.00	55	18	21	26	34	22	39					

【样文 4-12B】

编号	评委	朱爱静	李丽	俞雪蓉	邱素云	林海霞	胡凌湘	陈娟	许琴	刘丽兰	李雨阳
001	孙桐	9.8	8.5	9.2	8.5	9.8	8.5	9.2	9.2	8.5	10
002	商桓	9.7	10	9.1	8.6	9.7	8.6	9.1	9.1	8.6	8
003	杜超群	9.6	8.7	9.7	10	9.6	8.7	9	9	8.7	8.3
004	贾丹璐	10	8.8	8.9	8.8	9.5	8.8	10	8.9	8.8	9.4
005	鲁海	9.4	8.9	8.8	8.9	9.4	10	8.8	8.8	10	8.5
006	汪明荃	9.3	9	8.7	10	9.3	9	8.7	8.7	9	8.7
007	魏晓南	9.2	9.1	8.6	9.1	9.2	9.1	8.6	8.6	9.1	9.1
008	谷建芬	9.1	9.2	8.5	9.2	9.1	9.2	8.5	8.5	9.2	8.7
009	孙宏雷	9	9.3	10	9.3	9	9.3	10	8.4	9.3	8.6
010	李海鹰	9.1	9.2	8.5	9.2	9.1	9.2	8.5	8.5	9.2	7.5
	最高分	10	10	10	10	9.8	10	10	9.2	10	10
	最低分	9	8.5	8.5	8.5	9	8.5	8.5	8.4	8.5	7.5
	总得分	94.2	90.7	90	91.6	93.7	90.4	90.4	87.7	90.4	86.8
	有效总分	75.2	72.2	71.5	73.1	74.9	71.9	71.9	70.1	71.9	69.3
	最终得分	7.52	7.22	7.15	7.31	7.49	7.19	7.19	7.01	7.19	6.93

【样文 4-12C】

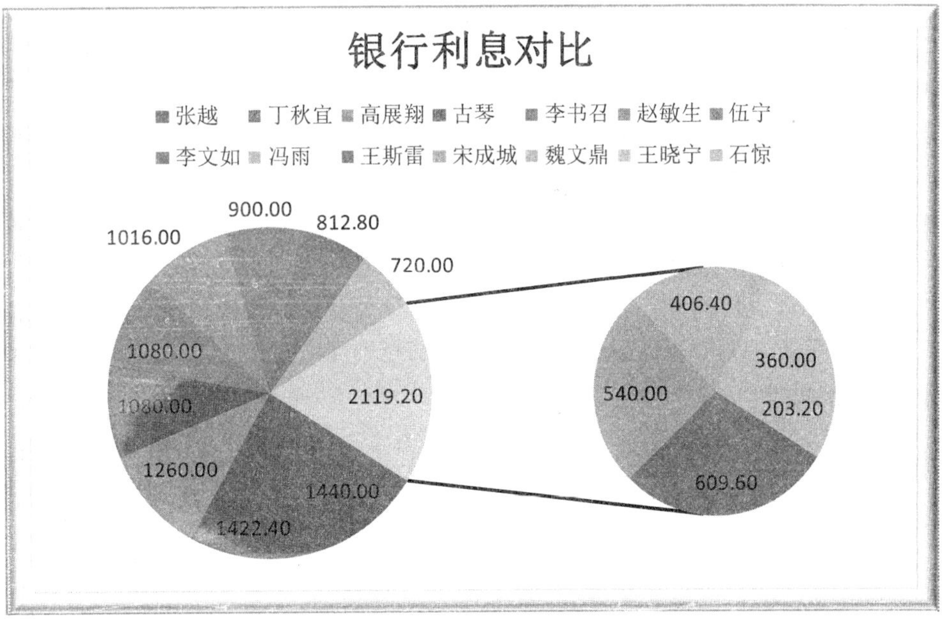

4.13　第 13 题

【操作要求】

在电子表格软件中打开文档 A4.xlsx，进行如下操作。

1．表格环境的设置与修改：

- 按【样文 4-13A】所示，在 Sheet1 工作表中表格标题行的下方插入一空行，设置行高为 20；在表格 A 列的左侧插入一空列，列宽为 10。
- 按【样文 4-13A】所示，将 B1 单元格的名称定义为“销售情况统计表”。

2．表格格式的编排与修改：

- 按【样文 4-13A】所示，在 Sheet1 工作表中，将表格中标题区域 B1:F2 设置为“合并后居中”格式，将其字体设置为华文彩云，字号为 20 磅、深红色、加粗；将表头行（B3:F3 单元格区域）自动套用“标题 1”的单元格样式，并设置字体为隶书、16 磅、浅蓝色。
- 按【样文 4-13A】所示，为表格的标题行（单元格区域 B1:F2）填充图案样式为“12.5% 灰色”的底纹，颜色为青绿色（RGB:51，204，255）；为表格中“商场名称”和“地理位置”两列（单元格区域 B4:C11）填充由白色到橙色的水平渐变底纹；为另外三列（单元格区域 D4:F11）填充浅绿色（RGB：200，255，200）底纹；为整个表格添加粗虚线的外边框线，颜色为紫色；将单元格区域 B4:F11 的内部网格线设置为粗虚线，颜色设置为红色。
- 按【样文 4-13A】，自动调整表格的列宽为最适合列宽，将整个表格设置为水平居中、垂直居中格式。

3．数据的管理与分析：

- 按【样文 4-13B】所示，在 Sheet2 工作表表格中，筛选出“家电类”小于 60000、“百货类”大于或等于 65000 的值。
- 按【样文 4-13B】所示，在 Sheet2 工作表表格中，利用条件格式中“五等级”图标集来突出显示统计表中的相关数据。
- 按【样文 4-13B】所示，在 Sheet2 工作表表格中，利用每一行的数据，在最后一个单元格中插入柱形图迷你图，并将“高点”标记为红色，“低点”标记为绿色。

4．图表的运用：

- 按【样文 4-13C】所示，利用 Sheet3 工作表中相应的数据，在该工作表中创建一个簇状圆柱图。在左侧显示图例，调整图表的大小为高 10 厘米、宽 18 厘米，并录入图表标题文字，为图表添加“粉色面巾纸”的纹理效果和“内部居中”的阴影效果。

5．数据文档的修订与保护：

- 保护 A4.xlsx 工作簿的窗口，密码为“gjks4-13”。

【样文 4-13A】

平阳市主要商场销售情况统计表				
商场名称	地理位置	家电类	百货类	服装类
花花商厦	兴华街	56000	90000	95000
为学百货	花园路	65000	68000	65000
务民商场	祝寿路	45000	65000	62000
华新商厦	平安大道	57000	87000	40000
永康商场	人民路	99000	80000	62000
泰隆百货	健康路	45000	98000	54000
政通百货	安民路	65000	65000	64000
永乐商场	永乐路	57000	55000	66000

【样文 4-13B】

平阳市主要商场销售情况统计表					
商场名称	地理位置	家电类	百货类	服装类	
花花商厦	兴华街	56000	90000	95000	
务民商场	祝寿路	45000	65000	62000	
华新商厦	平安大道	57000	87000	40000	
泰隆百货	健康路	45000	98000	54000	

【样文 4-13C】

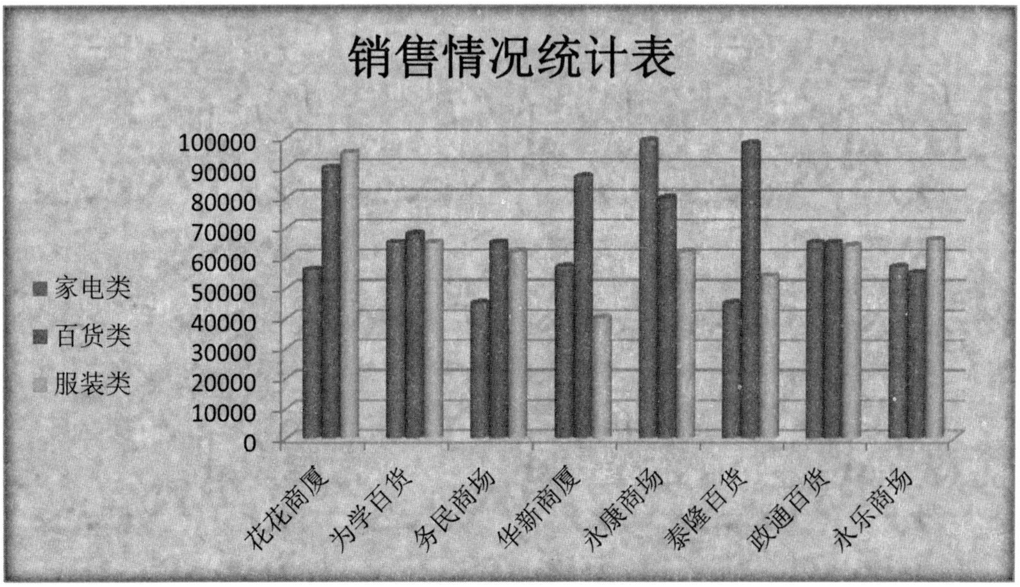

4.14　第 14 题

【操作要求】

在电子表格软件中打开文档 A4.xlsx，进行如下操作。

1. **表格环境的设置与修改：**

- 按【样文 4-14A】所示，在 Sheet1 工作表的 A1 单元格上方插入一空行，并在单元格 A1 中录入相应的内容。
- 按【样文 4-14A】所示，将 Sheet1 工作表中标题行的行高设置为 35，并将标题单元格（A1）的名称定义为“盈利统计”。

2. **表格格式的编排与修改：**

- 按【样文 4-14A】所示，将 Sheet1 工作表中表格标题区域 A1:F1 设置为“合并后居中”格式，将其字体设置为华文行楷，字号为 20 磅，字体颜色为深绿色（RGB：0，51，0），垂直居中；将表头行（A2:F2 单元格区域）的字体设置为华文新魏，字号为 14 磅，加粗；将单元格区域 A3:F14 的字体均设置为隶书、14 磅、褐色（RGB：102，51，0）；设置整个表格为居中对齐。
- 按【样文 4-14A】所示，将 C:\Win2010GJW\KSML1\KSWJ4-14.jpg 设定为 Sheet1 工作表的背景。
- 按【样文 4-14A】，调整 Sheet1 工作表中表格的列宽为 10，并为整个表格添加紫色的粗虚线边框线。

3. **数据的管理与分析：**

- 按【样文 4-14A】所示，在 Sheet1 工作表表格中，利用公式计算出各月份的盈利数据，将结果填入到相应的单元格中。
- 按【样文 4-14B】所示，使用 Sheet2 工作表表格中的内容，以“产品名称”为分类汇总字段，以“销售价”、“成本价”和“盈利”为汇总项，进行求最小值的分类汇总。
- 按【样文 4-14B】所示，在 Sheet2 工作表表格中，利用条件格式对相关数据应用“实心填充”下的“绿色数据条”的数据条来突出显示。

4. **图表的运用：**

- 按【样文 4-14C】所示，利用 Sheet3 工作表中相应的数据，在该工作表中创建一个三维饼图。设置图表的高度为 9 厘米、宽度为 11 厘米；显示数据标签，并放置在数据标签内；在底部显示图例，并录入图表标题文字，为图表添加“强烈效果 - 黑色，深色 1”形状样式。

5. **数据文档的修订与保护：**

- 保护工作簿 A4.xlsx 的窗口和结构，设置保护密码为“gjks4-14”。

【样文 4-14A】

某建筑公司全年销售盈利统计表					
销售月份	产品名称	销售地区	销售价	成本价	盈利
1月	塑料	西北	2324	1200	1124
2月	钢材	华南	1540	950	590
3月	木材	华南	2678	1150	1528
4月	木材	西南	2220	1150	1070
5月	木材	华北	1800	1150	650
6月	钢材	西南	1902	950	952
7月	塑料	东北	2183	1200	983
8月	木材	华北	1355	1150	205
9月	钢材	东北	1324	950	374
10月	塑料	东北	1850	1200	650
11月	钢材	西北	2013	950	1063
12月	钢材	西北	1350	950	400

【样文 4-14B】

某建筑公司全年销售盈利统计表					
销售月份	产品名称	销售地区	销售价	成本价	盈利
2月	钢材	华南	1540	950	590
6月	钢材	西南	1902	950	952
9月	钢材	东北	1324	950	374
11月	钢材	西北	2013	950	1063
12月	钢材	西北	1350	950	400
	钢材 最小值		1324	950	374
3月	木材	华南	2678	1150	1528
4月	木材	西南	2220	1150	1070
5月	木材	华北	1800	1150	650
8月	木材	华北	1355	1150	205
	木材 最小值		1355	1150	205
1月	塑料	西北	2324	1200	1124
7月	塑料	东北	2183	1200	983
10月	塑料	东北	1850	1200	650
	塑料 最小值		1850	1200	650
	总计最小值		1324	950	205

【样文 4-14C】

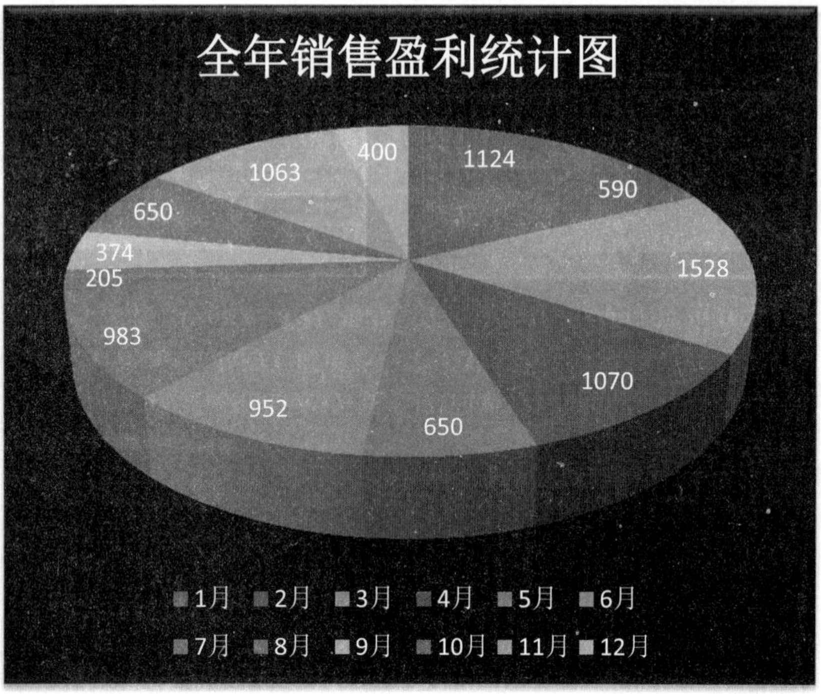
全年销售盈利统计图
1124
590
1528
1070
650
952
983
205
374
650
1063
400
1月 2月 3月 4月 5月 6月
7月 8月 9月 10月 11月 12月

4.15　第 15 题

【操作要求】

在电子表格软件中打开文档 A4.xlsx，进行如下操作。

1. **表格环境的设置与修改：**

- 按【样文 4-15A】所示，在 Sheet1 工作表中表格标题行的下方插入一空行，并设置该行的行高为 15。
- 按【样文 4-15A】所示，将标题单元格（A1）的名称定义为“人均消费统计表”，并将 Sheet1 工作表重命名为“消费统计表”，标签设置为紫色。

2. **表格格式的编排与修改：**

- 按【样文 4-15A】所示，将“消费统计表”工作表中表格标题区域 A1:G1 设置为“合并后居中”格式，并为其应用“标题”的单元格样式；为表头行（A3:G3 单元格区域）应用“标题 4”的单元格样式；为 A4:G14 单元格区域应用“输出”的单元格样式。
- 按【样文 4-15A】所示，将“消费统计表”工作表中的单元格区域 A3:G14 设置为垂直靠下、水平居中格式，并为其套用“表样式浅色 13”的表格格式。
- 按【样文 4-15A】所示，在“消费统计表”工作表中自动调整表格的行高（除第 2 行空行）、列宽为最适合行高、列宽，并为 A3:G14 单元格区域添加虚线内部网格线。

3. **数据的管理与分析：**

- 按【样文 4-15A】所示，在“消费统计表”工作表表格中，利用求和公式计算出“消费总水平”的数据，将结果填入到相应的单元格中。
- 按【样文 4-15B】所示，使用 Sheet2 工作表表格中的数据，以“地区”为列标签，以“城市”为行标签，分别以“食品”、“服装”、“日常生活用品”和“耐用消费品”为求最大值项，从 Sheet2 工作表的 A20 单元格起建立数据透视表。
- 按【样文 4-15B】所示，在数据透视表中，利用条件格式将“华东”和“西北”地区的数据应用“红 - 白 - 蓝色阶”来突出显示。

4. **图表的运用：**

- 按【样文 4-15C】所示，利用 Sheet3 工作表中相应的数据，在该工作表中创建一个簇状柱形图。录入图表标题、坐标轴标题文字，并为图表添加“水绿色，18pt 发光，强调文字颜色 5”发光的形状效果。

5. **数据文档的修订与保护：**

- 对 A4.xlsx 工作簿中的内容进行加密，设置打开此工作簿的密码为“gjks4-15”。

【样文 4-15A】

大中城市人均消费统计表

地区	城市	食品	服装	日常生活用品	耐用消费品	消费总水平
东北	沈阳	89.5	97.7	91	93.3	371.5
东北	哈尔滨	90.2	98.3	92.1	95.7	376.3
东北	长春	85.2	96.7	91.4	93.3	366.6
华北	天津	84.3	93.3	89.3	90.1	357
华北	唐山	82.7	92.3	89.2	87.3	351.5
华北	郑州	84.4	93	90.9	90.07	358.37
华北	石家庄	82.9	92.7	89.1	89.7	354.4
华东	济南	85	93.3	93.6	90.1	362
华东	南京	87.35	97	95.5	93.55	373.4
西北	西安	85.5	89.76	88.8	89.9	353.96
西北	兰州	83	87.7	87.6	85	343.3

【样文 4-15B】

	列标签		
行标签	华东	西北	总计
济南			
最大值项:食品	85		85
最大值项:服装	93.3		93.3
最大值项:日常生活用品	93.6		93.6
最大值项:耐用消费品	90.1		90.1
兰州			
最大值项:食品		83	83
最大值项:服装		87.7	87.7
最大值项:日常生活用品		87.6	87.6
最大值项:耐用消费品		85	85
南京			
最大值项:食品	87.35		87.35
最大值项:服装	97		97
最大值项:日常生活用品	95.5		95.5
最大值项:耐用消费品	93.55		93.55
西安			
最大值项:食品		85.5	85.5
最大值项:服装		89.76	89.76
最大值项:日常生活用品		88.8	88.8
最大值项:耐用消费品		89.9	89.9
最大值项:食品汇总	**87.35**	**85.5**	**87.35**
最大值项:服装汇总	**97**	**89.76**	**97**
最大值项:日常生活用品汇总	**95.5**	**88.8**	**95.5**
最大值项:耐用消费品汇总	**93.55**	**89.9**	**93.55**

【样文 4-15C】

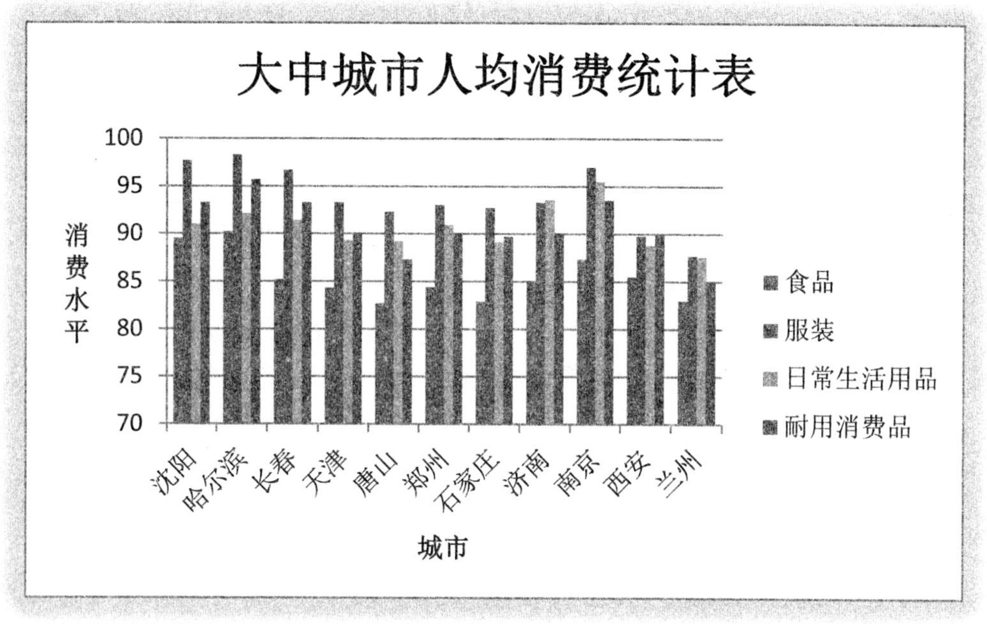
大中城市人均消费统计表
100
95
90
85
80
75
70
消费水平
沈阳
哈尔滨
长春
天津
唐山
郑州
石家庄
济南
南京
西安
兰州
城市
食品
服装
日常生活用品
耐用消费品

4.16 第 16 题

【操作要求】

在电子表格软件中打开文档 A4.xlsx，进行如下操作。

1. 表格环境的设置与修改：

- 在工作簿中插入新工作表，并重命名为“学生成绩表”，将 Sheet1 工作表中的内容复制到该工作表中。
- 将“学生成绩表”工作表中表格的标题单元格（A1）的名称定义为“成绩表”。

2. 表格格式的编排与修改：

- 按【样文 4-16A】所示，将 Sheet1 工作表中表格标题区域 A1:H1 设置为“合并后居中”格式，将其字体设置为方正舒体、20 磅、加粗；将表头行（A2:H2 单元格区域）的字体均设置为幼圆、13 磅、加粗；将单元格区域 A3:H12 的字体设置为华文细黑、12 磅；将整个表格的字体颜色设置为深红色。
- 按【样文 4-16A】所示，将 C:\Win2010GJW\KSML1\KSWJ4-16.jpg 设定为 Sheet1 工作表的背景。
- 按【样文 4-16A】所示，自动调整 Sheet1 工作表中表格的列宽为最适合列宽，将整个表格设置为水平居中格式。

3. 数据的管理与分析：

- 按【样文 4-16A】所示，在 Sheet1 工作表表格中，对各位学生的“总分”进行求和计算，将结果填入到相应的单元格中。
- 按【样文 4-16B】所示，使用 Sheet2 工作表表格中的数据，以“性别”为报表筛选项，以“班级”为列标签，以“姓名”为行标签，以各科成绩为求和项，从 Sheet2 工作表的 A20 单元格起建立数据透视表。
- 按【样文 4-16B】所示，在数据透视表中，利用条件格式将“江峰”、“任勇”和“杨洋”的成绩以“绿 - 黄色阶”突出显示出来。

4. 图表的运用：

- 按【样文 4-16C】所示，利用 Sheet3 工作表中相应的数据，在该工作表中创建一个复合饼图图表。在左侧显示图例，并居中显示数据标签，调整图表的大小为高 8 厘米、宽 13.5 厘米，并录入图表标题文字，为图表添加“细微效果 - 橙色，强调颜色 6”的形状样式。

5. 数据文档的修订与保护：

- 对文件 A4.xlsx 的内容进行加密，设置打开此工作簿的密码为“gjks4-16”。

【样文 4-16A】

永中中学高一考试成绩表							
姓名	性别	班级	语文	数学	英语	政治	总分
李朝	男	高一（三）班	78	82	78	87	325
刘梅	女	高一（一）班	84	68	74	78	304
张玲玲	女	高一（三）班	77	78	57	85	297
杨洋	女	高一（二）班	78	96	65	78	317
江峰	男	高一（二）班	88	80	85	86	339
高海	男	高一（一）班	77	88	85	90	340
赵丽娟	女	高一（三）班	78	87	75	84	324
王硕	男	高一（三）班	92	85	73	84	334
许颖	女	高一（二）班	75	87	84	75	321
任勇	男	高一（一）班	76	87	74	70	307

【样文 4-16B】

性别	（全部）		
	列标签		
行标签	高一（二）班	高一（一）班	总计
江峰			
求和项:语文	88		88
求和项:数学	80		80
求和项:英语	85		85
求和项:政治	86		86
任勇			
求和项:语文		76	76
求和项:数学		87	87
求和项:英语		74	74
求和项:政治		70	70
杨洋			
求和项:语文	78		78
求和项:数学	96		96
求和项:英语	65		65
求和项:政治	78		78
求和项:语文汇总	**166**	**76**	**242**
求和项:数学汇总	**176**	**87**	**263**
求和项:英语汇总	**150**	**74**	**224**
求和项:政治汇总	**164**	**70**	**234**

【样文 4-16C】

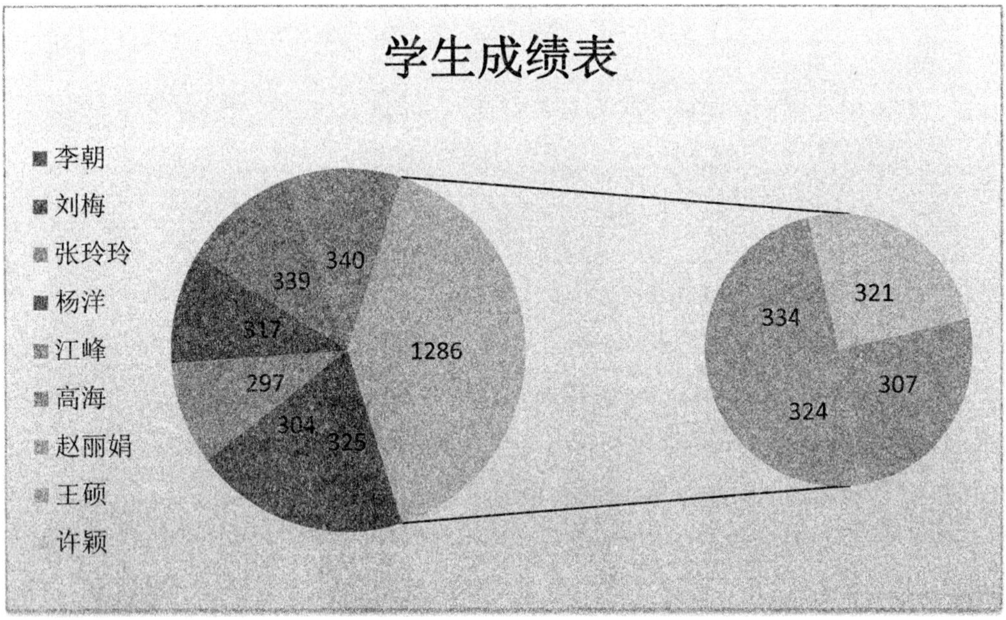
学生成绩表
李朝
刘梅
张玲玲
杨洋
江峰
高海
赵丽娟
王硕
许颖
340
339
317
297
304
325
1286
321
334
307
324

4.17　第 17 题

【操作要求】

在电子表格软件中打开文档 A4.xlsx，进行如下操作。

1．**表格环境的设置与修改：**

- 按【样文 4-17A】所示，在 Sheet1 工作表中表格标题行的下方插入一空行，并设置该行的行高为 15。
- 按【样文 4-17A】所示，将标题单元格（A1）的名称定义为“上半年销售报表”，并将 Sheet1 工作表重命名为“销售报表”。

2．**表格格式的编排与修改：**

- 按【样文 4-17A】所示，将“销售报表”工作表中表格标题区域 A1:F2 设置为“合并后居中”格式，并为其应用“标题”的单元格样式；为表头行（A3:F3 单元格区域）应用“好”的单元格样式；为其他单元格区域应用“计算”的单元格样式。
- 按【样文 4-17A】所示，将“销售报表”工作表中表头行（A3:F3 单元格区域）的字体设置为华文中宋、14 磅，并为单元格区域 A3:F19 套用“表样式浅色 19”的表格样式。
- 按【样文 4-17A】所示，在“销售报表”工作表中自动调整表格的列宽为最适合列宽，并为整个表格设置为水平居中、垂直居中的格式。

3．**数据的管理与分析：**

- 按【样文 4-17A】所示，在“销售报表”工作表表格中，利用公式计算出“销售总额”的数据，将结果填入到相应的单元格中。
- 按【样文 4-17B】所示，使用 Sheet2 工作表表格中的内容，以“类别”为分类汇总字段，以“销售总额”为汇总项，进行求最大值的分类汇总。
- 按【样文 4-17B】所示，在分类汇总表中，利用条件格式中“渐变填充”下的“红色数据条”来突出显示统计表中的相关数据。

4．**图表的运用：**

- 按【样文 4-17C】所示，利用 Sheet3 工作表中相应的数据，在该工作表中创建一个分离型三维饼图。录入图表标题，在底部显示图例，调整图表的大小为高 9 厘米、宽 13 厘米，并为图表区添加预设下“麦浪滚滚”的渐变效果，将图表标题设置为“渐变填充 - 紫色，强调文字颜色 4，映像”的艺术字样式，字体为华文新魏、24 磅。

5．**数据文档的修订与保护：**

- 保护 A4.xlsx 工作簿的结构和窗口，密码为“gjks4-17”。

【样文 4-17A】

上半年销售报表					
产品名称	类别	销售地区	销售数量	销售单价	销售总额
DVD	电器	上海市	246	1748	430008
MP3	数码	山东	243	1400	340200
U盘	数码	山东	215	268	57620
笔记本	数码	山东	76	8240	626240
冰柜	电器	深圳	286	3450	986700
冰霜	电器	北京市	378	3480	1315440
电冰箱	电器	深圳	215	2690	578350
电风扇	电器	山东	782	480	375360
电视	电器	北京市	176	2688	473088
空调	电器	北京市	104	4560	474240
沙发	家具	北京市	95	8480	805600
台式机	数码	上海市	104	8530	887120
洗衣机	电器	深圳	865	4470	3866550
衣柜	家具	上海市	103	1190	122570
椅子	家具	深圳	115	150	17250
圆桌	家具	上海市	432	360	155520

【样文 4-17B】

上半年销售报表					
产品名称	类别	销售地区	销售数量	销售单价	销售总额
DVD	电器	上海市	246	1748	430008
冰柜	电器	深圳	286	3450	986700
冰霜	电器	北京市	378	3480	1315440
电冰箱	电器	深圳	215	2690	578350
电风扇	电器	山东	782	480	375360
电视	电器	北京市	176	2688	473088
空调	电器	北京市	104	4560	474240
洗衣机	电器	深圳	865	4470	3866550
	电器 最大值				3866550
沙发	家具	北京市	95	8480	805600
衣柜	家具	上海市	103	1190	122570
椅子	家具	深圳	115	150	17250
圆桌	家具	上海市	432	360	155520
	家具 最大值				805600
MP3	数码	山东	243	1400	340200
U盘	数码	山东	215	268	57620
笔记本	数码	山东	76	8240	626240
台式机	数码	上海市	104	8530	887120
	数码 最大值				887120
	总计最大值				3866550

【样文 4-17C】

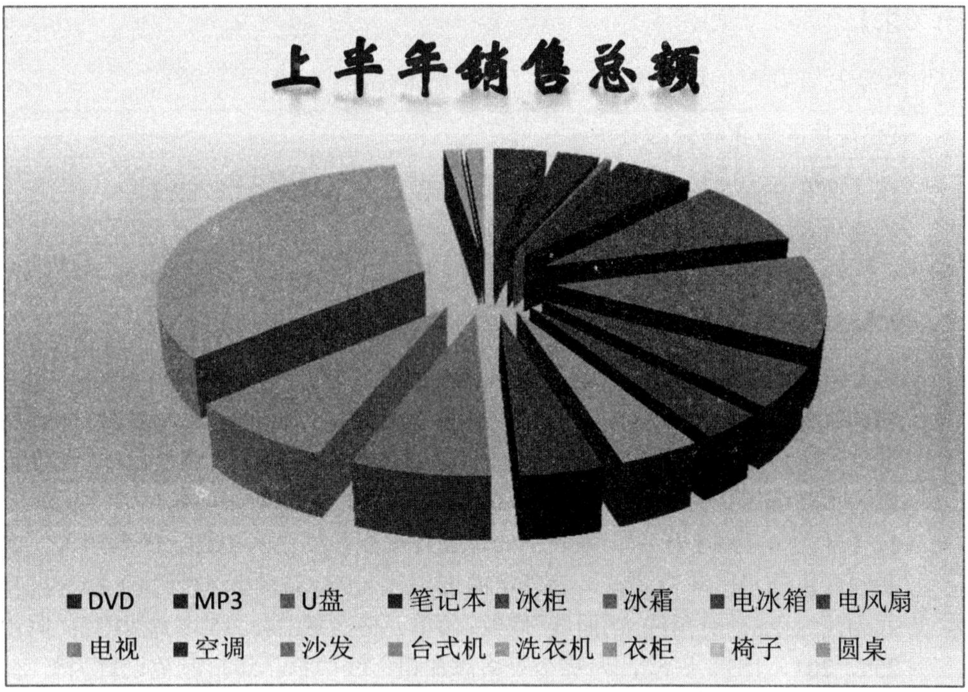

4.18　第 18 题

【操作要求】

在电子表格软件中打开文档 A4.xlsx，进行如下操作。

1. 表格环境的设置与修改：

- 按【样文 4-18A】所示，在 Sheet1 工作表中表格标题行的下方插入一空行，在表格 A 列的左侧插入一空列。
- 按【样文 4-18A】所示，将单元格区域 B1:G2 的名称定义为“业绩表标题”。

2. 表格格式的编排与修改：

- 按【样文 4-18A】所示，将表格中标题区域 B1:G2 设置为“合并后居中”格式，将其字体设置为方正姚体、18 磅、深蓝色、加粗；将表头行（B3:G3 单元格区域）的字体设置为华文楷体、14 磅、深红色；将单元格区域 B4:G15 的字体设置为华文细黑、蓝色（RGB：0，0，255）。
- 按【样文 4-18A】所示，为表格的标题行填充粉红色（RGB：255，102，204）和浅绿色的水平渐变底纹，为表格的表头行（B3:G3 单元格区域）填充图案样式为浅绿色的“对角线 剖面线”底纹，为单元格区域 B4:G15 填充浅橙色（RGB：255，204，153）底纹，为整个表格添加粗虚线边框，边框颜色设置为紫色。
- 按【样文 4-18A】所示，自动调整表格的列宽为最适合列宽，将整个表格设置为水平居中、垂直居中格式。

3. 数据的管理与分析：

- 按【样文 4-18B】所示，在 Sheet2 工作表表格中，筛选出“部门”为“销售三部”的值。
- 按【样文 4-18B】所示，在 Sheet2 工作表表格中，利用条件格式将大于 80000 的数据以“黄填充色深黄色文本”突出显示出来。
- 按【样文 4-18B】所示，在 Sheet2 工作表表格中，利用每一行的数据，在最后一个单元格中插入柱形图迷你图，设置“高点”颜色为浅蓝色，“低点”颜色为红色。

4. 图表的运用：

- 按【样文 4-18C】所示，利用 Sheet3 工作表中相应的数据，在该工作表中创建一个三维簇状柱形图。设置坐标轴的最小值为固定值 50000，调整图表的大小为高 8 厘米、宽 15 厘米，并录入图表标题文字，为图表套用“样式 10”的图表样式和“强烈效果 - 水绿色，强调颜色 5”的形状样式。

5. 数据文档的修订与保护：

- 保护 A4.xlsx 工作簿的结构，密码为“gjks4-18”。

【样文 4-18A】

某电器公司一季度销售业绩统计表					
编号	姓名	部门	一月份	二月份	三月份
AX12	王小月	销售一部	66500	92500	95000
SC15	李梅	销售三部	73500	91500	64500
AX1	张艳	销售一部	85500	62500	93400
AX10	李鑫	销售二部	82400	86000	84200
SC10	彭阳	销售三部	78000	81000	92000
SC1	王丽新	销售二部	85200	89000	90000
AX9	曹丽丽	销售一部	83450	87400	78450
AX5	郭欢	销售三部	99500	72000	74500
AX11	王志鹏	销售二部	69000	64500	87500
AX8	段军	销售三部	62000	55000	65400
SC6	刘小辉	销售一部	87500	84500	82000
SC2	王雪	销售二部	78500	74500	64500

【样文 4-18B】

某电器公司一季度销售业绩统计表					
编号	姓名	部门	一月份	二月份	三月份
SC15	李梅	销售三部	73500	91500	64500
SC10	彭阳	销售三部	78000	81000	92000
AX5	郭欢	销售三部	99500	72000	74500
AX8	段军	销售三部	62000	55000	65400

【样文 4-18C】

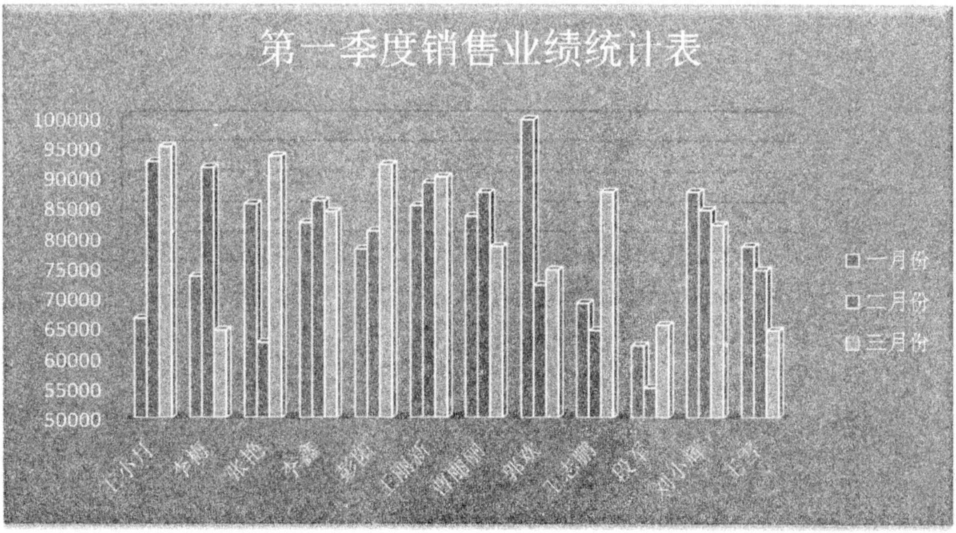

4.19　第 19 题

【操作要求】

在电子表格软件中打开文档 A4.xlsx，进行如下操作。

1．表格环境的设置与修改：

- 按【样文 4-19A】所示，在 Sheet1 工作表的 A4 单元格下方插入一空行，并录入相应的内容。
- 按【样文 4-19A】所示，将 Sheet1 工作表中标题行的行高设置为 30，并将单元格区域 A1:I12 的名称定义为“相对湿度表”。

2．表格格式的编排与修改：

- 按【样文 4-19A】所示，将 Sheet1 工作表中表格标题区域 A1:I1 设置为“合并后居中”格式，将其字体设置为华文楷体、20 磅、深红色、加粗；将表头行（A2:I2 单元格区域）的字体设置为方正姚体、14 磅；将单元格区域 A3:I12 的字体均设置为华文行楷、14 磅、紫色；将单元格区域 A3:B12 设置为文本左对齐的格式，单元格区域 C3:I12 设置为文本右对齐的格式。
- 按【样文 4-19A】所示，将 C:\Win2010GJW\KSML1\KSWJ4-19.jpg 设定为 Sheet1 工作表的背景。
- 按【样文 4-19A】所示，调整 Sheet1 工作表中表格的列宽为 10，并为整个表格添加粗点划线的外边框线和单实线的内部网格线，颜色均为紫色（RGB：255，0，255）。

3．数据的管理与分析：

- 按【样文 4-19A】所示，在 Sheet1 工作表表格中，利用公式计算出“平均湿度”值，并将结果填入到相对应的单元格中，保留两位小数。
- 按【样文 4-19B】所示，在 Sheet2 工作表表格中，以“气候类型”为主要关键字、“一月份”为次要关键字、“二月份”为第三关键字进行降序排序。
- 按【样文 4-19B】所示，在 Sheet2 工作表表格中，利用条件格式中“四色交通灯”图标集来突出显示统计表中的相关数据。

4．图表的运用：

- 按【样文 4-19C】所示，利用 Sheet3 工作表中相应的数据，在该工作表中创建一个三维堆积柱形图。在底部显示图例，并录入图表标题文字；为图表区添加“白色大理石”的纹理效果，为图例区添加“彩色填充 - 橄榄色，强调颜色 3”的形状样式。

5．数据文档的修订与保护：

- 保护 A4.xlsx 工作簿中的 Sheet1 工作表，仅允许其他用户进行“排序”和“使用自动筛选”的操作，保护密码为“gjks4-19”。

【样文 4-19A】

上半年相对湿度表								
城市	气候类型	一月份	二月份	三月份	四月份	五月份	六月份	平均湿度
HD	温带	65	75	60	65	70	68	67.17
CZ	温带	82	78	75	65	78	78	76.00
GZ	亚热带	64	81	73	80	80	81	76.50
NN	亚热带	79	86	83	84	82	89	83.83
HK	温带	78	84	83	80	75	78	79.67
GL	温带	75	80	79	76	79	85	79.00
CQ	温带	80	74	76	73	81	76	76.67
WJ	温带	80	81	76	70	75	74	76.00
GY	亚寒带	87	85	78	74	80	80	80.67
HM	亚寒带	58	42	55	48	44	70	52.83

【样文 4-19B】

上半年相对湿度表							
城市	气候类型	一月份	二月份	三月份	四月份	五月份	六月份
NN	亚热带	79	86	83	84	82	89
GZ	亚热带	64	81	73	80	80	81
GY	亚寒带	87	85	78	74	80	80
HM	亚寒带	58	42	55	48	44	70
CZ	温带	82	78	75	65	78	78
WJ	温带	80	81	76	70	75	74
CQ	温带	80	74	76	73	81	76
HK	温带	78	84	83	80	75	78
GL	温带	75	80	79	76	79	85
HD	温带	65	75	60	65	70	68

【样文 4-19C】

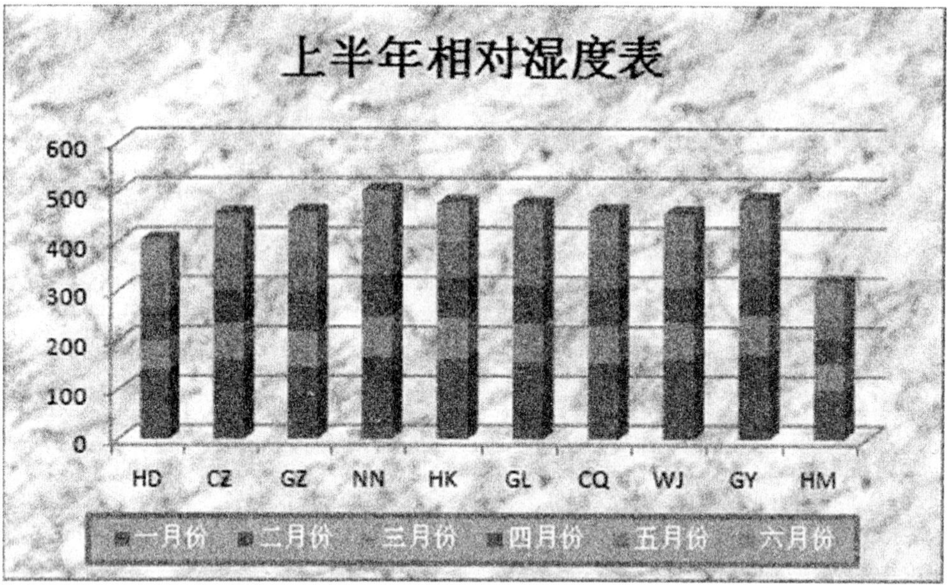
上半年相对湿度表
600
500
400
300
200
100
0
HD
CZ
GZ
NN
HK
GL
CQ
WJ
GY
HM
一月份
二月份
三月份
四月份
五月份
六月份

4.20　第 20 题

【操作要求】

在电子表格软件中打开文档 A4.xlsx，进行如下操作。

1．表格环境的设置与修改：

- 按【样文 4-20A】所示，在 Sheet1 工作表的标题行下方插入一空行，并设置行高为 12。
- 按【样文 4-20A】所示，将单元格区域 A1:F11 的名称定义为“销售表”，将 Sheet1 工作表重命名为“销售情况表”。

2．表格格式的编排与修改：

- 按【样文 4-20A】所示，将表格中标题区域 A1:F2 设置为“合并后居中”格式，并为其应用“标题 1”的单元格样式，设置字体为华文行楷、18 磅。
- 按【样文 4-20A】所示，将单元格区域 A3:F11 的字体均设置为华文宋体、12 磅、紫色，并为其套用“表样式深色 11”的表格样式。
- 按【样文 4-20A】所示，自动调整表格的列宽为最适合列宽，将单元格区域 A3:F11 设置为文本左对齐格式。

3．数据的管理与分析：

- 按【样文 4-20A】所示，在“销售情况表”工作表表格中，利用公式计算出“总额”值，将结果填入到相应的单元格中。
- 按【样文 4-20B】所示，使用 Sheet2 工作表表格中的内容，筛选出“第一季度”小于 200 的值且“第三季度”大于 100 的值。
- 按【样文 4-20B】所示，在 Sheet2 工作表表格中，利用条件格式将文本中包含 3 的数据以“浅蓝色填充黄色文本”突出显示出来。

4．图表的运用：

- 按【样文 4-20C】所示，利用 Sheet3 工作表中相应的数据，在该工作表中创建一个簇状水平棱锥图。调整图表的大小为高 9 厘米、宽 13 厘米；并录入图表标题，字体设置为华文行楷、24 磅，并应用“渐变填充 - 蓝色，强调文字颜色 1”的艺术字样式和“全映像，接触”的文本效果；为图表区填充淡紫色（RGB：255，102，255）的浅色变体中“线性向上”的渐变色。

5．数据文档的修订与保护：

- 对文件 A4.xlsx 的内容进行加密，设置打开此工作簿的密码为“gjks4-20”。

【样文 4-20A】

爱家家具城全年销售情况表（万元）

名称	第一季度	第二季度	第三季度	第四季度	总额
衣柜	200	200	280	250	930
餐桌	180	180	300	310	970
写字台	340	130	150	170	790
椅子	100	340	280	250	970
电脑桌	120	100	100	100	420
书柜	100	300	230	330	960
床	220	120	160	290	790
沙发	170	100	220	100	590

【样文 4-20B】

爱家家具城全年销售情况表（万元）

名称	第一季度	第二季度	第三季度	第四季度
餐桌	180	180	300	310
椅子	100	340	280	250
书柜	100	300	230	330
沙发	170	100	220	100

【样文 4-20C】

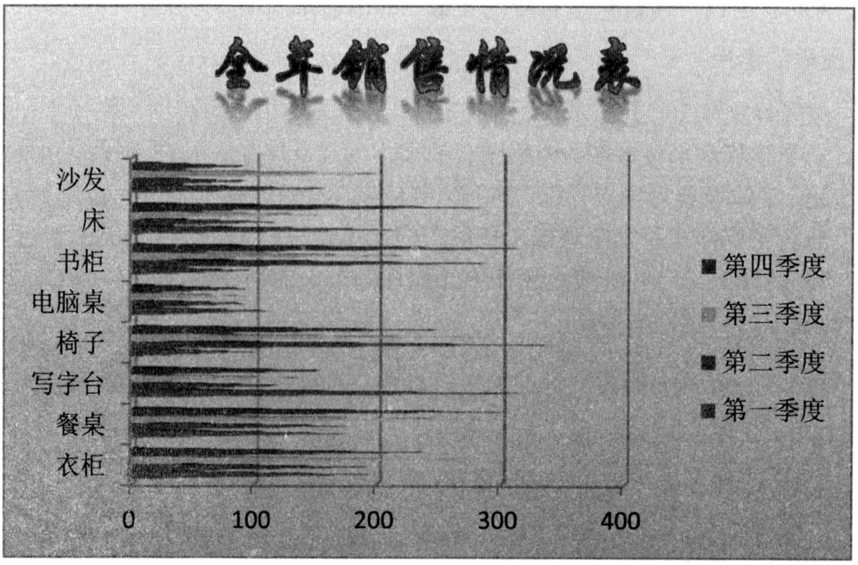

第五单元　数据表处理的综合操作

5.1　第 1 题

【操作要求】

在电子表格软件中打开文档 A5.xlsx，按下列要求操作。

1．创建图表：

- 按【样文 5-1】所示，选取 Sheet1 工作表中适当的数据，在该工作表中创建一个簇状圆柱图。

2．设定图表的格式：

- 按【样文 5-1】所示，将图表区的布局设置为“布局 5”，图表样式设置为“样式 31”，调整图表的大小为高 11 厘米、宽 19 厘米，并为图表区套用“彩色轮廓 - 水绿色，强调颜色 5”的形状样式。
- 按【样文 5-1】所示，将图表标题的字体设置为华文行楷、24 磅、深蓝色；将模拟运算表区域中文字的字体设置为华文细黑、10 磅，并应用“中等线 - 强调颜色 1”的形状样式。
- 按【样文 5-1】所示，将坐标轴主要刻度单位设置为固定值 2000。

3．修改图表中的数据：

- 按【样文 5-1】所示，将工作表中 11 月份“烟酒”销售量的数据更改为“6000”，从而改变图表中的数据，并在图表中以红色、14 磅字体在相应位置显示出来。

4．为图表添加外部数据：

- 按【样文 5-1】所示，从 Sheet2 工作表中添加“乳制品”和“玩具”的销售量至图表中。

【样文 5-1】

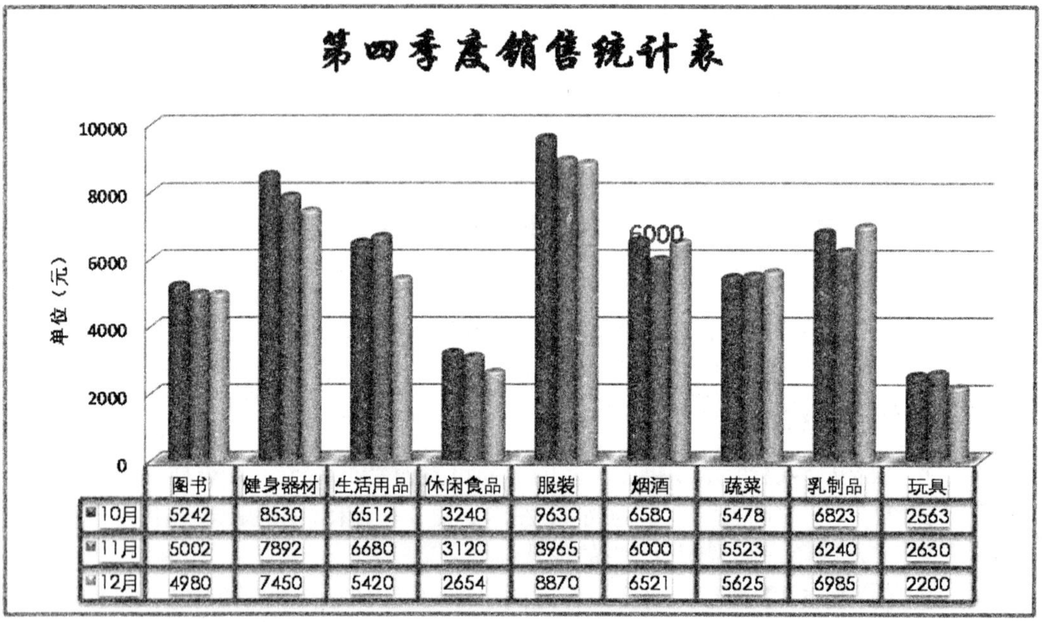
第四季度销售统计表
10000
8000
6000
4000
2000
0
单位（元）
6000
图书 健身器材 生活用品 休闲食品 服装 烟酒 蔬菜 乳制品 玩具
10月 5242 8530 6512 3240 9630 6580 5478 6823 2563
11月 5002 7892 6680 3120 8965 6000 5523 6240 2630
12月 4980 7450 5420 2654 8870 6521 5625 6985 2200

5.2　第 2 题

【操作要求】

在电子表格软件中打开文档 A5.xlsx，将 Sheet1 工作表重命名为“存款试算表”，并按下列要求操作。

1．数据格式设置：

- 按【样文 5-2A】所示，在“存款试算表”工作表中，设置“最终存款额”一列单元格的数据格式为：货币、保留两位小数。

2．单变量：

- 按【样文 5-2A】所示，在“存款试算表”工作表中，利用模拟运算表来进行单变量问题分析，运用 FV 函数，实现通过“每月存款额”的变化计算“最终存款额”的功能。

3．创建、编辑、总结方案：

- 按【样文 5-2B】所示，在“存款试算表”工作表的方案管理器中添加一个新方案，命名为“KS5-2”。
- 设置“每月存款额变化”为可变单元格，输入一组可变单元格的值为“-8500、-9000、-9500、-10000、-10500”。
- 设置“最终存款额”为结果单元格，报表类型为“方案摘要”。

【样文 5-2A】

最终存款额试算表		每月存款额变化	最终存款额
			¥245, 727. 46
每月存款额	-5000	-5500	¥270, 300. 21
年利率	1. 20%	-6000	¥294, 872. 95
存款期限（月）	48	-6500	¥319, 445. 70
		-7000	¥344, 018. 45
		-7500	¥368, 591. 19
		-8000	¥393, 163. 94

【样文 5-2B】

方案摘要		
	当前值:	KS5-2
可变单元格:		
D4	-5500	-8500
D5	-6000	-9000
D6	-6500	-9500
D7	-7000	-10000
D8	-7500	-10500
D9	-8000	-8000
结果单元格:		
E4	¥270, 300. 21	¥417, 736. 68
E5	¥294, 872. 95	¥442, 309. 43
E6	¥319, 445. 70	¥466, 882. 18
E7	¥344, 018. 45	¥491, 454. 92
E8	¥368, 591. 19	¥516, 027. 67
E9	¥393, 163. 94	¥393, 163. 94

注释：“当前值”这一列表示的是在
建立方案汇总时，可变单元格的值。
每组方案的可变单元格均以灰色底纹突出显示。

5.3 第 3 题

【操作要求】

在电子表格软件中打开文档 A5.xlsx，并按下列要求操作。

1. 定义单元格名称：

- 打开 C:\Win2010GJW\KSML1\KSWJ5-3A.xlsx，在 Sheet1 工作表中，将单元格区域 B4:F9 的名称定义为“上半年”，将工作簿以“A5a.xlsx”为文件名保存至考生文件夹中。
- 打开 C:\Win2010GJW\KSML1\KSWJ5-3B.xlsx，在 Sheet1 工作表中，将单元格区域 B4:F9 的名称定义为“下半年”，将工作簿以“A5b.xlsx”为文件名保存至考生文件夹中。

2. 工作簿间的链接：

- 按【样文 5-3A】所示，将 A5a.xlsx 和 A5b.xlsx 工作簿已定义单元格区域“上半年”和“下半年”中的数据进行求和的合并计算，将结果链接到 A5.xlsx 工作簿 Sheet1 工作表的相应位置。

3. 创建图表：

- 按【样文 5-3B】所示，使用 Sheet1 工作表中的数据创建折线图图表，图表标题为“宏图公司 2010 年图书销售统计”。

4. 添加趋势线：

- 按【样文 5-3B】所示，在“宏图公司 2010 年图书销售统计”图表中添加相应的对数趋势线，设置线型为红色、1.5 磅、单实线。

【样文 5-3A】

宏图公司2010年图书销售情况统计表				
书店名称	教育类（本）	小说类（本）	法律类（本）	电子类（本）
大石桥书店	700	1900	2900	3400
金水区书苑	600	1500	2800	2300
陇海路书社	1100	1500	2850	3200
伏牛路书城	1400	1200	2600	3700
大前门书店	1200	700	1700	3600
避沙港书社	1200	820	2100	3200

【样文 5-3B】

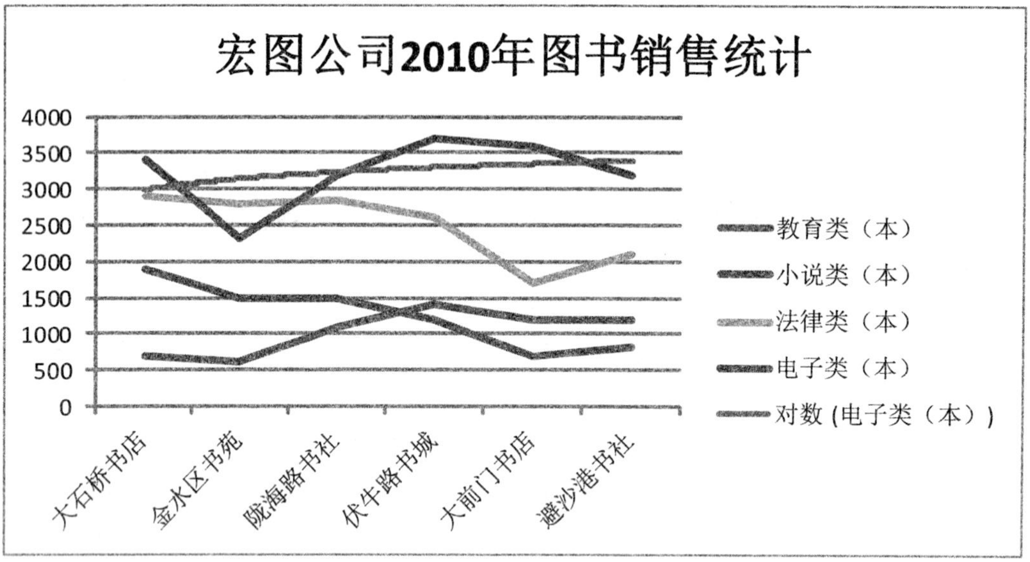
宏图公司2010年图书销售统计
4000
3500
3000
2500
2000
1500
1000
500
0
大石桥书店
金水区书苑
陇海路书社
伏牛路书城
大前门书店
避沙港书社
教育类（本）
小说类（本）
法律类（本）
电子类（本）
对数 (电子类（本）)

5.4 第 4 题

【操作要求】

在电子表格软件中打开文档 A5.xlsx，将 Sheet1 工作表重命名为“存款计算表”，并按下列要求操作。

1. 公式的运用：

- 按【样文 5-4A】所示，在“存款计算表”工作表中利用函数 FV 计算出“存款计算表 1”中的“最终存款额”。

2. 双变量分析：

- 按【样文 5-4B】所示，运用模拟运算表分析并计算出 Sheet2 工作表“存款计算表 2”表格中存款期限为 60 个月时，“最终存款额”随“每月存款额”和“年利率”变化而相应变化的结果。

3. 数据格式设置：

- 按【样文 5-4B】所示，设置 Sheet2 工作表“存款计算表 2”表格中计算结果单元格中的数字格式为货币、保留两位小数。

【样文 5-4A】

存款计算表1	
每月存款额	-3000
年利率	2.50%
存款期限（月）	240
最终存款额	¥932,924.12

【样文 5-4B】

存款计算表2				
根据存款期限（60个月）以及每月存款额、存款年利率计算最终存款额				
¥0.00	-3500	-4000	-4500	-5000
3.00%	¥226,263.49	¥258,586.85	¥290,910.21	¥323,233.56
3.50%	¥229,131.39	¥261,864.45	¥294,597.51	¥327,330.56
4.00%	¥232,046.42	¥265,195.91	¥298,345.40	¥331,494.89
4.50%	¥235,009.43	¥268,582.21	¥302,154.98	¥335,727.76
5.00%	¥238,021.29	¥272,024.33	¥306,027.37	¥340,030.41
5.50%	¥241,082.88	¥275,523.29	¥309,963.70	¥344,404.12

5.5 第 5 题

【操作要求】

在电子表格软件中打开文档 A5.xlsx，按下列要求操作。

1. 创建图表：

- 按【样文 5-5】所示，选取 Sheet1 工作表中适当的数据，在该工作表中创建一个三维簇状柱形图。

2. 设定图表的格式：

- 按【样文 5-5】所示，将图表区的布局设置为“布局 3”，图表样式设置为“样式 26”，调整图表的大小为高 9 厘米、宽 14 厘米，并为图表区套用“细微效果 - 橄榄色，强调颜色 3”的形状样式。
- 按【样文 5-5】所示，将图表标题的字体设置为方正姚体、20 磅、深红色；将图例区中文字的字体设置为微软雅黑、12 磅，并应用“强烈效果 - 橙色，强调颜色 6”的形状样式。
- 按【样文 5-5】所示，将坐标轴主要刻度单位设置为固定值 20000。

3. 修改图表中的数据：

- 按【样文 5-5】所示，将工作表中四月份“吴佳”销售业绩的数据更改为“85000”，从而改变图表中的数据，并在图表中以紫色、12 磅字体在相应位置显示出来。

4. 为图表添加外部数据：

- 按【样文 5-5】所示，从 Sheet2 工作表中添加“五月份”和“六月份”的销售业绩量至图表中。

【样文 5-5】

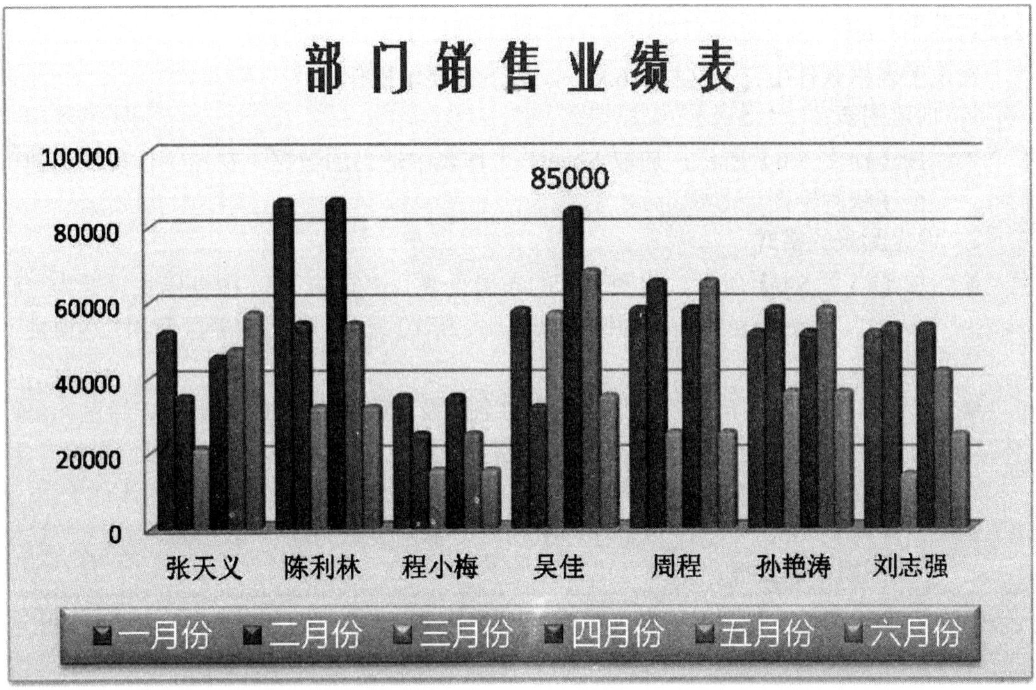
部门销售业绩表
100000
80000
60000
40000
20000
0
85000
张天义
陈利林
程小梅
吴佳
周程
孙艳涛
刘志强
一月份
二月份
三月份
四月份
五月份
六月份

5.6 第 6 题

【操作要求】

在电子表格软件中打开文档 A6.xlsx，按下列要求操作。

1. **创建图表：**

- 按【样文 5-6】所示，选取 Sheet1 工作表中适当的数据，在该工作表中创建一个簇状圆锥图。

2. **设定图表的格式：**

- 按【样文 5-6】所示，将图表区的布局设置为“布局 9”，图表样式设置为“样式 39”，调整图表的大小为锁定纵横比、高 10 厘米，并为图表区套用“左透视”的形状效果。
- 按【样文 5-6】所示，将图表标题的字体设置为华文行楷、24 磅、绿色，坐标轴的字体设置为楷体_GB2312、14 磅、深红色；将图例区应用“彩色轮廓 - 橙色，强调颜色 6”的形状样式；为图表添加紫色渐变、线性向上的浅色变体。
- 按【样文 5-6】所示，将坐标轴主要刻度单位设置为固定值 3000。

3. **修改图表中的数据：**

- 按【样文 5-6】所示，将工作表中“李建波”年收入的数据更改为“25000”，从而改变图表中的数据，并在图表中以紫色、加粗、12 磅字体在相应位置显示出来。

4. **为图表添加外部数据：**

- 按【样文 5-6】所示，从 Sheet2 工作表中添加“年纯收入”的金额至图表中。

【样文 5-6】

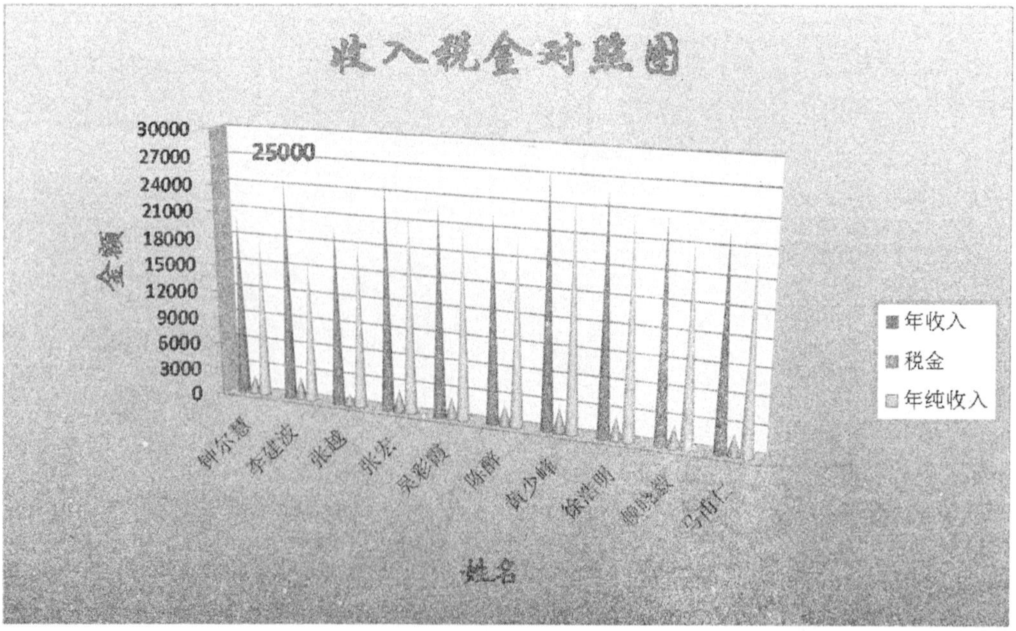

5.7　第 7 题

【操作要求】

在电子表格软件中打开文档 A5.xlsx，并按下列要求操作。

1．定义单元格名称：

- 打开 C:\Win2010GJW\KSML1\KSWJ5-7A.xlsx，在 Sheet1 工作表中，将单元格区域 B3:E13 的名称定义为“上半年销售”，将工作簿以“A5a.xlsx”为文件名保存至考生文件夹中。
- 打开 C:\Win2010GJW\KSML1\KSWJ5-7B.xlsx，在 Sheet1 工作表中，将单元格区域 B3:E13 的名称定义为“下半年销售”，将工作簿以“A5b.xlsx”为文件名保存至考生文件夹中。

2．工作簿间的链接：

- 按【样文 5-7A】所示，将 A5a.xlsx 和 A5b.xlsx 工作簿已定义单元格区域“上半年销售”和“下半年销售”中的数据进行求和的合并计算，将结果链接到 A5.xlsx 工作簿 Sheet1 工作表的相应位置。

3．创建图表：

- 按【样文 5-7B】所示，使用 Sheet1 工作表中的数据创建簇状条形图图表，图表标题为“全年软件销售统计表”，坐标轴标题为“销售量”和“地区”。

4．添加趋势线：

- 按【样文 5-7B】所示，在“全年软件销售统计表”图表中添加相应的指数趋势线，设置线型为“熊熊火焰”渐变色、2 磅、方点线。

【样文 5-7A】

全年软件销售统计表				
地区	系统软件	管理软件	游戏娱乐	教育教学
北京	150000	150000	300000	400000
武汉	140000	180000	255000	490000
上海	100000	180000	180000	440000
南京	110000	150000	195000	230000
石家庄	146000	135000	165000	187000
天津	162000	154000	135000	144000
西安	17800	173000	105000	101000
重庆	19400	192000	75000	58000
兰州	21000	211000	45000	15000
湖南	22600	230000	40000	58000
湖北	24200	249000	30000	144000

【样文 5-7B】

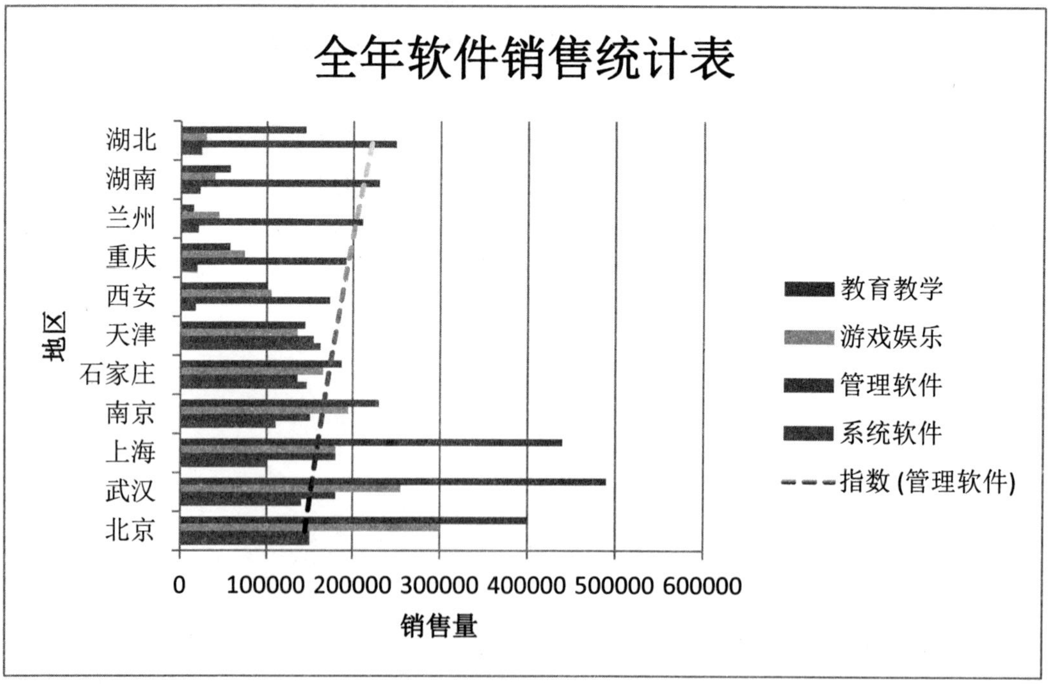

5.8　第 8 题

【操作要求】

在电子表格软件中打开文档 A5.xlsx，并按下列要求操作。

1. 定义单元格名称：

- 打开 C:\Win2010GJW\KSML1\KSWJ5-8A.xlsx，在 Sheet1 工作表中，将单元格区域 C4:F10 的名称定义为“一季度”，将工作簿以“A5a.xlsx”为文件名保存至考生文件夹中。
- 打开 C:\Win2010GJW\KSML1\KSWJ5-8B.xlsx，在 Sheet1 工作表中，将单元格区域 C4:F10 的名称定义为“二季度”，将工作簿以“A5b.xlsx”为文件名保存至考生文件夹中。

2. 工作簿间的链接：

- 按【样文 5-8A】所示，将 A5a.xlsx 和 A5b.xlsx 工作簿已定义单元格区域“一季度”和“二季度”中的数据进行求和的合并计算，将结果链接到 A5.xlsx 工作簿 Sheet1 工作表的相应位置。

3. 创建图表：

- 按【样文 5-8B】所示，使用 Sheet1 工作表中的数据创建簇状柱形图图表，图表标题为“电器商城 2010 年上半年部分商品销售统计”，并应用“样式 10”。

4. 添加趋势线：

- 按【样文 5-8B】所示，在“电器商城 2010 年上半年部分商品销售统计”图表中添加相应的多项式趋势线，顺序为 6，设置线型为紫色（RGB：255，0，255）、2.5 磅、单实线、透明度 50%，“橙色，5pt 发光，强调文字颜色 6”的效果。

【样文 5-8A】

电器商城2010年上半年部分商品销售统计表				
商品名称	华联店	富达店	广场店	国道店
空调	580	800	950	580
DVD	460	820	680	460
洗衣机	400	840	780	400
电视机	480	760	820	740
冰箱	600	660	660	780
收音机	260	560	400	430
录音机	950	860	1380	980

【样文 5-8B】

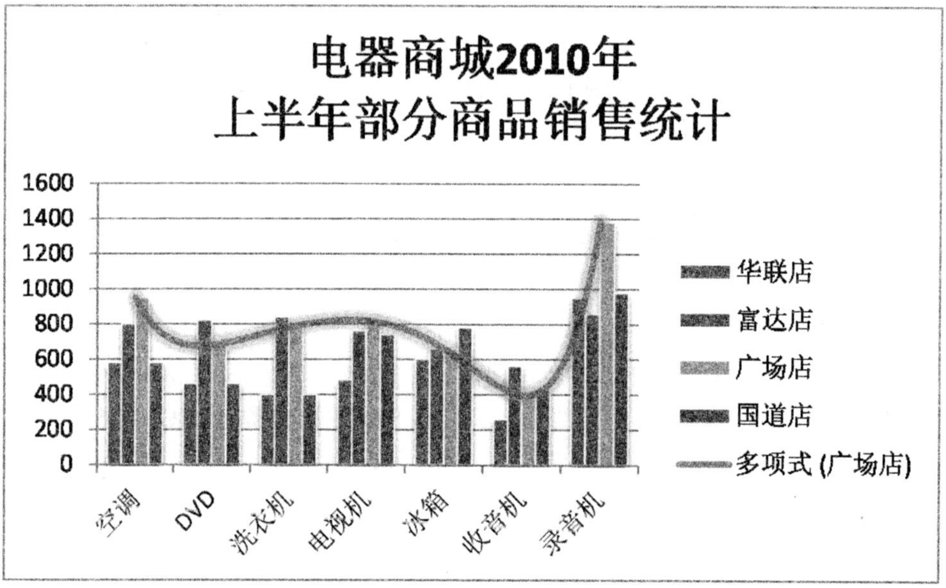

5.9　第 9 题

【操作要求】

在电子表格软件中打开文档 A5.xlsx，按下列要求操作。

1．创建图表：

- 按【样文 5-9】所示，选取 Sheet1 工作表中适当的数据，在该工作表中创建一个簇状水平圆柱图。

2．设定图表的格式：

- 按【样文 5-9】所示，将图表区的布局设置为“布局 1”，图表样式设置为“样式 47”，调整图表的大小为锁定纵横比、高 9 厘米，并为图表区套用“强烈效果 - 紫色，强调颜色 4”的形状样式。
- 按【样文 5-9】所示，将图表标题的字体设置为华文彩云、20 磅、黄色；将垂直坐标轴区域中文字的字体设置为微软雅黑、9 磅、橙色、加粗。
- 按【样文 5-9】所示，将坐标轴主要刻度单位设置为固定值 5。

3．修改图表中的数据：

- 按【样文 5-9】所示，将工作表中其他经济类型“6 月份”的数据更改为“8”，从而改变图表中的数据，并在图表中以绿色、14 磅字体在相应位置显示出来。

4．为图表添加外部数据：

- 按【样文 5-9】所示，从 Sheet2 工作表中添加“轻工业”和“重工业”的经济指标至图表中。

【样文 5-9】

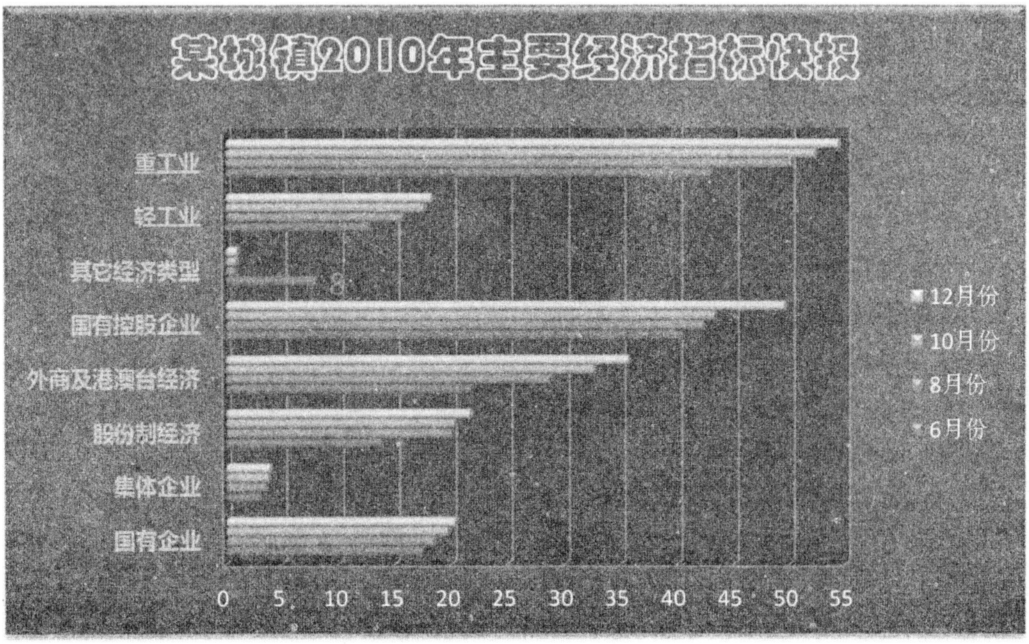

5.10 第 10 题

【操作要求】

在电子表格软件中打开文档 A5.xlsx，按下列要求操作。

1. 创建图表：

- 按【样文 5-10】所示，选取 Sheet1 工作表中适当的数据，在该工作表中创建一个三维簇状柱形图。

2. 设定图表的格式：

- 按【样文 5-10】所示，将图表区的布局设置为“布局 3”，图表样式设置为“样式 10”，调整图表的大小为高 9 厘米、宽 15 厘米，并为图表区添加“羊皮纸”的纹理效果。
- 按【样文 5-10】所示，将图表标题的字体设置为隶书、28 磅，并添加“渐变填充 - 橙色，强调文字颜色 6，内部阴影”的艺术字效果和“半映像，接触”的文本效果；将图例区域中文字的字体设置为华文琥珀、12 磅，并添加红色、2 磅、圆点线的边框。

3. 修改图表中的数据：

- 按【样文 5-10】所示，将工作表中李平的“数学”数据更改为“90”，从而改变图表中的数据，并在图表中以华文新魏、红色、14 磅字体在相应位置显示出来。

4. 为图表添加外部数据：

- 按【样文 5-10】所示，从 Sheet2 工作表中添加“宋佳”、“周敏”和“陈俊”的成绩至图表中。

【样文 5-10】

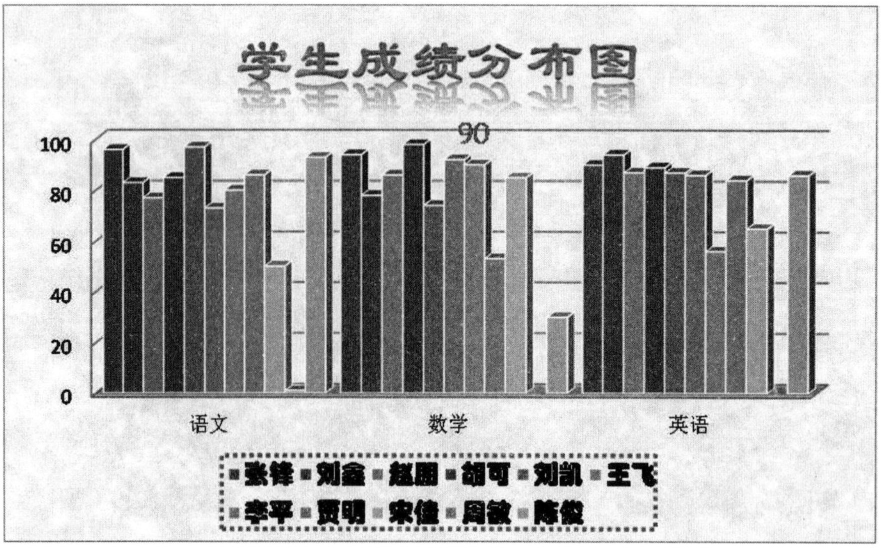

5.11　第 11 题

【操作要求】

在电子表格软件中打开文档 A5.xlsx，按下列要求操作。

1. **创建图表：**

- 按【样文 5-11】所示，选取 Sheet1 工作表中适当的数据，在该工作表中创建一个带数据标记的折线图。

2. **设定图表的格式：**

- 按【样文 5-11】所示，将图表区的布局设置为“布局 5”，图表样式设置为“样式 26”，调整图表的大小为高 10 厘米、宽 16 厘米，并为图表区套用“细微效果 - 水绿色，强调颜色 5”的形状样式，将所有的数据标记大小设置为 10。
- 按【样文 5-11】所示，将图表标题的字体设置为华文行楷、24 磅、紫色；将模拟运算表区域中文字应用“中等线 - 强调颜色 6”的形状样式，字体设置为方正舒体、深红色。
- 按【样文 5-11】所示，将坐标轴最小值为固定值 70，主要刻度单位设置为固定值 5。

3. **修改图表中的数据：**

- 按【样文 5-11】所示，将工作表中合肥“日常生活用品”的数据更改为“99”，从而改变图表中的数据，并在图表中以华文琥珀、浅蓝色、14 磅字体在相应位置显示出来。

4. **为图表添加外部数据：**

- 按【样文 5-11】所示，从 Sheet2 工作表中添加“吉林”、“大连”和“营口”的平均消费水平至图表中。

【样文 5-11】

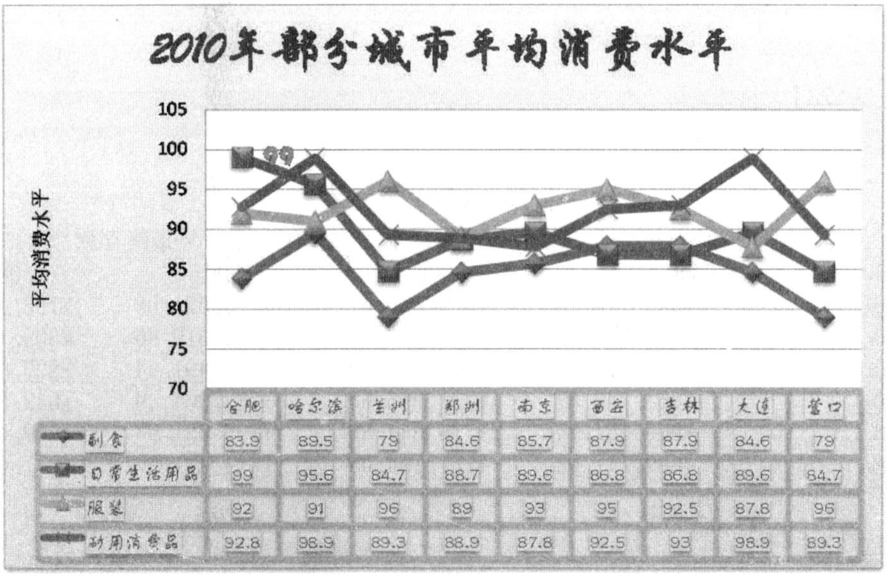

5.12 第 12 题

【操作要求】

在电子表格软件中打开文档 A5.xlsx，将 Sheet1 工作表重命名为“存款计算表”，并按下列要求操作。

1. **公式的运用：**

- 按【样文 5-12A】所示，在“存款计算表”工作表中利用函数 FV 计算出“存款计算表 1”中的“最终存款额”。

2. **双变量分析：**

- 按【样文 5-12B】所示，运用模拟运算表分析并计算出 Sheet2 工作表“存款计算表 2”表格中存款期限为 90 个月时，“最终存款额”随“每月存款额”和“年利率”变化而相应变化的结果。

3. **数据格式设置：**

- 按【样文 5-12B】所示，设置 Sheet2 工作表“存款计算表 2”表格中计算结果单元格中的数字格式为货币、保留两位小数。

【样文 5-12A】

存款计算表1	
每月存款额	-5000
年利率	5.50%
存款期限（月）	120
最终存款额	￥797,537.91

【样文 5-12B】

存款计算表2				
根据存款期限（90个月）以及每月存款额、存款年利率计算最终存款额				
￥0.00	-5500	-6000	-6500	-7000
6.00%	¥623,210.15	¥679,865.61	¥736,521.08	¥793,176.55
6.50%	¥635,732.19	¥693,526.02	¥751,319.86	¥809,113.69
7.00%	¥648,574.76	¥707,536.10	¥766,497.44	¥825,458.79
7.50%	¥661,746.87	¥721,905.68	¥782,064.49	¥842,223.29
8.00%	¥675,257.79	¥736,644.86	¥798,031.93	¥859,419.00
8.50%	¥689,117.05	¥751,764.05	¥814,411.06	¥877,058.06

5.13　第 13 题

【操作要求】

在电子表格软件中打开文档 A5.xlsx，将 Sheet1 工作表重命名为“还款计算表”，并按下列要求操作。

1. 公式的运用：

- 按【样文 5-13A】所示，在“还款计算表”工作表中利用函数 PMT 计算出“还款计算表 1”中的“每月应付款”。

2. 双变量分析：

- 按【样文 5-13B】所示，运用模拟运算表分析并计算出 Sheet2 工作表“还款计算表 2”表格中存款期限为 120 个月时，“每月应付款”随“贷款额”和“年利率”变化而相应变化的结果。

3. 数据格式设置：

- 按【样文 5-13B】所示，设置 Sheet2 工作表“还款计算表 2”表格中计算结果单元格中的数字格式为货币、保留一位小数。

【样文 5-13A】

还款计算表1	
贷款额（元）	￥500,000.00
年利率	7%
贷款期限（月）	240
每月应付款（元）	￥-3,876.49

【样文 5-13B】

还款计算表2				
根据贷款期限（120个月）以及贷款额、贷款年利率计算每月付款额				
￥0.00	3.00%	3.50%	4.00%	4.50%
￥500,000.00	￥-4,828.04	￥-4,944.29	￥-5,062.26	￥-5,181.92
￥490,000.00	￥-4,731.48	￥-4,845.41	￥-4,961.01	￥-5,078.28
￥480,000.00	￥-4,634.92	￥-4,746.52	￥-4,859.77	￥-4,974.64
￥470,000.00	￥-4,538.36	￥-4,647.64	￥-4,758.52	￥-4,871.01
￥460,000.00	￥-4,441.79	￥-4,548.75	￥-4,657.28	￥-4,767.37
￥450,000.00	￥-4,345.23	￥-4,449.86	￥-4,556.03	￥-4,663.73
￥440,000.00	￥-4,248.67	￥-4,350.98	￥-4,454.79	￥-4,560.09

5.14 第 14 题

【操作要求】

在电子表格软件中打开文档 A5.xlsx，将 Sheet1 工作表重命名为"偿还贷款试算表"，并按下列要求操作。

1．数据格式设置：

- 按【样文 5-14A】所示，在"偿还贷款试算表"工作表中，设置"月偿还额"一列单元格的数据格式为：货币、保留一位小数。

2．单变量：

- 按【样文 5-14A】所示，在"偿还贷款试算表"工作表中，利用模拟运算表来进行单变量问题分析，运用 PMT 函数，实现通过"年利率"的变化计算"月偿还额"的功能。

3．创建、编辑、总结方案：

- 按【样文 5-14B】所示，在"偿还贷款试算表"工作表的方案管理器中添加一个新方案，命名为"KS5-14"。
- 设置"年利率"为可变单元格，输入一组可变单元格的值为"10%、11%、12%、13%和 14%"。
- 设置"月偿还额"为结果单元格，报表类型为"方案摘要"。

【样文 5-14A】

偿还贷款试算表		年利率变化	月偿还额
			¥-9,083.8
贷款额	800000	7%	¥-9,288.7
年利率	6.50%	7.50%	¥-9,496.1
贷款期限（月）	120	8%	¥-9,706.2
		8.50%	¥-9,918.9
		9%	¥-10,134.1

【样文 5-14B】

方案摘要		
	当前值:	KS5-14
可变单元格:		
D4	7%	10%
D5	7.50%	11.00%
D6	8%	12%
D7	8.50%	13.00%
D8	9%	14%
结果单元格:		
E4	￥-9,288.7	￥-10,572.1
E5	￥-9,496.1	￥-11,020.0
E6	￥-9,706.2	￥-11,477.7
E7	￥-9,918.9	￥-11,944.9
E8	￥-10,134.1	￥-12,421.3

注释:“当前值”这一列表示的是在
建立方案汇总时，可变单元格的值。
每组方案的可变单元格均以灰色底纹突出显示。

5.15 第 15 题

【操作要求】

在电子表格软件中打开文档 A5.xlsx，将 Sheet1 工作表重命名为“最终存款试算表”，并按下列要求操作。

1. **数据格式设置：**

- 按【样文 5-15A】所示，在“最终存款试算表”工作表中，设置“最终存款额”一列单元格的数据格式为：数值、保留两位小数。

2. **单变量：**

- 按【样文 5-15A】所示，在“最终存款试算表”工作表中，利用模拟运算表来进行单变量问题分析，运用 FV 函数，实现通过“每月存款额”的变化计算“最终存款额”的功能。

3. **创建、编辑、总结方案：**

- 按【样文 5-15B】所示，在“最终存款试算表”工作表的方案管理器中添加一个新方案，命名为“KS5-15”。
- 设置“每月存款额变化”为可变单元格，输入一组可变单元格的值为“-9000、-9500、-10000、-10500、-11000”。
- 设置“最终存款额”为结果单元格，报表类型为“方案摘要”。

【样文 5-15A】

最终存款额试算表		每月存款额变化	最终存款额
			772595.22
每月存款额	-3000	-4000	1030126.96
年利率	0.70%	-5000	1287658.70
存款期限（月）	240	-6000	1545190.44
		-7000	1802722.18
		-8000	2060253.92

【样文 5-15B】

方案摘要		
	当前值:	KS5-15
可变单元格:		
E4	-4000	-9000
E5	-5000	-9500
E6	-6000	-10000
E7	-7000	-10500
E8	-8000	-11000
结果单元格:		
F4	1030126.96	2317785.66
F5	1287658.70	2446551.53
F6	1545190.44	2575317.40
F7	1802722.18	2704083.27
F8	2060253.92	2832849.14

注释：“当前值”这一列表示的是在
建立方案汇总时，可变单元格的值。
每组方案的可变单元格均以灰色底纹突出显示。

5.16 第 16 题

【操作要求】

在电子表格软件中打开文档 A5.xlsx，按下列要求操作。

1．创建图表：

- 按【样文 5-16】所示，选取 Sheet1 工作表中适当的数据，在该工作表中创建一个三维簇状条形图。

2．设定图表的格式：

- 按【样文 5-16】所示，将图表区的布局设置为“布局 1”，图表样式设置为“样式 29”，调整图表的大小为高 11 厘米、宽 13 厘米，并为图表区套用“细微效果 - 橙色，强调颜色 6”的形状样式。
- 按【样文 5-16】所示，将图表标题的字体设置为华文楷体、20 磅、蓝色，并为其添加“半映像，4pt 偏移量”的文本效果；将水平、垂直坐标轴的字体设置为华文琥珀、12 磅、紫色。
- 按【样文 5-16】所示，将坐标轴最小值设置为固定值 200，主要刻度单位设置为固定值 150。

3．修改图表中的数据：

- 按【样文 5-16】所示，将工作表中一月份“人事科”的数据更改为“800”，从而改变图表中的数据，并在图表中以深红色、18 磅字体在相应位置显示出来。

4．为图表添加外部数据：

- 按【样文 5-16】所示，从 Sheet2 工作表中添加“五月份”和“六月份”的数据至图表中。

【样文 5-16】

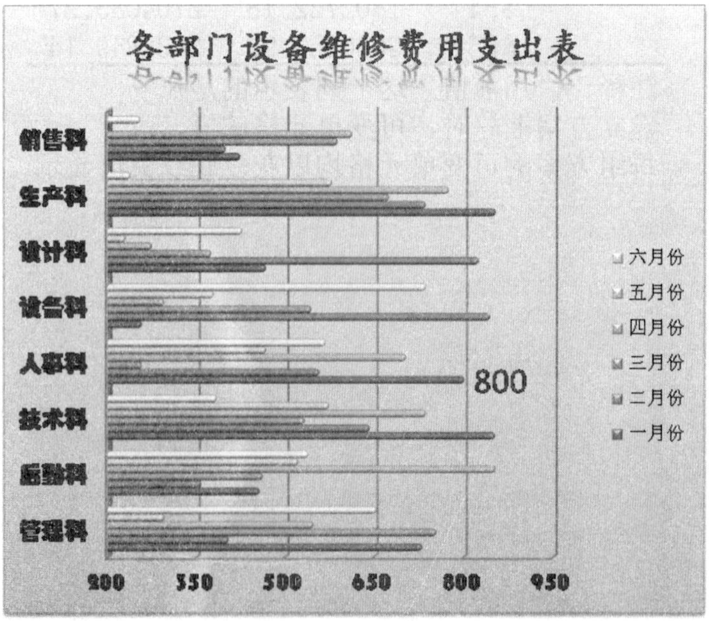

5.17　第 17 题

【操作要求】

在电子表格软件中打开文档 A5.xlsx，将 Sheet1 工作表重命名为“偿还贷款试算表”，并按下列要求操作。

1. **数据格式设置：**

- 按【样文 5-17A】所示，在“偿还贷款试算表”工作表中，设置“月偿还额”一列单元格的数据格式为：货币、保留两位小数。

2. **单变量：**

- 按【样文 5-17A】所示，在“偿还贷款试算表”工作表中，利用模拟运算表来进行单变量问题分析，运用 PMT 函数，实现通过“年利率”的变化计算“月偿还额”的功能。

3. **创建、编辑、总结方案：**

- 按【样文 5-17B】所示，在“偿还贷款试算表”工作表的方案管理器中添加一个新方案，命名为“KS5-17”。
- 设置“年利率”为可变单元格，输入一组可变单元格的值为“8%、9%、10%、11%和 12%”。
- 设置“月偿还额”为结果单元格，报表类型为“方案摘要”。

【样文 5-17A】

偿还贷款试算表		年利率变化	月偿还额
			-3,163.25
贷款额	500000	5%	-3,299.78
年利率	4.50%	5.50%	-3,439.44
贷款期限（月）	240	6%	-3,582.16
		6.50%	-3,727.87
		7%	-3,876.49

【样文 5-17B】

方案摘要	当前值:	KS5-17
可变单元格:		
D4	5%	8%
D5	5.50%	9.00%
D6	6%	10%
D7	6.50%	11.00%
D8	7%	12%
结果单元格:		
E4	￥-3,299.78	￥-4,182.20
E5	￥-3,439.44	￥-4,498.63
E6	￥-3,582.16	￥-4,825.11
E7	￥-3,727.87	￥-5,160.94
E8	￥-3,876.49	￥-5,505.43

注释: “当前值”这一列表示的是在
建立方案汇总时，可变单元格的值。
每组方案的可变单元格均以灰色底纹突出显示。

5.18　第 18 题

【操作要求】

在电子表格软件中打开文档 A5.xlsx，并按下列要求操作。

1．定义单元格名称：

- 打开 C:\Win2010GJW\KSML1\KSWJ5-18A.xlsx，在 Sheet1 工作表中，将单元格区域 B4:F11 的名称定义为“第一季度”，将工作簿以“A5a.xlsx”为文件名保存至考生文件夹中。
- 打开 C:\Win2010GJW\KSML1\KSWJ5-18B.xlsx，在 Sheet1 工作表中，将单元格区域 B4:F11 的名称定义为“第二季度”，将工作簿以“A5b.xlsx”为文件名保存至考生文件夹中。

2．工作簿间的链接：

- 按【样文 5-18A】所示，将 A5a.xlsx 和 A5b.xlsx 工作簿已定义单元格区域“第一季度”和“第二季度”中的数据进行求和的合并计算，将结果链接到 A5.xlsx 工作簿 Sheet1 工作表的相应位置。

3．创建图表：

- 按【样文 5-18B】所示，使用 Sheet1 工作表中的数据创建带数据标记的折线图图表，图表标题为“市场部上半年员工销售情况表”。

4．添加趋势线：

- 按【样文 5-18B】所示，在“市场部上半年员工销售情况表”图表中添加相应的线性趋势线，设置线型为黄色、3 磅、短划线，添加“水绿色，5pt 发光，强调文字颜色 5”的发光效果。

【样文 5-18A】

市场部上半年员工销售情况表				
姓名	电子类	塑料类	玻璃类	五金类
方静言	7460	5190	10300	10300
姜云霆	8900	9200	10520	7900
秦洛	12080	12960	13480	15200
王新	9660	11640	5680	9300
赵红	6860	8960	9980	12800
杨心童	2230	5320	7750	9600
陆伟	9600	11400	11900	11100
刘梅	11820	7486	12600	7700

【样文 5-18B】

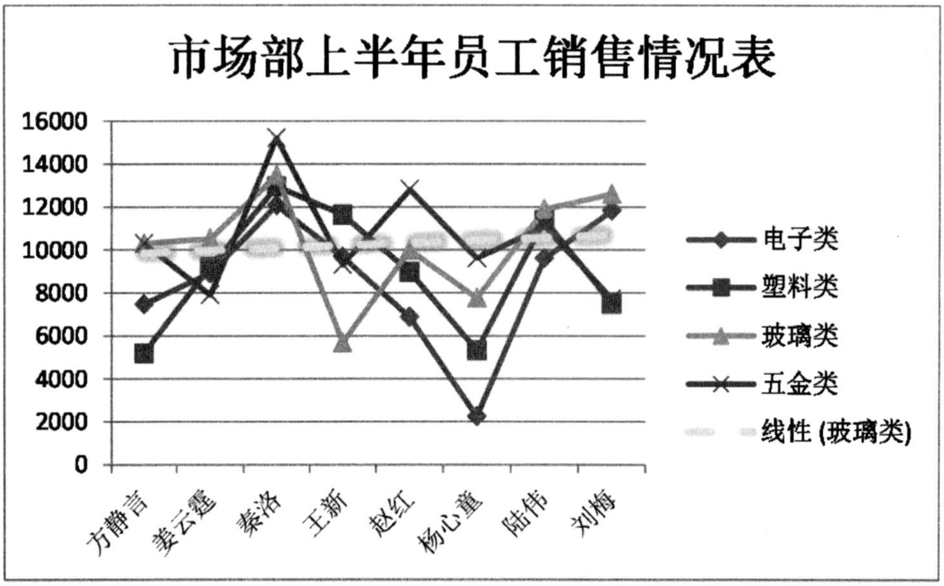

5.19 第 19 题

【操作要求】

在电子表格软件中打开文档 A5.xlsx，将 Sheet1 工作表重命名为“还款计算表”，并按下列要求操作。

1. 公式的运用：

- 按【样文 5-19A】所示，在“还款计算表”工作表中利用函数 PMT 计算出“还款计算表 1”中的“每月应付款”。

2. 双变量分析：

- 按【样文 5-19B】所示，运用模拟运算表分析并计算出 Sheet2 工作表“还款计算表 2”表格中存款期限为 60 个月时，“每月应付款”随“贷款额”和“年利率”变化而相应变化的结果。

3. 数据格式设置：

- 按【样文 5-19B】所示，设置 Sheet2 工作表“还款计算表 2”表格中计算结果单元格中的数字格式为货币、保留两位小数。

【样文 5-19A】

还款计算表1	
贷款额（元）	￥600,000.00
年利率	5%
贷款期限（月）	120
每月应付款（元）	￥-6,363.93

【样文 5-19B】

还款计算表2				
根据贷款期限（60个月）以及贷款额、贷款年利率计算每月付款额				
￥0.00	4.50%	4.00%	3.50%	3.00%
￥550,000.00	￥-10,253.66	￥-10,129.09	￥-10,005.46	￥-9,882.78
￥500,000.00	￥-9,321.51	￥-9,208.26	￥-9,095.87	￥-8,984.35
￥450,000.00	￥-8,389.36	￥-8,287.43	￥-8,186.29	￥-8,085.91
￥400,000.00	￥-7,457.21	￥-7,366.61	￥-7,276.70	￥-7,187.48
￥350,000.00	￥-6,525.06	￥-6,445.78	￥-6,367.11	￥-6,289.04
￥300,000.00	￥-5,592.91	￥-5,524.96	￥-5,457.52	￥-5,390.61
￥250,000.00	￥-4,660.75	￥-4,604.13	￥-4,547.94	￥-4,492.17

5.20 第 20 题

【操作要求】

在电子表格软件中打开文档 A5.xlsx，按下列要求操作。

1．创建图表：

- 按【样文 5-20】所示，选取 Sheet1 工作表中适当的数据，在该工作表中创建一个簇状圆柱图。

2．设定图表的格式：

- 按【样文 5-20】所示，将图表区的布局设置为“布局 9”，图表样式设置为“样式 26”，调整图表的大小为高 10 厘米、宽 15 厘米，将 C:\Win2010GJW\KSML1\KSWJ5-20.jpg 设定为图表区背景。
- 按【样文 5-20】所示，将图表中所有文本的字体设置为华文细黑，并为其添加“渐变填充 - 蓝色，强调文字颜色 1”的艺术字样式；为图例添加 2.25 磅、绿色方点的边框线。
- 按【样文 5-20】所示，将坐标轴主要刻度单位设置为固定值 10。

3．修改图表中的数据：

- 按【样文 5-20】所示，将工作表中红石街小学的“银牌”个数的数据更改为“35”，从而改变图表中的数据，并在图表中以微软雅黑、16 磅的字体在相应位置显示出来，并为其添加“渐变填充 - 橙色，强调文字颜色 6，内部阴影”的艺术样式。

4．为图表添加外部数据：

- 按【样文 5-20】所示，从 Sheet2 工作表中添加“阳光小学”和“育才小学”的数据至图表中。

【样文 5-20】

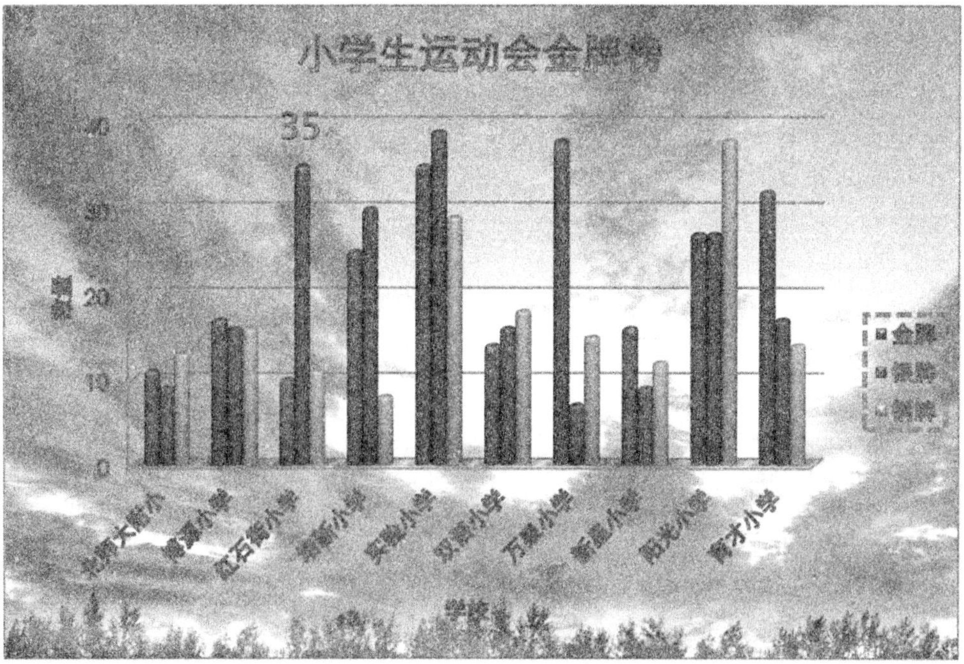

第六单元　演示文稿的制作

6.1　第 1 题

【操作要求】

在演示文稿程序中打开 A6.pptx，按如下要求进行操作。

1．演示文稿的页面设置：

- 按【样文 6-1A】所示，将第 1 张幻灯片中标题的字体设置为华文行楷、72 磅、浅绿色。
- 按【样文 6-1A】所示，在幻灯片母版中为所有幻灯片添加页脚“KSWJ6-1”，设置字体为微软雅黑、加粗、18 磅、天蓝色（RGB：112，255，255）。
- 按【样文 6-1B】所示，在幻灯片母版中将文本占位符中段落的项目符号更改为“♦”，大小为字高的 115%，颜色为橙色。

2．演示文稿的插入设置：

- 按【样文 6-1B】所示，在第 3 张幻灯片中插入链接到第一张幻灯片和下一张幻灯片的动作按钮，并为动作按钮套用“强烈效果 - 冰蓝，强调颜色 3”的形状样式，高度和宽度均设置为 2 厘米。
- 按【样文 6-1C】所示，在第 4 张幻灯片中插入视频文件 C:\Win2010GJW\KSML1\KSWJ6-1.wmv，设置视频文件的缩放比例为 50%，视频样式为“柔化边缘椭圆”，剪裁视频的开始时间为 3 秒，结束时间为 30 秒。

3．演示文稿的动画设置：

- 设置所有幻灯片的切换方式为“闪耀”、效果为“从下方闪耀的六边形”、持续时间为 2 秒、“风铃”的声音、单击鼠标时换片。
- 将第 1 张幻灯片中标题文本的动画效果设置为“弹跳”、持续时间为 3 秒、从上一动画之后自动启动动画效果。
- 在幻灯片母版中，将幻灯片文本占位符中文本的动画效果设置为“浮入”，序列为“按段落”、方向为“下浮”、与上一动画同时开始。

4．保存演示文稿：

- 保存文件后，将此演示文稿创建为全保真视频文件，设置放映每张幻灯片的秒数为 6 秒，以 A6A.wmv 为文件名保存至考生文件夹中。

【样文 6-1A】

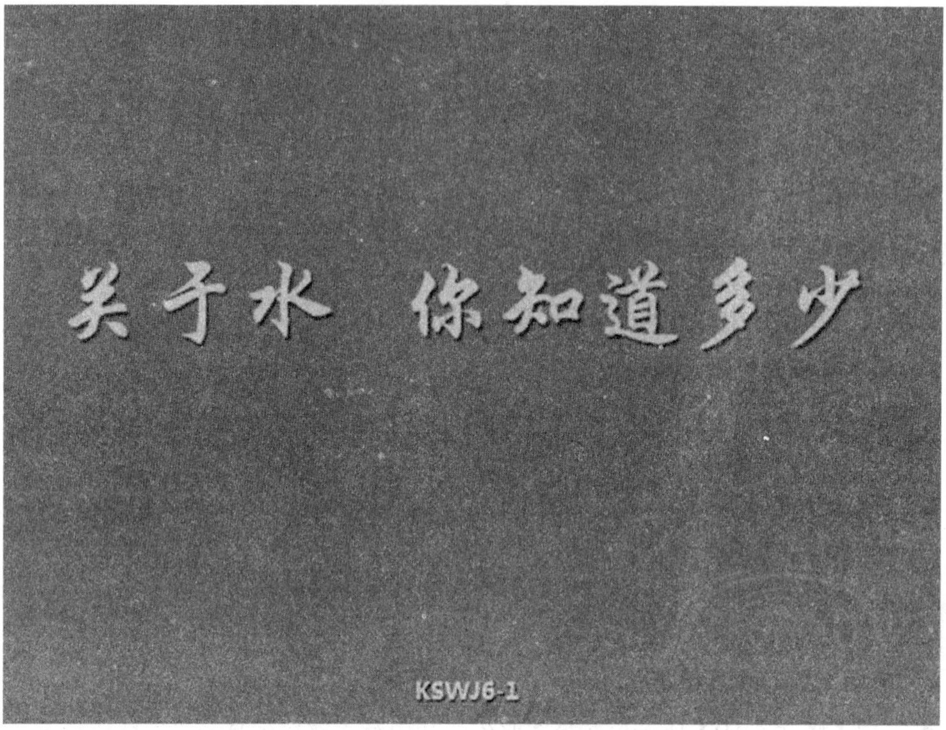
关于水 你知道多少
KSWJ6-1

【样文 6-1B】

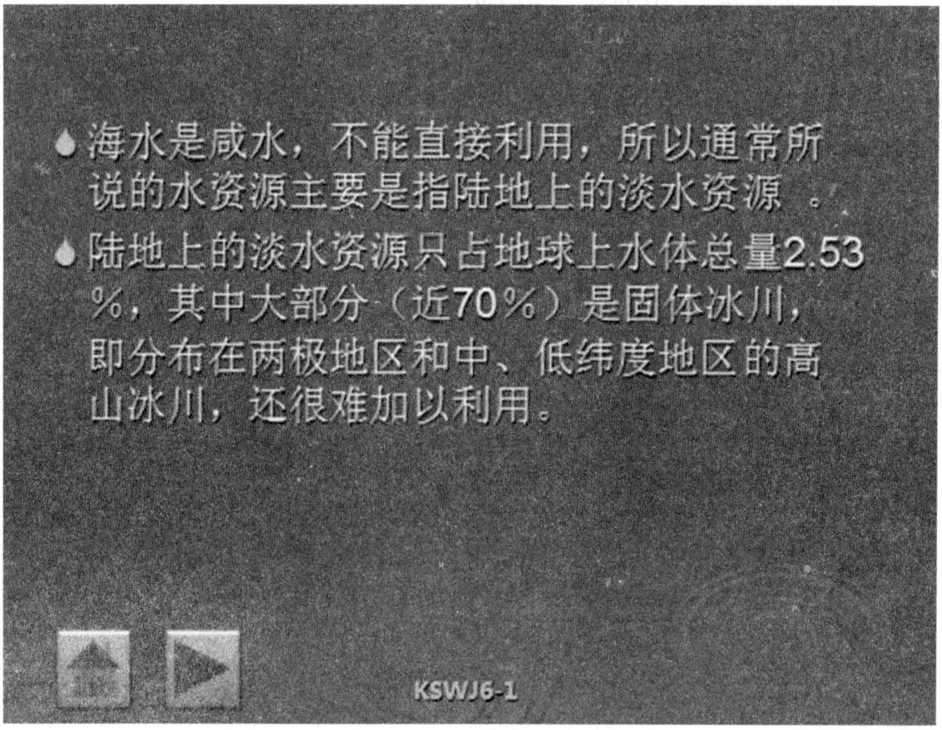
海水是咸水，不能直接利用，所以通常所说的水资源主要是指陆地上的淡水资源 。
陆地上的淡水资源只占地球上水体总量2.53%，其中大部分（近70%）是固体冰川，即分布在两极地区和中、低纬度地区的高山冰川，还很难加以利用。
KSWJ6-1

【样文 6-1C】

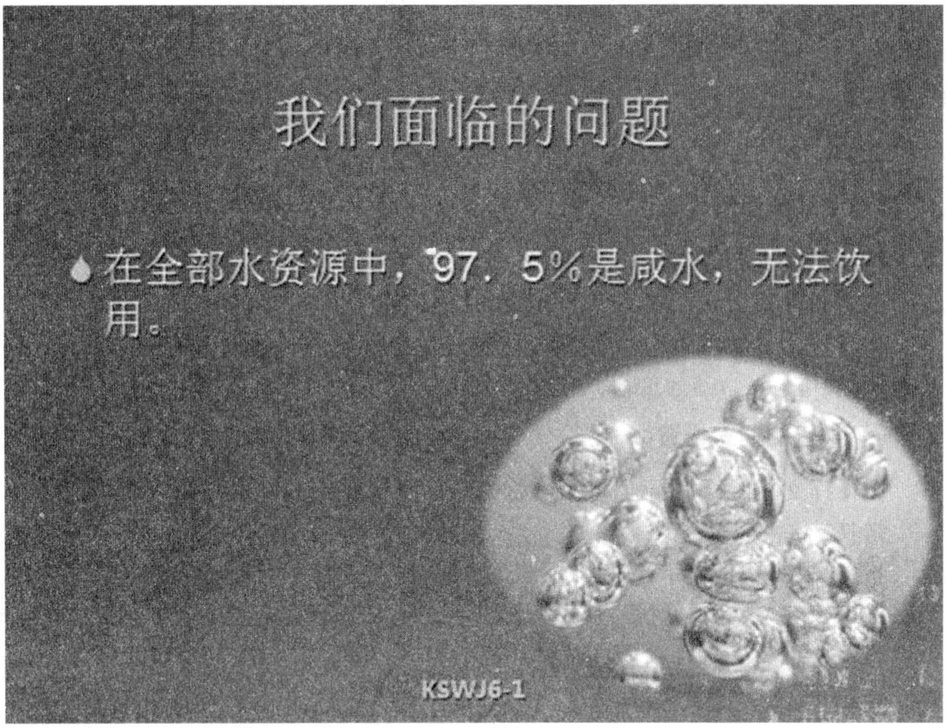

6.2 第 2 题

【操作要求】

在演示文稿程序中打开 A6.pptx，按如下要求进行操作。

1. 演示文稿的页面设置：

- 按【样文 6-2A】所示，将主题“波形”应用于所有幻灯片，并填充“样式 9”的背景样式。
- 按【样文 6-2A】所示，将第 1 张幻灯片中标题的字体设置为华文彩云、66 磅、倾斜。

2. 演示文稿的插入设置：

- 按【样文 6-2A】所示，将第 1 张幻灯片副标题中的文本与相应的幻灯片建立超链接。
- 按【样文 6-2B】所示，在第 2 张幻灯片中插入音频文件 C:\Win2010GJW\KSML1\KSWJ6-2A.wma，剪裁音频的开始时间为“01:00”，结束时间为“02:00”；设置音频文件跨幻灯片播放，且循环播放直到停止，在播放的时候隐藏图标。
- 按【样文 6-2C】所示，在第 4 张幻灯片中插入图片文件 C:\Win2010GJW\KSML1\KSWJ6-2B.jpg，设置图片大小的缩放比例为 45%，图片样式为“映像圆角矩形”。

3. 演示文稿的动画设置：

- 设置所有幻灯片的切换方式为“涟漪”、效果为“居中”、持续时间为 2 秒、声音为“风声”、换片方式为 3 秒后自动换片。
- 将第 1 张幻灯片中标题文本的动画效果设置为“轮子”、效果为“4 轮辐图案”、持续时间为 2.5 秒、从上一动画之后自动启动动画效果。
- 为第 4 张幻灯片中的图片添加“翻转式由远及近”的动画效果，持续时间为 2 秒、从上一动画之后自动启动动画效果。

4. 保存演示文稿：

- 保存文档后，再将此演示文稿打包成 CD，以 A6A 为 CD 名保存至考生文件夹中，并设置打开演示文稿的密码为“gjks6-2”。

【样文 6-2A】

世界著名钢琴曲赏析
秋日私语
蓝色多瑙河圆舞曲
月光曲
致爱丽丝
梦幻曲

【样文 6-2B】

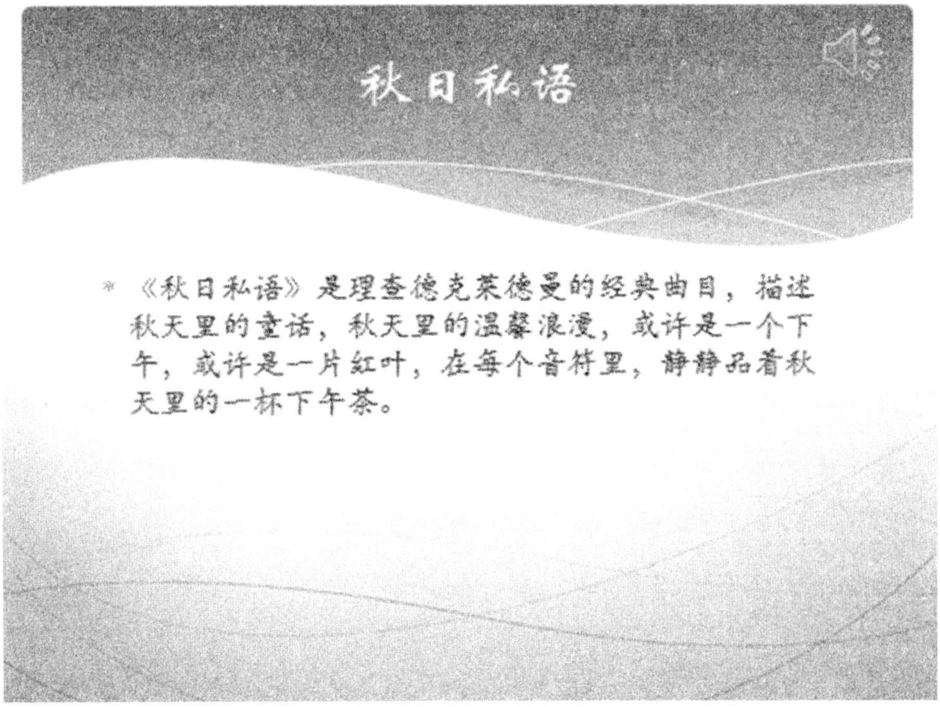
秋日私语
《秋日私语》是理查德克莱德曼的经典曲目，描述秋天里的童话，秋天里的温馨浪漫，或许是一个下午，或许是一片红叶，在每个音符里，静静品着秋天里的一杯下午茶。

【样文 6-2C】

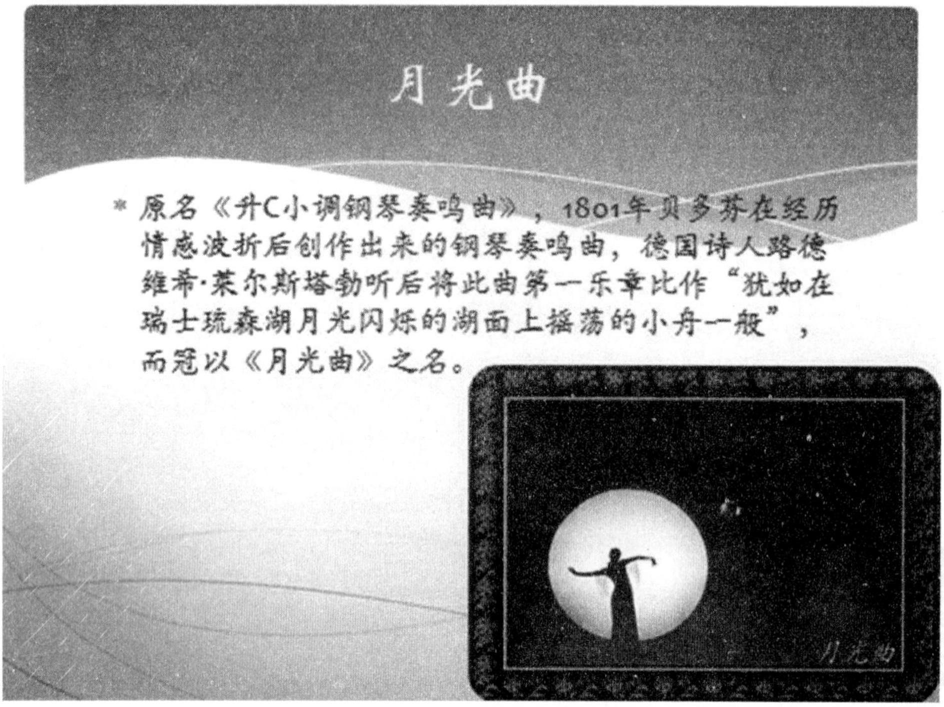
月光曲
原名《升C小调钢琴奏鸣曲》，1801年贝多芬在经历情感波折后创作出来的钢琴奏鸣曲，德国诗人路德维希·莱尔斯塔勃听后将此曲第一乐章比作“犹如在瑞士琉森湖月光闪烁的湖面上摇荡的小舟一般”，而冠以《月光曲》之名。
月光曲

6.3　第 3 题

【操作要求】

在演示文稿程序中打开 A6.pptx，按如下要求进行操作。

1．演示文稿的页面设置：

- 按【样文 6-3A】所示，在幻灯片母版中将文本占位符中文本的字体为方正姚体，段落间距为段前 12 磅、段后 6 磅，行距为固定值 35 磅。
- 按【样文 6-3A】所示，将第 2 张幻灯片的背景填充为图片 C:\Win2010GJW\KSML1\KSWJ6-3A.jpg，透明度为 50%。

2．演示文稿的插入设置：

- 按【样文 6-3B】所示，在第 3 张幻灯片中插入 SmartArt 图形，图形布局为“连续块状流程”图，设置颜色为“彩色 - 强调文字颜色”，外观样式为三维中的“嵌入”；录入文字，并设置字体为华文隶书、36 磅、深蓝色。
- 按【样文 6-3C】所示，在第 4 张幻灯片中插入链接到第一张幻灯片和最后一张幻灯片的动作按钮，并为动作按钮套用“中等效果 - 青绿，强调颜色 2”的形状样式，高度和宽度均设置为 2 厘米。
- 按【样文 6-3D】所示，在第 5 张幻灯片中插入图片文件 C:\Win2010GJW\KSML1\KSWJ6-3B.jpg，设置图片大小的缩放比例为 80%，排列顺序为“置于底层”，图片样式为“棱台透视”。

3．演示文稿的动画设置：

- 设置所有幻灯片的切换方式为“涡流”、效果为“自底部”、持续时间为 3 秒、声音为“鼓掌”、换片方式为 3 秒后自动换片。
- 将第 1 张幻灯片中标题文本的动画效果设置为“放大/缩小”，效果选项中方向为“两者”、数量为“较小”，持续时间为 2 秒，单击鼠标时启动动画效果。
- 用“动画刷”复制第 1 张幻灯片中标题文本的动画效果，并将此动画效果应用到第 3 张幻灯片中的 SmartArt 图形和第 5 张幻灯片中的图片上。

4．保存演示文稿：

- 保存文件后，将此演示文稿创建为全保真视频文件，设置放映每张幻灯片的秒数为 7 秒，以 A6A.wmv 为文件名保存至考生文件夹中。

【样文 6-3A】

奥运会会徽
会徽以数字"2012"为主体，包含了奥林匹克五环及英文单词伦敦（London）。这一设计清晰地传达出伦敦的声音——"伦敦2012年奥运会将是所有人的奥运会、所有人的2012"。
会徽颜色一共有四种，分别是粉色、橙色、蓝色和绿色，可根据不同场合的需要使用不同颜色的会徽。这一设计是百年奥运史上第一次由同一年举办的奥运会和残奥会"共享"同一个会徽。

【样文 6-3B】

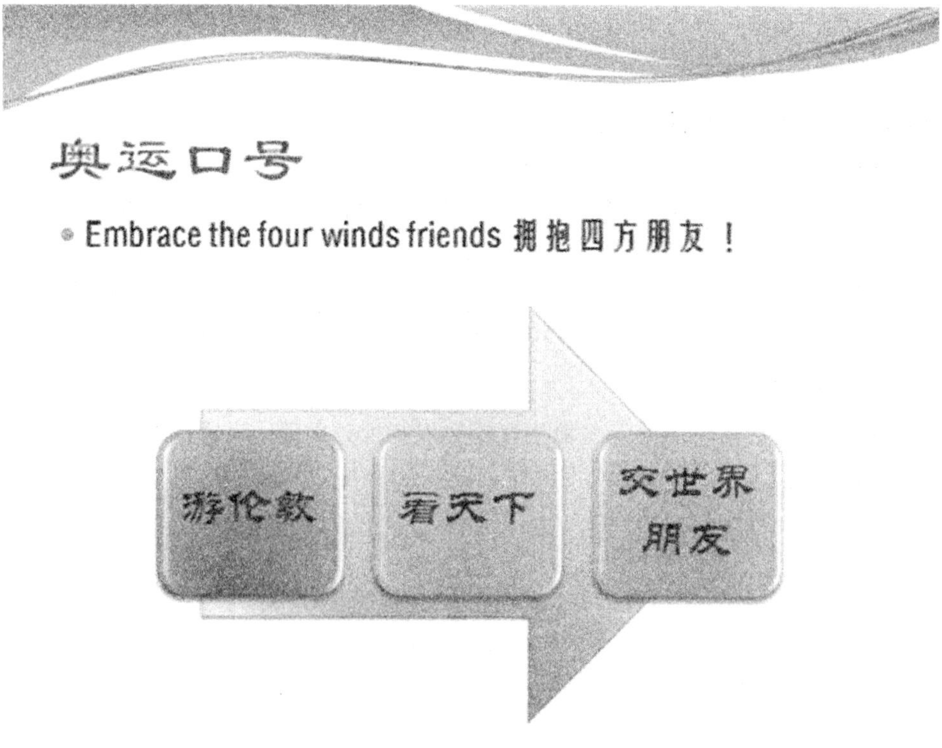
奥运口号
Embrace the four winds friends 拥抱四方朋友！
游伦敦
看天下
交世界
朋友

【样文 6-3C】

基本概述

- 2012年第三十届夏季奥林匹克运动会在伦敦举行。
- 2005年7月6日在国际奥委会会议上宣布，这是伦敦第3次主办夏季奥运会。
- 伦敦是迄今为止举办夏季奥运会次数最多的城市。也是历史上第二座三度举办奥运会的城市，第一次：1908年伦敦奥运会；第二次：1948年伦敦奥运会；第三次：2012年伦敦奥运会。

【样文 6-3D】

申奥会徽

- 伦敦申办奥运的会徽是采用具有5种颜色的彩条代表奥运，在“LONDON 2012”的字样上下穿过；而会徽上则有国际奥委会会徽。

6.4　第 4 题

【操作要求】

在演示文稿程序中打开 A6.pptx，按如下要求进行操作。

1. 演示文稿的页面设置：

- 按【样文 6-4A】所示，将第 1 张幻灯片中的标题设置为艺术字“填充 - 金色，强调文字颜色 1，金属棱台，映像”的样式，设置字体为华文中宋、48 磅。
- 按【样文 6-4B】所示，在幻灯片母版中将标题的字体设置为华文彩云、54 磅、加粗、有阴影、深绿色（RGB：0，100，0）。

2. 演示文稿的插入设置：

- 按【样文 6-4B】所示，将第 2 张幻灯片中的文本与相应的幻灯片建立超链接。
- 按【样文 6-4C】所示，在第 3 张幻灯片中插入视频文件 C:\Win2010GJW\KSML1\KSWJ6-4.wmv，设置视频文件的缩放比例为 50%，视频样式为“映像圆角矩形”，剪裁视频的开始时间为 2 秒，结束时间为 28 秒，单击时全屏播放。
- 按【样文 6-4D】所示，在第 4 张幻灯片中插入链接到第一张幻灯片和最后一张幻灯片的动作按钮，并为动作按钮套用“细微效果 - 深紫，强调颜色 6”的形状样式，高度和宽度均设置为 1.5 厘米。

3. 演示文稿的动画设置：

- 设置所有幻灯片的切换方式为从左下部“揭开”、持续时间为 2 秒、声音为“风声”、换片方式为单击鼠标时换片。
- 将第 1 张幻灯片中标题文本进入的动画效果设置为“劈裂”、切换效果为“中央向左右展开”，持续时间为 1 秒、从上一动画之后自动启动动画效果。
- 为第 2 张幻灯片中的图片添加“弹跳”的动画效果，持续时间为 2.5 秒、从上一动画之后自动启动动画效果。

4. 保存演示文稿：

- 保存文档后，再将此演示文稿打包成 CD，以 A6A 为 CD 名保存至考生文件夹中，并设置修改演示文稿的密码为“gjks6-4”。

【样文 6-4A】

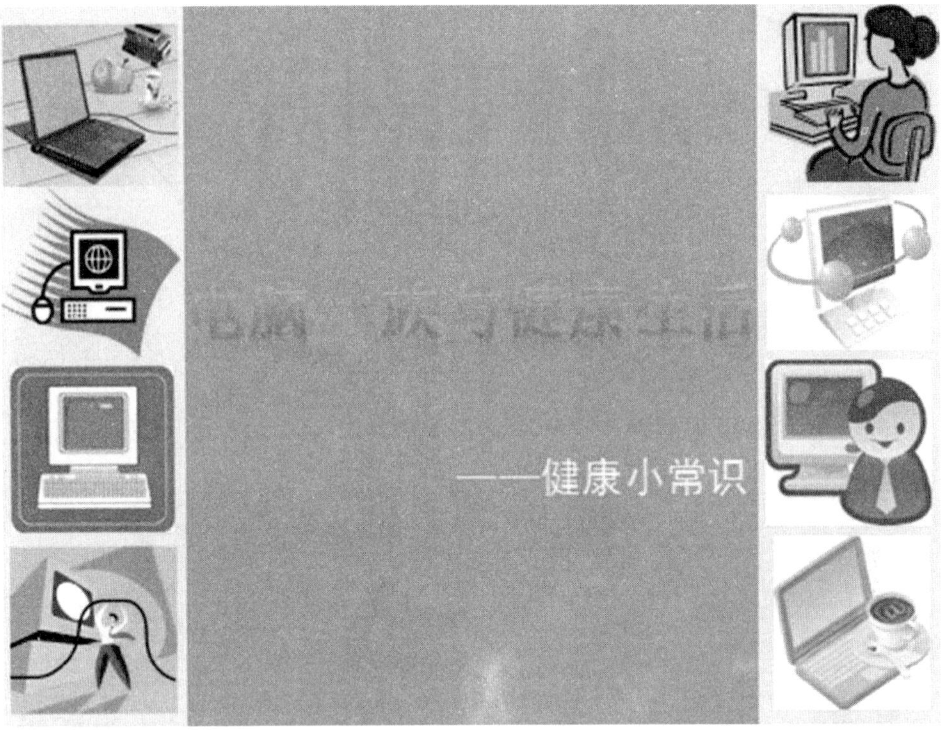

【样文 6-4B】

【样文 6-4C】

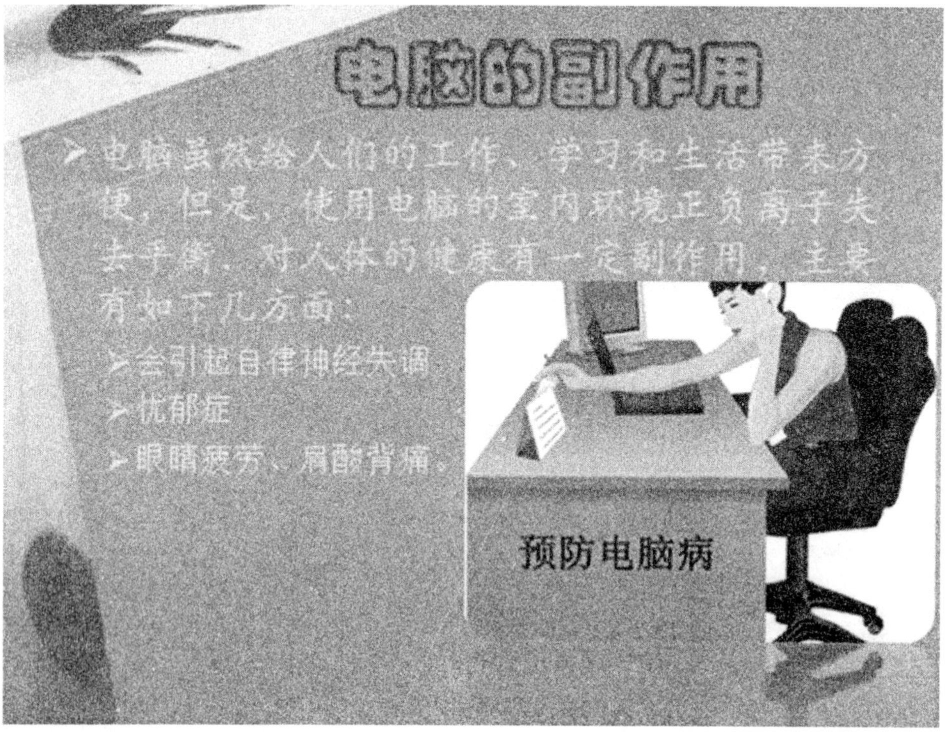
电脑的副作用
电脑虽然给人们的工作、学习和生活带来方便，但是，使用电脑的室内环境正负离子失去平衡，对人体的健康有一定副作用，主要有如下几方面：
会引起自律神经失调
忧郁症
眼睛疲劳、肩酸背痛。
预防电脑病

【样文 6-4D】

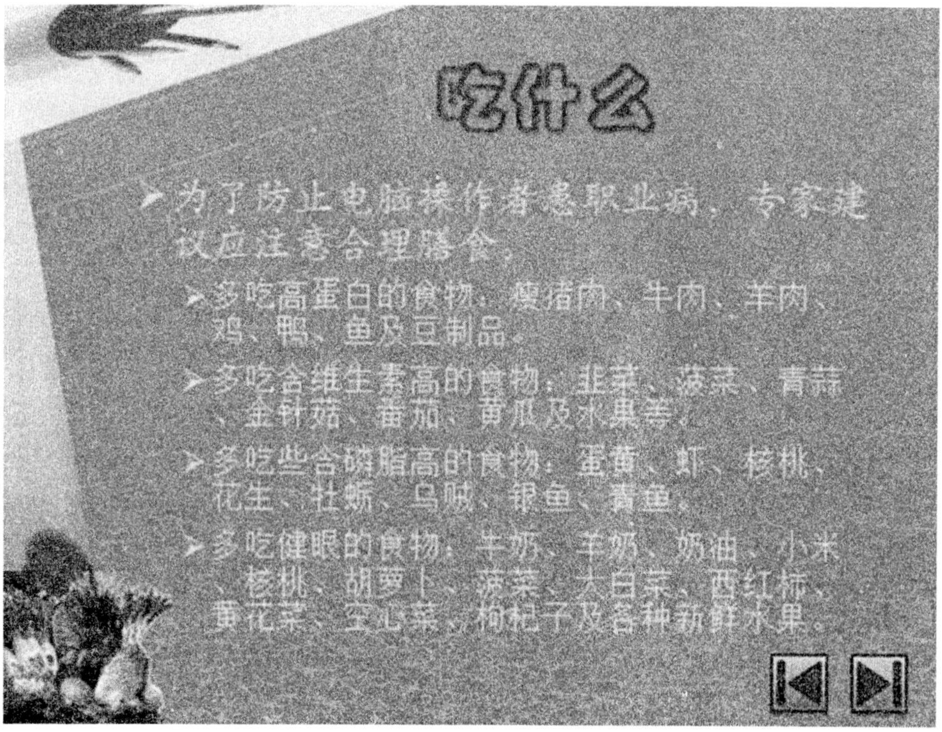
吃什么
为了防止电脑操作者患职业病，专家建议应注意合理膳食。
多吃高蛋白的食物：瘦猪肉、牛肉、羊肉、鸡、鸭、鱼及豆制品。
多吃含维生素高的食物：韭菜、菠菜、青蒜、金针菇、番茄、黄瓜及水果等。
多吃些含磷脂高的食物：蛋黄、虾、核桃、花生、牡蛎、乌贼、银鱼、青鱼。
多吃健眼的食物：牛奶、羊奶、奶油、小米、核桃、胡萝卜、菠菜、大白菜、西红柿、黄花菜、空心菜、枸杞子及各种新鲜水果。

6.5　第 5 题

【操作要求】

在演示文稿程序中打开 A6.pptx，按如下要求进行操作。

1．演示文稿的页面设置：

- 按【样文 6-5A】所示，将第 1 张幻灯片中标题的字体设置为华文新魏、66 磅、有阴影。
- 按【样文 6-5A】所示，在幻灯片母版中为所有幻灯片添加页脚“教学材料”，并显示幻灯片编号，设置页脚的字体为楷体_GB2312、加粗、20 磅、浅蓝色（RGB：100，150，255）。

2．演示文稿的插入设置：

- 按【样文 6-5A】所示，将第 1 张幻灯片副标题中的文本与相应的幻灯片建立超链接。
- 按【样文 6-5B】所示，在第 2 张幻灯片中插入 SmartArt 图形，图形布局为“不定向循环”图，设置颜色为“彩色范围 - 强调文字颜色 5 至 6”，外观样式为三维中的“优雅”；录入文字，并设置字体为华文彩云、18 磅、加粗。
- 按【样文 6-5C】所示，在第 3 张幻灯片中插入图片文件 C:\Win2010GJW\KSML1\KSWJ6-5.jpg，设置图片大小的缩放比例为 35%，删除图片的背景，并为其添加“影印”的艺术效果。

3．演示文稿的动画设置：

- 设置所有幻灯片的切换方式为“百叶窗”、切换效果为“水平”、持续时间为 2 秒、声音为“风铃”、换片方式为 3 秒后自动换片。
- 为第 2 张幻灯片中的 SmartArt 图形添加“旋转”进入的动画效果、发送效果为“逐个”发送、持续时间为 2 秒、上一动画之后自动启动动画效果。
- 设置幻灯片的放映类型为“观众自行浏览（窗口）”，放映方式为“循环放映，按 ESC 键终止”，放映内容为幻灯片 1 至 4。

4．保存演示文稿：

- 保存文件后，将此演示文稿创建为全保真视频文件，设置放映每张幻灯片的秒数为 6 秒，以 A6A.wmv 为文件名保存至考生文件夹中。

【样文 6-5A】

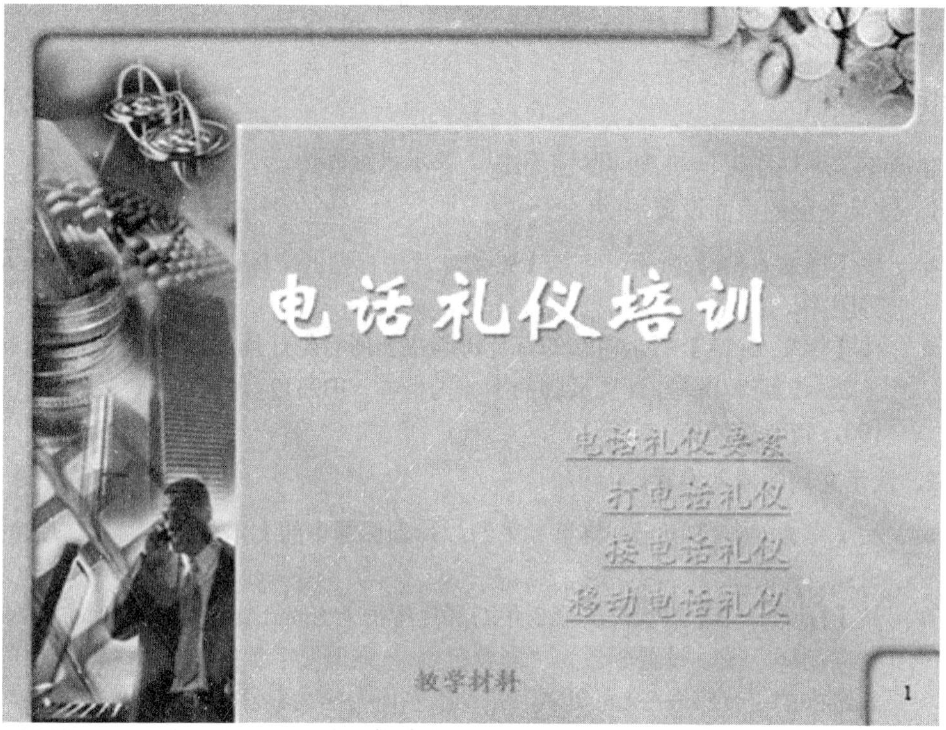
电话礼仪培训
电话礼仪要素
打电话礼仪
接电话礼仪
移动电话礼仪
教学材料
1

【样文 6-5B】

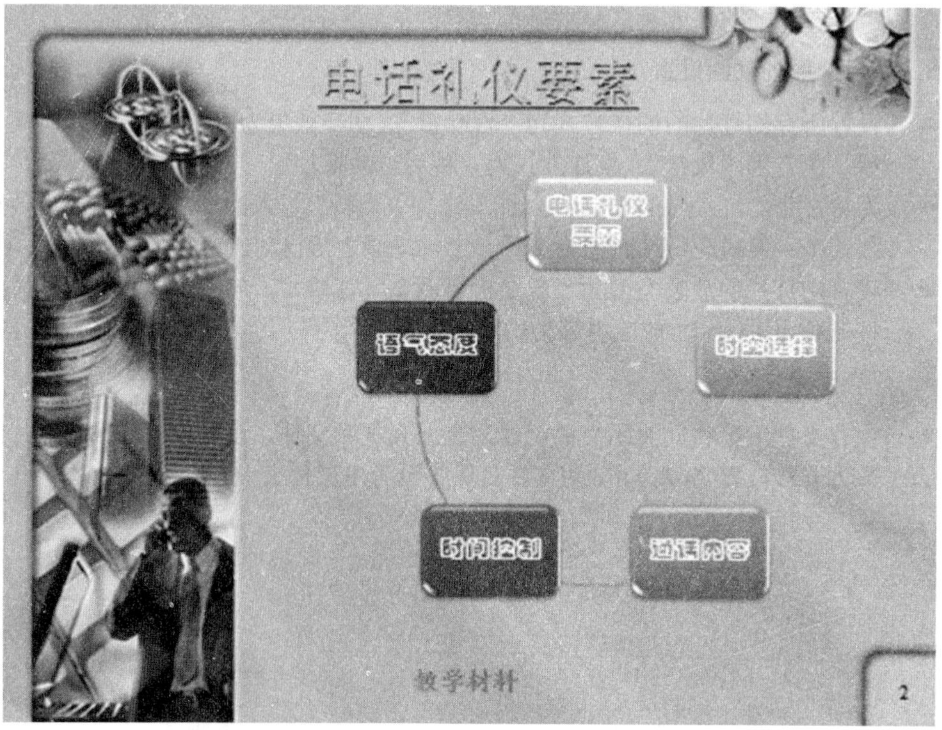
电话礼仪要素
电话礼仪表现
语气态度
时空选择
时间控制
通话内容
教学材料
2

【样文 6-5C】

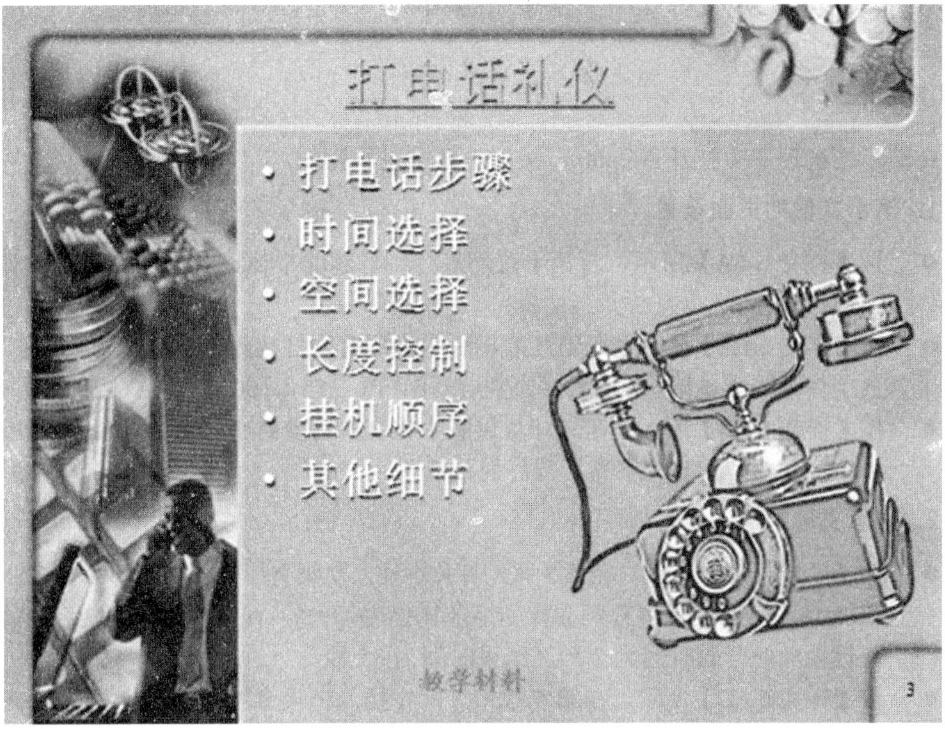

6.6 第 6 题

【操作要求】

在演示文稿程序中打开 A6.pptx，按如下要求进行操作。

1．演示文稿的页面设置：

- 按【样文 6-6A】所示，将第 1 张幻灯片中标题的字体设置为华文彩云、60 磅、加粗、黄色。
- 按【样文 6-6A】所示，在幻灯片母版中为所有幻灯片添加页脚“211 工程”，设置字体为华文琥珀、20 磅、绿色（RGB：0，255，100），居中对齐。
- 按【样文 6-6B】所示，在幻灯片母版中将文本占位符中段落的项目符号更改为“🕮”，大小为 110%字高，颜色为紫色。

2．演示文稿的插入设置：

- 按【样文 6-6C】所示，在第 3 张幻灯片中插入视频文件 C:\Win2010GJW\KSML1\KSWJ6-6.wmv，设置视频文件的缩放比例为 30%，视频样式为“棱台映像”，剪裁视频的开始时间为 2 秒，结束时间为 35 秒。
- 按【样文 6-6D】所示，在第 4 张幻灯片中插入链接到第一张幻灯片、上一张幻灯片和下一张幻灯片的动作按钮，并为动作按钮套用“强烈效果 - 青色，强调颜色 6”的形状样式，高度和宽度均设置为 1.5 厘米。

3．演示文稿的动画设置：

- 设置所有幻灯片的切换方式为“闪耀”、效果为“从下方闪耀的六边形”、持续时间为 2 秒、“风铃”的声音、单击鼠标时换片。
- 将第 1 张幻灯片中标题文本的动画效果设置为“弹跳”、持续时间为 3 秒、从上一动画之后自动启动动画效果。
- 在幻灯片母版中，将幻灯片文本占位符中文本的动画效果设置为“浮入”，序列为“按段落”、方向为“下浮”，与上一动画同时开始。

4．保存演示文稿：

- 保存文档后，再将此演示文稿打包成 CD，以 A6A 为 CD 名保存至考生文件夹中，并设置打开演示文稿的密码为“gjks6-6”。

【样文 6-6A】

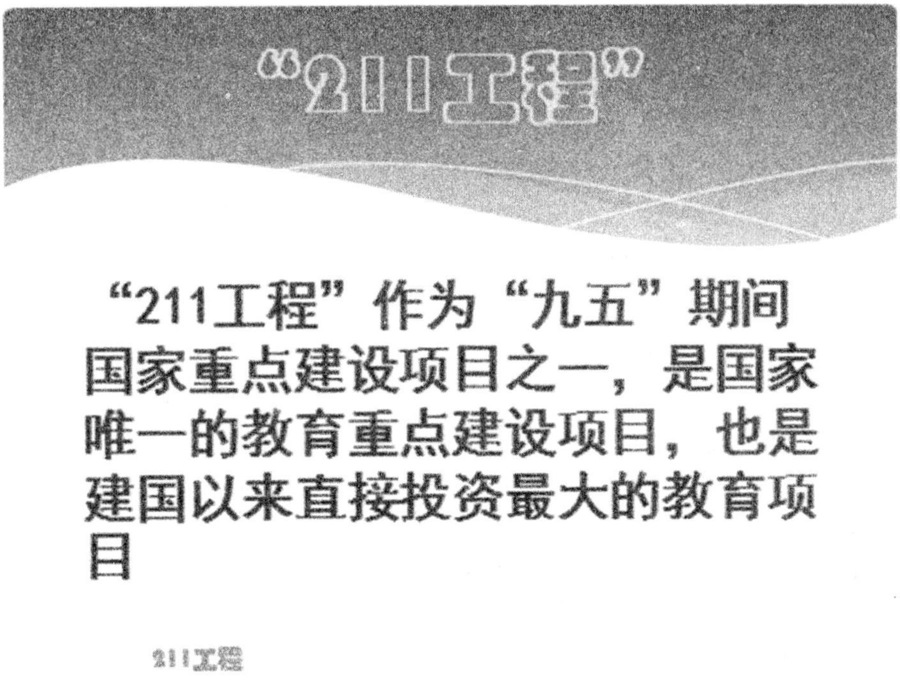
“211工程”
“211工程”作为“九五”期间国家重点建设项目之一，是国家唯一的教育重点建设项目，也是建国以来直接投资最大的教育项目
211工程

【样文 6-6B】

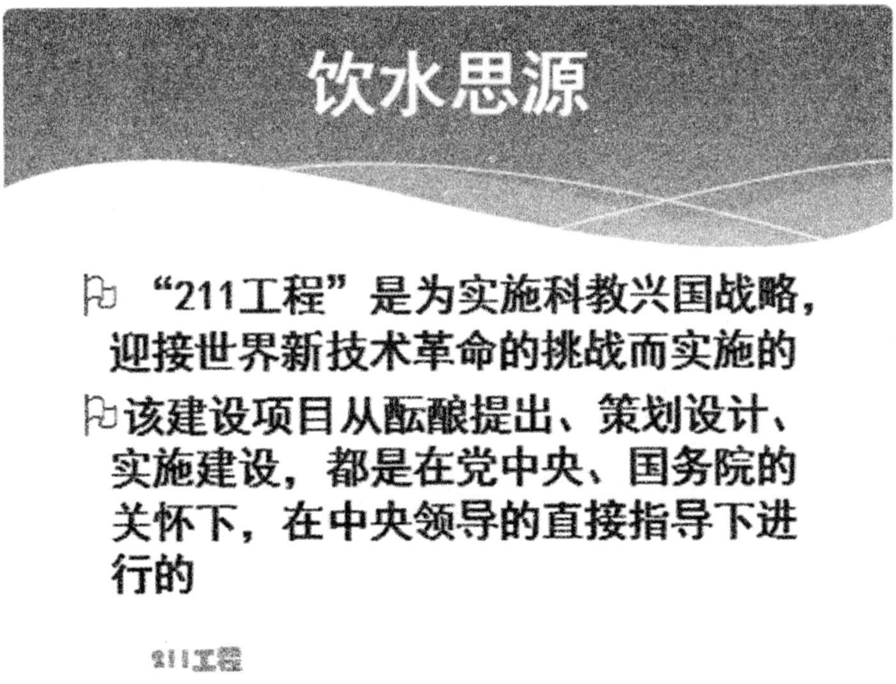
饮水思源
“211工程”是为实施科教兴国战略，迎接世界新技术革命的挑战而实施的
该建设项目从酝酿提出、策划设计、实施建设，都是在党中央、国务院的关怀下，在中央领导的直接指导下进行的
211工程

【样文 6-6C】

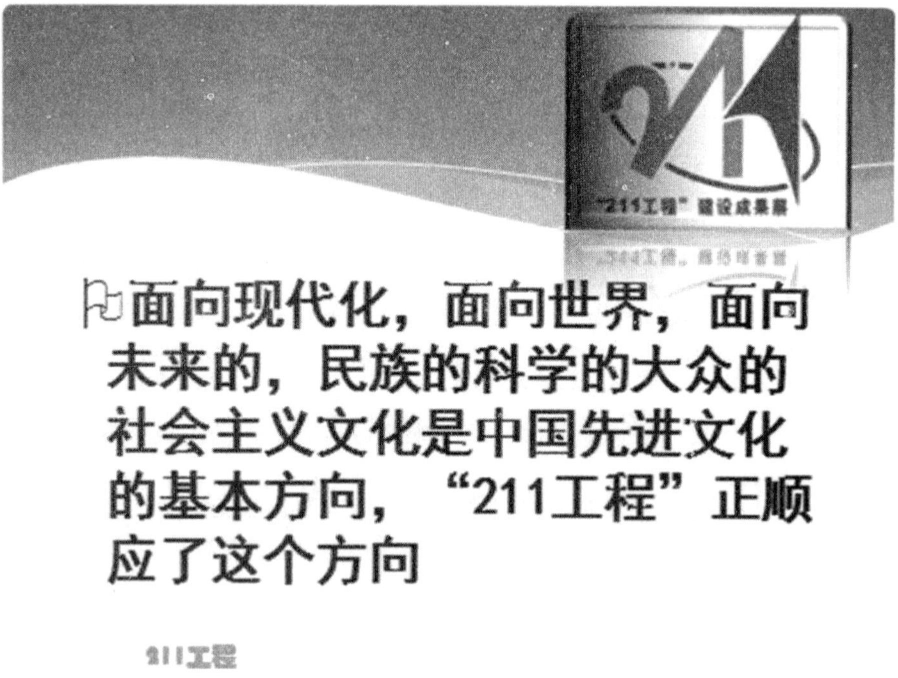
“211工程”建设成果展
面向现代化，面向世界，面向未来的，民族的科学的大众的社会主义文化是中国先进文化的基本方向，“211工程”正顺应了这个方向
211工程

【样文 6-6D】

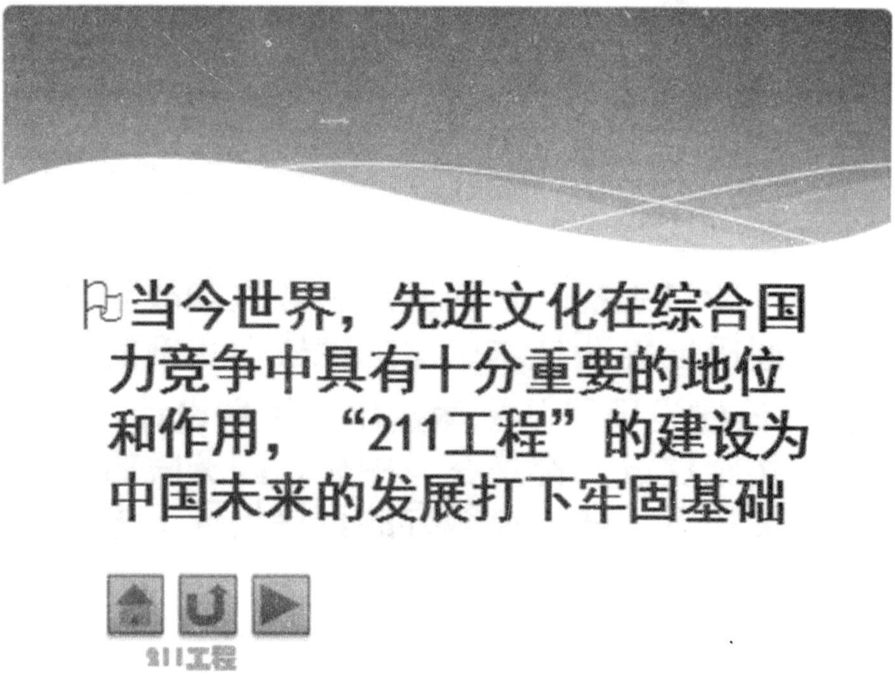
当今世界，先进文化在综合国力竞争中具有十分重要的地位和作用，“211工程”的建设为中国未来的发展打下牢固基础
211工程

6.7　第 7 题

【操作要求】

在演示文稿程序中打开 A6.pptx，按如下要求进行操作。

1. **演示文稿的页面设置：**

- 按【样文 6-7A】所示，将主题“角度”应用于所有幻灯片，并填充“样式 10”的背景样式。
- 按【样文 6-7A】所示，将第 1 张幻灯片中标题的字体设置为隶书、50 磅、加粗。

2. **演示文稿的插入设置：**

- 按【样文 6-7A】所示，将第 1 张幻灯片副标题中的文本与相应的幻灯片建立超链接。
- 按【样文 6-7B】所示，在第 3 张幻灯片中插入 SmartArt 图形，图形布局为“六边形射线”循环图，设置颜色为“彩色范围 - 强调文字颜色 3 至 4”，外观样式为“强烈效果”；大小为高 8 厘米、宽 10 厘米；录入相应文字，并设置字体为楷体_GB2312、16 磅、加粗、黄色。
- 按【样文 6-7C】所示，在第 5 张幻灯片中插入图片文件 C:\Win2010GJW\KSML1\KSWJ6-7.jpg，设置图片大小的缩放比例为 130%，图片样式为“棱台左透视，白色”。

3. **演示文稿的动画设置：**

- 设置所有幻灯片的切换方式为“碎片”、效果为“粒子输出”、持续时间为 3 秒、声音为“抽气”、换片方式为单击鼠标时换片。
- 将第 1 张幻灯片中标题文本的动画效果设置为“浮入”、效果为“上浮”，持续时间为 2 秒、从上一动画之后延迟 0.5 秒启动动画效果。
- 为第 3 张幻灯片中的 SmartArt 图形和第 5 张幻灯片中的图片添加“劈裂”的动画效果，持续时间为 1.5 秒、从上一动画之后自动启动动画效果。

4. **保存演示文稿：**

- 保存文档后，再将此演示文稿打包成 CD，以 A6A 为 CD 名保存至考生文件夹中，并设置打开演示文稿的密码为“gjks6-7”。

【样文 6-7A】

INTERNET基础知识
INTERNET概论
INTERNET的使用
万维网WWW
电子邮件E-MAIL

【样文 6-7B】

INTERNET概论
com商业网
mil军事网
edu教育网
常用机构域名
net网络机构
gov政府机构
org机构网
常用机构域名
com 商业网 edu 教育网 gov 政府机构
mil 军事网 net 网络机构 org 机构网
最高层域名
国家或地区名，如
cn 中国 hk香港 tw台湾
也有许多是用大型机构域名作为最高层域名的，特别是美国的公司和机构，如microsoft.com，ibm.com等；中国的如cctv.com等

【样文 6-7C】

万维网WWW
WWW的使用
如何保存自己感兴趣的信息、页面
直接保存HTML文件
用E-mail发送给其他人
保存图象
选择部分内容保存：选择、复制、粘贴

6.8　第 8 题

【操作要求】

在演示文稿程序中打开 A6.pptx，按如下要求进行操作。

1．演示文稿的页面设置：

- 按【样文 6-8A】所示，将第 1 张幻灯片中标题的字体设置为华文行楷、66 磅、绿色、“细微效果 - 蓝-灰，强调颜色 5”的形状样式。
- 按【样文 6-8A】所示，在幻灯片母版中为所有幻灯片添加页脚“培训教程”，并显示幻灯片编号，设置页脚和编号的字体为隶书、30 磅、蓝色，并为页脚填充“浅色 1 轮廓，彩色填充 蓝-灰，强调颜色 5”的形状样式。

2．演示文稿的插入设置：

- 按【样文 6-8B】所示，在第 2 张幻灯片中插入 SmartArt 图形，图形布局为“表格列表”图，设置颜色为“彩色范围 - 强调文字颜色 5 至 6”，外观样式为“强烈效果”；大小为高 10 厘米、宽 13 厘米；录入相应的文字，并设置字体为华文行楷、35 磅、紫色。
- 按【样文 6-8C】所示，在第 3 张幻灯片中插入链接到上一张幻灯片和下一张幻灯片的动作按钮，并为动作按钮套用“强烈效果 - 金色；强调颜色 6”的形状样式，高度和宽度均设置为 1.5 厘米。

3．演示文稿的动画设置：

- 设置所有幻灯片的切换方式为“时钟”、切换效果为“楔入”、持续时间为 2 秒、声音为“鼓掌”、换片方式为 2.5 秒后自动换片。
- 为第 2 张幻灯片中的 SmartArt 图形添加“旋转式由远及近”进入的动画效果、效果为“整批发送”，持续时间为 2 秒、上一动画之后自动启动动画效果。
- 设置幻灯片的放映类型为“演讲者放映（全屏幕）”，放映方式为“循环放映，按 ESC 键终止”，放映内容为全部。

4．保存演示文稿：

- 保存文档后，再将此演示文稿打包成 CD，以 A6A 为 CD 名保存至考生文件夹中，并设置修改演示文稿的密码为“gjks6-8”。

【样文 6-8A】

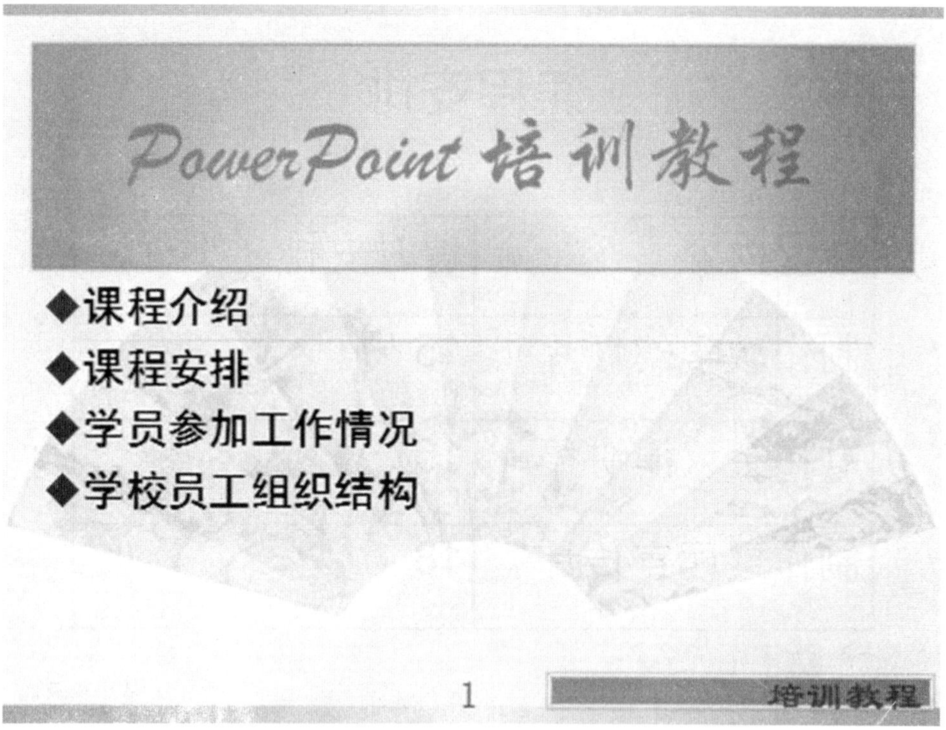
PowerPoint培训教程
◆课程介绍
◆课程安排
◆学员参加工作情况
◆学校员工组织结构
1
培训教程

【样文 6-8B】

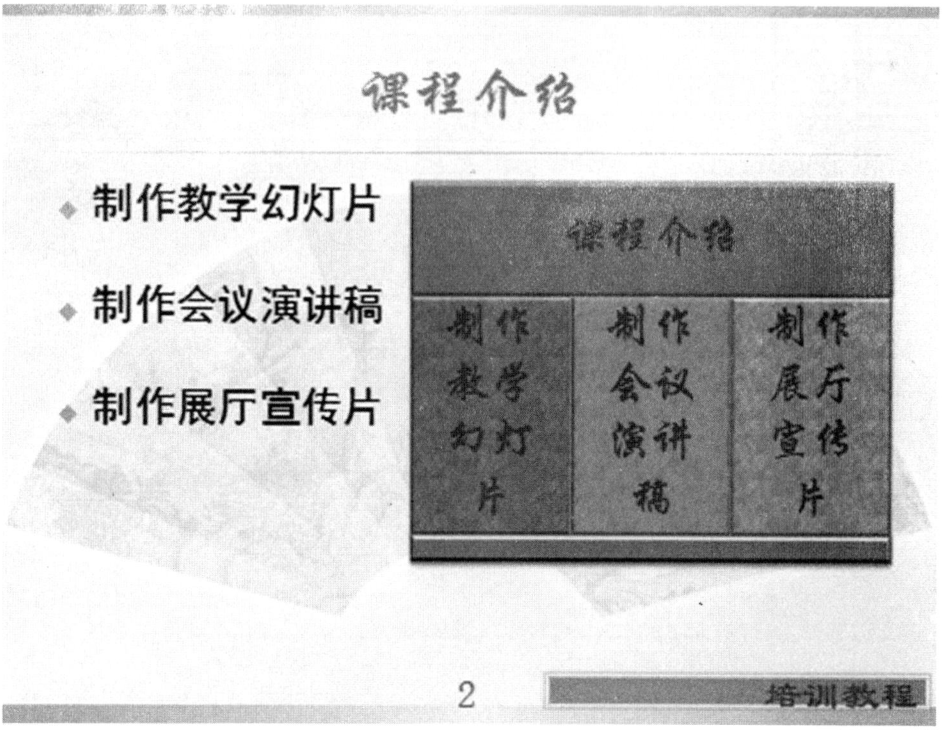
课程介绍
制作教学幻灯片
制作会议演讲稿
制作展厅宣传片
课程介绍
制作教学幻灯片
制作会议演讲稿
制作展厅宣传片
2
培训教程

【样文 6-8C】

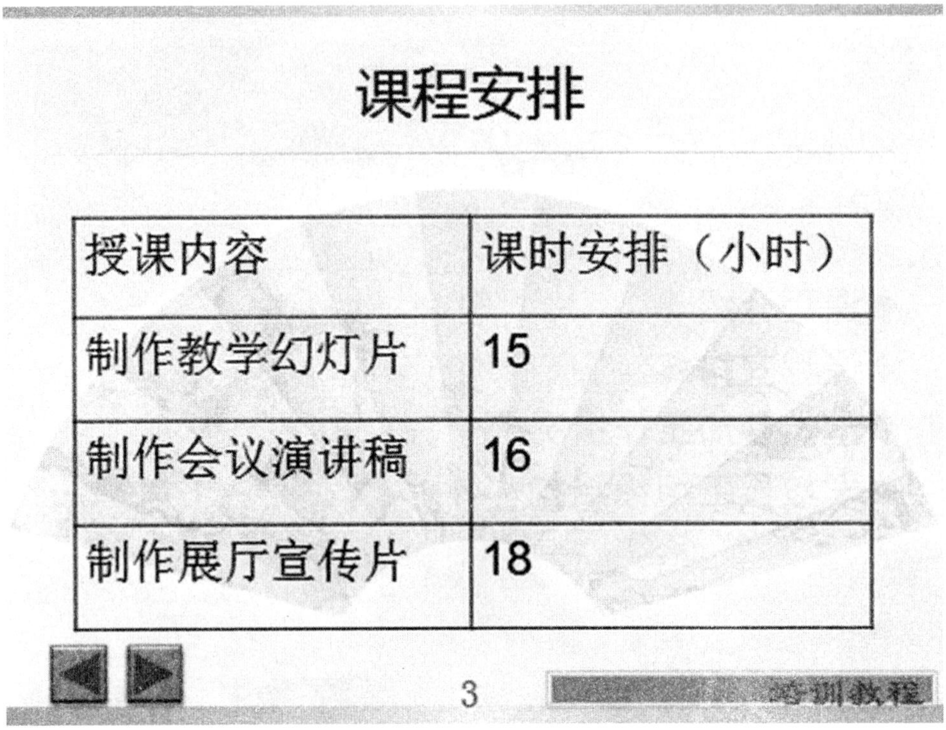

6.9 第 9 题

【操作要求】

在演示文稿程序中打开 A6.pptx，按如下要求进行操作。

1．演示文稿的页面设置：

- 按【样文 6-9A】所示，在幻灯片母版中为所有幻灯片添加页脚“中国剪纸”，设置字体为华文隶书、24 磅、绿色。
- 按【样文 6-9A】所示，将所有幻灯片的背景填充为图片 C:\Win2010GJW\KSML1\KSWJ6-9A.jpg，透明度为 40%，并添加“标记”的艺术效果。

2．演示文稿的插入设置：

- 按【样文 6-9B】所示，在第 6 张幻灯片中插入 SmartArt 图形，图形布局为“基本流程”图，设置颜色为“透明渐变范围 - 强调文字颜色 2”，外观样式为三维中的“卡通”；录入相应的文字，并设置字体为华文琥珀、40 磅、橙色。
- 按【样文 6-9C】所示，在第 7 张幻灯片中插入链接到上一张幻灯片和最后一张幻灯片的动作按钮，并为动作按钮套用“彩色填充 - 浅绿，强调颜色 5”的形状样式，“圆”棱台的形状效果，设置高为 1.5 厘米、宽为 2 厘米。
- 按【样文 6-9D】所示，在第 9 张幻灯片中插入图片文件 C:\Win2010GJW\KSML1\KSWJ6-9B.jpg，设置图片的高度、宽度均为 8 厘米，排列顺序为“置于底层”，图片样式为“金属椭圆”。

3．演示文稿的动画设置：

- 设置所有幻灯片的切换方式为“溶解”、持续时间为 2.5 秒、声音为“单击”声、换片方式为 3 秒后自动换片。
- 将第 1 张幻灯片中图片的动画效果设置为“形状”、效果选项为“圆”，持续时间为 2 秒、上一动画之后自动启动动画效果。
- 用“动画刷”复制第 1 张幻灯片图片的动画效果，并将此动画效果应用到第 6 张幻灯片中的 SmartArt 图形和第 9 张幻灯片中的图片上。

4．保存演示文稿：

- 保存文件后，将此演示文稿创建为全保真视频文件，设置放映每张幻灯片的秒数为 6 秒，以 A6A.wmv 为文件名保存至考生文件夹中。

【样文 6-9A】

中国剪纸挂串制作
中国剪纸

【样文 6-9B】

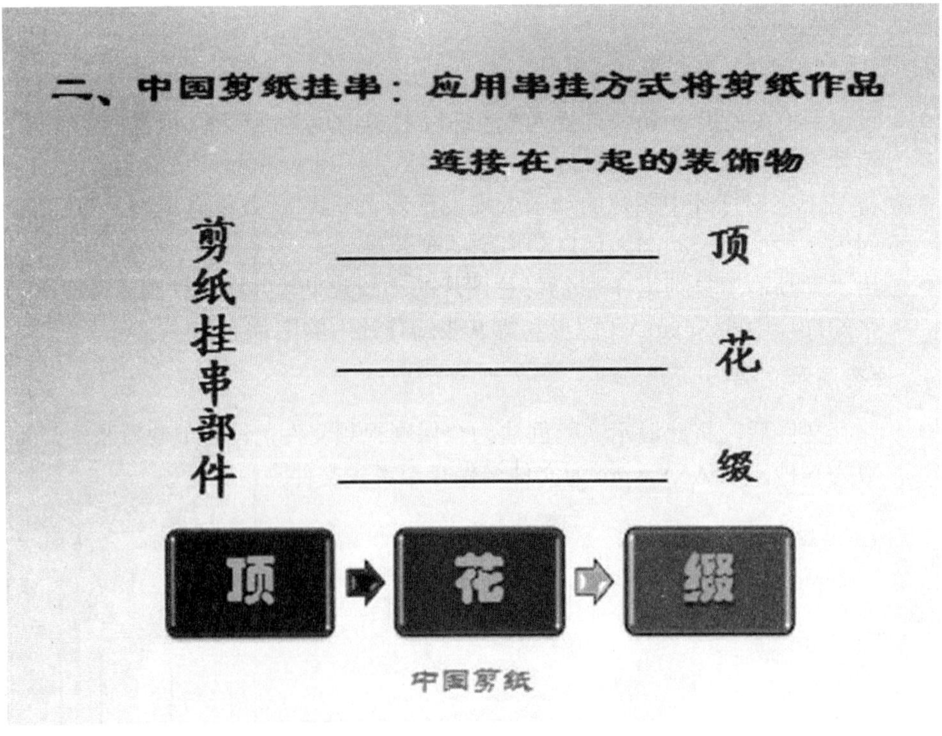
二、中国剪纸挂串：应用串挂方式将剪纸作品
连接在一起的装饰物
剪纸挂串部件
顶
花
缀
顶
花
缀
中国剪纸

【样文 6-9C】

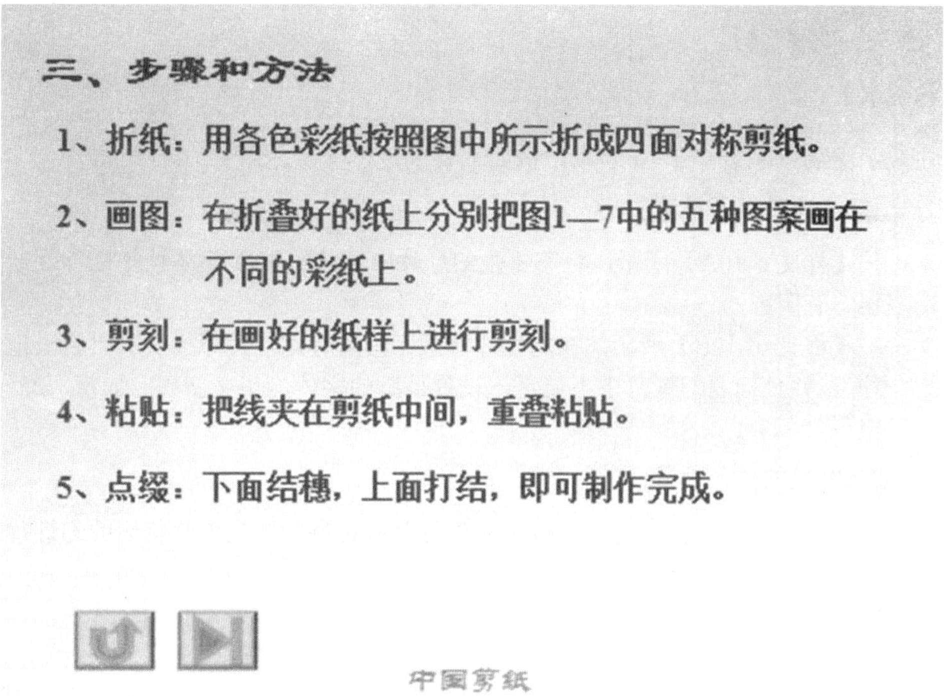
三、步骤和方法
1、折纸：用各色彩纸按照图中所示折成四面对称剪纸。
2、画图：在折叠好的纸上分别把图1—7中的五种图案画在不同的彩纸上。
3、剪刻：在画好的纸样上进行剪刻。
4、粘贴：把线夹在剪纸中间，重叠粘贴。
5、点缀：下面结穗，上面打结，即可制作完成。
中国剪纸

【样文 6-9D】

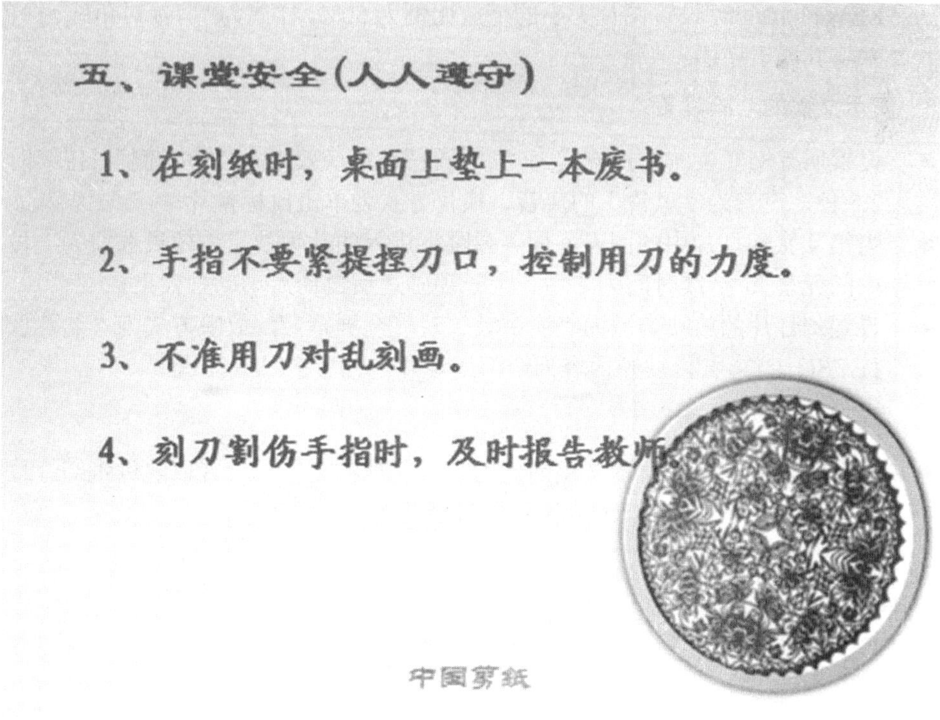
五、课堂安全(人人遵守)
1、在刻纸时，桌面上垫上一本废书。
2、手指不要紧提捏刀口，控制用刀的力度。
3、不准用刀对乱刻画。
4、刻刀割伤手指时，及时报告教师。
中国剪纸

6.10 第 10 题

【操作要求】

在演示文稿程序中打开 A6.pptx，按如下要求进行操作。

1. 演示文稿的页面设置：

- 按【样文 6-10A】所示，将第 1 张幻灯片中标题的字体设置为隶书、60 磅、加粗、有阴影。
- 按【样文 6-10B】所示，在幻灯片母版中为所有幻灯片添加页脚“新天地出版社”，并且标题幻灯片中不显示，设置页脚的字体为华文新魏、加粗、25 磅、橙色。

2. 演示文稿的插入设置：

- 按【样文 6-10A】所示，将第 1 张幻灯片副标题中的文本与相应的幻灯片建立超链接。
- 按【样文 6-10B】所示，用第 3 张幻灯片中的数据在第 4 张幻灯片中插入一个簇状圆柱图，图表为“布局 1”，并应用“样式 2”的图表样式，图表标题为“图书销售情况”，图表形状样式为“细微效果 - 绿色，强调颜色 3”，并添加“前透视”的三维旋转效果，大小为高 17 厘米、宽 24 厘米。
- 按【样文 6-10C】所示，在第 7 张幻灯片中插入图片文件 C:\Win2010GJW\KSML1\KSWJ6-10.jpg，设置图片大小的缩放比例为 50%，样式为“剪裁对角线，白色”，并将其置于底层。

3. 演示文稿的动画设置：

- 设置所有幻灯片的切换方式为“摩天轮”、切换效果为“自右侧”、持续时间为 2.5 秒、声音为“风铃”的声音、换片方式为单击鼠标换片。
- 为第 4 张幻灯片中的图表添加“弹跳”进入的动画效果、效果选项为“按系列中的元素”、持续时间为 2 秒、上一动画之后自动启动动画效果。
- 设置幻灯片的放映类型为“演讲者放映（全屏幕）”，放映方式为“循环放映，按 ESC 键终止”，放映内容为全部幻灯片。

4. 保存演示文稿：

- 保存文件后，将此演示文稿创建为全保真视频文件，设置放映每张幻灯片的秒数为 6 秒，以 A6A.wmv 为文件名保存至考生文件夹中。

【样文 6-10A】

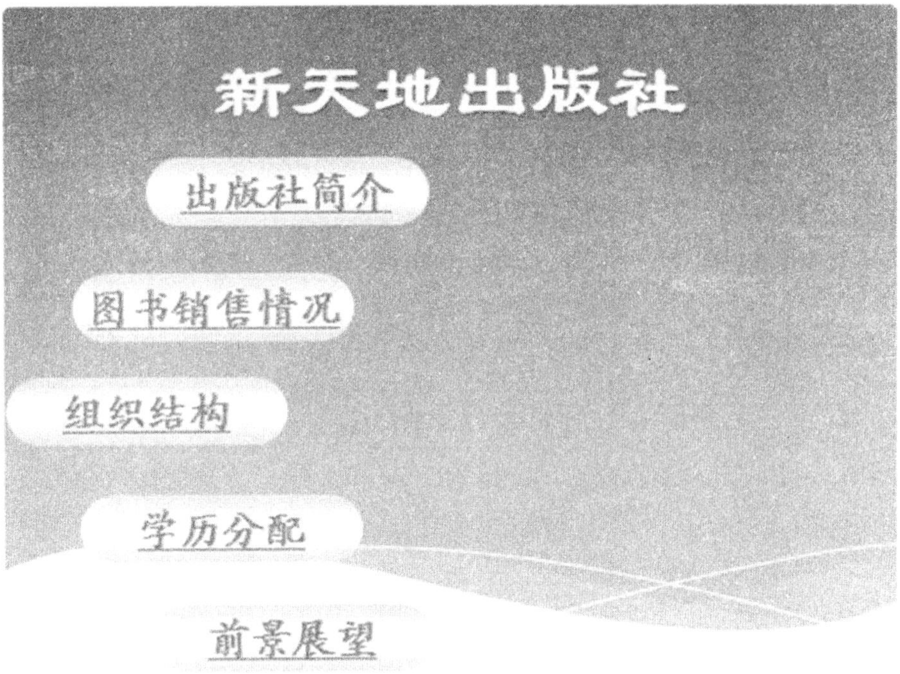

【样文 6-10B】

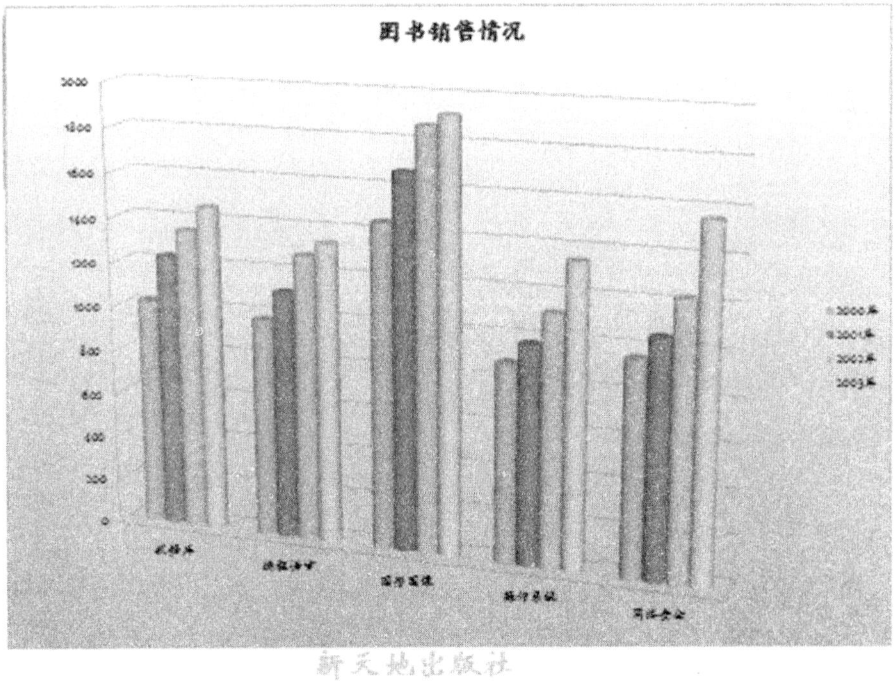

【样文 6-10C】

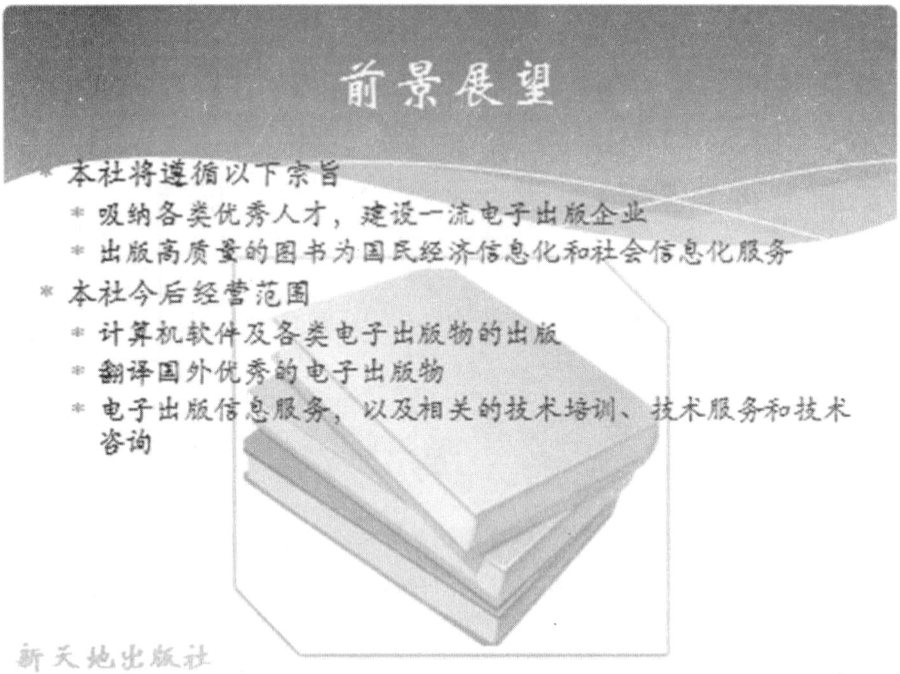
前景展望
本社将遵循以下宗旨
吸纳各类优秀人才，建设一流电子出版企业
出版高质量的图书为国民经济信息化和社会信息化服务
本社今后经营范围
计算机软件及各类电子出版物的出版
翻译国外优秀的电子出版物
电子出版信息服务，以及相关的技术培训、技术服务和技术咨询
新天地出版社

6.11　第 11 题

【操作要求】

在演示文稿程序中打开 A6.pptx，按如下要求进行操作。

1. **演示文稿的页面设置：**

- 按【样文 6-11A】所示，将主题“流畅”应用于所有幻灯片，并填充“样式 7”的背景样式。
- 按【样文 6-11A】所示，将第 1 张幻灯片中标题的字体设置为华文新魏、70 磅、有阴影。
- 按【样文 6-11A】所示，在幻灯片母版中为所有幻灯片添加编号，设置编号的字体为华文彩云、25 磅、红色、加粗、有阴影。

2. **演示文稿的插入设置：**

- 按【样文 6-11B】所示，在第 4 张幻灯片中插入音频文件 C:\Win2010GJW\KSML1\KSWJ6-11.wma，剪裁音频的开始时间为“01:30”，结束时间为“03:30”；设置音频自动播放，且循环播放直到停止，在播放的时候不隐藏图标。
- 按【样文 6-11C】所示，在第 7 张幻灯片中插入 SmartArt 图形，图形布局为“循环流程”图，设置颜色为“彩色 - 强调文字颜色”，外观样式为三维中的“日落场景”；录入相应的文字，并设置字体为华文行楷、25 磅、紫色。

3. **演示文稿的动画设置：**

- 设置所有幻灯片的切换方式为“涡流”、效果为“自底部”、持续时间为 4 秒、声音为“风铃”、换片方式为 4 秒后自动换片。
- 将第 1 张幻灯片中标题文本的动画效果设置为“波浪形”、效果为“整批发送”，持续时间为 2 秒、从上一动画之后自动启动动画效果。
- 为第 7 张幻灯片中的 SmartArt 图形添加“飞入”的进入动画效果，效果为“自左下部”，持续时间为 2 秒，从上一动画之后自动启动动画效果。

4. **保存演示文稿：**

- 保存文档后，再将此演示文稿打包成 CD，以 A6A 为 CD 名保存至考生文件夹中，并设置打开演示文稿的密码为“gjks6-11”。

【样文 6-11A】

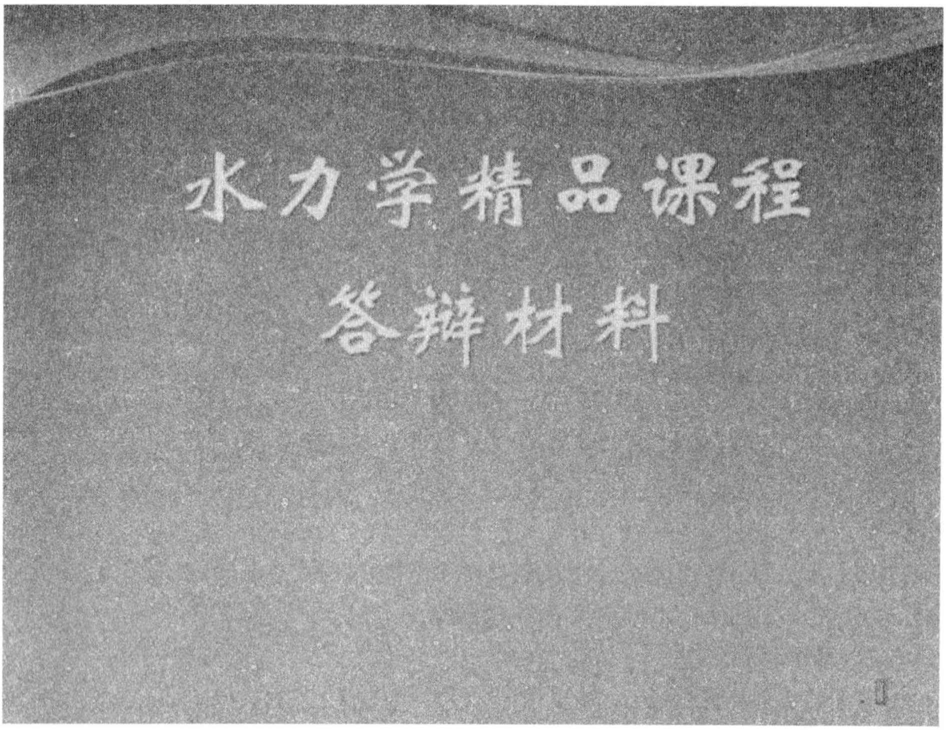

【样文 6-11B】

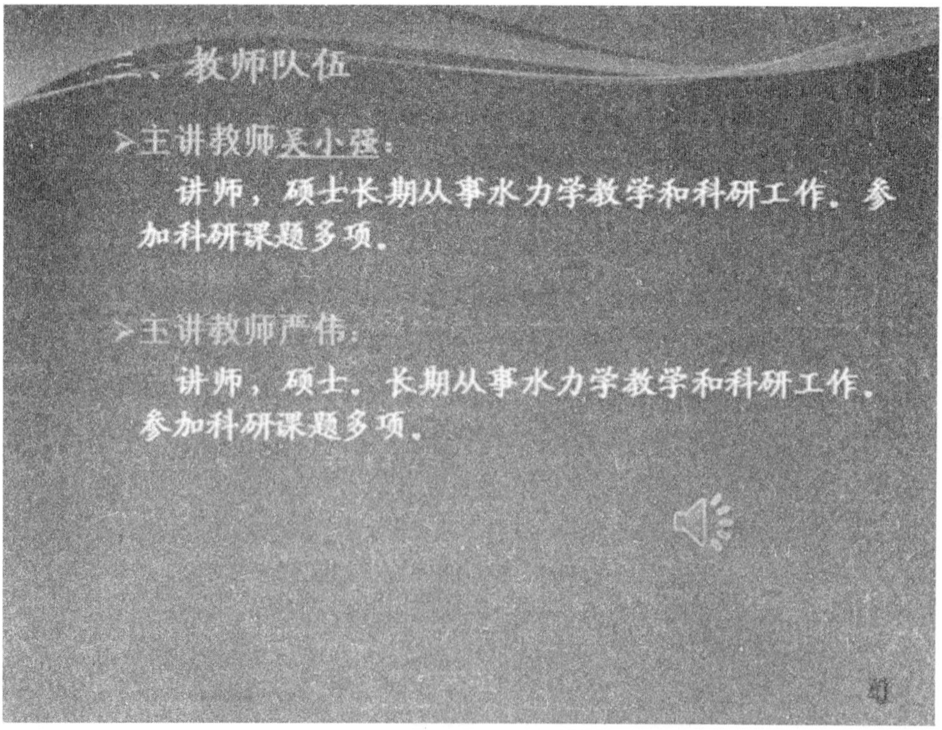

【样文 6-11C】

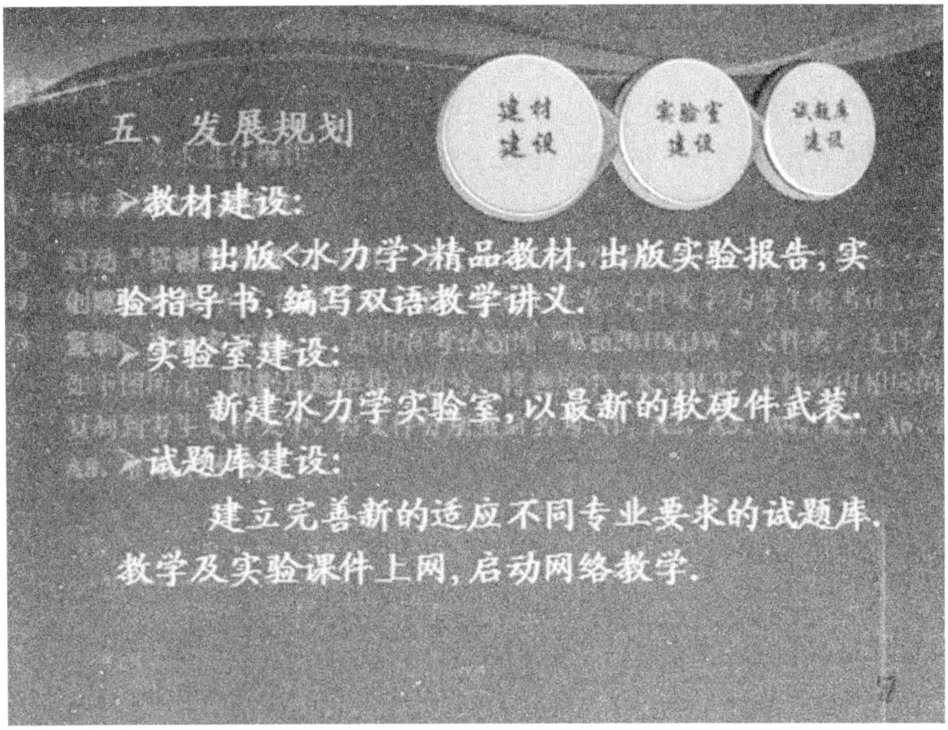
五、发展规划
>教材建设:
出版<水力学>精品教材.出版实验报告,实验指导书,编写双语教学讲义.
>实验室建设:
新建水力学实验室,以最新的软硬件武装.
>试题库建设:
建立完善新的适应不同专业要求的试题库.教学及实验课件上网,启动网络教学.

6.12　第 12 题

【操作要求】

在演示文稿程序中打开 A6.pptx，按如下要求进行操作。

1．演示文稿的页面设置：

- 按【样文 6-12A】所示，将主题“春季”应用于所有幻灯片，并填充“样式 10”的背景样式。
- 按【样文 6-12A】所示，将第 1 张幻灯片中的标题设置为艺术字“填充 - 淡紫，强调文字颜色 6，暖色粗糙棱台”的样式，设置字体为华文隶书，60 磅；应用“右上斜偏移”外部阴影。
- 按【样文 6-12B】所示，在幻灯片母版中将标题的字体设置为华文琥珀、30 磅、有阴影、淡紫色（RGB：181，111，244）。

2．演示文稿的插入设置：

- 按【样文 6-12C】所示，在第 3 张幻灯片中插入 SmartArt 图形，图形布局为“多向循环”图，设置颜色为“彩色范围 - 强调文字颜色 4 至 5”，外观样式为三维中的“砖块场景”；录入相应的文字，并设置字体为隶书、30 磅、加粗、深蓝色；缩放比例为 70%。
- 按【样文 6-12D】所示，在第 5 张幻灯片中插入链接到第一张幻灯片、上一张幻灯片、下一张幻灯片和最后一张幻灯片的动作按钮，并为动作按钮套用“细微效果 - 浅绿，强调颜色 1”的形状样式，高度和宽度均设置为 1.5 厘米。

3．演示文稿的动画设置：

- 设置所有幻灯片的切换方式为从右上部“覆盖”、持续时间为 2 秒、声音为“电压”、换片方式为单击鼠标时换片。
- 将第 1 张幻灯片中标题文本设置为“旋转”的进入动画效果，持续时间为 2 秒、从上一动画之后自动启动动画效果。
- 为第 3 张幻灯片中的 SmartArt 图形添加“浮入”的动画效果、切换效果为“整批发送”，持续时间为 1.5 秒、从上一动画之后自动启动动画效果。

4．保存演示文稿：

- 保存文档后，再将此演示文稿打包成 CD，以 A6A 为 CD 名保存至考生文件夹中，并设置修改演示文稿的密码为“gjks6-12”。

【样文 6-12A】

【样文 6-12B】

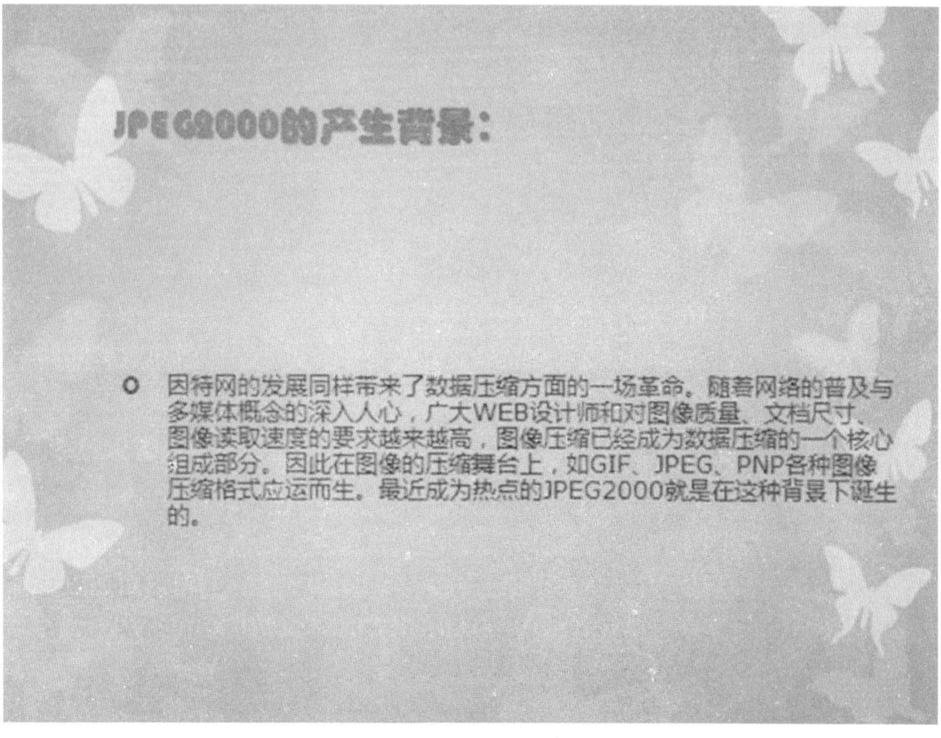

【样文 6-12C】

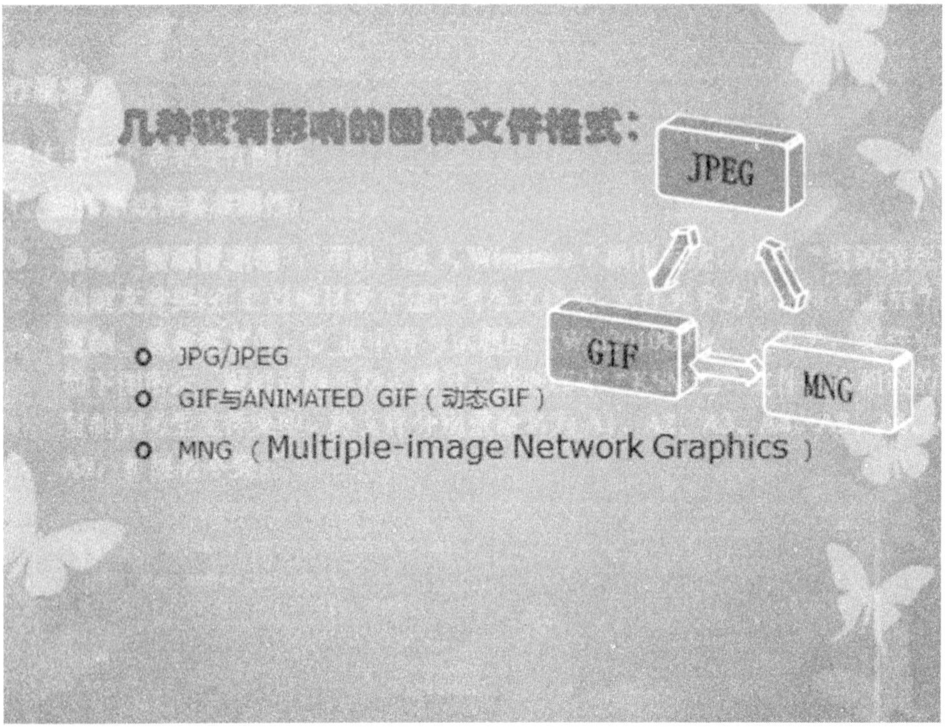

【样文 6-12D】

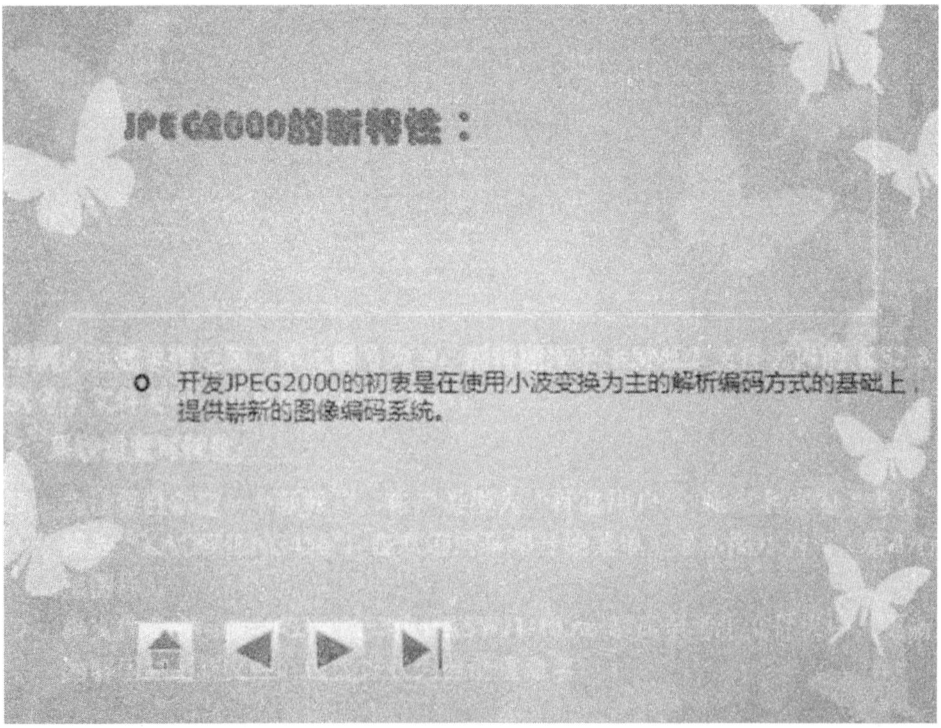

6.13　第 13 题

【操作要求】

在演示文稿程序中打开 A6.pptx，按如下要求进行操作。

1．演示文稿的页面设置：

- 按【样文 6-13A】所示，在幻灯片母版中将文本占位符中文本的字体为华文新魏，段落间距为段前、段后各 6 磅，行距为 1.5 倍行距。
- 按【样文 6-13A】所示，将第 2 张幻灯片的背景填充为图片 C:\Win2010GJW\KSML1\KSWJ6-13A.jpg，透明度为 30%。

2．演示文稿的插入设置：

- 按【样文 6-13B】所示，在第 4 张幻灯片中插入链接到第一张幻灯片和上一张幻灯片的动作按钮，并为动作按钮套用“细微效果 - 蓝色，强调颜色 6”的形状样式，5 磅柔化边缘的形状效果，高度和宽度均设置为 2 厘米。
- 按【样文 6-13C】所示，在第 5 张幻灯片中插入图片文件 C:\Win2010GJW\KSML1\KSWJ6-13B.jpg，设置图片大小的缩放比例为 80%，排列顺序为“置于底层”，图片样式为“棱台左透视，白色”。
- 按【样文 6-13D】所示，在第 6 张幻灯片中插入 SmartArt 图形，图形布局为“不定向循环”图，设置颜色为“彩色范围 - 强调文字颜色 4 至 5”，外观样式为三维中的“金属场景”；录入相应的文字，并设置字体为微软雅黑、20 磅、白色、加粗。

3．演示文稿的动画设置：

- 设置所有幻灯片的切换方式为“棋盘”、效果为“自左侧”、持续时间为 2.5 秒、声音为“收款机”、换片方式为 3 秒后自动换片。
- 将第 1 张幻灯片中标题文本的动画效果设置为“循环”、效果选项为“反复循环”，持续时间为 2 秒、自上一次动画之后自动启动动画效果。
- 用“动画刷”复制第 1 张幻灯片中标题文本的动画效果，并将此动画效果应用到第 5 张幻灯片中的图片和第 6 张幻灯片中 SmartArt 图形上。

4．保存演示文稿：

- 保存文件后，将此演示文稿创建为全保真视频文件，设置放映每张幻灯片的秒数为 6 秒，以 A6A.wmv 为文件名保存至考生文件夹中。

【样文 6-13A】

【样文 6-13B】

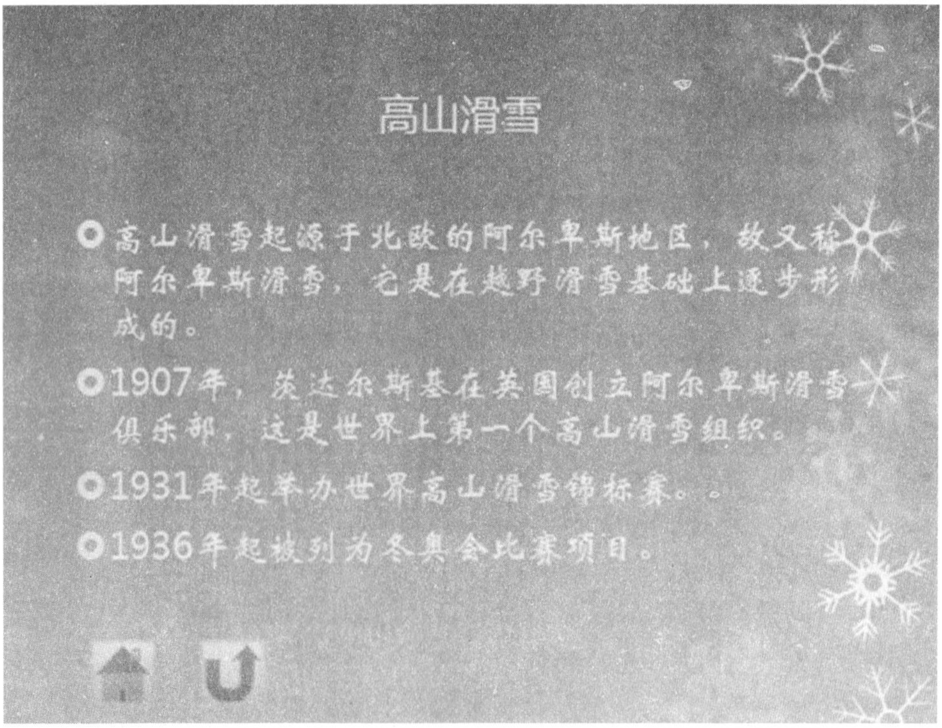

【样文 6-13C】

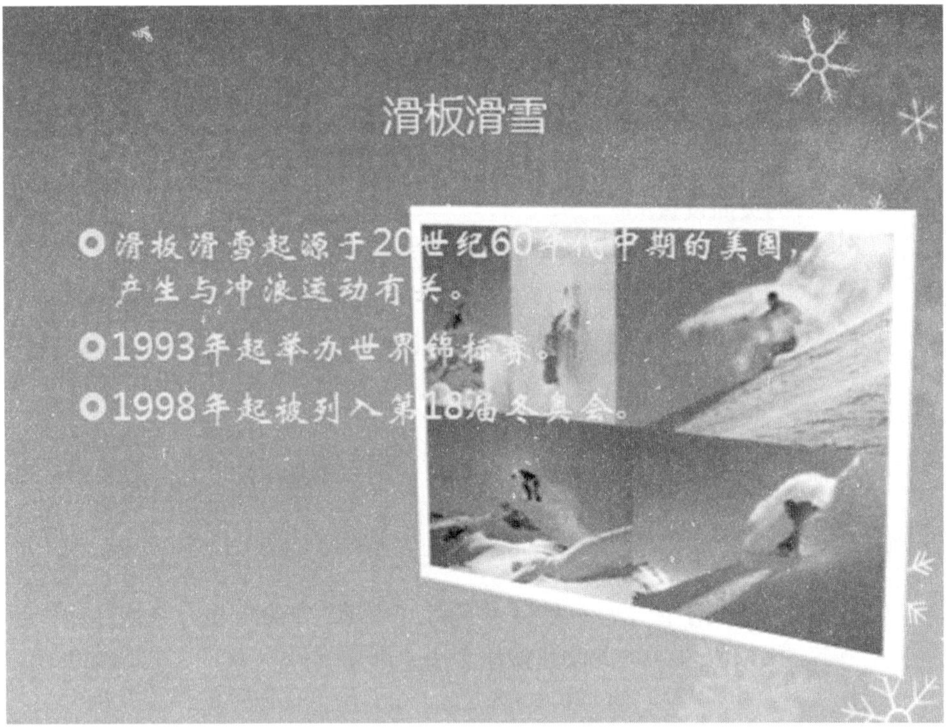

【样文 6-13D】

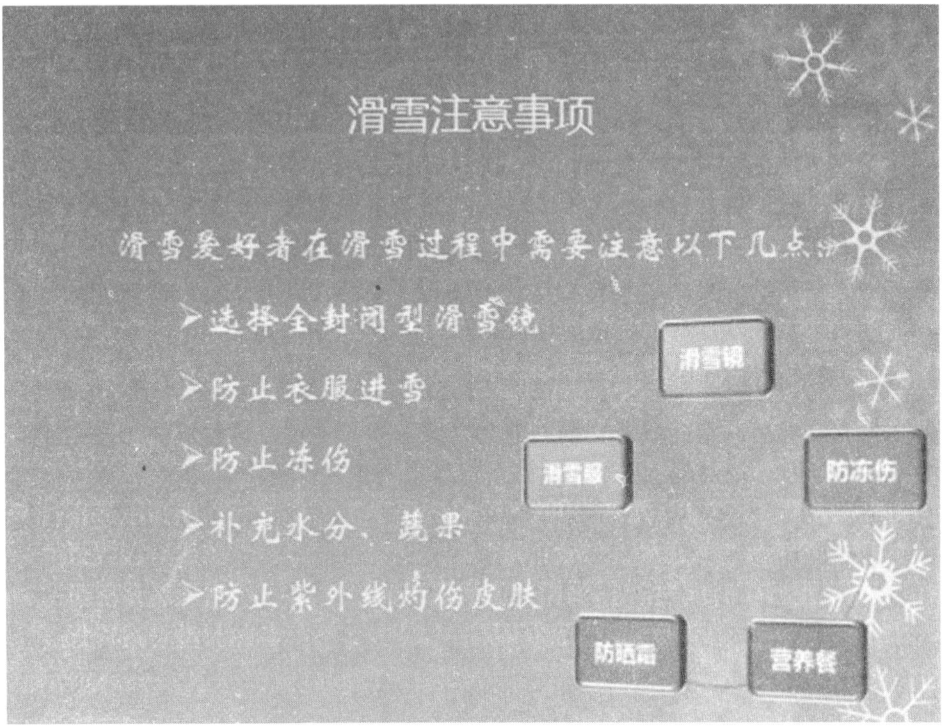

6.14 第 14 题

【操作要求】

在演示文稿程序中打开 A6.pptx，按如下要求进行操作。

1．演示文稿的页面设置：

- 按【样文 6-14A】所示，将主题“凤舞九天”应用于所有幻灯片，并填充“样式 7”的背景样式。
- 按【样文 6-14A】所示，在幻灯片母版中为所有幻灯片添加页脚“20 世纪科学”，并显示幻灯片编号，设置页脚和编号的字体均为华文行楷、20 磅、水绿色（RGB：35，255，255）。
- 按【样文 6-14B】所示，将第 2 张幻灯片的背景设置为“胡桃”纹理，且透明度为 20%。

2．演示文稿的插入设置：

- 按【样文 6-14C】所示，在第 4 张幻灯片中插入链接到上一张幻灯片和下一张幻灯片的动作按钮，并为动作按钮套用“细微效果 - 青色，强调颜色 4”的形状样式，高度和宽度均设置为 1.8 厘米，2.5 磅柔化边缘的形状效果。
- 按【样文 6-14D】所示，在第 7 张幻灯片中插入图片文件 C:\Win2010GJW\KSML1\KSWJ6-14.jpg，设置图片大小的缩放比例为 60%，排列顺序为“置于底层”，图片样式为“棱台矩形”。

3．演示文稿的动画设置：

- 设置所有幻灯片的切换方式为“形状”、效果为“增强”、持续时间为 2 秒、声音为“捶打”、换片方式为 3 秒后自动换片。
- 将第 1 张幻灯片中标题文本的进入动画效果设置为“轮子”、效果选项为“2 轮辐图案”，持续时间为 3 秒、从上一动画之后自动启动动画效果。
- 用“动画刷”复制第 1 张幻灯片中标题文本的动画效果，并将此动画效果应用到其余八张幻灯片的标题文字上。

4．保存演示文稿：

- 保存文件后，将此演示文稿创建为全保真视频文件，设置放映每张幻灯片的秒数为 7 秒，以 A6A.wmv 为文件名保存至考生文件夹中。

【样文 6-14A】

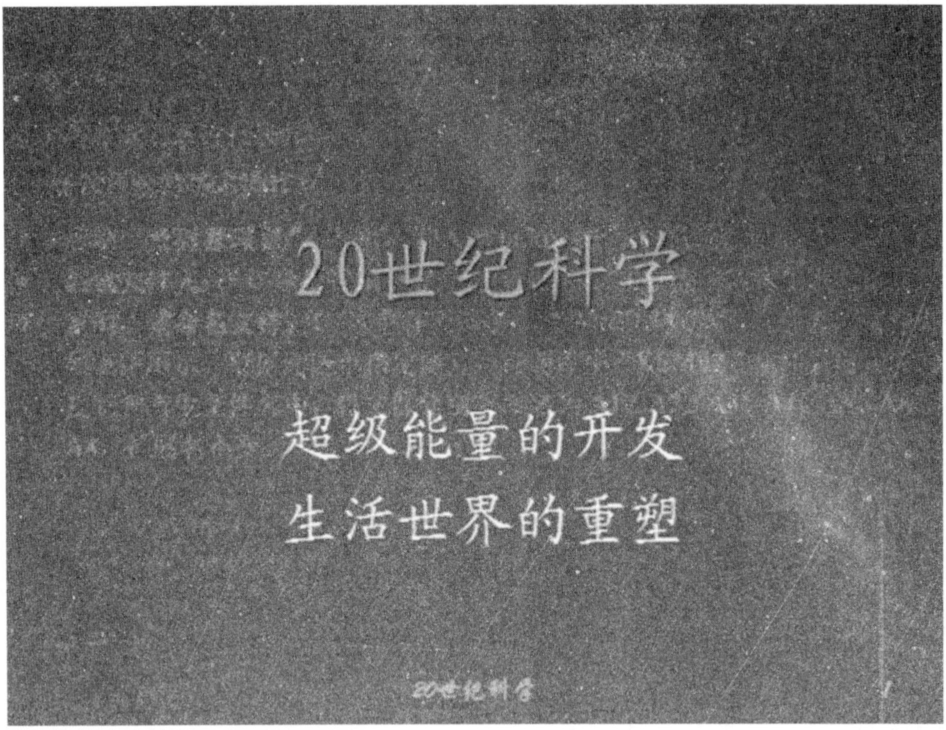

【样文 6-14B】

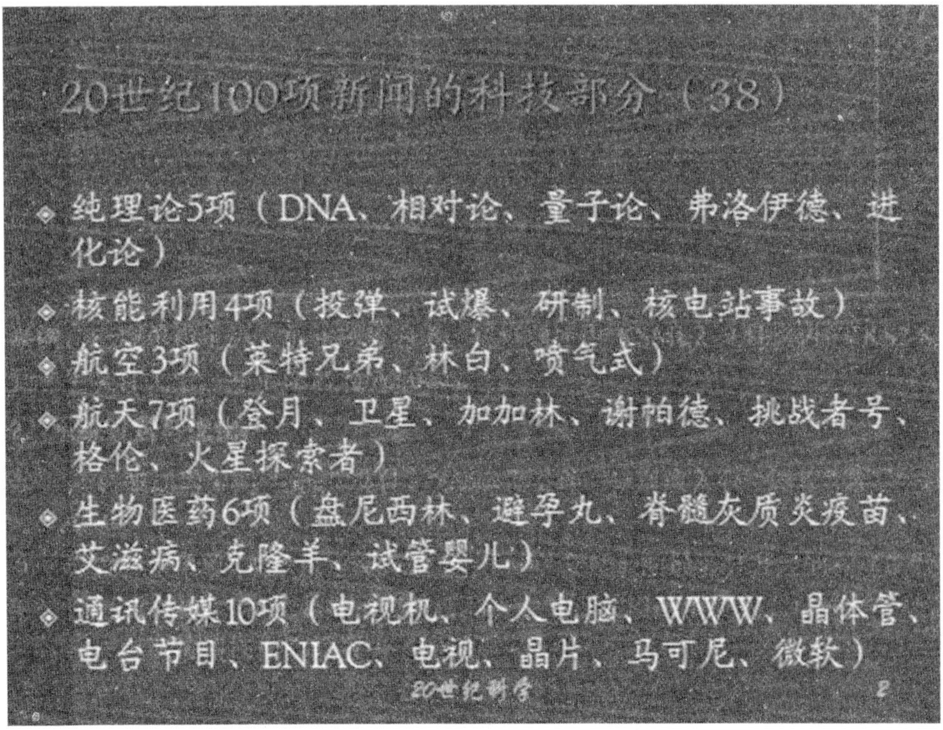

【样文 6-14C】

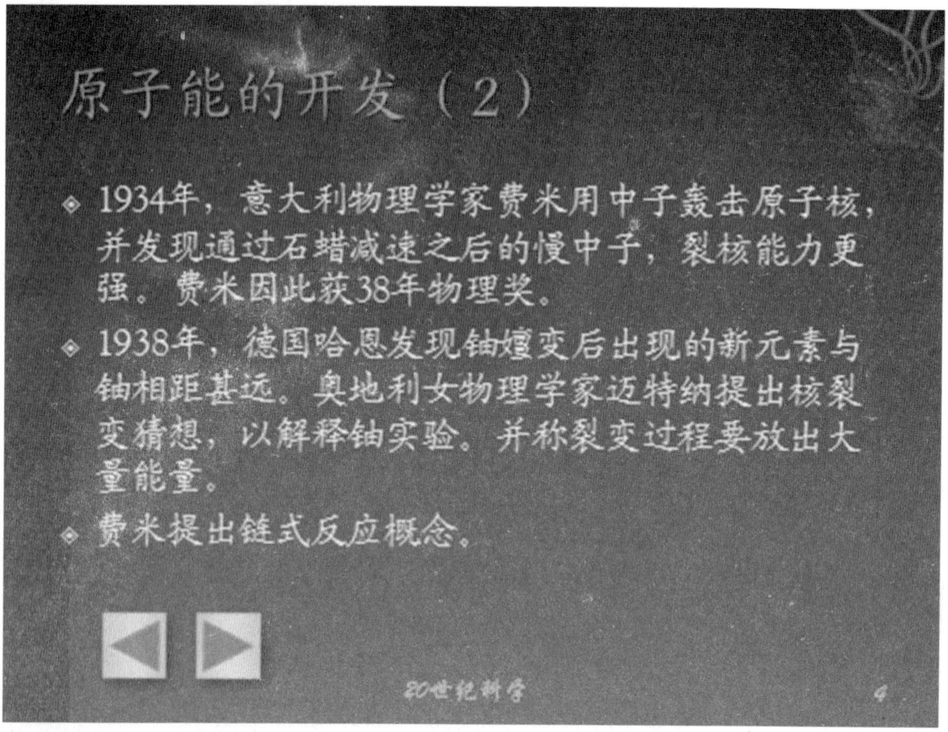

【样文 6-14D】

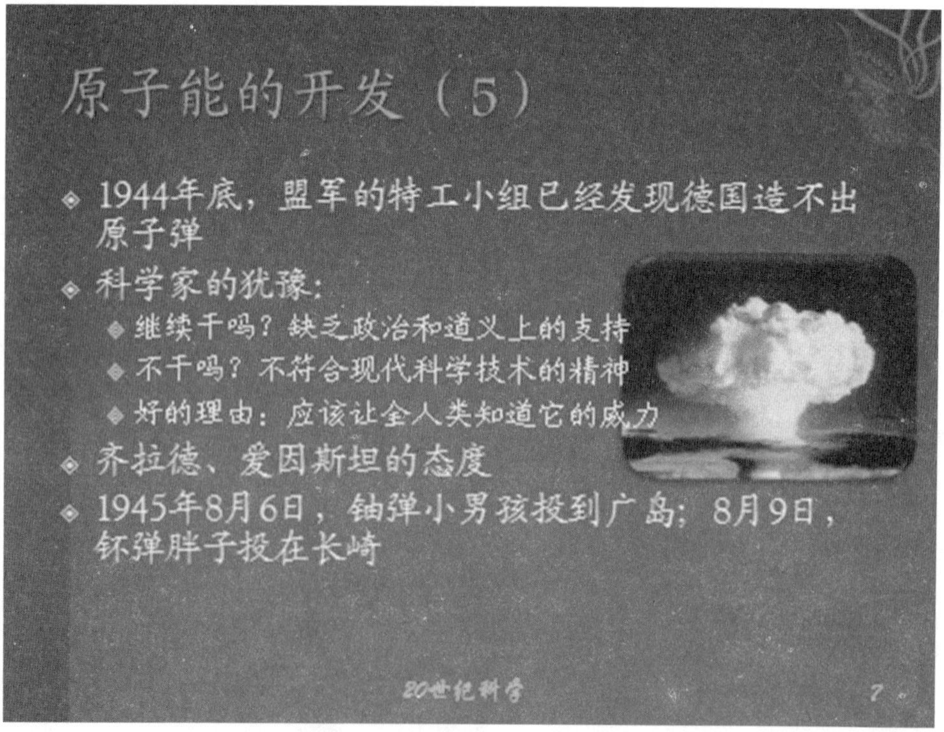

6.15　第 15 题

【操作要求】

在演示文稿程序中打开 A6.pptx，按如下要求进行操作。

1. **演示文稿的页面设置：**

- 按【样文 6-15A】所示，将主题“聚合”应用于所有幻灯片，并填充“样式 6”的背景样式。
- 按【样文 6-15A】所示，将第 1 张幻灯片中标题的字体设置为华文彩云、66 磅、蓝色、有阴影。
- 按【样文 6-15B】所示，在幻灯片母版中为所有幻灯片添加编号，并且标题幻灯片中不显示，设置编号的字体为华文行楷、32 磅、绿色、有阴影。

2. **演示文稿的插入设置：**

- 按【样文 6-15B】所示，在第 4 张幻灯片中插入链接到第一张幻灯片和下一张幻灯片的动作按钮，并为动作按钮套用“强烈效果 - 青绿，强调颜色 1”的形状样式，设置高 2 厘米、宽 2.5 厘米。
- 按【样文 6-15C】所示，在第 7 张幻灯片中插入图片文件 C:\Win2010GJW\KSML1\KSWJ6-15.jpg，设置图片大小的缩放比例为 45%，图片样式为“柔化边缘矩形”并将图片置于底层。

3. **演示文稿的动画设置：**

- 设置所有幻灯片的切换方式为“百叶窗”、效果为“水平”、持续时间为 2.5 秒、声音为“激光”、换片方式为 3 秒后自动换片。
- 将第 1 张幻灯片中标题文本的动画效果设置为“陀螺旋”、效果为“旋转两周”，持续时间为 3.5 秒、从上一动画之后自动启动动画效果。
- 为第 7 张幻灯片中的图片添加“收缩并旋转”的动画效果，持续时间为 2 秒、从上一动画之后自动启动动画效果。

4. **保存演示文稿：**

- 保存文档后，再将此演示文稿打包成 CD，以 A6A 为 CD 名保存至考生文件夹中，并设置打开演示文稿的密码为“gjks6-15”。

【样文 6-15A】

【样文 6-15B】

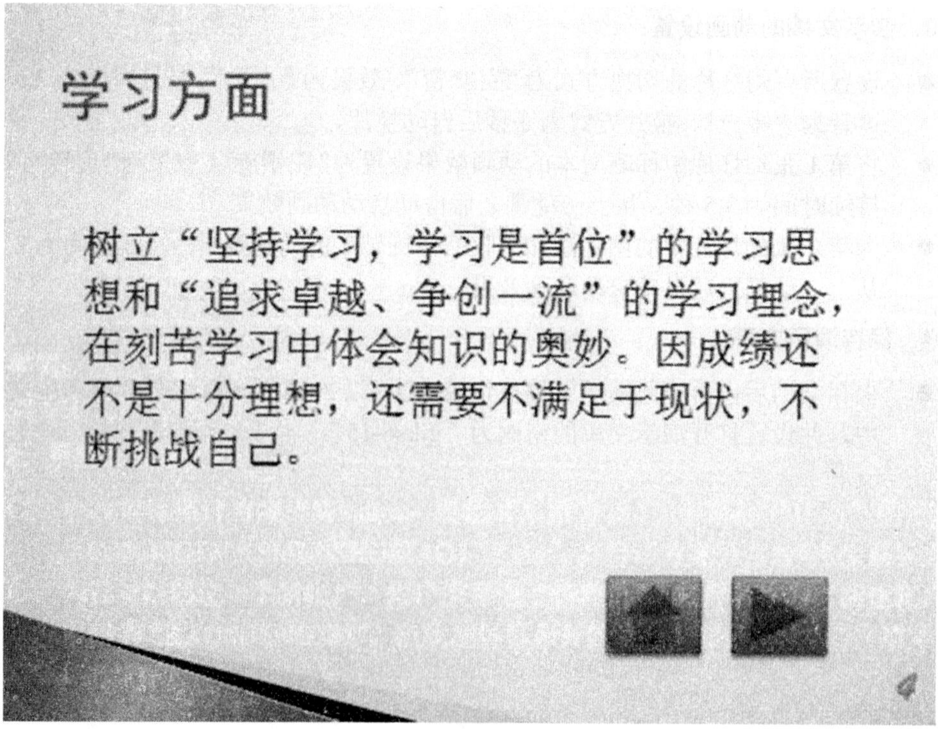

【样文 6-15C】

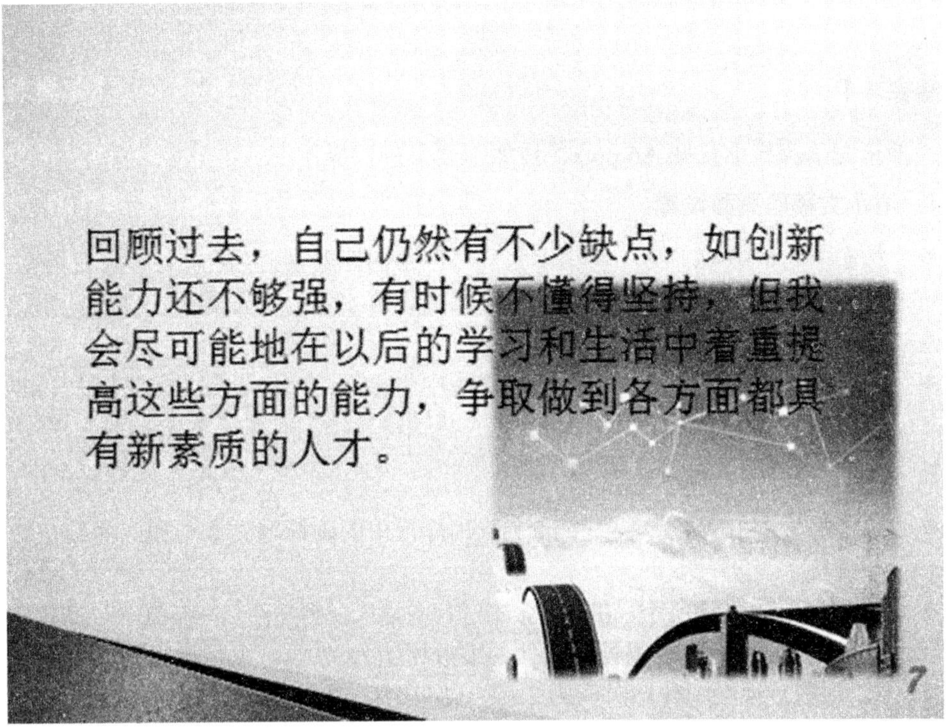
回顾过去，自己仍然有不少缺点，如创新能力还不够强，有时候不懂得坚持，但我会尽可能地在以后的学习和生活中着重提高这些方面的能力，争取做到各方面都具有新素质的人才。
7

6.16 第 16 题

【操作要求】

在演示文稿程序中打开 A6.pptx，按如下要求进行操作。

1．演示文稿的页面设置：

- 按【样文 6-16A】所示，将第 1 张幻灯片中的标题设置为艺术字“渐变填充 - 绿色，强调文字颜色 4，映像”的样式，设置字体为方正姚体，并为其添加“转换”中“正三角”文本效果。
- 按【样文 6-16B】所示，在幻灯片母版中将标题的字体设置为华文隶书、48 磅、紫色。

2．演示文稿的插入设置：

- 按【样文 6-16A】所示，将第 1 张幻灯片中的副标题文本与相应的幻灯片建立超链接。
- 按【样文 6-16B】所示，在第 2 张幻灯片中插入视频文件 C:\Win2010GJW\KSML1\KSWJ6-16.wmv，设置视频文件的缩放比例为 70%，视频样式为“柔化边缘椭圆”，剪裁视频的开始时间为 2 秒，结束时间为 30 秒，单击时全屏播放。
- 按【样文 6-16C】所示，在第 4 张幻灯片中插入链接到上一张幻灯片和影片幻灯片的动作按钮，并为动作按钮套用“浅色 1 轮廓，彩色填充 - 橙色，强调颜色 5”的形状样式，高度和宽度均设置为 2.5 厘米。

3．演示文稿的动画设置：

- 设置所有幻灯片的切换方式为“溶解”、持续时间为 2.5 秒、声音为“鼓声”、换片方式为单击鼠标时换片。
- 将第 1 张幻灯片中标题文本进入的动画效果设置为“形状”、切换效果为“加号”，持续时间为 2 秒、从上一动画之后自动启动动画效果。
- 设置幻灯片的放映类型为“演讲者放映（全屏幕）”，放映方式为“放映时不加旁白”，放映内容为全部幻灯片。

4．保存演示文稿：

- 保存文档后，再将此演示文稿打包成 CD，以 A6A 为 CD 名保存至考生文件夹中，并设置打开演示文稿的密码为“gjks6-16”。

【样文 6-16A】

【样文 6-16B】

【样文 6-16C】

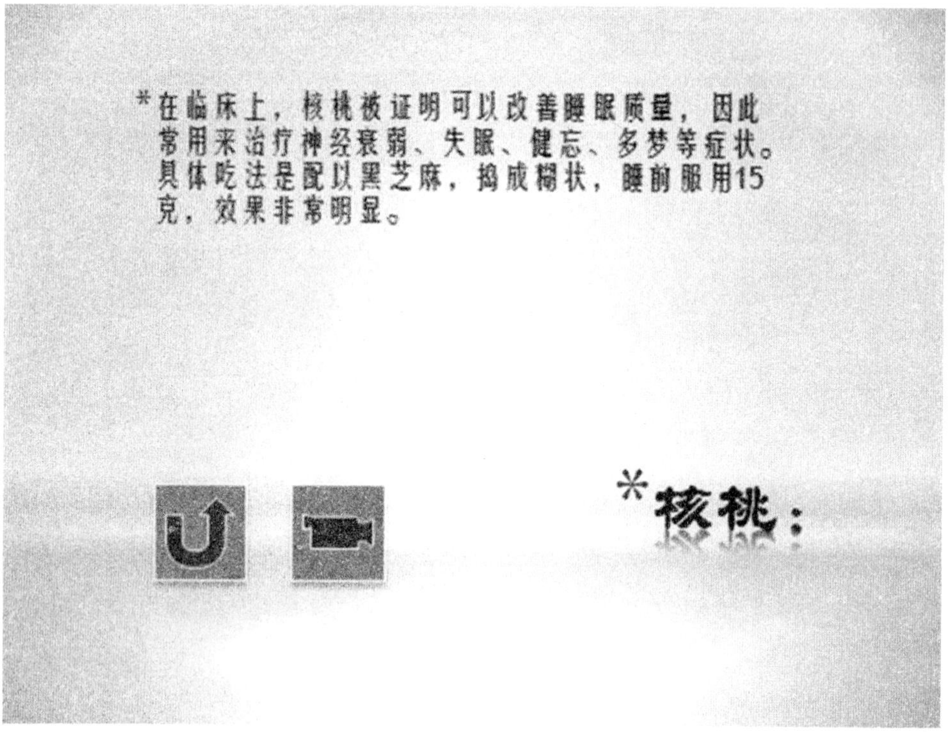
*在临床上，核桃被证明可以改善睡眠质量，因此常用来治疗神经衰弱、失眠、健忘、多梦等症状。具体吃法是配以黑芝麻，捣成糊状，睡前服用15克，效果非常明显。
*核桃：

6.17　第 17 题

【操作要求】

在演示文稿程序中打开 A6.pptx，按如下要求进行操作。

1．演示文稿的页面设置：

- 按【样文 6-17A】所示，将第 1 张幻灯片中标题的字体设置为华文中宋、48 磅、深蓝色，并为其添加“茶色，8pt 发光，强调文字颜色 2”的发光文本效果。
- 按【样文 6-17A】所示，在幻灯片母版中为所有幻灯片添加页脚“中国名山”，并显示幻灯片编号，设置页脚和编号的字体为华文新魏、18 磅、绿色。

2．演示文稿的插入设置：

- 按【样文 6-17A】所示，将第 1 张幻灯片副标题中的文本与相应的幻灯片建立超链接。
- 按【样文 6-17B】所示，在第 2 张幻灯片中插入 SmartArt 图形，图形布局为循环“分离射线”图，设置颜色为“彩色 - 强调文字颜色”，外观样式为三维中的“卡通”；录入文字，并设置字体为微软雅黑、28 磅、黄色。
- 按【样文 6-17C】所示，在第 5 张幻灯片中插入视频文件 C:\Win2010GJW\KSML1\KSWJ6-17.wmv，设置视频文件的缩放比例为 130%，视频样式为“映像左透视”，剪裁视频的开始时间为 3 秒，结束时间为 28 秒，单击时全屏播放。

3．演示文稿的动画设置：

- 设置所有幻灯片的切换方式为“随机线条”、切换效果为“水平”、持续时间为 2.5 秒、声音为“微风”、换片方式为 2 秒后自动换片。
- 将第 1 张幻灯片中标题文本进入的动画效果设置为“飞入”、切换效果为“自左侧”，持续时间为 1.5 秒、从上一动画之后自动启动动画效果。
- 为第 2 张幻灯片中的 SmartArt 图形添加“弹跳”进入的动画效果、效果选项为“逐个”发送、持续时间为 2 秒、上一动画之后自动启动动画效果。

4．保存演示文稿：

- 保存文件后，将此演示文稿创建为全保真视频文件，设置放映每张幻灯片的秒数为 7 秒，以 A6A.wmv 为文件名保存至考生文件夹中。

【样文 6-17A】

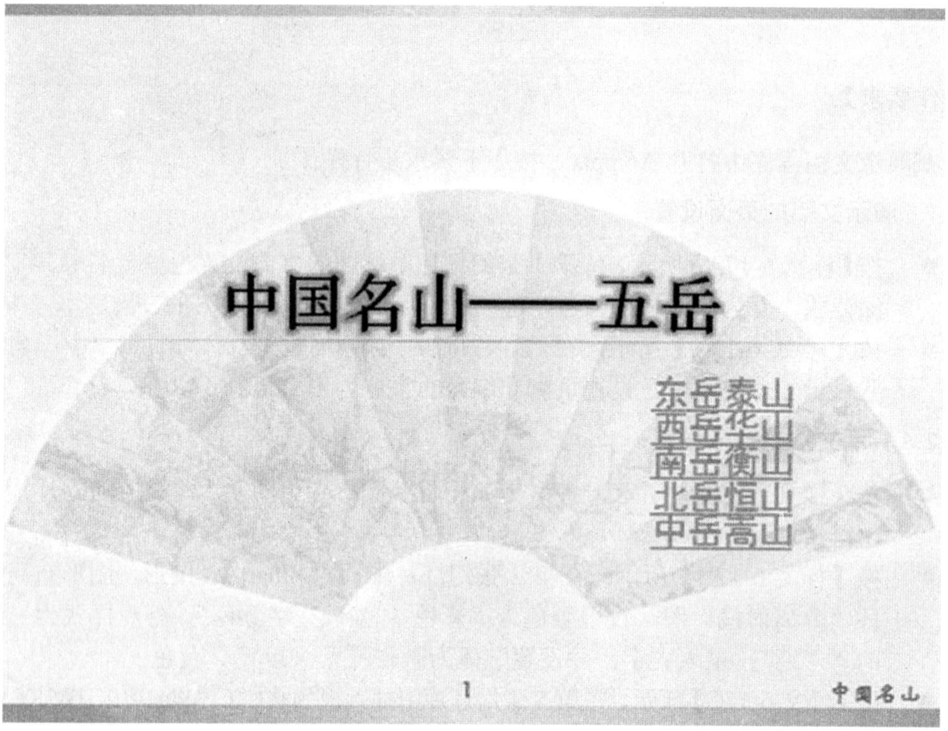

【样文 6-17B】

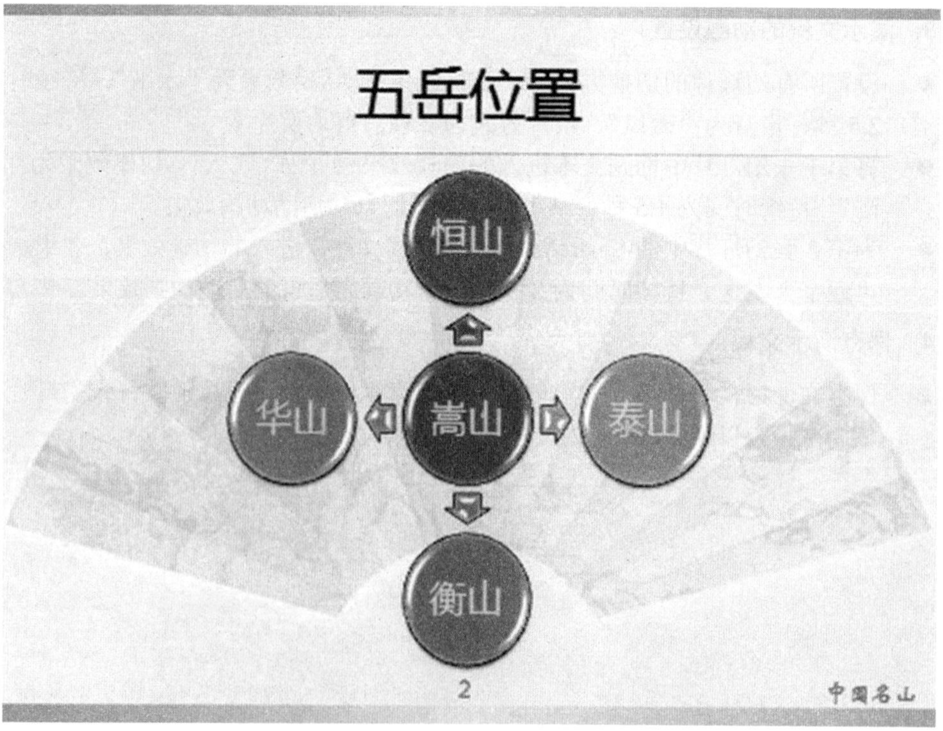

【样文 6-17C】

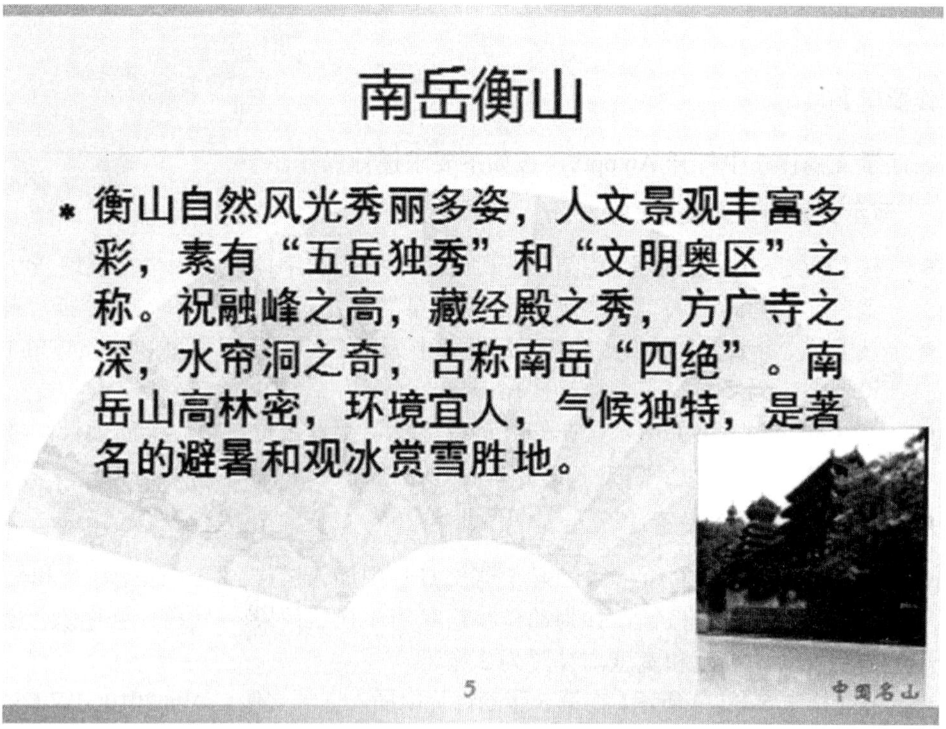
南岳衡山
* 衡山自然风光秀丽多姿，人文景观丰富多彩，素有“五岳独秀”和“文明奥区”之称。祝融峰之高，藏经殿之秀，方广寺之深，水帘洞之奇，古称南岳“四绝”。南岳山高林密，环境宜人，气候独特，是著名的避暑和观冰赏雪胜地。
5
中国名山

6.18　第 18 题

【操作要求】

在演示文稿程序中打开 A6.pptx，按如下要求进行操作。

1．演示文稿的页面设置：

- 按【样文 6-18A】所示，将第 1 张幻灯片中标题的字体设置为华文琥珀、40 磅、黄色，并为其添加“全映像，8pt 偏移量”的文本效果。
- 按【样文 6-18A】所示，在幻灯片母版中为所有幻灯片添加页脚“KSWJ6-18”，设置字体为华文彩云、加粗、16 磅。
- 按【样文 6-18B】所示，在幻灯片母版中将文本占位符中段落的项目符号更改为“✪”，大小为字高的 120%，颜色为深红色。

2．演示文稿的插入设置：

- 按【样文 6-18B】所示，在第 3 张幻灯片中插入链接到第一张幻灯片和最后一张幻灯片的动作按钮，并为动作按钮套用“强烈效果 - 紫色，强调颜色 2”的形状样式，高度和宽度均设置为 2 厘米。
- 按【样文 6-18C】所示，在第 5 张幻灯片中插入音频文件 C:\Win2010GJW\KSML1\KSWJ6-18.wma，剪裁音频的开始时间为“00:40”，结束时间为“04:00”；设置音频文件单击时播放，且循环播放直到停止，在播放的时候隐藏图标。

3．演示文稿的动画设置：

- 设置所有幻灯片的切换方式为“蜂巢”、持续时间为 4 秒、“硬币”的声音、单击鼠标时换片。
- 将第 1 张幻灯片中标题文本的动画效果设置为“随机线条”、持续时间为 2 秒、从上一动画之后自动启动动画效果。
- 在幻灯片母版中，将幻灯片文本占位符中文本的动画效果设置为“飞入”，序列为“作为一个对象”、方向为“自右侧”、从上一动画之后自动启动动画效果。

4．保存演示文稿：

- 保存文件后，将此演示文稿创建为全保真视频文件，设置放映每张幻灯片的秒数为 6 秒，以 A6A.wmv 为文件名保存至考生文件夹中。

【样文 6-18A】

【样文 6-18B】

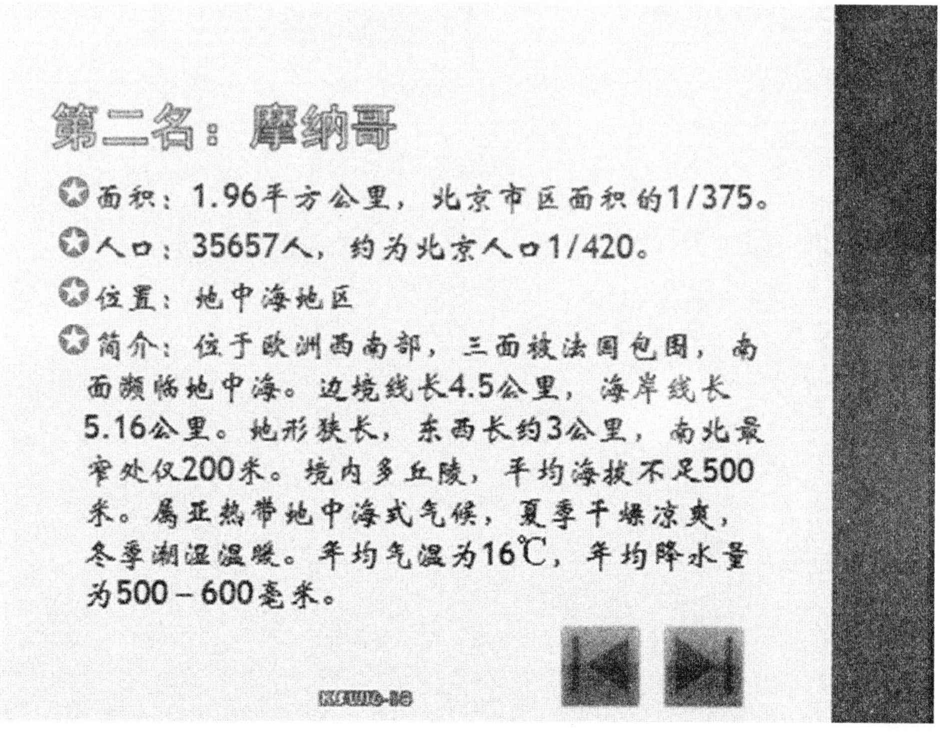

【样文 6-18C】

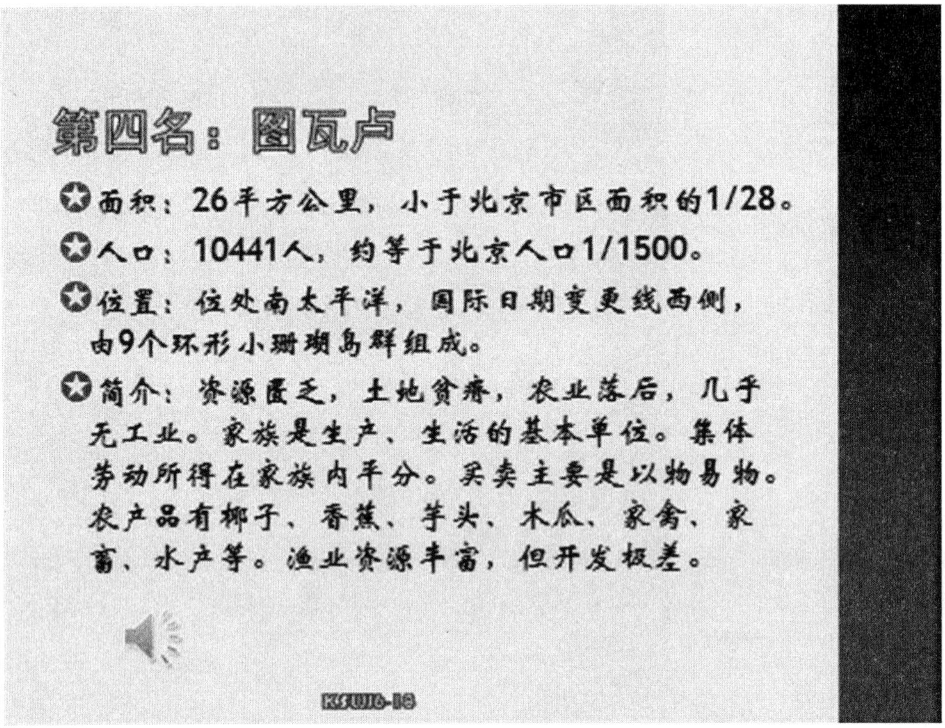
第四名：图瓦卢
面积：26平方公里，小于北京市区面积的1/28。
人口：10441人，约等于北京人口1/1500。
位置：位处南太平洋，国际日期变更线西侧，由9个环形小珊瑚岛群组成。
简介：资源匮乏，土地贫瘠，农业落后，几乎无工业。家族是生产、生活的基本单位。集体劳动所得在家族内平分。买卖主要是以物易物。农产品有椰子、香蕉、芋头、木瓜、家禽、家畜、水产等。渔业资源丰富，但开发极差。

6.19　第 19 题

【操作要求】

在演示文稿程序中打开 A6.pptx，按如下要求进行操作。

1. **演示文稿的页面设置：**

- 按【样文 6-19B】所示，在幻灯片母版中将文本占位符中文本的字体为华文新魏、36 磅、有阴影，行距为固定值 45 磅。
- 按【样文 6-19A】所示，将第 1 张幻灯片的背景填充为图片 C:\Win2010GJW\KSML1\KSWJ6-19A.jpg，透明度为 30%。

2. **演示文稿的插入设置：**

- 按【样文 6-19B】所示，在第 2 张幻灯片中插入音频文件 C:\Win2010GJW\KSML1\KSWJ6-19B.wma，剪裁音频的开始时间为"00:50"，结束时间为"03:40"；设置音频文件跨幻灯片播放，且循环播放直到停止，在播放的时候隐藏图标。
- 按【样文 6-19C】所示，在第 3 张幻灯片中插入图片文件 C:\Win2010GJW\KSML1\KSWJ6-19C.jpg，设置图片大小的缩放比例为 35%，排列顺序为"置于顶层"，图片样式为"柔化边缘椭圆"。
- 按【样文 6-19D】所示，在第 4 张幻灯片中插入链接到前一张幻灯片和后一张幻灯片的动作按钮，并为动作按钮套用"强烈效果 - 水绿色，强调颜色 5"的形状样式，高度和宽度均设置为 2.3 厘米。

3. **演示文稿的动画设置：**

- 设置所有幻灯片的切换方式为"分割"、效果为"中央向上下展开"、持续时间为 2 秒、声音为"照相机"、换片方式为 3 秒后自动换片。
- 将第 1 张幻灯片中标题文本的动画效果设置为"陀螺旋"，方向为"逆时针"，数量为"旋转两周"，持续时间为 2.5 秒、单击鼠标时启动动画效果。
- 第 3 张幻灯片中的图片添加"形状"进入的动画效果、方向为"缩小"，形状为"圆"，持续时间为 2 秒、上一动画之后自动启动动画效果。

4. **保存演示文稿：**

- 保存文件后，将此演示文稿创建为全保真视频文件，设置放映每张幻灯片的秒数为 5 秒，以 A6A.wmv 为文件名保存至考生文件夹中。

【样文 6-19A】

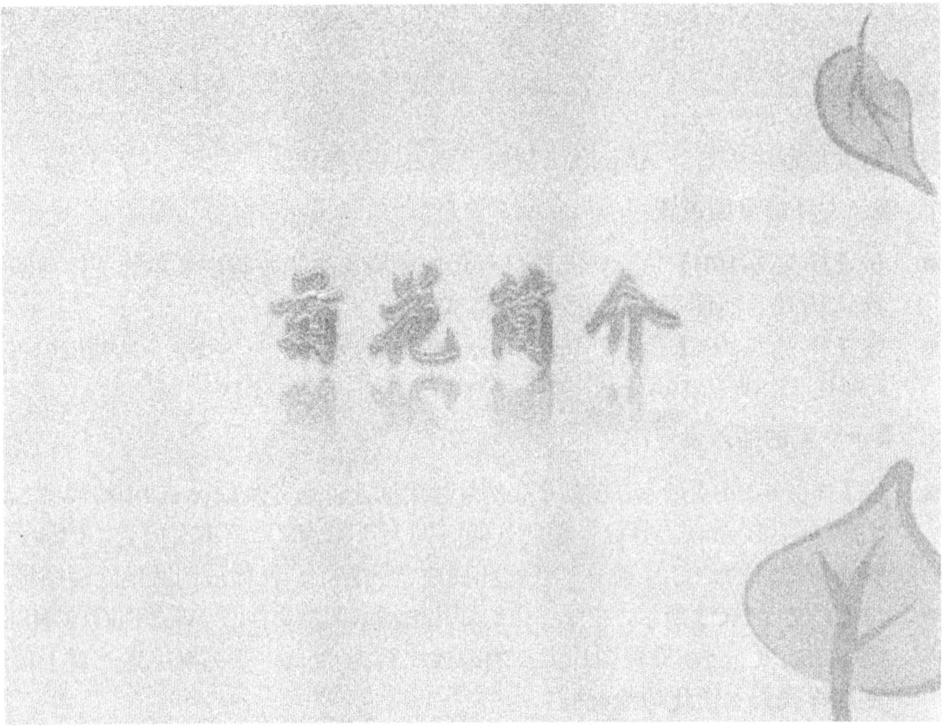

【样文 6-19B】

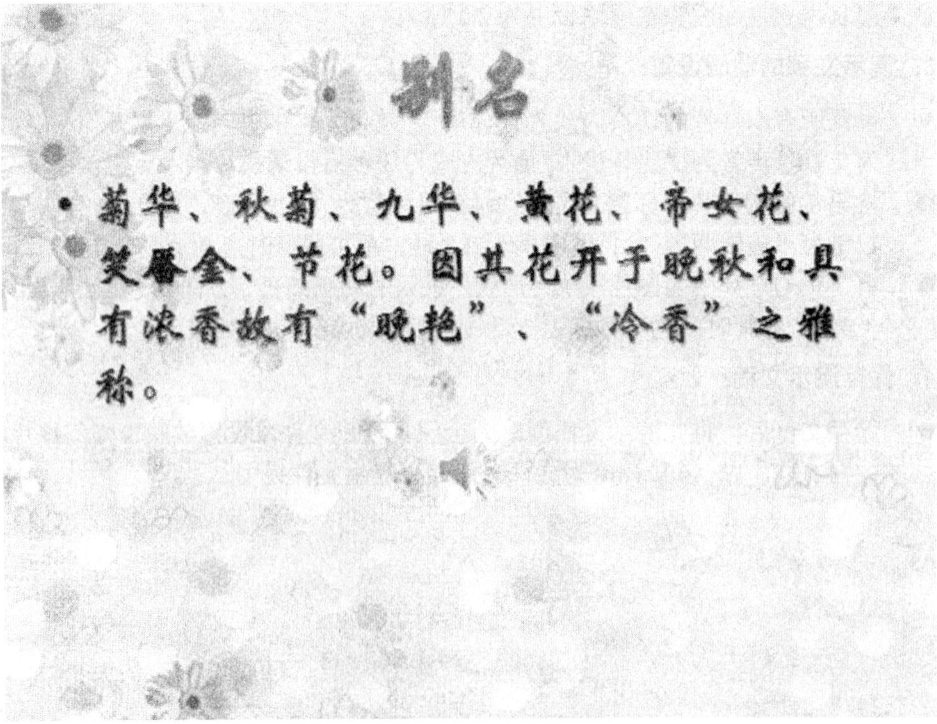

【样文 6-19C】

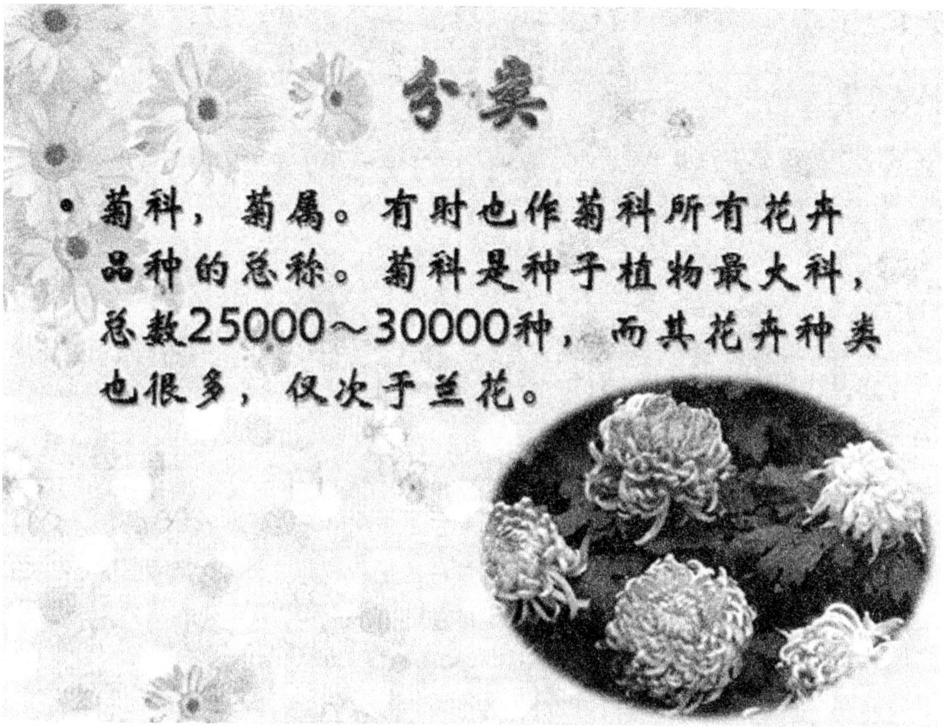

【样文 6-19D】

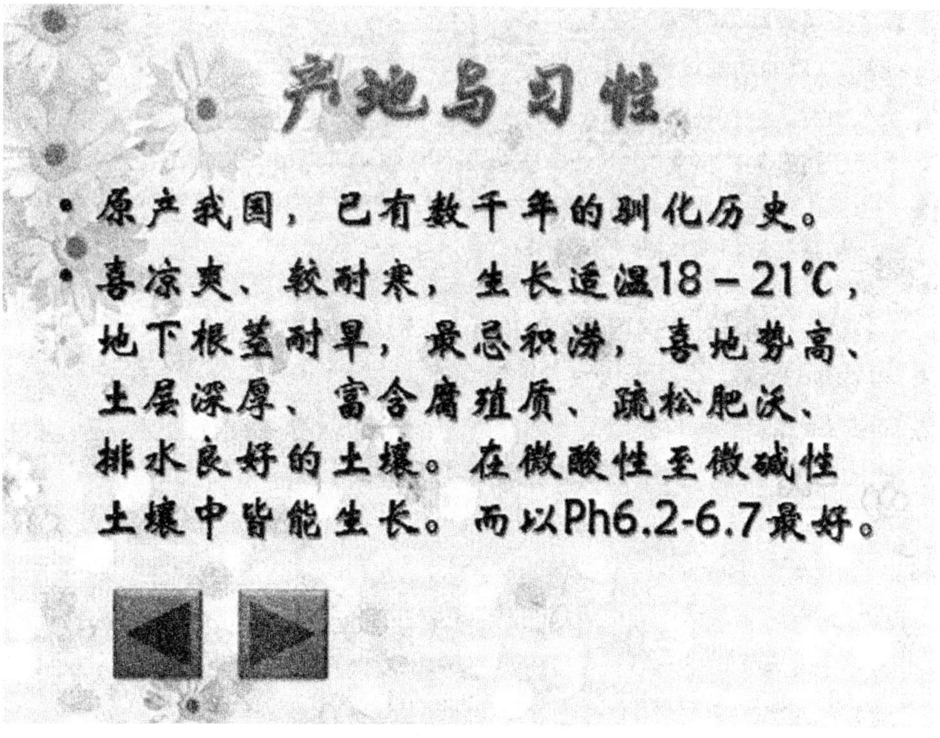

6.20 第 20 题

【操作要求】

在演示文稿程序中打开 A6.pptx，按如下要求进行操作。

1．演示文稿的页面设置：

- 按【样文 6-20A】所示，将主题“冬季”应用于所有幻灯片，并设置颜色为“透明”。
- 按【样文 6-20A】所示，将第 1 张幻灯片中标题的字体设置为华文新魏、48 磅、紫色、加粗，并为其添加“全映像，4pt 偏移量”的文本效果。

2．演示文稿的插入设置：

- 按【样文 6-20A】所示，将第 1 张幻灯片副标题中的文本与相应的幻灯片建立超链接。
- 按【样文 6-20B】所示，在第 3 张幻灯片中插入视频文件 C:\Win2010GJW\KSML1\KSWJ6-20A.wmv，设置视频文件的缩放比例为 70%，视频形状为“缺角距形”，视频边框为 3 磅、蓝色的实线，视频效果为“全映像，接触”，排列顺序为“置于底层”，剪裁视频的开始时间为 10 秒，结束时间为 25 秒。
- 按【样文 6-20C】所示，在第 5 张幻灯片中插入图片文件 C:\Win2010GJW\KSML1\KSWJ6-20B.jpg，设置图片大小为高 9 厘米、宽 12.5 厘米，图片样式为“金属椭圆”。

3．演示文稿的动画设置：

- 设置所有幻灯片的切换方式为“擦除”、效果为“从右上部”、持续时间为 1.5 秒、声音为“推动”、换片方式为 3 秒后自动换片。
- 将第 1 张幻灯片中标题文本的动画效果设置为“弹跳”、持续时间为 2 秒、从上一动画之后自动启动动画效果。
- 用“动画刷”复制第 1 张幻灯片中标题文本的动画效果，并将此动画效果应用到第 3 张幻灯片中的视频文件和第 5 张幻灯片中的图片上。

4．保存演示文稿：

- 保存文档后，再将此演示文稿打包成 CD，以 A6A 为 CD 名保存至考生文件夹中，并设置修改演示文稿的密码为“gjks6-20”。

【样文 6-20A】

【样文 6-20B】

【样文 6-20C】

第七单元　办公软件的联合应用

7.1　第 1 题

【操作要求】

打开文档 A7.docx，按如下要求进行操作。

1．利用文档大纲创建演示文稿：

- 按【样文 7-1A】所示，运用当前文档的大纲结构，在 PowerPoint 中创建一组幻灯片，并为整个演示文稿应用内置的“气流”主题。
- 为所有幻灯片添加自顶部“涡流”的切换效果，指定切换的持续时间为 5.25 秒，最后将演示文稿以 A7a.pptx 为文件名保存至考生文件夹中。

2．在演示文稿中插入声音文件：

- 按【样文 7-1A】所示，在第 3 张幻灯片中插入声音文件 C:\Win2010GJW\KSML1\KSWJ7-1A.wma，并将其图标替换为 C:\Win2010GJW\KSML1\KSWJ7-1B.png，设置对象的高度与宽度均为 4 厘米。

3．在演示文稿中插入数据表或图表：

- 按【样文 7-1A】所示，在第 8 张幻灯片中插入 C:\Win2010GJW\KSML1\KSWJ7-1C.xlsx 中的图表，并适当调整其大小与位置。

4．在文档中插入演示文稿：

- 按【样文 7-1B】所示，在 A7.docx 文档的结尾处，以对象的形式插入演示文稿 C:\Win2010GJW\KSML1\KSWJ7-1D.pptx，并将其图标替换为 C:\Win2010GJW\KSML1\KSWJ7-1E.ico，设置对象的缩放比例为 120%。

【样文 7-1A】

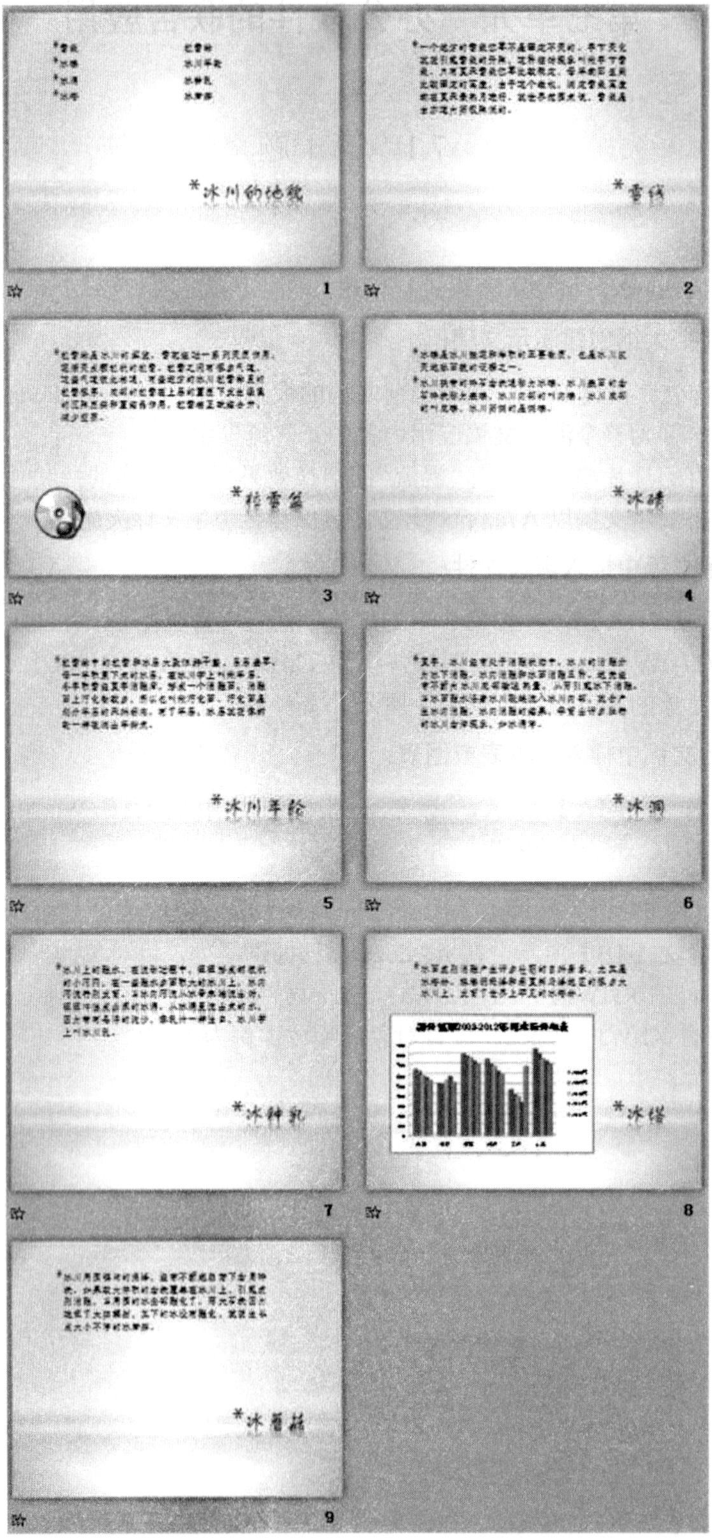

【样文 7-1B】

冰川的地貌

雪线　　　　粒雪盆
冰碛　　　　冰川年轮
冰洞　　　　冰钟乳
冰塔　　　　冰蘑菇

雪线

一个地方的雪线位置不是固定不变的。季节变化就能引起雪线的升降，这种临时现象叫做季节雪线。只有夏天雪线位置比较稳定，每年都回复到比较固定的高度，由于这个缘故，测定雪线高度都在夏天最热月进行。就世界范围来说，雪线是由赤道向两极降低的。

粒雪盆

粒雪盆是冰川的摇篮。雪花经过一系列变质作用，逐渐变成颗粒状的粒雪。粒雪之间有很多气道，这些气道彼此相通，有些地方的冰川粒雪盆里的粒雪很厚，底部的粒雪在上层的重压下发生缓慢的沉降压实和重结晶作用，粒雪相互联结合并，减少空隙。

冰碛

冰碛是冰川搬运和堆积的主要物质，也是冰川改变地球面貌的证据之一。冰川挟带的碎石岩块通称为冰碛。冰川表面的岩石碎块称为表碛，冰川内部的叫内碛，冰川底部的叫底碛，冰川两侧的是侧碛。

冰川年轮

粒雪盆中的粒雪和冰层大致保持平整，层层叠置。每一年积累下来的冰层，在冰川学上叫做年层。冬季积雪经夏季消融后，形成一个消融面，消融面上污化物较多，所以也叫做污化面。污化面是划分年层的天然标志。有了年层，冰层就能像树轮一样被测出年龄来。

冰洞

夏季，冰川经常处于消融状态中。冰川的消融分为冰下消融、冰内消融和冰面消融三种。地壳经常不断向冰川底部输送热量，从而引起冰下消融。当冰面融水沿着冰川裂缝流入冰川内部，就会产生冰内消融。冰内消融的结果，孕育出许多独特的冰川岩溶现象，如冰洞等。

冰钟乳

冰川上的融水，在流动过程中，往往形成树枝状的小河网，在一些融水多面积大的冰川上，冰内河流特别发育。当冰内河流从冰舌末端流出时，往往冲蚀成幽深的冰洞。从冰洞里流出来的水，因为带有悬浮的泥沙，像乳汁一样浊白，冰川学上叫冰川乳。

冰塔

冰面差别消融产生许多壮丽的自然景象，尤其是冰塔林。珠穆朗玛峰和希夏邦马峰地区的很多大冰川上，发育了世界上罕见的冰塔林。

冰蘑菇

冰川周围嶙峋的角峰，经常不断地崩落下岩屑碎块。如果较大体积的岩块覆盖在冰川上，引起差别消融，当周围的冰全部融化了，而大石块因为遮住了太阳辐射，其下的冰没有融化，就能生长成大小不等的冰蘑菇。

KSWJ7-1D.pptx

7.2 第 2 题

【操作要求】

打开文档 A7.docx，按如下要求进行操作。

1. 文档中创建、编辑宏：

- 按【样文 7-2A】所示，在文档中录制新宏，宏名为 KSMACR01，指定快捷键为 Ctrl+Shift+C，并将该宏保存在当前文档中。设定宏的功能为将选定文本的字体设置为华文行楷、二号、蓝色，文字对齐方式为居中对齐，字符间距为加宽 10 磅，段前段后间距均为 0.5 行。利用快捷键将新录制的宏应用于标题段落中。
- 按【样文 7-2A】所示，将模板文件 C:\Win2010GJW\KSML1\KSDOTM7.dotm 中的宏 KSMACR07 复制到当前文档中，并应用于文档正文部分。

2. 文档中插入视频文件：

- 按【样文 7-2A】所示，在文档的结尾处插入视频文件 C:\Win2010GJW\KSML1\KSWJ7-2A.wmv，显示为图标，并设置对象格式的缩放比例为 130%，环绕方式为浮于文字上方，对齐方式为右对齐。

3. 使用外部数据：

- 按【样文 7-2B】所示，在当前文档的结尾处插入工作簿 C:\Win2010GJW\KSML1\KSWJ7-2B.xlsx，并运用“宏图公司 2010 年图书销售统计表”工作表中的相关数据生成簇状柱形图图表，再将该图表以“Microsoft Excel 图表 对象”的形式粘贴至文档结尾处。
- 按【样文 7-2C】所示，将复制对象的图表类型更改为簇状条形图，图表布局为“布局 9”，并添加图表标题。

4. 办公软件间格式的转换：

- 将当前文档以“启用宏的 Word 文档”类型保存后，再以 RTF 文件类型保存至考生文件夹中。

【样文 7-2A】

真 情

有一个富翁，年轻时家里很穷，他的父母都是农民，他从小就生存在一种饥饿和窘迫之中。节日的花衣服，过年的压岁钱，喜庆的炮竹，父母的呵护。这些本该属于孩子的专利，都与他无缘。

最使他难忘并终生感恩的是小伙伴们对他无私、真诚的帮助和呵护。只要小伙伴手里有两块糖果，肯定就会有他的一块；伙伴手里有一个馍馍，那肯定有他的一半。在贫穷和饥饿之中，还会有什么比这更宝贵的东西呢？

一眨眼 30 年就过去了。在这一段时间里，世界上有许多事情变了模样。此时，富翁步入中年。外出闯荡的他今非昔比。30 年的奔波劳碌、摸爬滚打，算计别人，也被别人算计，富翁一路风尘地走过来了，成为一个稳健、精明、魅力非凡的企业家。有一天，少小离家的他动了思乡之念，于是在一个艳阳高照的日子，富翁回到了家乡。夜里，富翁在自家的堂屋里摆桌请宴，赴宴者全是从小光着屁股一块长大的玩伴。

按那里的风俗，赴宴者都要带点礼物表示谢意。大家来的时候，都带着礼物，有的还很丰厚。富翁令人一一收下，准备宴席之后，请大家带回。当然，还有自己馈赠的礼物。

正在大家热热闹闹夹菜、斟酒的时候，门开了，一个儿时旧友走进来。他的手里提着一瓶酒，连声说："对不起，我来晚了。"

大家都知道这个朋友日子过得很艰难，其情其景，一点儿也不亚于富翁儿时。富翁起身接过朋友提来的酒，并把他拉到自己身边的座位上坐下，朋友的眼里闪过几丝不易察觉的慌乱。

富翁亲自把盏，他举着手里的酒瓶，说："今天，我们就先喝这一瓶，如何？"一边说，一边给大家一一倒满，然后，他们一饮而尽。

"味道咋样？"富翁问，所有赴宴者面面相觑，默不做声。旧友更是面红耳赤，低下了头。

富翁瞧了一眼全场，沉吟片刻，慢慢地说："这些年我走了很多地方，喝过各种各样的酒，但是，没有一种酒比今天的酒更好喝，更有味道，更让我感动……"说着，站起来，拿起酒瓶，又一次一一给大家斟酒，"来，再干一杯。"

喝完之后，富翁的眼睛湿润了，朋友也情难自抑，流泪了。

他们喝的哪里是酒，分明是一瓶水啊！

朋友不以贫穷自卑，提一瓶水也要去看儿时的朋友；发迹的富翁不忘旧情，不以为忤，反而大受感动，情不自禁，以至下泪，这瓶"水酒"真的是含着重如泰山、穿越世俗的真情啊！

KSWJ7-2A.wmv

【样文 7-2B】

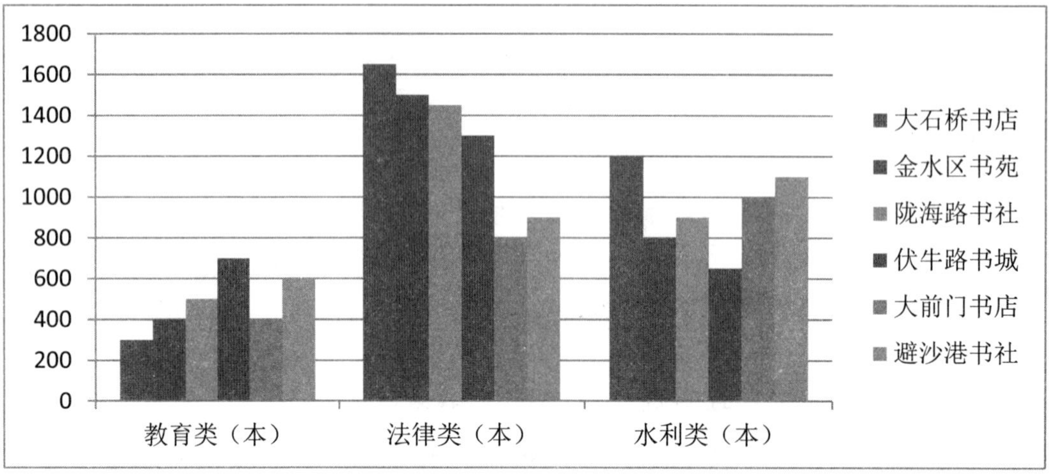
1800
1600
1400
1200
1000
800
600
400
200
0
教育类（本）
法律类（本）
水利类（本）
大石桥书店
金水区书苑
陇海路书社
伏牛路书城
大前门书店
避沙港书社

【样文 7-2C】

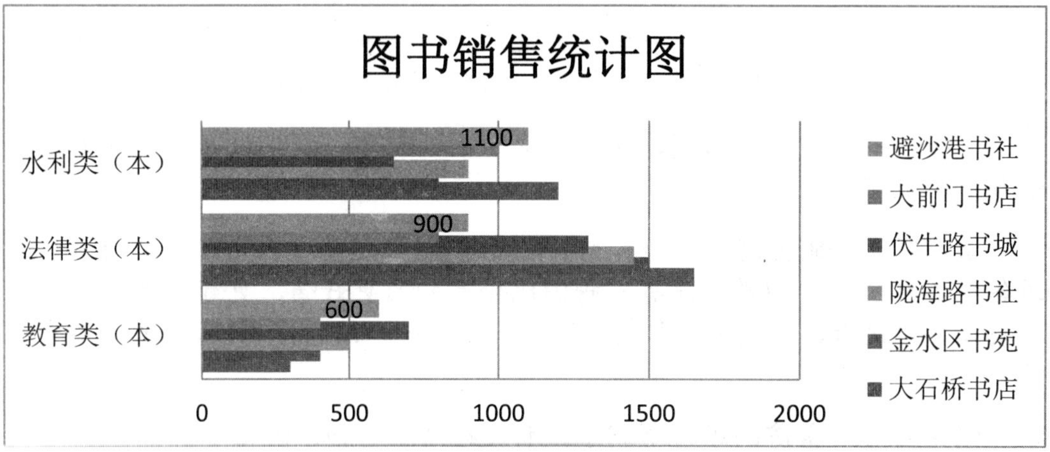
图书销售统计图
水利类（本）
法律类（本）
教育类（本）
1100
900
600
0
500
1000
1500
2000
避沙港书社
大前门书店
伏牛路书城
陇海路书社
金水区书苑
大石桥书店

7.3　第 3 题

【操作要求】

打开文档 A7.docx，按如下要求进行操作。

1．文档中插入声音文件：

- 按【样文 7-3A】所示，在文档的结尾处插入声音文件 C:\Win2010GJW\KSML1\KSWJ7-3A.mid，显示为图标，并将图标替换为 C:\Win2010GJW\KSML1\KSWJ7-3B.ico，设置对象格式的缩放比例为 135%，环绕方式为紧密型，对齐方式为居中对齐。
- 激活插入到文档中的声音对象。

2．页面中插入水印：

- 按【样文 7-3A】所示，为当前文档创建“地球的演变”文字水印，并设置字体为楷体_GB2312、100 磅、黑色、半透明，版式为斜式。

3．使用外部数据：

- 按【样文 7-3B】所示，在当前文档的结尾处插入工作簿 C:\Win2010GJW\KSML1\KSWJ7-3C.xlsx，并运用“消费水平调查”工作表中的相关数据生成三维簇状柱形图图表，再将该图表以“Microsoft Excel 图表 对象”的形式粘贴至文档结尾处。
- 按【样文 7-3C】所示，将复制对象的图表类型更改为簇状圆柱图，图表布局为“布局 5”，并添加图表标题和坐标标题。

4．办公软件间格式的转换：

- 保存当前文档后，再以纯文本文件类型保存至考生文件夹中。

【样文 7-3A】

地球的形成和演化

地质科学家说地球至少有 46 亿岁。人类有文字记载的历史只有几千年。那么，我们是怎样知道地球年龄的呢？

推算地球年龄，主要有岩层方法、化石方法和放射性元素的蜕变方法等。依照人类历史划分朝代的办法，地球自形成以来也可以划分为 5 个“代”，从古到今是：太古代、元古代、古生代、中生代和新生代，还进一步划分为若干“纪”，如古生代从远到近划分为寒武纪、奥陶纪、志留纪、泥盆纪、石炭纪和二叠纪；中生代划分为三叠纪、侏罗纪和白垩纪；新生代划分为第三纪和第四纪。

距今 24 亿年以前的太古代，地球表面已经形成了原始的岩石圈、水圈和大气圈。但那时地壳很不稳定，火山活动频繁，岩浆四处横溢，海洋面积广大，陆地上尽是些秃山。这时是铁矿形成的重要时代，最低等的原始生命开始产生。

距今 24 亿年—6 亿年的元古代。这时地球上大部分仍然被海洋掩盖着。到了晚期，地球上出现了大片陆地。“元古代”的意思，就是原始生物的时代，这时出现了海生藻类和海洋无脊椎动物。

距今 6 亿年—2.5 亿年是古生代。“古生代”意思是古老生命的时代。这时，海洋中出现了几千种动物，海洋无脊椎动物空前繁盛。以后出现了鱼形动物，鱼类大批繁殖起来。一种用鳍爬行的鱼出现了，并登上陆地，成为陆上脊椎动物的祖先。两栖类也出现了。北半球陆地上出现了蕨类植物，有的高达 30 多米。这些高大茂密的森林，后来变成大片的煤田。

距今 2.5 亿年—0.7 亿年的中生代，历时约 1.8 亿年。这是爬行动物的时代，恐龙曾经称霸一时，这时也出现了原始的哺乳动物和鸟类。蕨类植物日趋衰落，而被裸子植物所取代。中生代繁茂的植物和巨大的动物，后来就变成了许多巨大的煤田和油田。中生代还形成了许多金属矿藏。

新生代是地球历史上最新的一个阶段，时间最短，距今只有 7000 万年左右。这时，地球的面貌已同今天的状况基本相似了。新生代被子植物大发展，各种食草、食肉的哺乳动物空前繁盛。自然界生物的大发展，最终导致人类的出现，古猿逐渐演化成现代人，一般认为，人类是第四纪出现的，距今约有 240 万年的历史。

人类居住的地球就是这样一步一步的一直演化到现在，逐渐形成了今天的面貌。

KSWJ7-3A.mid

【样文 7-3B】

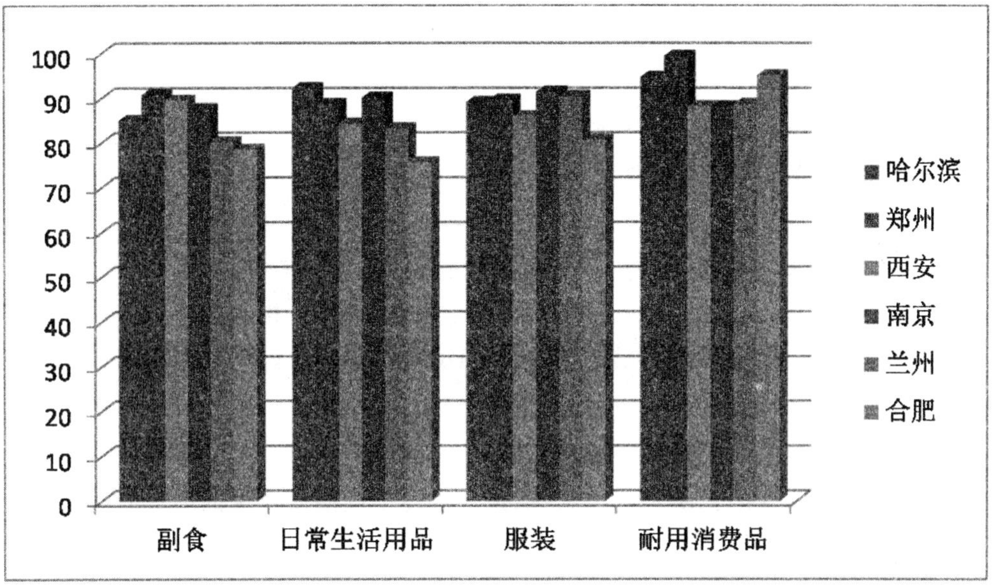

【样文 7-3C】

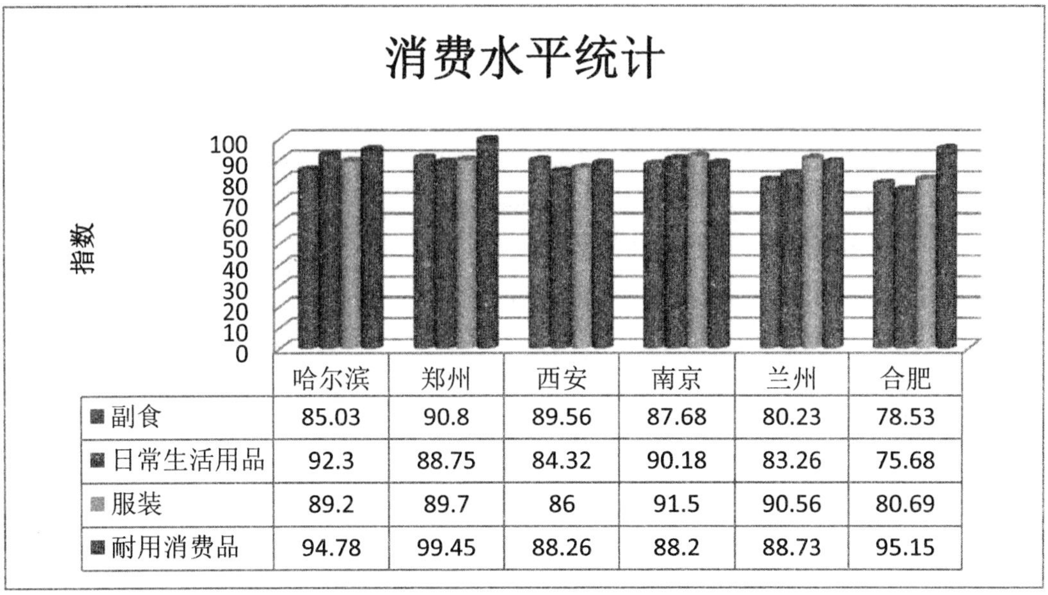

	哈尔滨	郑州	西安	南京	兰州	合肥
副食	85.03	90.8	89.56	87.68	80.23	78.53
日常生活用品	92.3	88.75	84.32	90.18	83.26	75.68
服装	89.2	89.7	86	91.5	90.56	80.69
耐用消费品	94.78	99.45	88.26	88.2	88.73	95.15

7.4 第 4 题

【操作要求】

打开文档 A7.docx，按如下要求进行操作。

1. 利用文档大纲创建演示文稿：

- 按【样文 7-4A】所示，运用当前文档的大纲结构，在 PowerPoint 中创建一组幻灯片，并为整个演示文稿应用内置的“市镇”主题，更改主题颜色为“奥斯汀”。
- 为所有幻灯片添加向外条纹“碎片”的切换效果，指定切换的持续时间为 4 秒，设置 3 秒后自动换片，最后将演示文稿以 A7a.pptx 为文件名保存至考生文件夹中。

2. 在演示文稿中插入声音文件：

- 按【样文 7-4A】所示，在第 1 张幻灯片中以插入对象的形式插入声音文件 C:\Win2010GJW\KSML1\KSWJ7-4A.wma，并将其图标替换为 C:\Win2010GJW\KSML1\KSWJ7-4B.ico，设置对象的缩放比例为 200%。

3. 在演示文稿中插入数据表或图表：

- 按【样文 7-4A】所示，在第 10 张幻灯片中插入 C:\Win2010GJW\KSML1\KSWJ7-4C.xlsx 中的图表，并适当调整其大小与位置。

4. 在文档中插入演示文稿：

- 按【样文 7-4B】所示，在 A7.docx 文档的结尾处，以对象的形式插入演示文稿 C:\Win2010GJW\KSML1\KSWJ7-4D.pptx，并将其图标替换为 C:\Win2010GJW\KSML1\KSWJ7-4E.ico，设置对象的缩放比例为 150%。

【样文 7-4A】

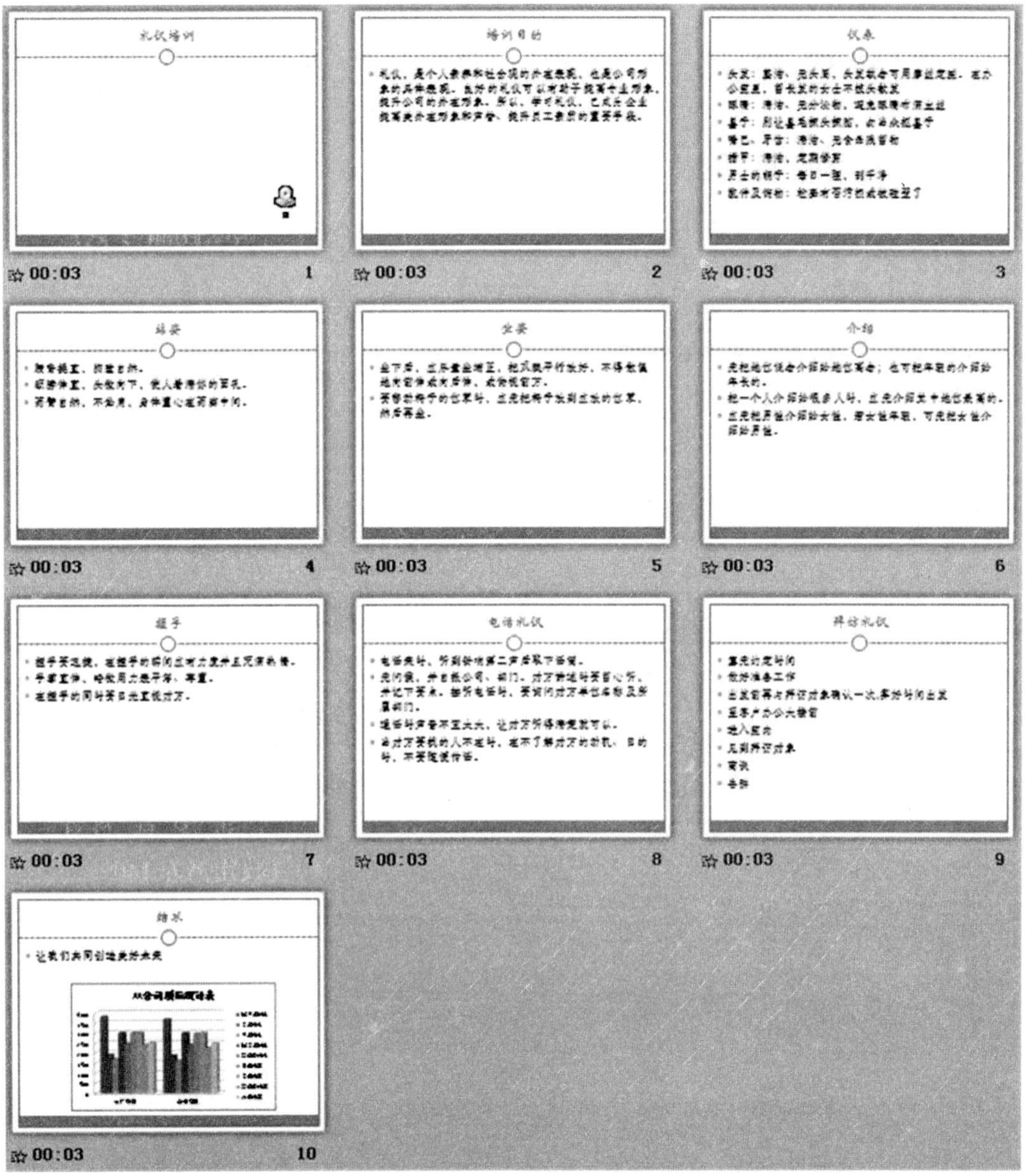
礼仪培训
00:03 1
培训目的
00:03 2
仪表
00:03 3
站姿
00:03 4
坐姿
00:03 5
介绍
00:03 6
握手
00:03 7
电话礼仪
00:03 8
拜访礼仪
00:03 9
结束
00:03 10

【样文 7-4B】

礼仪培训

培训目的

礼仪，是个人素养和社会观的外在表现，也是公司形象的具体表现。良好的礼仪可以有助于提高专业形象，提升公司的外在形象。所以，学习礼仪，已成为企业提高美外在形象和声誉、提升员工素质的重要手段。

仪表

★ 头发：整洁、无头屑，头发软者可用摩丝定型。在办公室里，留长发的女士不披头散发
★ 眼睛：清洁、无分泌物，避免眼睛布满血丝
★ 鼻子：别让鼻毛探头探脑，勿当众抠鼻子
★ 嘴巴、牙齿：清洁、无食品残留物
★ 指甲：清洁，定期修剪
★ 男士的胡子：每日一理，刮干净
★ 配件及饰物：检查有否污损或被碰歪了

站姿

★ 腰背挺直，胸膛自然。
★ 颈脖伸直，头微向下，使人看清你的面孔。
★ 两臂自然，不耸肩，身体重心在两脚中间。

坐姿

★ 坐下后，应尽量坐端正，把双腿平行放好，不得傲慢地向前伸或向后伸，或俯视前方。
★ 要移动椅子的位置时，应先把椅子放到应放的位置，然后再坐。

介绍

★ 先把地位低者介绍给地位高者；也可把年轻的介绍给年长的。
★ 把一个人介绍给很多人时，应先介绍其中地位最高的。
★ 应先把男性介绍给女性，若女性年轻，可先把女性介绍给男性。

握手

★ 握手要迅捷，在握手的瞬间应有力度并且充满热情。
★ 手掌直伸，略微用力表平等、尊重。
★ 在握手的同时要目光直视对方。

电话礼仪

★ 电话来时，听到铃响第二声后取下话筒。
★ 先问候，并自报公司、部门。对方讲述时要留心听，并记下要点。接听电话时，要询问对方单位名称及所属部门。
★ 通话时声音不宜太大，让对方听得清楚就可以。
★ 当对方要找的人不在时，在不了解对方的动机、目的时，不要随便传话。

拜访礼仪

1. 事先约定时间
2. 做好准备工作
3. 出发前再与拜访对象确认一次，算好时间出发
4. 至客户办公大楼前
5. 进入室内
6. 见到拜访对象
7. 商谈
8. 告辞

结束

让我们共同创造美好未来

KSWJ7-4D.pptx

7.5 第 5 题

【操作要求】

打开文档 A7.docx，按如下要求进行操作。

1．文档中创建、编辑宏：

- 按【样文 7-5A】所示，在文档中录制新宏，宏名为 KSMACR02，指定快捷键为 Ctrl+Shift+C，并将该宏保存在当前文档中。设定宏的功能为将选定文本的字体设置为华文彩云、加粗、四号、蓝色（RGB：50，50，255），行间距为固定值 24 磅。利用快捷键将新录制的宏应用于文档的第 1 段中。
- 按【样文 7-5A】所示，将模板文件 C:\Win2010GJW\KSML1\KSDOTM7.dotm 中的宏 KSMACR014 复制到当前文档中，并应用于文档的第 2 段中。

2．在文档中插入表格：

- 按【样文 7-5A】所示，在文档的结尾处以插入对象的形式插入文档 C:\Win2010GJW\KSML1\KSWJ7-5A.docx 中的表格。

3．办公软件间的信息转换：

- 按【样文 7-5B】所示，在当前文档的第 2 页以插入对象的形式插入工作簿 C:\Win2010GJW\KSML1\KSWJ7-5B.xlsx，并运用“前六车间产品统计”工作表中的相关数据生成分离型三维饼图图表，再将该图表以“Microsoft Excel 图表对象”的形式粘贴至文档的第 3 页。
- 按【样文 7-5C】所示，将第 3 页对象中的图表类型更改为复合条饼图。

4．办公软件间格式的转换：

- 将当前文档以“启用宏的 Word 文档”类型保存后，再重新以 Web 文件类型保存至考生文件夹中，页面标题为“沈氏园的传说”。

【样文 7-5A】

沈氏园里一段不老的传说

位于浙江省绍兴市区鲁迅路和延安路之间的沈氏园，是绍兴历代众多古典园林中唯一保存至今的宋代园林。这里蕴藏着一个八百多年前陆游和唐琬凄婉动人的爱情故事，而当时陆游在墙上即兴而作的一阕《钗头凤》，成为千古绝唱，沈园亦因此成为千古名园。

在一个暖洋洋的冬日午后，跨过放翁桥，迈过高高的黑漆门槛，我走进了这座雅致的宋代名园，去寻找那个脍炙人口的不老的传说。

问梅槛里，凭栏而坐，脚下是吱吱的木板，头上是萋萋的菖草，身后是幽幽的梅林，眼前是静静的宋池。我没有看到感觉上应有的那个夏日绮梦的景致，那是一朵亭亭的出水芙蓉，几片如盖的绿叶旋舞着地，托举着一个美的梦。现在，这微波荡漾的水面上，依然有几尾红鲤不甘寂寞地相互追逐着、嬉戏着，等待着睡莲的醒期。心中想着陆游，想着唐琬，想着此时，想着彼时……恍惚中，仿佛看到了一个沾满露水的夏日清晨，心中的莲，正一层一层地绽开那美丽的笑靥，在我的面前泛开胭红一片……

孤鹤轩前，那一方新砌的残垣断壁，承载着这个园内的不老的传说。

“红酥手，黄滕酒，满城春色宫墙柳。

东风恶，欢情薄，一怀愁绪，几年离索。错！错！错！

春如旧，人空瘦，泪痕红浥鲛绡透。

桃花落，闲池阁，山盟虽在，锦书难托。莫！莫！莫！”

方案	市场情况	2010 年		2011 年	
		概率	利润(元)	概率	利润(元)
甲方案	良好	50%	60000	60%	100000
	一般	20%	40000	20%	80000
	较差	30%	40500	20%	70000
乙方案	良好	20%	38000	30%	60000
	一般	50%	45000	30%	50000
	较差	30%	69000	40%	40000

【样文 7-5B】

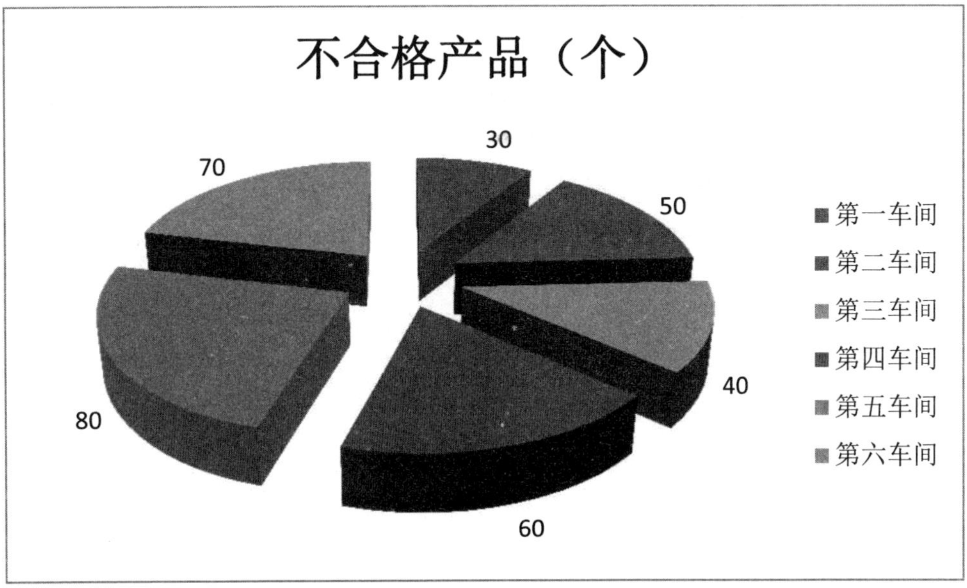
不合格产品（个）
30
50
40
60
80
70
第一车间
第二车间
第三车间
第四车间
第五车间
第六车间

【样文 7-5C】

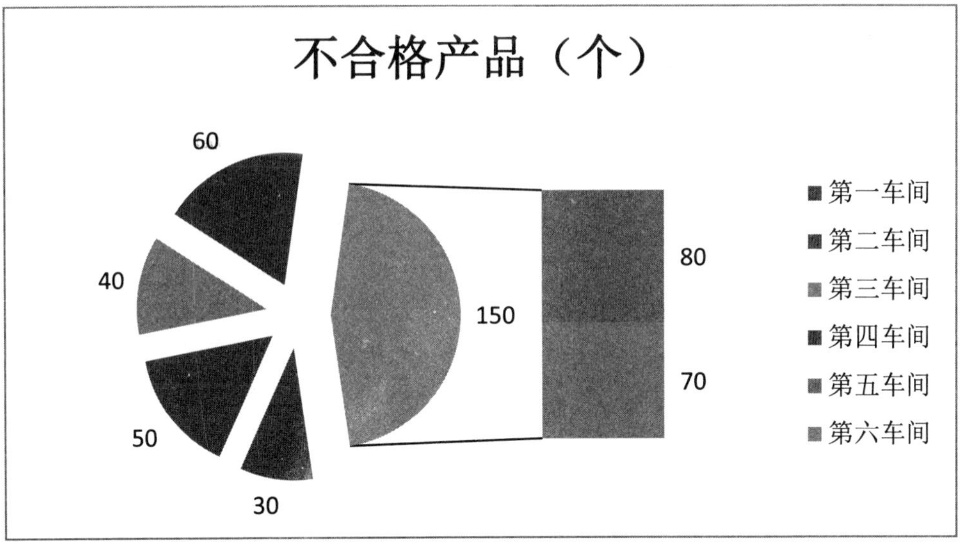
不合格产品（个）
60
40
50
30
150
80
70
第一车间
第二车间
第三车间
第四车间
第五车间
第六车间

7.6 第 6 题

【操作要求】

打开文档 A7.docx，按如下要求进行操作。

1. 利用文档大纲创建演示文稿：

- 按【样文 7-6A】所示，运用当前文档的大纲结构，在 PowerPoint 中创建一组幻灯片，并为整个演示文稿应用内置的“龙腾四海”主题，更改背景样式为“样式 2”。
- 为所有幻灯片添加自顶部“推进”的切换效果，指定切换的持续时间为 3 秒，最后将演示文稿以 A7a.pptx 为文件名保存至考生文件夹中。

2. 在演示文稿中插入声音文件：

- 按【样文 7-6A】所示，在第 2 张幻灯片中插入声音文件 C:\Win2010GJW\KSML1\KSWJ7-6A.wma，并将其图标替换为 C:\Win2010GJW\KSML1\KSWJ7-6B.png，设置对象的高度与宽度均为 2.5 厘米。

3. 在演示文稿中插入数据表或图表：

- 按【样文 7-6A】所示，在第 8 张幻灯片中插入 C:\Win2010GJW\KSML1\KSWJ7-6C.xlsx 中的图表，并适当调整其大小与位置。

4. 在文档中插入演示文稿：

- 按【样文 7-6B】所示，在 A7.docx 文档的结尾处，以对象的形式插入演示文稿 C:\Win2010GJW\KSML1\KSWJ7-6D.pptx，并将其图标替换为 C:\Win2010GJW\KSML1\KSWJ7-6E.ico，设置对象的缩放比例为 150%。

【样文 7-6A】

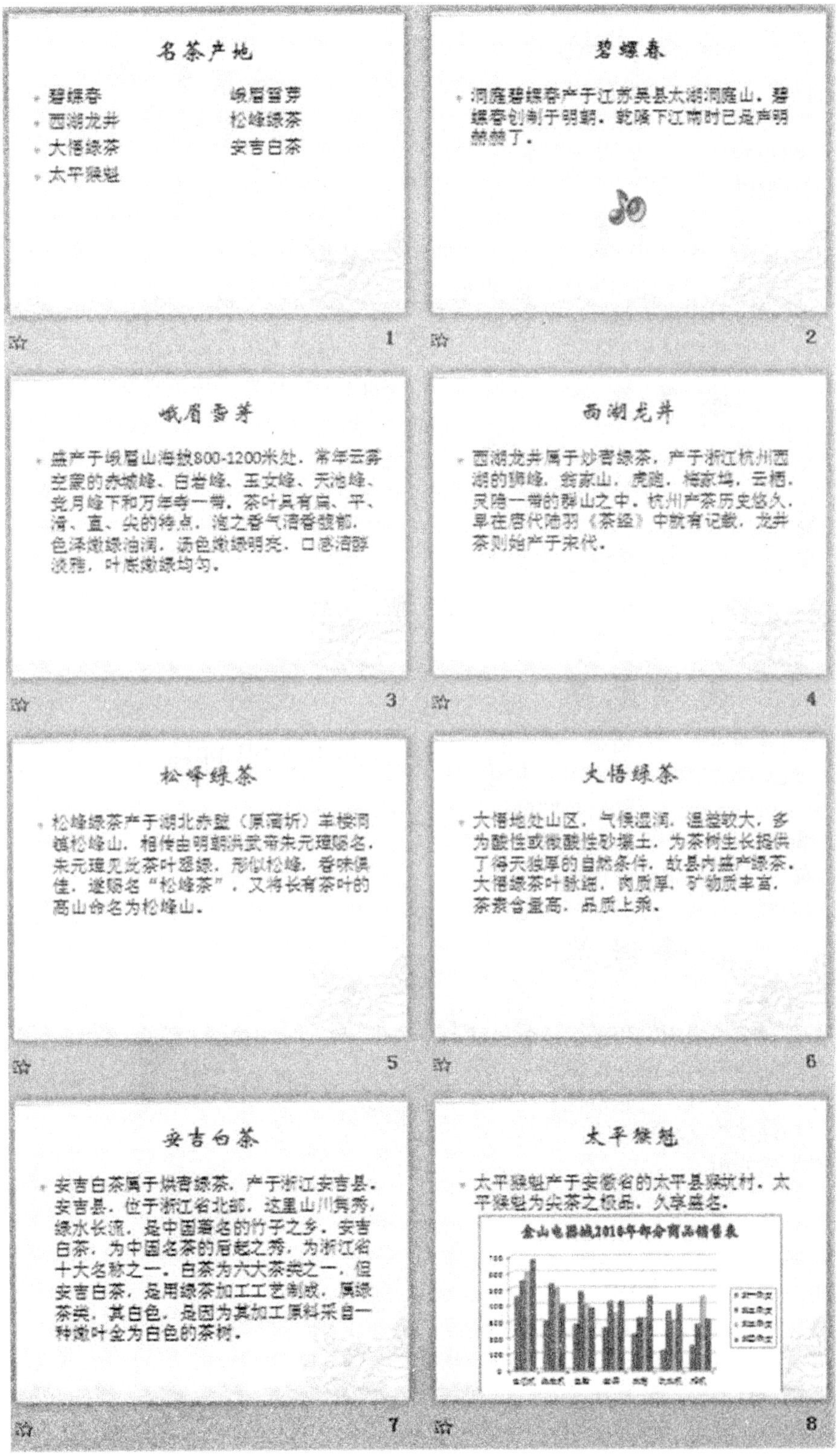
名茶产地
碧螺春
西湖龙井
大悟绿茶
太平猴魁
峨眉雪芽
松峰绿茶
安吉白茶
1
碧螺春
洞庭碧螺春产于江苏吴县太湖洞庭山。碧螺春创制于明朝。乾隆下江南时已是声明赫赫了。
2
峨眉雪芽
盛产于峨眉山海拔800-1200米处，常年云雾空蒙的赤城峰、白岩峰、玉女峰、天池峰、光月峰下和万年寺一带。茶叶具有扁、平、滑、直、尖的特点，泡之香气清香馥郁，色泽嫩绿油润，汤色嫩绿明亮，口感清醇淡雅，叶底嫩绿均匀。
3
西湖龙井
西湖龙井属于炒青绿茶，产于浙江杭州西湖的狮峰、翁家山、虎跑、梅家坞、云栖、灵隐一带的群山之中。杭州产茶历史悠久，早在唐代陆羽《茶经》中就有记载，龙井茶则始产于宋代。
4
松峰绿茶
松峰绿茶产于湖北赤壁（原蒲圻）羊楼洞镇松峰山，相传由明朝洪武帝朱元璋赐名。朱元璋见此茶叶翠绿，形似松峰，香味俱佳，遂赐名“松峰茶”，又将长有茶叶的高山命名为松峰山。
5
大悟绿茶
大悟地处山区，气候湿润，温差较大，多为酸性或微酸性砂壤土，为茶树生长提供了得天独厚的自然条件，故县内盛产绿茶。大悟绿茶叶脉细，肉质厚，矿物质丰富，茶素含量高，品质上乘。
6
安吉白茶
安吉白茶属于烘青绿茶，产于浙江安吉县。安吉县，位于浙江省北部，这里山川隽秀，绿水长流，是中国著名的竹子之乡。安吉白茶，为中国名茶的后起之秀，为浙江省十大名茶之一。白茶为六大茶类之一，但安吉白茶，是用绿茶加工工艺制成，属绿茶类，其白色，是因为其加工原料采自一种嫩叶全为白色的茶树。
7
太平猴魁
太平猴魁产于安徽省的太平县猴坑村，太平猴魁为尖茶之极品，久享盛名。
8

【样文 7-6B】

名茶产地

碧螺春　　峨眉雪芽
西湖龙井　　松峰绿茶
大悟绿茶　　安吉白茶
太平猴魁

碧螺春

洞庭碧螺春产于江苏吴县太湖洞庭山。碧螺春创制于明朝。乾隆下江南时已是声明赫赫了。

峨眉雪芽

盛产于峨眉山海拔 800-1200 米处，常年云雾空蒙的赤城峰、白岩峰、玉女峰、天池峰、竟月峰下和万年寺一带。茶叶具有扁、平、滑、直、尖的特点，泡之香气清香馥郁，色泽嫩绿油润，汤色嫩绿明亮，口感清醇淡雅，叶底嫩绿均匀。

西湖龙井

西湖龙井属于炒青绿茶，产于浙江杭州西湖的狮峰，翁家山，虎跑，梅家坞，云栖，灵隐一带的群山之中。杭州产茶历史悠久，早在唐代陆羽《茶经》中就有记载，龙井茶则始产于宋代。

松峰绿茶

松峰绿茶产于湖北赤壁（原蒲圻）羊楼洞镇松峰山，相传由明朝洪武帝朱元璋赐名，朱元璋见此茶叶翠绿，形似松峰，香味俱佳，遂赐名“松峰茶”，又将长有茶叶的高山命名为松峰山。

大悟绿茶

大悟地处山区，气候湿润，温差较大，多为酸性或微酸性砂壤土，为茶树生长提供了得天独厚的自然条件，故县内盛产绿茶。大悟绿茶叶脉细，肉质厚，矿物质丰富，茶素含量高，品质上乘。

安吉白茶

安吉白茶属于烘青绿茶，产于浙江安吉县。安吉县，位于浙江省北部，这里山川隽秀，绿水长流，是中国著名的竹子之乡。安吉白茶，为中国名茶的后起之秀，为浙江省十大名称之一。白茶为六大茶类之一，但安吉白茶，是用绿茶加工工艺制成，属绿茶类，其白色，是因为其加工原料采自一种嫩叶全为白色的茶树。

太平猴魁

太平猴魁产于安徽省的太平县猴坑村。太平猴魁为尖茶之极品，久享盛名。

KSWJ7-6D.pptx

7.7　第 7 题

【操作要求】

打开文档 A7.docx，按如下要求进行操作。

1. 利用文档大纲创建演示文稿：

- 按【样文 7-7A】所示，运用当前文档的大纲结构，在 PowerPoint 中创建一组幻灯片，并为整个演示文稿应用内置的“华丽”主题，更改背景样式为“样式 2”。
- 为所有幻灯片添加“蜂巢”的切换效果，指定切换的持续时间为 4 秒，最后将演示文稿以 A7a.pptx 为文件名保存至考生文件夹中。

2. 在演示文稿中插入视频文件：

- 按【样文 7-7A】所示，在第 6 张幻灯片中以对象的形式插入视频文件 C:\Win2010GJW\KSML1\KSWJ7-7A.wmv，显示为图标，并将其图标替换为 C:\Win2010GJW\KSML1\KSWJ7-7B.ico，设置对象的高度为 3.6 厘米、宽度为 4.6 厘米。

3. 在文档中插入演示文稿：

- 按【样文 7-7B】所示，在 A7.docx 文档的结尾处，以对象的形式插入演示文稿 C:\Win2010GJW\KSML1\KSWJ7-7C.pptx，并将其图标替换为 C:\Win2010GJW\KSML1\KSWJ7-7D.ico，设置对象的缩放比例为 140%。

4. 页面中插入水印：

- 按【样文 7-7B】所示，为当前文档创建“中秋节习俗”文字水印，并设置字体为华文行楷、100 磅、橙色、半透明，版式为斜式。

【样文 7-7A】

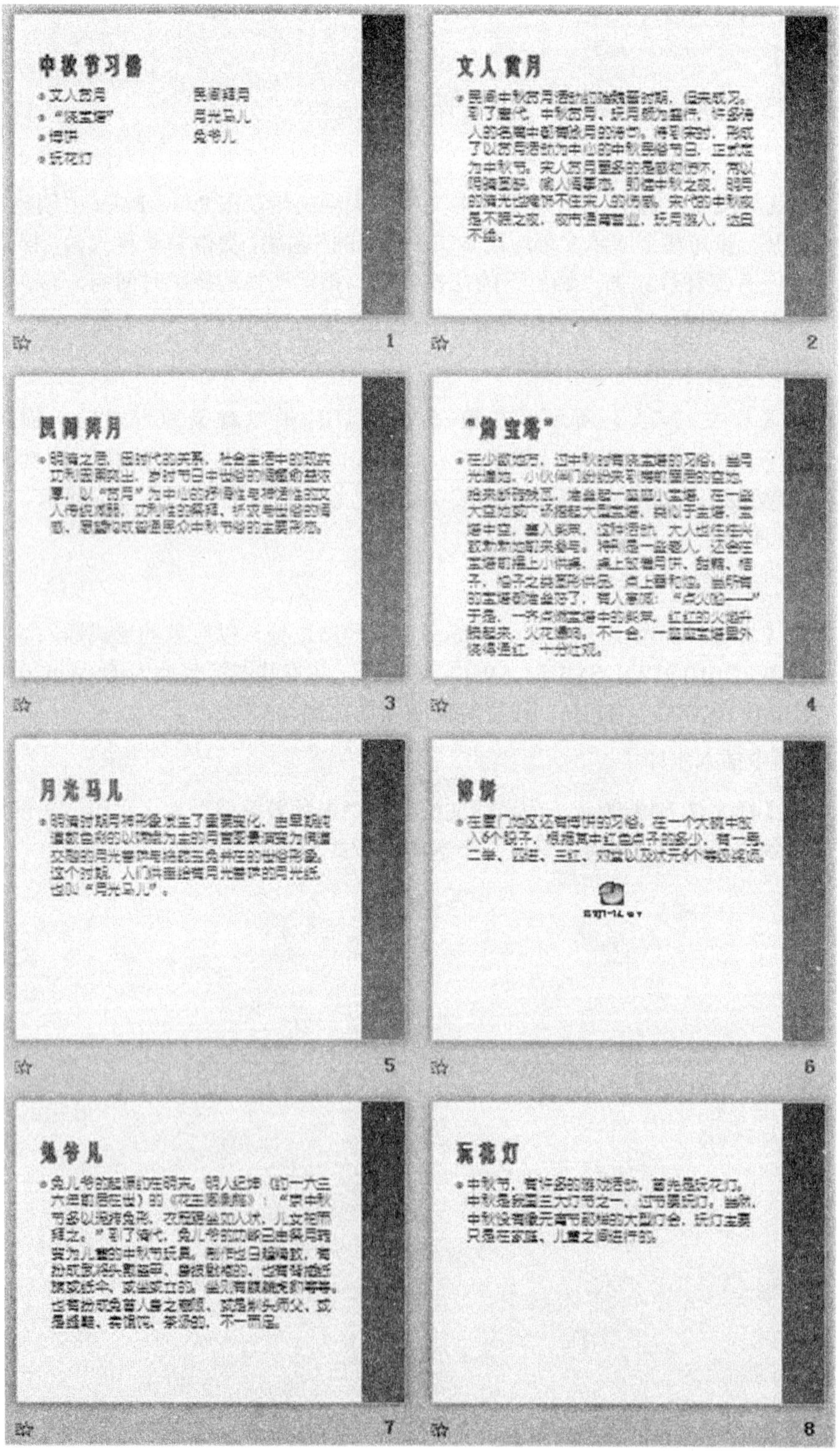
中秋节习俗
文人赏月
民间拜月
“烧宝塔”
月光马儿
博饼
兔爷儿
玩花灯
1
文人赏月
2
民间拜月
3
“烧宝塔”
4
月光马儿
5
博饼
6
兔爷儿
7
玩花灯
8

【样文 7-7B】

中秋节习俗

文人赏月　　民间拜月
“烧宝塔”　　月光马儿
博饼　　兔爷儿
玩花灯

文人赏月

民间中秋赏月活动约始魏晋时期，但未成习。到了唐代，中秋赏月、玩月颇为盛行，许多诗人的名篇中都有咏月的诗句。待到宋时，形成了以赏月活动为中心的中秋民俗节日，正式定为中秋节。宋人赏月更多的是感物伤怀，常以阴晴圆缺，喻人情事态，即使中秋之夜，明月的清光也掩饰不住宋人的伤感。宋代的中秋夜是不眠之夜，夜市通宵营业，玩月游人，达旦不绝。

民间拜月

明清之后，因时代的关系，社会生活中的现实功利因素突出，岁时节日中世俗的情趣愈益浓厚，以“赏月”为中心的抒情性与神话性的文人传统减弱，功利性的祭拜、祈求与世俗的情感、愿望构成普通民众中秋节俗的主要形态。

“烧宝塔”

在少数地方，过中秋时有烧宝塔的习俗。当月光遍地，小伙伴们纷纷来到房前屋后的空地，拾来断砖残瓦，堆垒起一座座小宝塔，在一些大空地或广场搭起大型宝塔，类似于主塔，宝塔中空，塞入柴草，这种活动，大人也往往兴致勃勃地前来参与。特别是一些老人，还会在宝塔前摆上小供桌，桌上放着月饼、甜藕、桔子，柚子之类圆形供品，点上香和烛。当所有的宝塔都堆垒好了，有人高喊：“点火哟——”于是，一齐点燃宝塔中的柴草，红红的火焰升腾起来，火花爆响。不一会，一座座宝塔里外烧得通红，十分壮观。

月光马儿

明清时期月神形象发生了重要变化，由早期纯道教色彩的以嫦娥为主的月宫图景演变为佛道交融的月光菩萨与捣药玉兔并在的世俗形象。这个时期，人们供奉绘有月光菩萨的月光纸，也叫“月光马儿”。

博饼

在厦门地区还有博饼的习俗。在一个大碗中放入 6 个骰子，根据其中红色点子的多少，有一秀、二举、四进、三红、对堂以及状元 6 个等级奖项。

兔爷儿

兔儿爷的起源约在明末。明人纪坤（约一六三六年前后在世）的《花王阁剩稿》:“京中秋节多以泥抟兔形，衣冠踞坐如人状，儿女祀而拜之。”到了清代，兔儿爷的功能已由祭月转变为儿童的中秋节玩具。制作也日趋精致，有扮成武将头戴盔甲、身披戢袍的、也有背插纸旗或纸伞、或坐或立的。坐则有麒麟虎豹等等。也有扮成兔首人身之商贩、或是剃头师父、或是缝鞋、卖馄饨、茶汤的，不一而足。

玩花灯

中秋节，有许多的游戏活动，首先是玩花灯。中秋是我国三大灯节之一，过节要玩灯。当然，中秋没有像元宵节那样的大型灯会，玩灯主要只是在家庭、儿童之间进行的。

KSWJ7-7C.pptx

7.8 第 8 题

【操作要求】

打开文档 A7.docx，按如下要求进行操作。

1. 文档中插入声音文件：

- 按【样文 7-8A】所示，在文档的结尾处插入声音文件 C:\Win2010GJW\KSML1\KSWJ7-8A.wma，显示为图标，并将图标替换为 C:\Win2010GJW\KSML1\KSWJ7-8B.ico，设置对象格式的缩放比例为 120%，环绕方式为四周型，对齐方式为居中对齐。
- 激活插入到文档中的声音对象。

2. 页面中插入水印：

- 按【样文 7-8A】所示，为当前文档创建“黄果树瀑布”文字水印，并设置字体为华文彩云、90 磅、黄色，版式为斜式。

3. 使用外部数据：

- 按【样文 7-8B】所示，在当前文档的第 2 页处插入工作簿 C:\Win2010GJW\KSML1\KSWJ7-8C.xlsx，并运用“降水量分布表”工作表中的相关数据生成簇状圆柱图图表，再将该图表以“Microsoft Excel 图表 对象”的形式粘贴至文档第 3 页处。
- 按【样文 7-8C】所示，将第 3 页对象中的图表类型更改为簇状条形图，图表布局为“布局 1”，并添加图表标题。

4. 办公软件间格式的转换：

- 保存当前文档后，再以纯文本文件类型保存至考生文件夹中。

【样文 7-8A】

黄果树瀑布

黄果树瀑布，即，黄果树的核心景区，位于中国贵州省安顺市镇宁布依族苗族自治县，是珠江水系打邦河的支流白水河九级瀑布群中规模最大的一级瀑布，因当地一种常见的植物“黄果树”而得名。瀑布高度为77.8米，其中主瀑高67米；瀑布宽101米，其中主瀑顶宽83.3米。黄果树瀑布属喀斯特地貌中的侵蚀裂典型瀑布。黄果树瀑布不只一个瀑布的存在，以它为核心，在它的上游和下游20千米的河段上，共形成了雄、奇、险、秀风格各异的瀑布18个。1999年被大世界吉尼斯总部评为世界上最大的瀑布群，列入世界吉尼斯记录。

黄果树瀑布：黄果树景区核心景区，也是黄果树瀑布为其中黄果树瀑布群核心瀑布，是国家首批5A级风景区，位于贵州省安顺市镇宁布依族苗族自治县境内的白水河上，瀑布以水势浩大著称，也是世界著名大瀑布之一。瀑布对面建有观瀑亭，游人可在亭中观赏汹涌澎湃的河水奔腾直流犀牛潭。腾起水珠高90多米，在附近形成水帘，盛夏到此，暑气全消。瀑布后绝壁上凹成一洞，称“水帘洞”，全长134米，洞口常年为瀑布所遮，可在洞内窗口窥见天然水帘之胜境。

黄果树大瀑布是世界上唯一可以从上、下、前、后、左、右六个方位观赏的瀑布它以其雄奇壮阔的大瀑布、连环密布的瀑布群而闻名于海内外，十分壮丽。并享有“中华第一瀑”之盛誉，是除尼亚加拉瀑布和维多利亚瀑布之外的第三大瀑布。黄果树风景名胜区位于贵州西线旅游中心安顺市西南37公里处，镇宁布依族苗族自治县境内，东北距贵州省会贵阳市128公里，有滇黔铁路、株六复线铁路、黄果树机场、沪昆高速（G60）、320国道、贵黄高等级公路贯通全境。

它是以当地一种常见的植物“黄果树”而得名。以其雄奇壮阔的大瀑布、连环密布的瀑布群而闻名于海内外，十分壮丽。并享有“中华第一瀑”之盛誉。

黄果树瀑布属喀斯特地貌中的侵蚀裂典型瀑布，最早因河床突然出现了一个裂点，经河水长年累月不断的冲刷和溶蚀，便裂点踏隙，形成了一个落差，也就形成了瀑布的基本面貌，后因风雨溶蚀和雨水不断冲刷，又使原先形成的瀑布不断向后撤，据地质学家考证，瀑布形成了今天这种稳定的局面，曾有过三次大的变迁，它后撤距离长达205米，现今的三道滩、马蹄滩、油鱼井便是它后撤留下的遗迹，在地质学上，这一现象并称为“向岩后撤”。

对于黄果树瀑布的成因问题，可谓是众说纷纭。有人认为它是喀斯特瀑布的典型，是由河床断陷而成的；有人则认为是喀斯特侵蚀断裂——落水洞式形成的。研究表明，黄果树瀑布前的箱形峡谷，原为一落水溶洞，后来随着洞穴的发育，水流的侵蚀，使洞顶坍落，而形成瀑布。因此是由落水洞坍塌形成了黄果树瀑布。由于一个瀑布的形成过程是与瀑布所在的河流的发育过程紧密相关的，故黄果树瀑布的形成过程须与白水河的演化发育历史结合起来考虑。这样，黄果树瀑布的发育过程大致可分成七个阶段：即前者斗期、者斗期、老龙洞期、白水河期、黄果树伏流期、黄果树瀑布期和近代切割期。其形成时代大约从距今2700万年至1000万年的第三纪中新世开始，一直延续至今，经历了一个从地表到地下再回到地表的循环演变过程。

KSWJ7-8A.wma

【样文 7-8B】

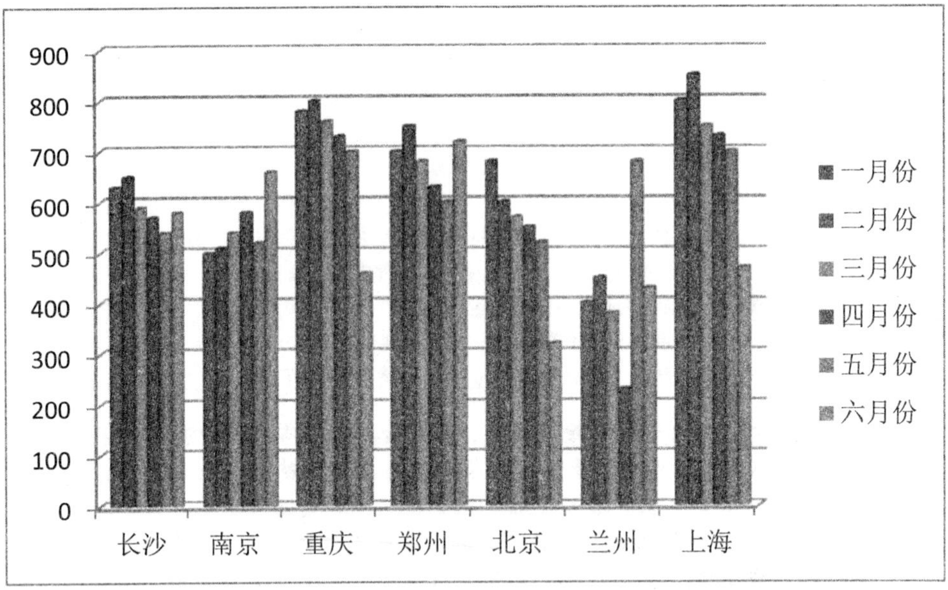
900
800
700
600
500
400
300
200
100
0
长沙
南京
重庆
郑州
北京
兰州
上海
一月份
二月份
三月份
四月份
五月份
六月份

【样文 7-8C】

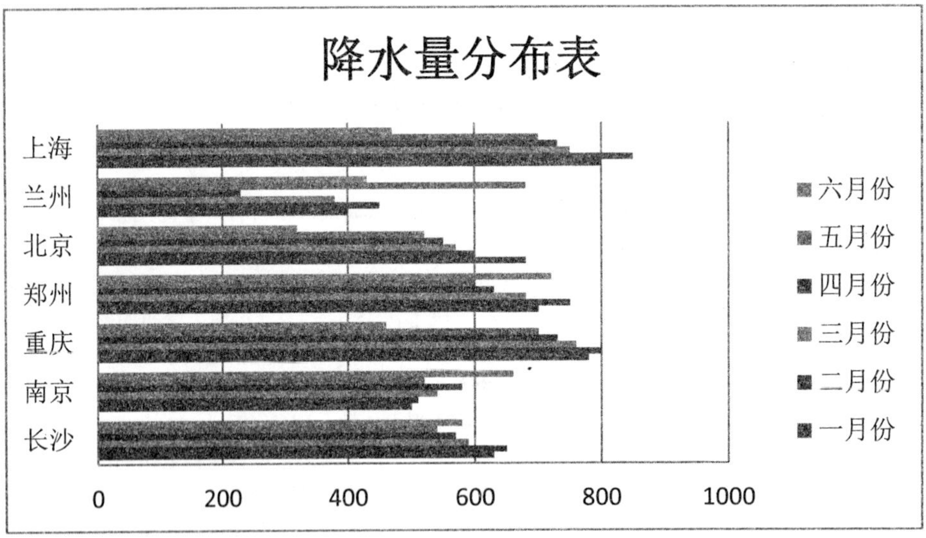
降水量分布表
上海
兰州
北京
郑州
重庆
南京
长沙
0
200
400
600
800
1000
六月份
五月份
四月份
三月份
二月份
一月份

7.9　第 9 题

【操作要求】

打开文档 A7.docx，按如下要求进行操作。

1．**文档中插入视频文件：**

- 按【样文 7-9A】所示，在文档的结尾处插入视频文件 C:\Win2010GJW\KSML1\KSWJ7-9A.wmv，显示为图标，并将图标替换为 C:\Win2010GJW\KSML1\KSWJ7-9B.ico，设置对象格式的缩放比例为 140%，环绕方式为紧密型，对齐方式为右对齐。
- 激活插入到文档中的声音对象。

2．**页面中插入水印：**

- 按【样文 7-9A】所示，为当前文档创建“春节话春联”文字水印，并设置字体为方正舒体、96 磅、绿色、半透明，版式为斜式。

3．**使用外部数据：**

- 按【样文 7-9B】所示，在当前文档的结尾处插入工作簿 C:\Win2010GJW\KSML1\KSWJ7-9C.xlsx，并运用“费用统计表”工作表中的相关数据生成饼图图表，再将该图表以“Microsoft Excel 图表 对象”的形式粘贴至文档结尾处。
- 按【样文 7-9C】所示，将复制对象的图表类型更改为分离型三维饼图，图表布局为“布局 6”，并添加图表标题。

4．**办公软件间格式的转换：**

- 保存当前文档后，再以单个文件网页类型保存至考生文件夹中，页面标题为“春节话春联”。

【样文 7-9A】

春节话春联

新春伊始，春节将临，按照我国的传统习俗，城乡百姓家家户户总要贴上新的春联，以示辞旧迎新，期冀度过和和睦睦的除夕之夜，迎来甜甜美美的新春佳节。可以说，春节是我国特有的传统节日，而春联则是我国独有的一种传统文化。这是因为春节源于我国的源远流长的历史文化，春联便伴随着一年一度的春节应运而生，进入寻常百姓之家，融入人们的社会生活和风俗习惯。

我国古代春联知识可以追溯到春秋时代，那时候的春联是刻写在门庭木掾或石柱上，也有篆刻在悬挂门庭的长幅竹片上，以后又墨写在丝帛稠带上（北方人称之为幌子）以装饰门庭。及至造纸术在我国古代发明后，春联便由文人墨客书写在纸制条幅上悬挂，进而再发展到人们用红纸书写并张贴在门亭与厅堂。有人又称春联为对联，其实春联只是对联中的一种。众多的对联还包括祝贺新婚嫁娶、新屋落成、乔迁志禧、生日寿辰和其他喜庆节日，还有悼念已故亲友的挽联和孝联等。而春联则是在我国民间流传最广、应用最多又最为人民所喜闻乐见。它与鞭炮、喜筵相随，为人们的喜庆节日平添几分欢乐和吉祥。应该说，古人对春联的内容和形式颇有研究。因为春联的格式起源于我国的古典诗词，因而最初的春联要求象律诗一样讲究严格的字句相等与平仄对仗，即上下联的每个字都应要求其声调呈阴阳平仄相对，再配以具有章法技巧的书法墨写，所以古代文人视春联为一种既高深又典雅的艺术创作。

春联顾名思义用于新春佳节，但其他的对联可用于一年四季。试举古人曾以宋诗吟秋“年华冉冉催人老，风物萧萧又变秋”。亦有今人吟秋作联曰“彩虹映苍松劲挺，金秋展少年文丰”。读罢便感意境大不相同。文革时期人们常用毛泽东诗词代联如“四海翻腾云水怒，五洲震荡风雷激”；又如“金猴奋起千钧棒，玉宇澄清万里埃”。展现了那个时代的历史变迁，回首当年人们仍记忆犹新。

我国春联发展至今，为人们欢度春节创造了许多令人感奋，意义深远的好春联。君不见，“大江南北歌烂漫，长城内外舞翩跹”；“改革开放同添异彩，经济建设共展宏图”。处于改革开放中的中国社会风貌正日新月异，使一年一度的新春佳节拥有更加隆重的欢乐与吉祥。国家的长治久安，令生活在我们这个伟大国度的人们更加感到欣悦和振奋。可以想见，强烈的时代感将激发起人们投身改革和建设的劳动热情。让我们为欢度即将来临的又一个中国改革之年的春节，为扬臂拥抱二十一世纪的第二个春天挥毫泼墨、激扬文字，再展笔意风云，创作出更多更好的充满时代气息的新春联。

KSWJ7-9A.wmv

【样文 7-9B】

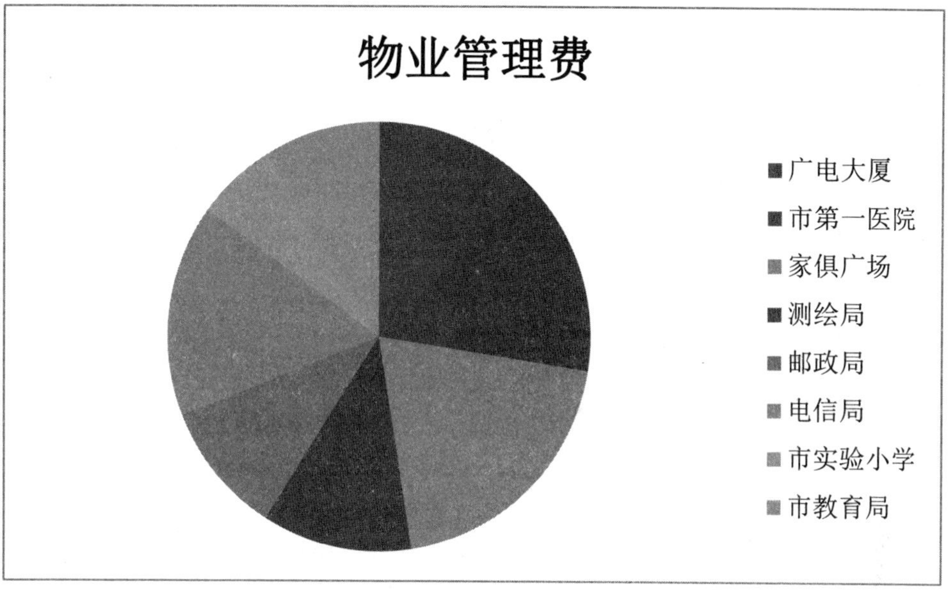
物业管理费
广电大厦
市第一医院
家俱广场
测绘局
邮政局
电信局
市实验小学
市教育局

【样文 7-9C】

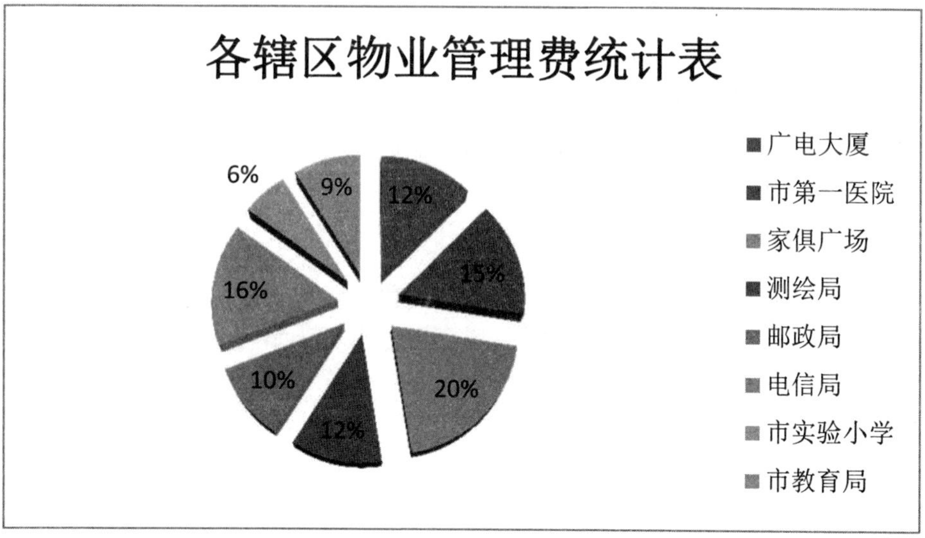
各辖区物业管理费统计表
12%
15%
20%
12%
10%
16%
6%
9%
广电大厦
市第一医院
家俱广场
测绘局
邮政局
电信局
市实验小学
市教育局

7.10 第 10 题

【操作要求】

打开文档 A7.docx，按如下要求进行操作。

1. 利用文档大纲创建演示文稿：

- 按【样文 7-10A】所示，运用当前文档的大纲结构，在 PowerPoint 中创建一组幻灯片，并为整个演示文稿应用内置的“跋涉”主题，更改主题颜色为“精装书”。
- 为所有幻灯片添加向左“翻转”的切换效果，指定切换的持续时间为 3.5 秒，设置 4 秒后自动换片，最后将演示文稿以 A7a.pptx 为文件名保存至考生文件夹中。

2. 在演示文稿中插入视频文件：

- 按【样文 7-10A】所示，在第 6 张幻灯片中以插入对象的形式插入视频文件 C:\Win2010GJW\KSML1\KSWJ7-10A.wmv，并将其图标替换为 C:\Win2010GJW\KSML1\KSWJ7-10B.ico，设置对象高度为 3.5 厘米、宽度为 5 厘米。

3. 在文档中插入演示文稿：

- 按【样文 7-10B】所示，在 A7.docx 文档的结尾处，以对象的形式插入演示文稿 C:\Win2010GJW\KSML1\KSWJ7-10C.pptx，并将其图标替换为 C:\Win2010GJW\KSML1\KSWJ7-10D.ico，设置对象的缩放比例为 120%。

4. 页面中插入水印：

- 按【样文 7-10B】所示，为当前文档创建“世界七大奇迹”文字水印，并设置字体为方正姚体、85 磅、紫色、半透明，版式为斜式。

【样文 7-10A】

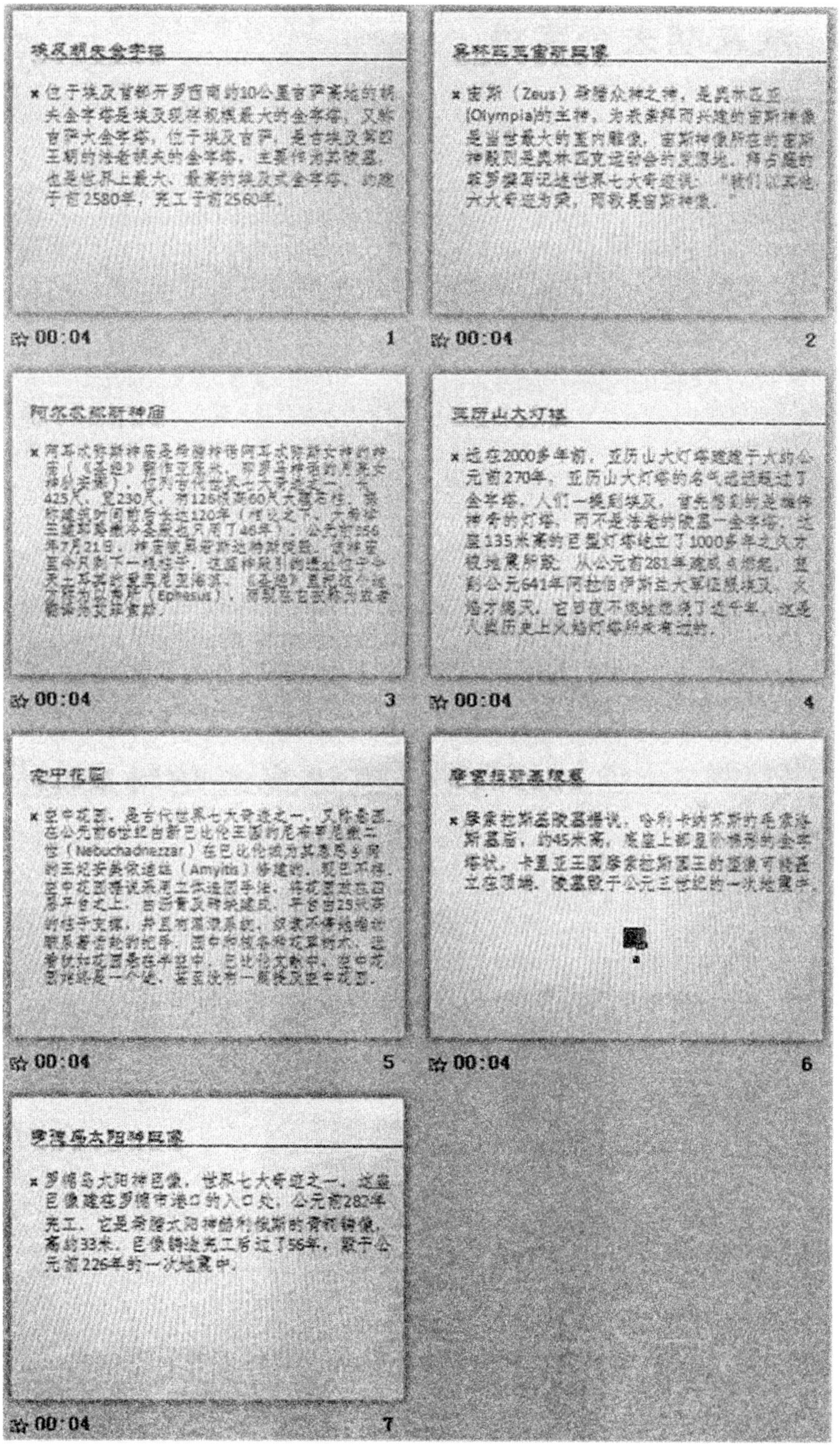
埃及胡夫金字塔
00:04
1
奥林匹亚宙斯巨像
00:04
2
阿尔忒弥斯神庙
00:04
3
亚历山大灯塔
00:04
4
空中花园
00:04
5
摩索拉斯基陵墓
00:04
6
罗德岛太阳神巨像
00:04
7

【样文 7-10B】

埃及胡夫金字塔

位于埃及首都开罗西南约 10 公里吉萨高地的胡夫金字塔是埃及现存规模最大的金字塔，又称吉萨大金字塔，位于埃及吉萨，是古埃及第四王朝的法老胡夫的金字塔，主要作为其陵墓，也是世界上最大、最高的埃及式金字塔。约建于前 2580 年，完工于前 2560 年。

奥林匹亚宙斯巨像

宙斯（Zeus）希腊众神之神，是奥林匹亚(Olympia)的主神，为表崇拜而兴建的宙斯神像是当世最大的室内雕像，宙斯神像所在的宙斯神殿则是奥林匹克运动会的发源地。拜占庭的菲罗撰写记述世界七大奇迹说：“我们以其他六大奇迹为荣，而敬畏宙斯神像。”

阿尔忒弥斯神庙

阿耳忒弥斯神庙是希腊神话阿耳忒弥斯女神的神庙（《圣经》翻作亚底米，即罗马神话的月亮女神狄安娜），位列古代世界七大奇迹之一，长 425 尺，宽 230 尺，有 126 根高 60 尺大理石柱。据称建筑时间前后长达 120 年（相比之下，大希律王建耶路撒冷圣殿也只用了 46 年）。公元前 356 年 7 月 21 日，神庙被黑若斯达特斯焚毁。该神庙至今只剩下一根柱子。这座神殿引的遗址位于今天土耳其的爱奥尼亚海滨，《圣经》里把这个地方称为以弗所（Ephesus），而现在它被称为或者翻译为艾菲索斯。

亚历山大灯塔

远在 2000 多年前，亚历山大灯塔建建于大约公元前 270 年，亚历山大灯塔的名气远远超过了金字塔，人们一提到埃及，首先想到的是雄伟神奇的灯塔，而不是法老的陵墓一金字塔。这座 135 米高的巨型灯塔屹立了 1000 多年之久才被地震所毁；从公元前 281 年建成点燃起，直到公元 641 年阿拉伯伊斯兰大军征服埃及，火焰才熄灭。它日夜不熄地燃烧了近千年，这是人类历史上火焰灯塔所未有过的。

空中花园

空中花园，是古代世界七大奇迹之一，又称悬园。在公元前 6 世纪由新巴比伦王国的尼布甲尼撒二世（Nebuchadnezzar）在巴比伦城为其患思乡病的王妃安美依迪丝（Amyitis）修建的。现已不存。空中花园据说采用立体造园手法，将花园放在四层平台之上，由沥青及砖块建成，平台由 25 米高的柱子支撑，并且有灌溉系统，奴隶不停地推动联系著齿轮的把手。园中种植各种花草树木，远看犹如花园悬在半空中。巴比伦文献中，空中花园始终是一个谜，甚至没有一篇提及空中花园。

摩索拉斯基陵墓

摩索拉斯基陵墓据说，哈利卡纳苏斯的毛索洛斯墓庙，约 45 米高，底座上部呈阶梯形的金字塔状，卡里亚王国摩索拉斯国王的塑像可能矗立在顶端。陵墓毁于公元三世纪的一次地震中。

罗德岛太阳神巨像

罗德岛太阳神巨像，世界七大奇迹之一。这座巨像建在罗德市港口的入口处，公元前 282 年完工。它是希腊太阳神赫利俄斯的青铜铸像，高约 33 米。巨像铸造完工后过了 56 年，毁于公元前 226 年的一次地震中。

KSWJ7-10C.pptx

7.11　第 11 题

【操作要求】

打开文档 A7.docx，按如下要求进行操作。

1．利用文档大纲创建演示文稿：

- 按【样文 7-11A】所示，运用当前文档的大纲结构，在 PowerPoint 中创建一组幻灯片，并为整个演示文稿应用内置的“流畅”主题，更改背景样式为“样式 10”。
- 为所有幻灯片添加水平“窗口”的切换效果，指定切换的持续时间为 3 秒，设置 5 秒后自动换片，最后将演示文稿以 A7a.pptx 为文件名保存至考生文件夹中。

2．在演示文稿中插入数据表或图表：

- 按【样文 7-11A】所示，在第 7 张幻灯片中插入工作表 C:\Win2010GJW\KSML1\KSWJ7-11A.xlsx，并适当调整其大小与位置。

3．在文档中插入演示文稿：

- 按【样文 7-11B】所示，在 A7.docx 文档的结尾处，以对象的形式插入演示文稿 C:\Win2010GJW\KSML1\KSWJ7-11B.pptx，并将其图标替换为 C:\Win2010GJW\KSML1\KSWJ7-11C.ico，设置对象的缩放比例为 140%，对齐方式为右对齐。

4．页面中插入水印：

- 按【样文 7-11B】所示，为当前文档创建“张家界自然景观”文字水印，并设置字体为幼圆、72 磅、红色、半透明，版式为斜式。

【样文 7-11A】

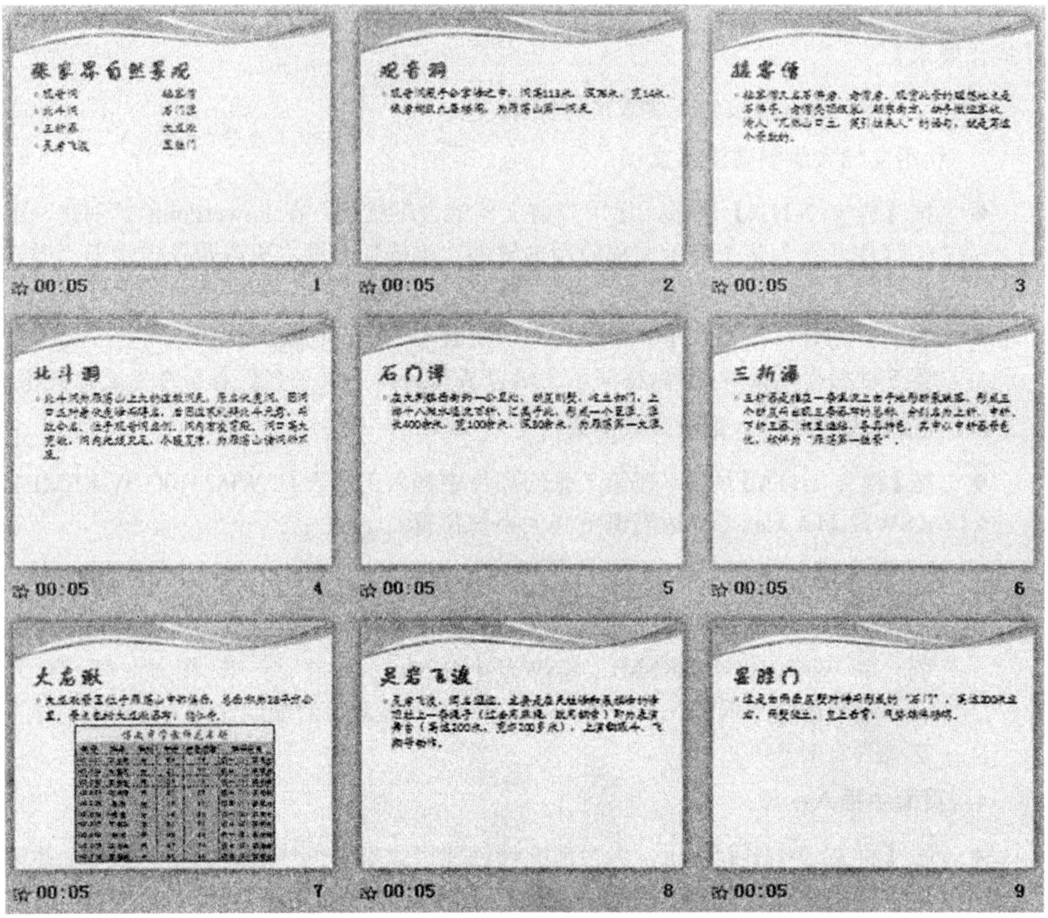

【样文 7-11B】

张家界自然景观

观音洞	接客僧
北斗洞	石门潭
三折瀑	大龙湫
灵岩飞渡	显胜门

观音洞

观音洞藏于合掌峰之中，洞高 113 米，深 76 米，宽 14 米，依岩构筑九层楼阁，为雁荡山第一洞天。

接客僧

接客僧又名石佛岩、老僧岩。观赏此景的理想地点是石佛亭。老僧秃顶披裟，朝东南方，拱手做迎客状。清人“兀然山口立，笑引往来人”的语句，就是写这个景致的。

北斗洞

北斗洞为雁荡山上大的道教洞天，原名伏虎洞，因洞口正对着伏虎峰而得名，后因道家礼拜北斗元君，而改今名。位于观音洞左侧。洞内有凌霄殿。洞口高大宽敞，洞内光线充足，冬暖夏凉，为雁荡山诸洞所不及。

石门潭

在大荆镇西南约一公里处，断崖削壁，屹立如门，上游十八滩水径流百折，汇集于此，形成一个巨潭。潭长 400 余米，宽 100 余米，深 30 余米，为雁荡第一大潭。

三折瀑

三折瀑是指在一条溪流上由于地形断裂跌落，形成三个断崖而出现三条瀑布的总称，分别名为上折、中折、下折三瀑。相互连接，各具特色。其中以中折瀑景色优，被评为“雁荡第一胜景”。

大龙湫

大龙湫景区位于雁荡山中部偏西，总面积为 28 平方公里。景点包括大龙湫瀑布，能仁寺。

灵岩飞渡

灵岩飞渡，闻名遐迩。主要是在天柱峰和展旗峰的峰顶拉上一条绳子（过去用麻绳，改用钢索）即为表演舞台（高达 200 米，宽亦 200 多米），上演翻跟斗、飞翔等动作。

显胜门

这是由两面崖壁对峙而形成的“石门”，高达 200 米左右，两壁陡立，直上云霄，气势雄伟磅礴。

KSWJ7-11B.pptx

7.12 第 12 题

【操作要求】

打开文档 A7.xlsx，按如下要求进行操作。

1．工作表中创建、编辑宏：

- 按【样文 7-12A】所示，在 Sheet1 工作表中录制新宏，宏名为 KSMACR12A，并将该宏保存在当前工作簿中。设定宏的功能为设置单元格区域 B3:L9 的字体设置为华文细黑、12 磅、深红色，外边框线为粗实线，内部网格线为细实线，颜色均为深蓝色。
- 在 Sheet1 工作表中录制新宏，宏名为 KSMACR12B，指定快捷键为 Ctrl+Shift+C，并将该宏保存在当前工作簿中。设定宏的功能为将选定单元格区域的字体设置为隶书、加粗、18 磅，单元格的外边框线为紫色的粗实线，内部网格线设置为深红色的细虚线，底纹为浅黄色（RGB：255，255，153）。

2．工作表中运行宏：

- 按【样文 7-12B】所示，在 Sheet2 工作表中，运用快捷键将宏应用在单元格区域 B2:L9 中，并自动调整表格的行高和列宽。

3．工作表中插入视频文件：

- 按【样文 7-12B】所示，在 Sheet2 工作表表格的下方，以插入对象的形式插入视频文件 C:\Win2010GJW\KSML1\KSWJ7-12A.wmv，并将其图标替换为 C:\Win2010GJW\KSML1\KSWJ7-12B.ico，设置对象的高度为 2.5 厘米、宽度为 3.5 厘米，对象轮廓为 3 磅、蓝色的长划线，填充浅橙色（RGB：255，204，153）底纹。
- 激活插入到工作表中的视频对象。

4．办公软件间格式的转换：

- 将当前工作簿以“Excel 启用宏的工作簿”类型保存后，再重新以“单个文件网页”类型保存至考生文件夹中，页面标题为“服装超市销售情况表”，保存整个工作簿。

【样文 7-12A】

新鑫服装超市2010年3月份销售情况表										
货号	规格	单位	数量	单价	金额					
					千	百	十	元	角	分
JN534	上装	元	10	260	2	6	0	0	0	0
LE888	裙子	元	15	377	5	6	5	5	0	0
PA159	裤子	元	20	250	5	0	0	0	0	0
RE074	其它	元	40	80	3	2	0	0	0	0
合计：16455.00元										

【样文 7-12B】

新鑫服装超市2010年3月份销售情况表										
货号	规格	单位	数量	单价	金额					
					千	百	十	元	角	分
JN534	上装	元	10	260	2	6	0	0	0	0
LE888	裙子	元	15	377	5	6	5	5	0	0
PA159	裤子	元	20	250	5	0	0	0	0	0
RE074	其它	元	40	80	3	2	0	0	0	0
合计：　16455.00元										

7.13 第 13 题

【操作要求】

打开文档 A7.xlsx，按如下要求进行操作。

1．工作表中创建、编辑宏：

- 按【样文 7-13A】所示，在 Sheet1 工作表中录制新宏，宏名为 KSMACR13A，并将该宏保存在当前工作簿中。设定宏的功能为设置单元格区域 B3:I10 的字体设置为华文中宋，外边框线为细实线，内部网格线为细虚线。
- 在 Sheet1 工作表中录制新宏，宏名为 KSMACR13B，指定快捷键为 Ctrl+Shift+C，并将该宏保存在当前工作簿中。设定宏的功能为将选定单元格区域的字体设置为华文行楷、14 磅、加粗、蓝色（RGB：0，0，255），外边框线和内部网格线均为紫色的粗实线，底纹为浅绿色（RGB：204，255，153）。

2．工作表中运行宏：

- 按【样文 7-13B】所示，在 Sheet2 工作表中，运用快捷键将宏应用在单元格区域 C4:G10 中。

3．工作表中插入声音文件：

- 按【样文 7-13B】所示，在 Sheet2 工作表表格的下方，以插入对象的形式插入声音文件 C:\Win2010GJW\KSML1\KSWJ7-13A.wma，并将其图标替换为 C:\Win2010GJW\KSML1\KSWJ7-13B.ico，设置对象的缩放比例为 150%，对象轮廓为 2.25 磅、红色的实线，填充淡紫色（RGB：255，204，255）底纹。
- 激活插入到工作表中的声音对象。

4．办公软件间格式的转换：

- 将当前工作簿以“Excel 启用宏的工作簿”类型保存后，再重新以“文本文件（制表符分隔）”文件类型保存至考生文件夹中。

【样文 7-13A】

优选的监测交通干线实测数据（2010年）

优选干线	dB(A)					车流量	路长
	L_{10}	L_{50}	L_{90}	L_{eq}	δ	(辆/h)	(km)
重工街	74	67	61	69.5	5.1	723	3.2
北二路	76	67	61	76	5.3	472	5.7
南十路	72	65	58	65	5.8	240	3.8
珠林路	78	65	69	63.5	4.7	959	2
三经街	74	66	63	74.6	4.3	435	3.5
青年大街	77	60	60	70.3	6	605	3.7

【样文 7-13B】

优选的监测交通干线实测数据（2010年）

优选干线	dB(A)					车流量	路长
	L10	*L50*	*L90*	*Leq*	δ	(辆/h)	(km)
重工街	*74*	*67*	*61*	*69.5*	*5.1*	723	3.2
北二路	*76*	*67*	*61*	*76*	*5.3*	472	5.7
南十路	*72*	*65*	*58*	*65*	*5.8*	240	3.8
珠林路	*78*	*65*	*69*	*63.5*	*4.7*	959	2
三经街	*74*	*66*	*63*	*74.6*	*4.3*	435	3.5
青年大街	*77*	*60*	*60*	*70.3*	*6*	605	3.7

KSWJ7-13A.wma

7.14 第 14 题

【操作要求】

打开文档 A7.docx，按如下要求进行操作。

1．**文档中创建、编辑宏：**

- 按【样文 7-14A】所示，在文档中录制新宏，宏名为 KSMACR14，指定快捷键为 Ctrl+Shift+C，并将该宏保存在当前文档中。设定宏的功能为将选定文本的字体设置为方正姚体、四号、橙色，段前段后间距均为 0.5 行，行距为固定值 18 磅。利用快捷键将新录制的宏应用于文档的第 2 段中。
- 按【样文 7-14A】所示，将模板文件 C:\Win2010GJW\KSML1\KSDOTM7.dotm 中的宏 KSMACR02 复制到当前文档中，并应用于文档的第 3 段中。

2．**文档中插入演示文稿文件：**

- 按【样文 7-14A】所示，在文档的结尾处以插入对象的形式插入演示文稿文件 C:\Win2010GJW\KSML1\KSWJ7-14A.pptx 中的幻灯片，并设置对象格式的缩放比例为 70%，环绕方式为紧密型，对齐方式为居中对齐。

3．**使用外部数据：**

- 按【样文 7-14B】所示，在当前文档的第 2 页插入工作簿 C:\Win2010GJW\KSML1\KSWJ7-14B.xlsx，并运用“试验室仪器统计表”工作表中的相关数据生成簇状圆锥图图表，再将该图表以“Microsoft Excel 图表 对象”的形式粘贴至文档的第 3 页。
- 按【样文 7-14C】所示，将第 3 页对象中的图表类型更改为簇状水平棱锥图，图表布局为“布局 8”，并添加图表标题和坐标轴标题。

4．**办公软件间格式的转换：**

- 将当前文档以“启用宏的 Word 文档”类型保存后，再重新以网页文件类型保存至考生文件夹中，页面标题为“海底山脉”。

【样文 7-14A】

海底山脉

海底山脉绵延于海底的大洋中脊和海岭。大洋中脊是纵贯世界大洋的洋底山系，全长约 8 万多公里，在构造上为板块的生长扩张边界。山顶的平均海深 2000～3000 米，高出大洋盆地 2000～

3000 米，宽 1000～1500 公里，横剖面具有双峰，双峰间为中央裂谷，谷宽几十公里，相对深约 1000～2000 米，裂谷中不断有玄武岩岩浆溢出，并使中省两侧板块相背分离扩张。洋脊的上面很少有沉积物覆盖。

海底山脉除大洋中脊之外，还有火山海岭和断裂海岭。火山海岭是由海底排列成行的火山链构成的山岭。火山喷发物长期堆叠，可出露海面成为突出立于海面之上的火山锥体。火山海岭上有些死火山，表现为海底的平顶海山，亦称盖约特，一般认为它们一度曾高出海面，后经海蚀作用而形成平缓的山顶。断裂海岭是由大规模海底断裂形成的海底山脉，具断块山的特点，一般走向挺直，绵延较远，以东印度洋海岭最为典型。

海底孤立的山体，称海山，其中起伏较小的也称海丘。几乎所有的海山和海丘都是海底火山，海山如出露海面则成火山岛。海底的孤山也常可发育成平顶海山。

【样文 7-14B】

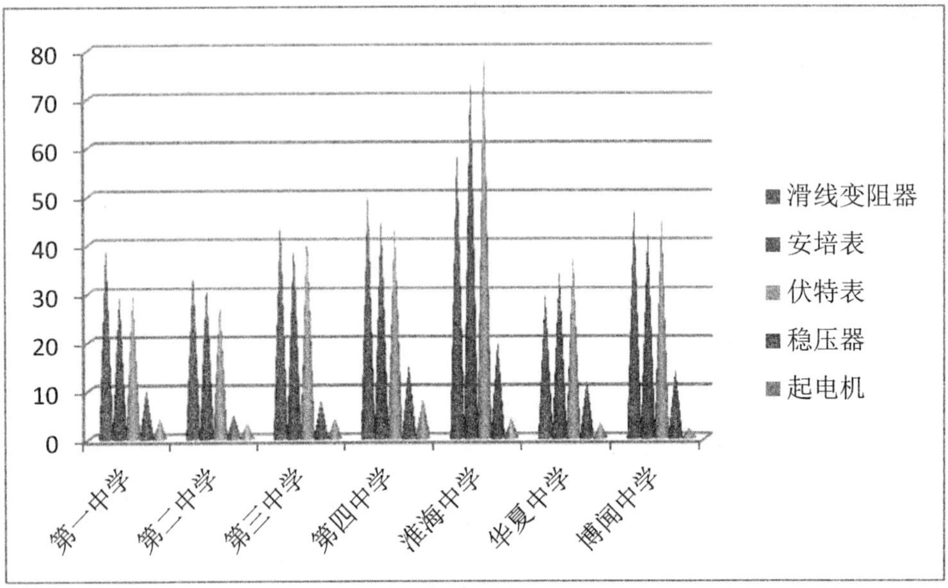

【样文 7-14C】

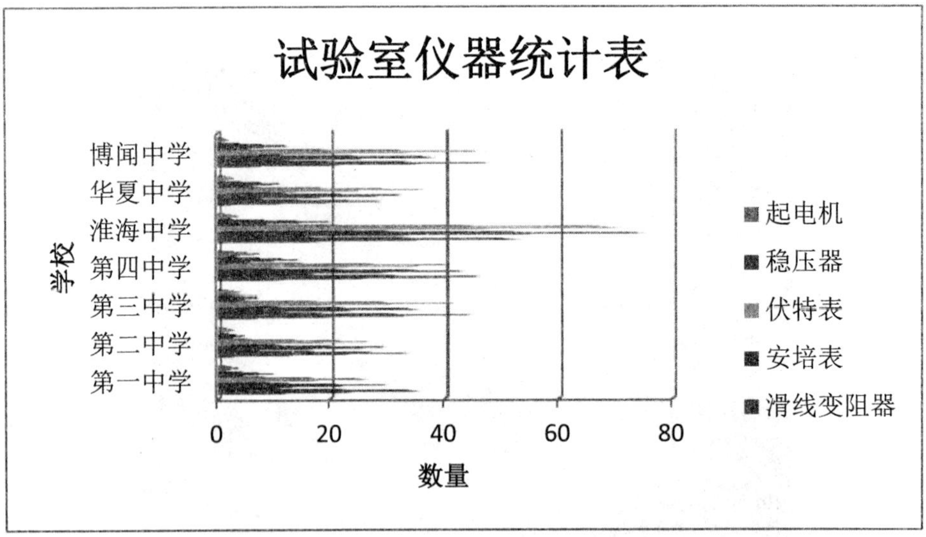

7.15 第 15 题

【操作要求】

打开文档 A7.docx，按如下要求进行操作。

1．**文档中插入视频文件：**

- 按【样文 7-15A】所示，在文档的结尾处插入视频文件 C:\Win2010GJW\KSML1\KSWJ7-15A.wmv，显示为图标，并将图标替换为 C:\Win2010GJW\KSML1\KSWJ7-15B.ico，设置对象格式的缩放比例为 145%，环绕方式为四周型，对齐方式为左对齐，添加 1.5 磅、绿色、实线的边框线条。
- 激活插入到文档中的视频对象。

2．**页面中插入水印：**

- 按【样文 7-15A】所示，为当前文档创建“插花艺术”文字水印，并设置字体为华文新魏、96 磅、紫色，版式为水平。

3．**使用外部数据：**

- 按【样文 7-15B】所示，在当前文档的结尾处插入工作簿 C:\Win2010GJW\KSML1\KSWJ7-15C.xlsx，并运用“图书销售情况表”工作表中的相关数据生成分离型饼图图表，再将该图表以“Microsoft Excel 图表 对象”的形式粘贴至文档结尾处。
- 按【样文 7-15C】所示，将复制对象的图表类型更改为簇状圆柱图，图表样式为“样式 32”，并添加图表标题，为图表区添加“细微效果 - 水绿色，强调颜色 5”的形状样式。

4．**办公软件间格式的转换：**

- 保存当前文档后，再以 PDF 文件类型保存至考生文件夹中。

【样文 7-15A】

插花艺术

插花是一种艺术。明代的花艺专著《瓶史》里提到："插花不可太繁，亦不可太瘦，多不过两三种，高低疏密要如画境布置方妙。"家庭插花的确是颇有一番讲究的。

主体插花——选一支最壮最美丽的花枝作主枝，突出中心，两侧各插一支不同花卉陪衬，要避免花枝排列整齐，主体花要突出，三支不要交叉，更不能将所有花枝束缚一起一次插入。如菊花配剑兰，会显得跌宕错落，疏密有致，颜色和谐，相得益彰。纵使同一种花，也最好同时兼有花蕾、半开、盛开的花朵，以表现花开放程度的变化。所以采购鲜花前，就应有所考虑，有目的地去选购。剪取花枝时要在枝上留有一部分叶片，并将叶面污物清理干净。枝条长短应根据花瓶高度而定，一般要遵循黄金分割的比例规律。

弧形插法——以三枝不同长短和不同方向的花支为基础来插花。一般多用弧线凸形的插法，也有使弧线开成凹形的插法。

三角形插法——以主体花枝为中轴，左右对称、角度平衡，显出庄重整齐。这种插花富有礼节性。

盆景式插法——多根据花枝、花朵、花色的变化，在构思画面的基础上，加以安排，花枝不同，亦应"因材定型"，如单插梅花，花枝不要过多，枝条宜横斜交错，忌笔直，若配以松枝，红绿相间则更具情趣。无论哪一种插法，都要使插花作品达到和谐、平衡和富于韵律。

插花常用容器一般有花瓶和水盆两类。其中陶瓷和玻璃花瓶色彩素雅，样式新颖，长久盛水不易腐臭；塑料花瓶虽然质轻耐用，但毕竟缺少自然美，而且瓶水易腐。使用花瓶最好在瓶口设置井字架，以利花枝的固定。矮小的花枝宜用水盆，并应准备插花座。至于碗、碟、瓶、罐等生活器具，若精心选配花枝、巧妙利用，也一样平添情趣。

此外，花瓶的颜色以雅淡为好，如果家里只有深色的花瓶，就要插浅色的或是花朵细小的鲜花。

KSWJ7-15A.wmv

【样文 7-15B】

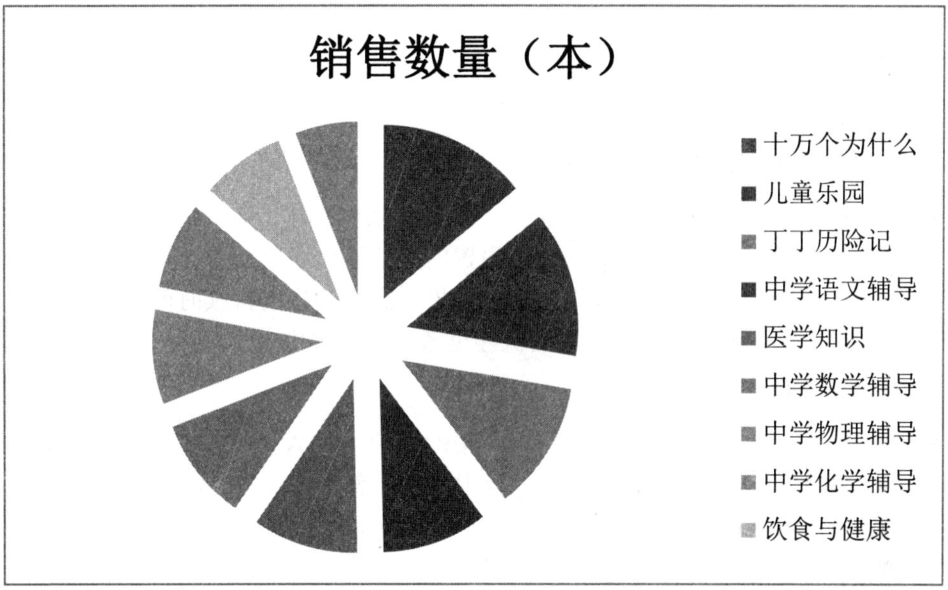

【样文 7-15C】

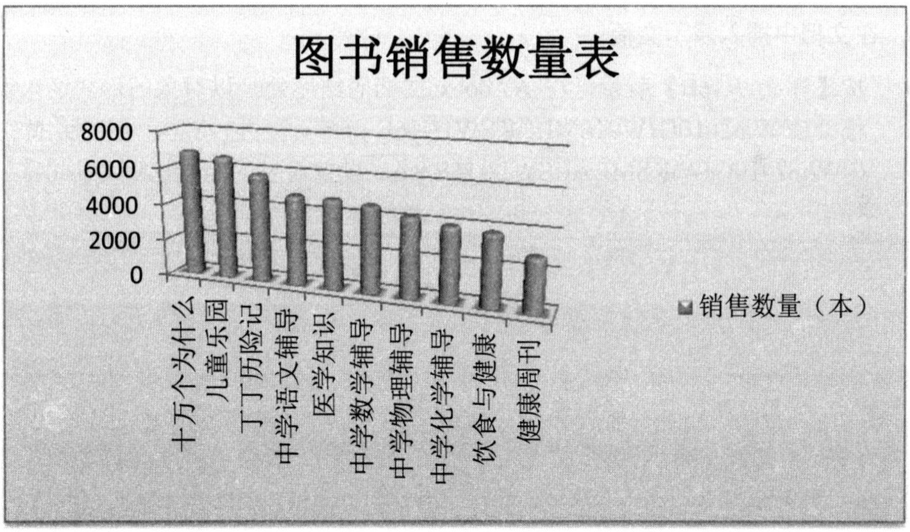

7.16 第 16 题

【操作要求】

打开文档 A7.docx，按如下要求进行操作。

1. 利用文档大纲创建演示文稿：

- 按【样文 7-16A】所示，运用当前文档的大纲结构，在 PowerPoint 中创建一组幻灯片，并为整个演示文稿应用内置的“跋涉”主题。
- 为所有幻灯片添加“涟漪”的切换效果，指定切换的持续时间为 3 秒，最后将演示文稿以 A7a.pptx 为文件名保存至考生文件夹中。

2. 在演示文稿中插入声音文件：

- 按【样文 7-16A】所示，在第 4 张幻灯片中插入声音文件 C:\Win2010GJW\KSML1\KSWJ7-16A.wma，并将其图标替换为 C:\Win2010GJW\KSML1\KSWJ7-16B.png，设置对象的高度与宽度均为 3 厘米。

3. 在演示文稿中插入数据表或图表：

- 按【样文 7-16A】所示，在第 6 张幻灯片中插入 C:\Win2010GJW\KSML1\KSWJ7-16C.xlsx 中的图表，并适当调整其大小与位置。

4. 在文档中插入演示文稿：

- 按【样文 7-16B】所示，在 A7.docx 文档的结尾处，以对象的形式插入演示文稿 C:\Win2010GJW\KSML1\KSWJ7-16D.pptx，并将其图标替换为 C:\Win2010GJW\KSML1\KSWJ7-16E.ico，设置对象的缩放比例为 140%。

【样文 7-16A】

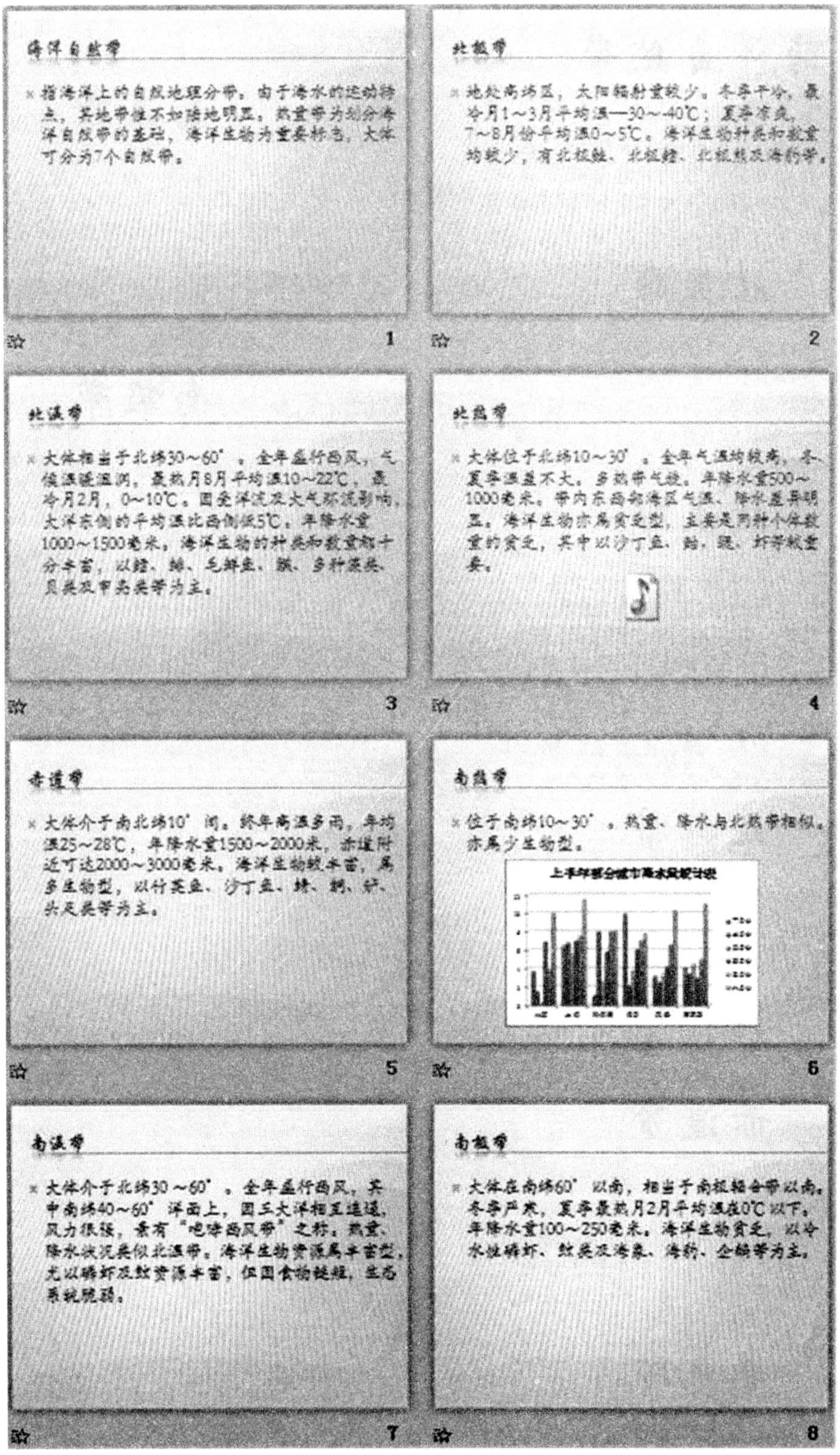
海洋自然带
指海洋上的自然地理分带。由于海水的运动特点，其地带性不如陆地明显。热量带为划分海洋自然带的基础，海洋生物为重要标志，大体可分为7个自然带。
1
北极带
地处高纬区，太阳辐射量较少。冬季干冷，最冷月1～3月平均温—30～-40℃；夏季凉爽，7～8月份平均温0～5℃。海洋生物种类和数量均较少，有北极鲸、北极鲑、北极熊及海豹等。
2
北温带
大体相当于北纬30～60°，全年盛行西风，气候温暖湿润，最热月8月平均温10～22℃，最冷月2月，0～10℃。因受洋流及大气环流影响，大洋东侧的平均温比西侧低5℃。年降水量1000～1500毫米，海洋生物的种类和数量都十分丰富，以鲱、鳕、毛鳞鱼、鲽、多种蟹类、贝类及甲壳类等为主。
3
北热带
大体位于北纬10～30°，全年气温均较高，冬、夏季温差不大。多热带气旋。年降水量500～1000毫米。带内东西部海区气温、降水差异明显。海洋生物亦属贫乏型，主要是同种个体数量的贫乏，其中以沙丁鱼、鲐、鲣、虾等较重要。
4
赤道带
大体介于南北纬10°间。终年高温多雨，年均温25～28℃，年降水量1500～2000米，赤道附近可达2000～3000毫米。海洋生物较丰富，属多生物型，以竹荚鱼、沙丁鱼、鲭、鲷、虾、头足类等为主。
5
南热带
位于南纬10～30°，热量、降水与北热带相似。亦属少生物型。
6
南温带
大体介于北纬30～60°，全年盛行西风，其中南纬40～60°洋面上，因三大洋相互连通，风力很强，素有“咆哮西风带”之称，热量、降水状况类似北温带。海洋生物资源属丰富型，尤以磷虾及鲸资源丰富，但因食物链短，生态系统脆弱。
7
南极带
大体在南纬60°以南，相当于南极辐合带以南。冬季严寒，夏季最热月2月平均温在0℃以下。年降水量100～250毫米。海洋生物贫乏，以冷水性磷虾、鲸类及海象、海豹、企鹅等为主。
8

【样文 7-16B】

海洋自然带

指海洋上的自然地理分带。由于海水的运动特点，其地带性不如陆地明显。热量带为划分海洋自然带的基础，海洋生物为重要标志，大体可分为7个自然带。

北极带

地处高纬区，太阳辐射量较少。冬季干冷，最冷月1～3月平均温—30～-40℃；夏季凉爽，7～8月份平均温0～5℃。海洋生物种类和数量均较少，有北极鲑、北极鳕、北极熊及海豹等。

北温带

大体相当于北纬30～60°。全年盛行西风，气候温暖湿润，最热月8月平均温10～22℃，最冷月2月，0～10℃。因受洋流及大气环流影响，大洋东侧的平均温比西侧低5℃。年降水量1000～1500毫米。海洋生物的种类和数量都十分丰富，以鳕、鲱、毛鲜鱼、鲽、多种藻类、贝类及甲壳类等为主。

北热带

大体位于北纬10～30°。全年气温均较高，冬、夏季温差不大。多热带气旋。年降水量500～1000毫米。带内东西部海区气温、降水差异明显。海洋生物亦属贫乏型，主要是同种个体数量的贫乏，其中以沙丁鱼、鲐、鳀、虾等较重要。

赤道带

大体介于南北纬10°间。终年高温多雨，年均温25～28℃，年降水量1500～2000米，赤道附近可达2000～3000毫米。海洋生物较丰富，属多生物型，以竹荚鱼、沙丁鱼、鲭、鲷、鲈、头足类等为主。

南热带

位于南纬10～30°。热量、降水与北热带相似。亦属少生物型。

南温带

大体介于北纬30 ～60°。全年盛行西风，其中南纬40～60°洋面上，因三大洋相互连通，风力很强，素有“咆哮西风带”之称。热量、降水状况类似北温带。海洋生物资源属丰富型，尤以磷虾及鲸资源丰富，但因食物链短，生态系统脆弱。

南极带

大体在南纬60°以南，相当于南极辐合带以南。冬季严寒，夏季最热月2月平均温在0℃以下。年降水量100～250毫米。海洋生物贫乏，以冷水性磷虾、鲸类及海象、海豹、企鹅等为主。

KSWJ7-16D.pptx

7.17　第 17 题

【操作要求】

打开文档 A7.docx，按如下要求进行操作。

1．文档中创建、编辑宏：

- 按【样文 7-17A】所示，在文档中录制新宏，宏名为 KSMACR17，指定快捷键为 Ctrl+Shift+C，并将该宏保存在当前文档中。设定宏的功能为将选定文本的字体设置为华文新魏、小一、加粗，文字对齐方式为居中对齐，段前段后间距均为 1 行。利用快捷键将新录制的宏应用于标题段落中。
- 按【样文 7-17A】所示，将模板文件 C:\Win2010GJW\KSML1\KSDOTM7.dotm 中的宏 KSMACR05 复制到当前文档中，并应用于文档正文部分。

2．文档中插入视频文件：

- 按【样文 7-17A】所示，在文档的结尾处插入视频文件 C:\Win2010GJW\KSML1\KSWJ7-17A.wmv，显示为图标，并设置对象格式的缩放比例为 150%，环绕方式为四周型，对齐方式为居中对齐。

3．使用外部数据：

- 按【样文 7-17B】所示，在当前文档的结尾处插入工作簿 C:\Win2010GJW\KSML1\KSWJ7-17B.xlsx，并运用“氨基酸需要量统计表”工作表中的相关数据生成三维饼图图表，再将该图表以“Microsoft Excel 图表 对象”的形式粘贴至文档结尾处。
- 按【样文 7-17C】所示，将复制对象的图表类型更改为分离型三维饼图，图表布局为“布局 6”，并添加图表标题。

4．办公软件间格式的转换：

- 将当前文档以“启用宏的 Word 文档”类型保存后，再以 RTF 文件类型保存至考生文件夹中。

【样文 7-17A】

火星与地球的生命竞赛

在这一场长达数十亿年的孕育生命的竞赛中，火星显然是个失败者。

在那遥远的数千万公里之外，一颗红色的行星正在吸引着无数天文学家热情期盼的眼光，来自美国、欧洲和日本的数个探测器正在竞相奔向那颗神秘的星球。那就是火星——在地球运转轨道外侧的陪伴了我们亿万年的邻居。

火星与地球之间尽管相隔数千万公里的空旷空间，却与地球有着很多神秘的共同之处：它也是一颗固态的岩质行星，半径大约是地球的一半，但体积大约只有地球的 1/7；火星上也有两个白色皑皑的极冠，这两块区域冬季增大、夏季消融缩小，与地球极为相似。此外，火星上面也同样有高耸的山脉、幽深的峡谷、飘荡的白云、怒吼的风暴，它与地球一样也是四季分明，甚至一天也是 24 小时。因此，它被人们称为地球的“孪生兄弟”，与地球一起被认为是太阳系内生命可栖居区域。

仅仅在 100 多年前，人们还普遍相信火星上存在高级智慧生命，有关“火星上的运河”、“火星人大战”、“火星上的狮身人面像”等等的猜测与幻想很多年来一直不绝如缕。但人们对火星的了解越多，人们的失望也就越大。自从上世纪 60 年代以来，人类已向火星发射了 30 多个探测器，不仅没有找到智慧生命的踪迹，而且连最简单的微生物也没有找到。火星探测器带给我们的讯息是：火星是一个布满了大小石块的沙漠星球，其表面是一片荒凉、寒冷和死寂的世界，没有一丝生命的气息！

这颗与地球如此相似的星球为何最终没有像地球那样孕育出纷繁复杂的生命？在数十亿年前的早期，它有过生命活动的迹象吗？如果有，那么是什么原因使生命的进程被打断？更深层的问题是：在广阔的宇宙中，只要是与地球相似的星球，就必然会产生生命吗？如果真是这样，那么火星为什么给我们提供了一个反证？生命究竟是偶然还是必然？通过对火星和地球截然相反的命运的比较，我们或许能够更好地揭开宇宙生命之谜。

KSWJ7-17A.wmv

【样文 7-17B】

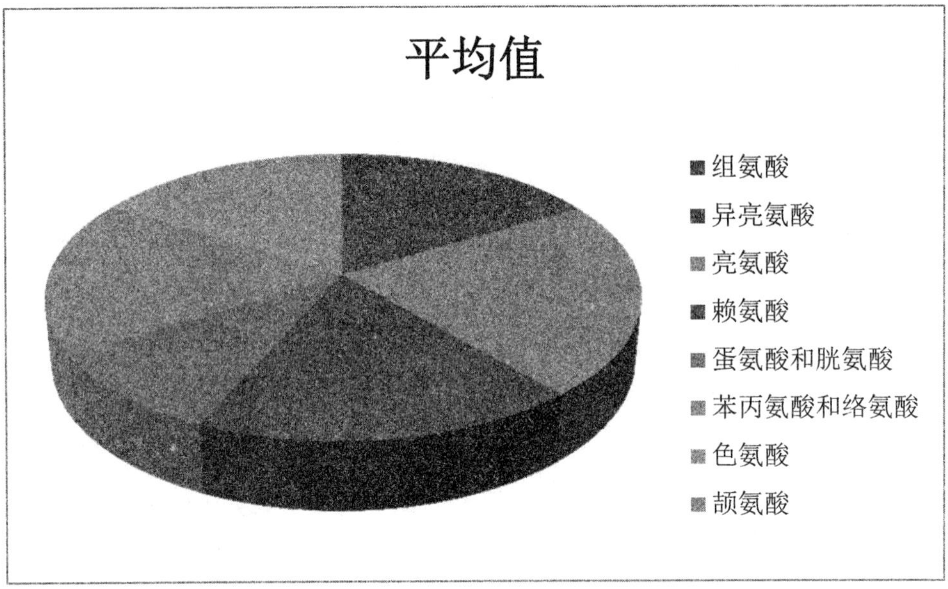

【样文 7-17C】

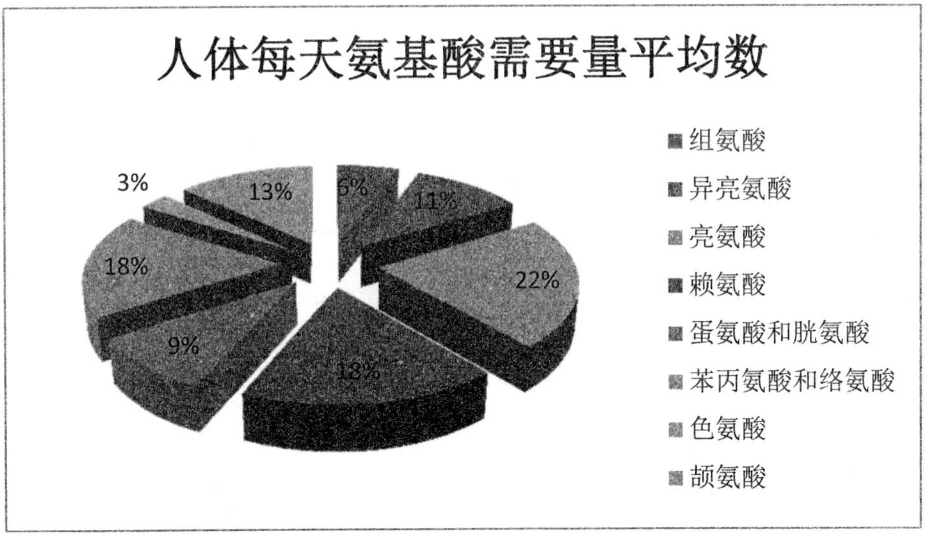

7.18 第 18 题

【操作要求】

打开文档 A7.docx，按如下要求进行操作。

1. 文档中插入声音文件：

- 按【样文 7-18A】所示，在文档的结尾处插入声音文件 C:\Win2010GJW\KSML1\KSWJ7-18A.wma，显示为图标，并将图标替换为 C:\Win2010GJW\KSML1\KSWJ7-18B.ico，设置对象格式的缩放比例为 150%，环绕方式为浮于文字上方，对齐方式为右对齐。
- 激活插入到文档中的声音对象。

2. 页面中插入水印：

- 按【样文 7-18A】所示，为当前文档创建“母亲节的来历”文字水印，并设置字体为微软雅黑、80 磅、浅蓝色、半透明，版式为斜式。

3. 使用外部数据：

- 按【样文 7-18B】所示，在当前文档的结尾处插入工作簿 C:\Win2010GJW\KSML1\KSWJ7-18C.xlsx，并运用“鲜花销量统计表”工作表中的相关数据生成折线图图表，再将该图表以“Microsoft Excel 图表 对象”的形式粘贴至文档结尾处。
- 按【样文 7-18C】所示，将复制对象的图表类型更改为三维折线图，图表布局为“布局 10”，并添加图表标题和坐标标题。

4. 办公软件间格式的转换：

- 保存当前文档后，再以单个文件网页类型保存至考生文件夹中，页面标题为“母亲节的来历”。

【样文 7-18A】

母亲节的来历

母亲节起源于古希腊。在这一天，古希腊人向希腊众神之母赫拉致敬。到古罗马时，这些活动的规模就变得更大，庆祝盛况往往持续达三天之久。当然，古时人们对女神的崇拜只不过是一种迷信，它同今天人们对母性的尊敬是大不相同的。在 17 世纪中叶，母亲节流传到英国，英国人把封斋期的第四个星期天作为母亲节。在这一天里，出门在外的年青人将回到家中，给他们的母亲带上一些小礼物。

现代的母亲节起源于美国，由安娜•贾维斯发起，她终身未婚，一直陪伴在母亲身边。安娜•贾维斯的母亲心地善良，极富同情心，她提出应设立一个纪念日来纪念默默无闻做出奉献的母亲们，可是这个愿望尚未实现她就逝世了。她的女儿安娜•贾维斯于 1907 年开始举办活动，申请将母亲节成为一个法定节日。节日于 1908 年 5 月 10 日在美国的西弗吉尼亚和宾夕法尼亚州正式开始。她曾亲自在教堂中安排仪式，组织活动，同时要求前来参加者胸前要佩戴白色的石竹花。这一活动，曾引起了不少人的关注和兴趣。翌年，便有更多的教堂纷纷组织同样的活动。

1911 年，庆祝母亲节的活动已经开展得非常广泛，不仅席卷美国的每一个州，而且连加拿大、墨西哥和南美的一些国家也都开始庆祝这个节日。美国人还把宣传母亲节的传单用十种不同文字印发到各国去，以便扩大影响。此后几年中，庆祝母亲节运动的热潮有增无减。1912 年，美国专门成立了母亲节国际协会。1913 年 5 月，美国众议院一致通过决议，号召总统以及内阁、参众两院和联邦政府的一切官员一律在母亲节佩戴白色石竹花。1914 年，美国国会正式命名 5 月的第二个星期日为母亲节，并要求总统发布宣言，号召政府官员在所有的公共建筑物上悬挂国旗。紧接着，威尔逊总统昭告全国公民也在自己的住宅上挂国旗以表达人们对美国全体母亲的热爱和尊敬。此后美国总统每年都要发表一篇内容相同的宣言。

1913 年，美国国会确定将每年 5 月的第二个星期日作为法定的母亲节，并规定这一天家家户户都要悬挂国旗，表达对母亲的尊敬。而安娜•贾维斯的母亲生前最爱的康乃馨也就成了母亲节的象征。

KSWJ7-18A.wma

【样文 7-18B】

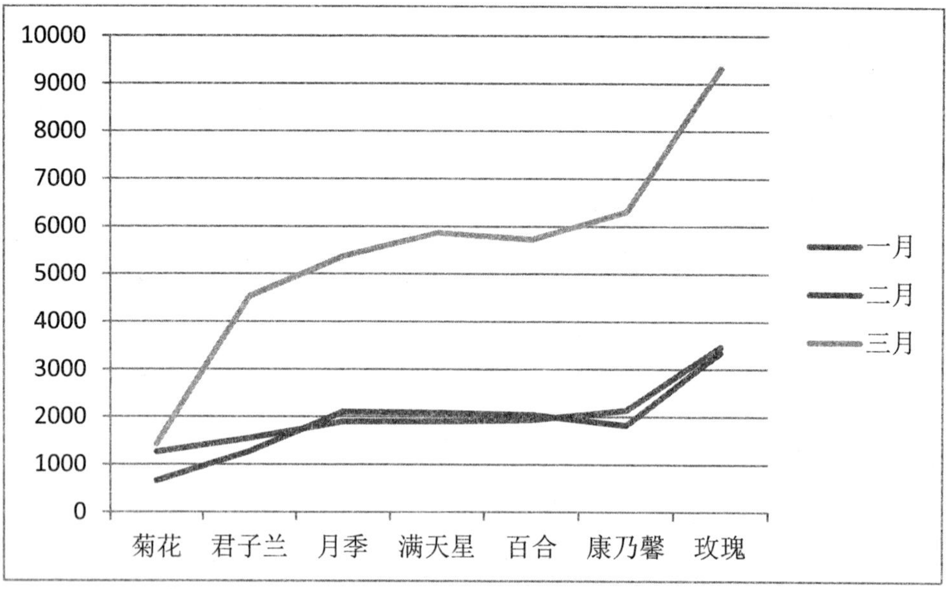

【样文 7-18C】

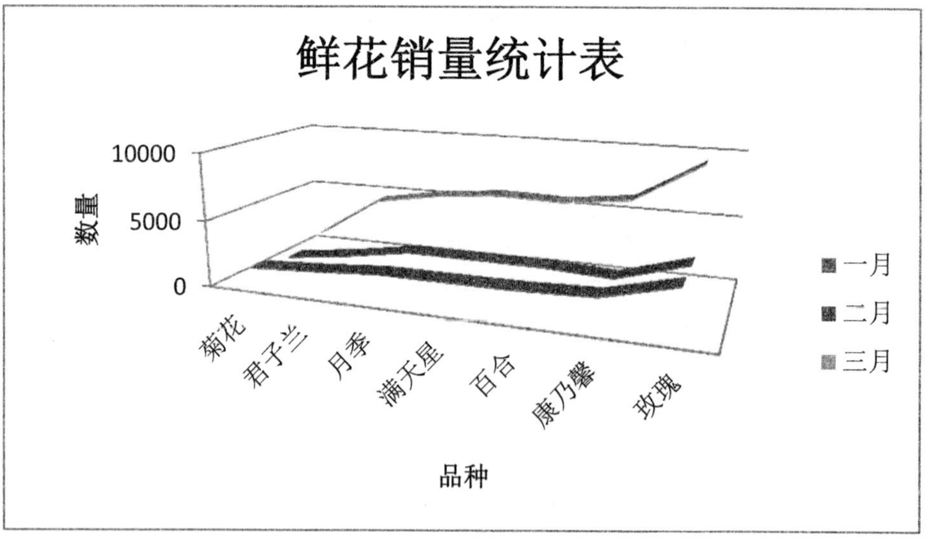

7.19　第 19 题

【操作要求】

打开文档 A7.docx，按如下要求进行操作。

1．利用文档大纲创建演示文稿：

- 按【样文 7-19A】所示，运用当前文档的大纲结构，在 PowerPoint 中创建一组幻灯片，并为整个演示文稿应用内置的“流畅”主题，更改背景样式为“样式 10”。
- 为所有幻灯片添加“棋盘”的切换效果，指定切换的持续时间为 3 秒，设置 4 秒后自动换片，最后将演示文稿以 A7a.pptx 为文件名保存至考生文件夹中。

2．在演示文稿中插入声音文件：

- 按【样文 7-19A】所示，在第 2 张幻灯片中以插入对象的形式插入声音文件 C:\Win2010GJW\KSML1\KSWJ7-19A.wma，并将其图标替换为 C:\Win2010GJW\KSML1\KSWJ7-19B.ico，设置对象的缩放比例为 300%。

3．在演示文稿中插入数据表或图表：

- 按【样文 7-19A】所示，在第 5 张幻灯片中插入 C:\Win2010GJW\KSML1\KSWJ7-19C.xlsx 中的图表，并适当调整其大小与位置。

4．在文档中插入演示文稿：

- 按【样文 7-19B】所示，在 A7.docx 文档的结尾处，以对象的形式插入演示文稿 C:\Win2010GJW\KSML1\KSWJ7-19D.pptx，并将其图标替换为 C:\Win2010GJW\KSML1\KSWJ7-19E.ico，设置对象的缩放比例为 200%。

【样文 7-19A】

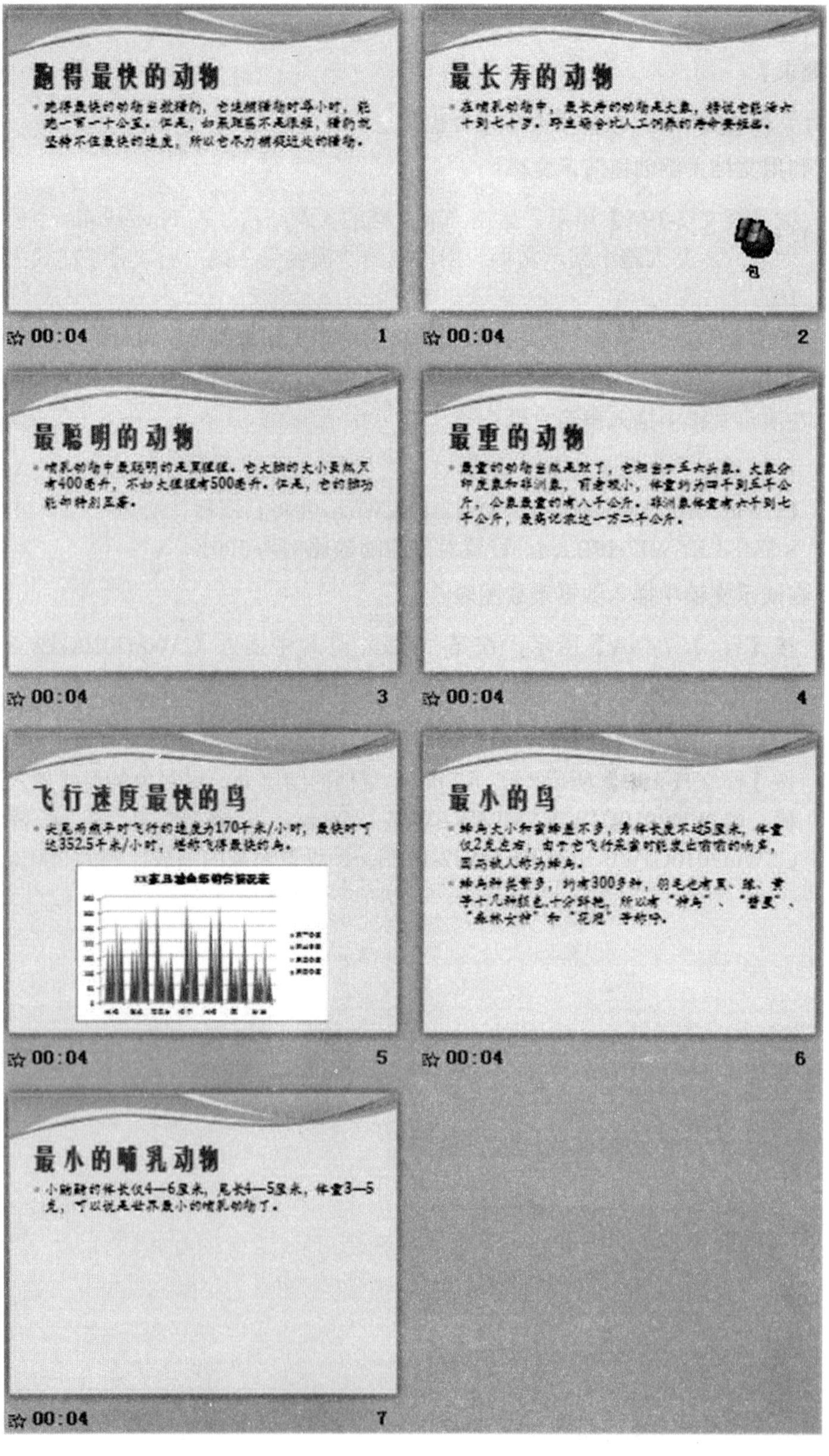
跑得最快的动物
00:04
1
最长寿的动物
包
00:04
2
最聪明的动物
00:04
3
最重的动物
00:04
4
飞行速度最快的鸟
00:04
5
最小的鸟
00:04
6
最小的哺乳动物
00:04
7

【样文 7-19B】

跑得最快的动物

跑得最快的动物当数猎豹，它追捕猎物时每小时，能跑一百一十公里。但是，如果距离不是很短，猎豹就坚持不住最快的速度，所以它尽力捕捉近处的猎物。

最长寿的动物

在哺乳动物中，最长寿的动物是大象，据说它能活六十到七十岁。野生场合比人工饲养的寿命要短些。

最聪明的动物

哺乳动物中最聪明的是黑猩猩。它大脑的大小虽然只有 400 毫升，不如大猩猩有 500 毫升。但是，它的脑功能却特别显著。

最重的动物

最重的动物当然是鲸了，它相当于五六头象。大象分印度象和非洲象，前者较小，体重约为四千到五千公斤，公象最重的有八千公斤。非洲象体重有六千到七千公斤，最高记录达一万二千公斤。

飞行速度最快的鸟

尖尾雨燕平时飞行的速度为 170 千米/小时，最快时可达 352.5 千米/小时，堪称飞得最快的鸟。

最小的鸟

蜂鸟大小和蜜蜂差不多，身体长度不过 5 厘米，体重仅 2 克左右，由于它飞行采蜜时能发出嗡嗡的响声，因而被人称为蜂鸟。

蜂鸟种类繁多，约有 300 多种，羽毛也有黑、绿、黄等十几种颜色，十分鲜艳，所以有“神鸟”、“彗星”、“森林女神”和“花冠”等称呼。

最小的哺乳动物

小鼩鼱的体长仅 4—6 厘米，尾长 4—5 厘米，体重 3—5 克，可以说是世界最小的哺乳动物了。

KSWJ7-19D.pptx

7.20　第 20 题

【操作要求】

打开文档 A7.docx，按如下要求进行操作。

1．文档中创建、编辑宏：

- 按【样文 7-20A】所示，在文档中录制新宏，宏名为 KSMACR20，指定快捷键为 Ctrl+Shift+C，并将该宏保存在当前文档中。设定宏的功能为将选定文本的字体设置为华文细黑、加粗、小四，行间距为段前、段后各 0.5 行，行距为固定值 20 磅。利用快捷键将新录制的宏应用于文档的第 1、2 段中。
- 按【样文 7-20A】所示，将模板文件 C:\Win2010GJW\KSML1\KSDOTM7.dotm 中的宏 KSMACR014 复制到当前文档中，并应用于文档的第 3 段中。

2．在文档中插入表格：

- 按【样文 7-20A】所示，在文档的结尾处以插入对象的形式插入文档 C:\Win2010GJW\KSML1\KSWJ7-20A.docx 中的表格。

3．办公软件间的信息转换：

- 按【样文 7-20B】所示，在当前文档的第 2 页以插入对象的形式插入工作簿 C:\Win2010GJW\KSML1\KSWJ7-20B.xlsx，并运用“预算财政支出表”工作表中的相关数据生成三维簇状柱形图图表，再将该图表以“Microsoft Excel 图表对象”的形式粘贴至文档的第 3 页。
- 按【样文 7-20C】所示，将第 3 页对象中的图表类型更改为簇状圆锥图，图表布局为“布局 3”，并添加图表标题。

4．办公软件间格式的转换：

- 将当前文档以“启用宏的 Word 文档”类型保存后，再重新以网页类型保存至考生文件夹中，页面标题为“岛屿简介”。

【样文 7-20A】

岛屿

岛屿以山地为主，外临深海沟。西太平洋岛弧最为典型，分南北两段：北段由千岛群岛、日本群岛、琉球群岛、台湾岛和菲律宾群岛构成，面向太平洋，为东亚太平洋岛弧；南段由安达曼群岛、尼科巴群岛、苏门答腊岛、

爪哇岛和努沙登加拉群岛组成，向印度洋突出，称印度洋巽他岛弧。两段岛弧在苏拉威西岛衔接。西太平洋岛弧处在太平洋板块、亚欧板块和印度洋板块的嵌合带，地壳不稳定，多火山地震。据统计，全世界有活火山 500 余座，一半以上集中在该岛弧带；全球地震能量的 95%也在此释放。频繁的火山活动引起的岩浆喷发，使岛弧带成为世界上矿产最丰富的地区。

位于大陆边缘与海沟平行排列的弧形列岛。其分布与海沟一致，以西太平洋活动大陆边缘为主，是分开大洋盆地和边缘盆地的重要构造地貌单元，也是全球最活跃的构造活动带。岛弧向大洋方向外凸的一侧是与之平行的海沟，凹入一侧为弧后盆地；它与海沟和弧后盆地共同构成沟弧盆系。一个岛弧纵向延伸长几百至几千公里，宽约 200—300 公里。全球岛弧总长度达 40000 公里。

按岛弧的地貌特征岛弧可分为：①单弧型，由一条平行于海沟的火山岛弧组成，如千岛弧、日本列岛弧；②双弧型，由平行于海沟的一条外弧（现今无火山活动的或沉积的岛弧）和一条内弧组成（现今仍有火山活动），如印尼群岛弧；③多弧型，是在双弧型的陆侧还有一条残留弧（没有现代火山活动）。根据弧后盆地的有无（如西太平洋的岛弧都有弧后盆地，而南美洲安第斯山链后面无弧后盆地），弧后的构造活动性等不同特征也可作为岛弧分类的标志。

类别	编号	标价	总数量	已售出
相机	XJ201001	¥1500	100	48
U 盘	UP201002	¥80	90	80
摄像机	MB201003	¥80	50	40
打印机	MA201004	¥200	85	65
扫描仪	SM201006	¥2230	80	50

【样文 7-20B】

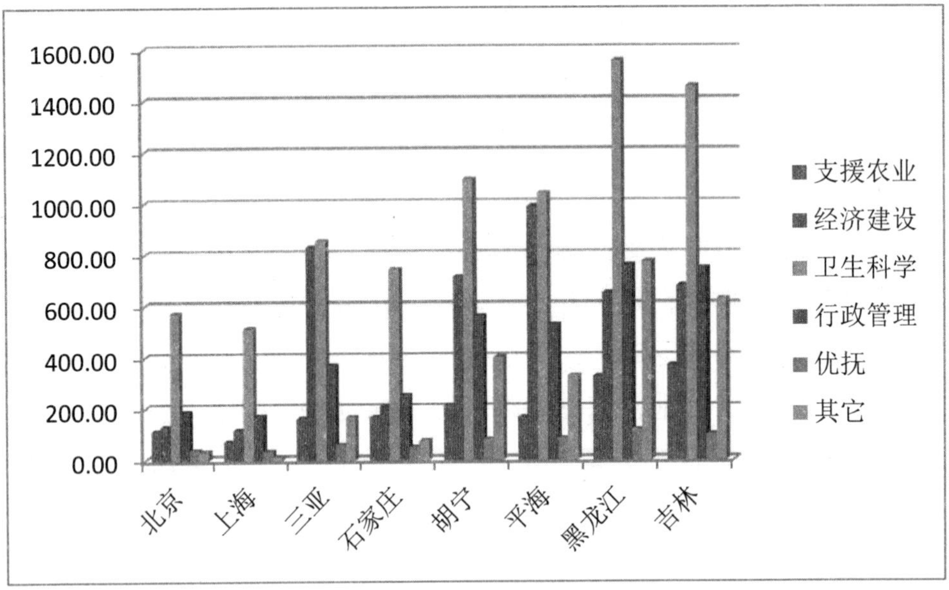

【样文 7-20C】

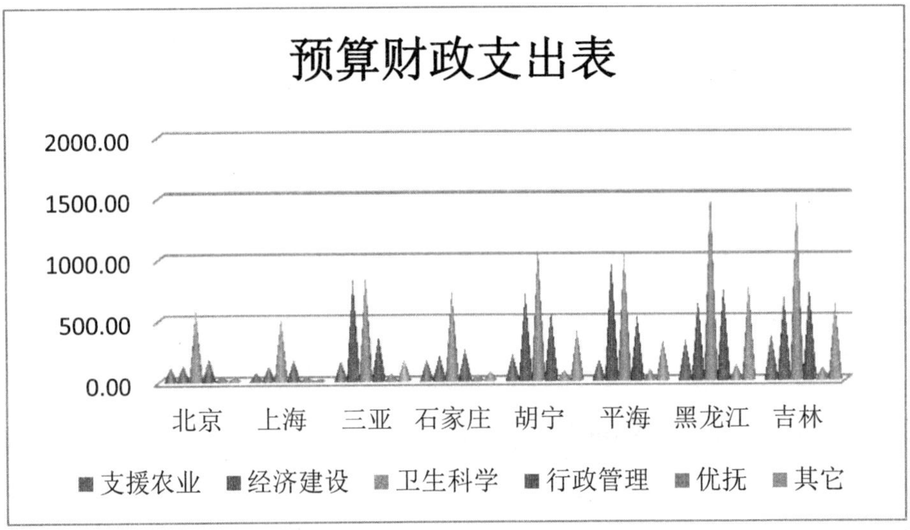

第八单元　桌面信息管理程序应用

8.1　第 1 题

【操作要求】

请考生以 KS 邮箱登录，进入 Outlook，导入文件 A8.pst 至当前文件夹中，用导入的项目替换重复的项目，按下列要求进行操作。

1．处理电子邮件：

- 按【样文 8-1A】所示，答复王天楠的邮件，并在答复的邮件中插入附件 C:\Win2010GJW\KSML1\KSWJ8-1.docx。
- 按【样文 8-1B】所示，转发李明的邮件给王霞，并抄送至王冰，将邮件为收件人标记为“仅供参考”，重要性为“高”。

2．调度日常安排：

- 按【样文 8-1C】所示，添加一次约会，主题为“张蕴华老师的生日”；地点为“张老师的家”；时间为“2012 年 9 月 25 日”，18:00 开始，22:00 结束；按年为周期，提前 3 天提醒，并将此约会标记为私密。
- 为邮件“教师节快乐”添加提醒的后续标志，设定提醒的开始时间为“2012 年 9 月 9 日 10:00”。
- 按【样文 8-1D】所示，将“王天楠”的相关信息添加到联系人列表中。

3．保存电子邮件：

- 以 A8-A.pst 为文件名将个人文件夹（包括子文件夹）导出至考生文件夹中，并设置保存密码为 ks8-1。

【样文 8-1A】

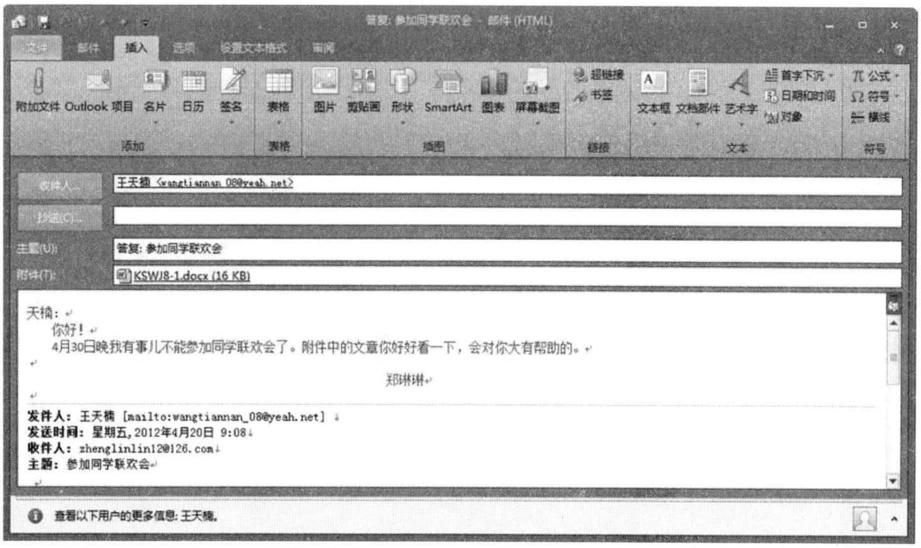

【样文 8-1B】

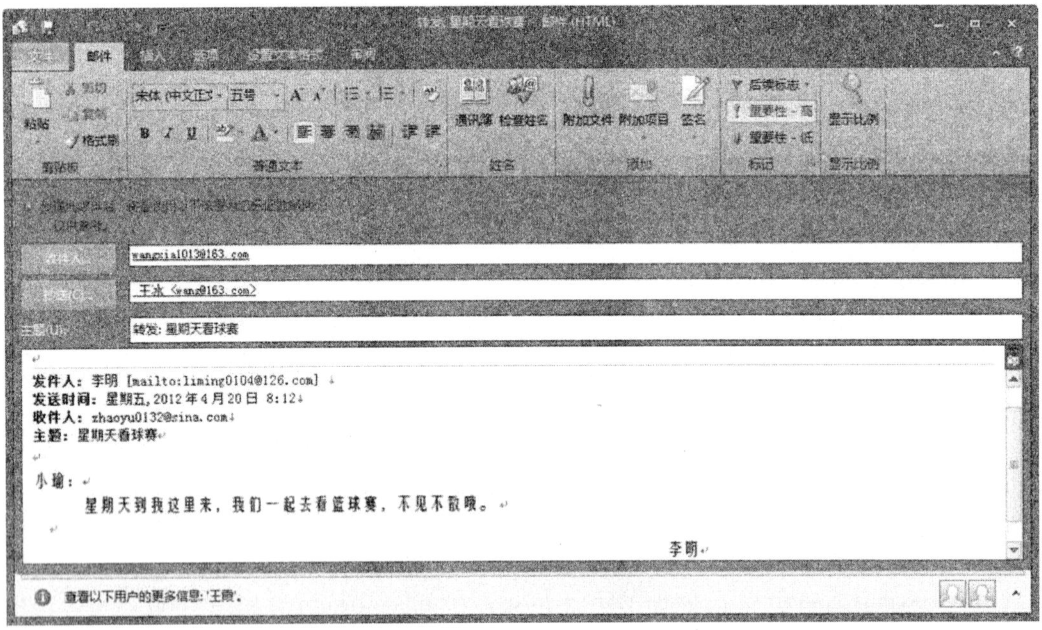
wangxia1013@163.com
王冰 <wang@163.com>
转发: 星期天看球赛
发件人：李明 [mailto:liming0104@126.com]
发送时间：星期五，2012 年 4 月 20 日 8:12
收件人：zhaoyu0132@sina.com
主题：星期天看球赛
小瑜：
星期天到我这里来，我们一起去看篮球赛，不见不散哦。
李明

【样文 8-1C】

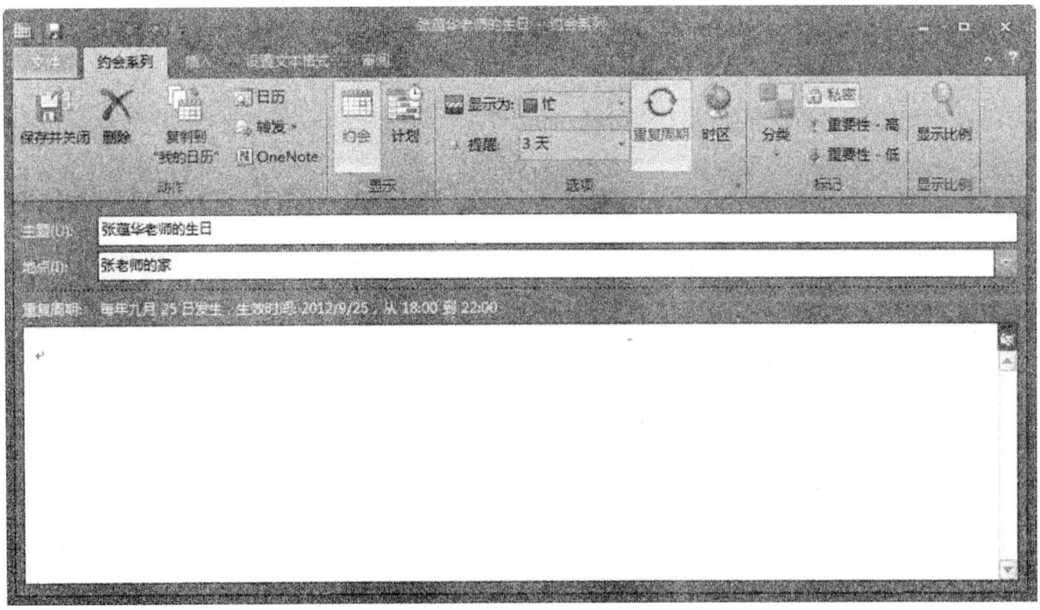
张蕴华老师的生日
张老师的家
每年九月 25 日发生，生效时间 2012/9/25，从 18:00 到 22:00

【样文 8-1D】

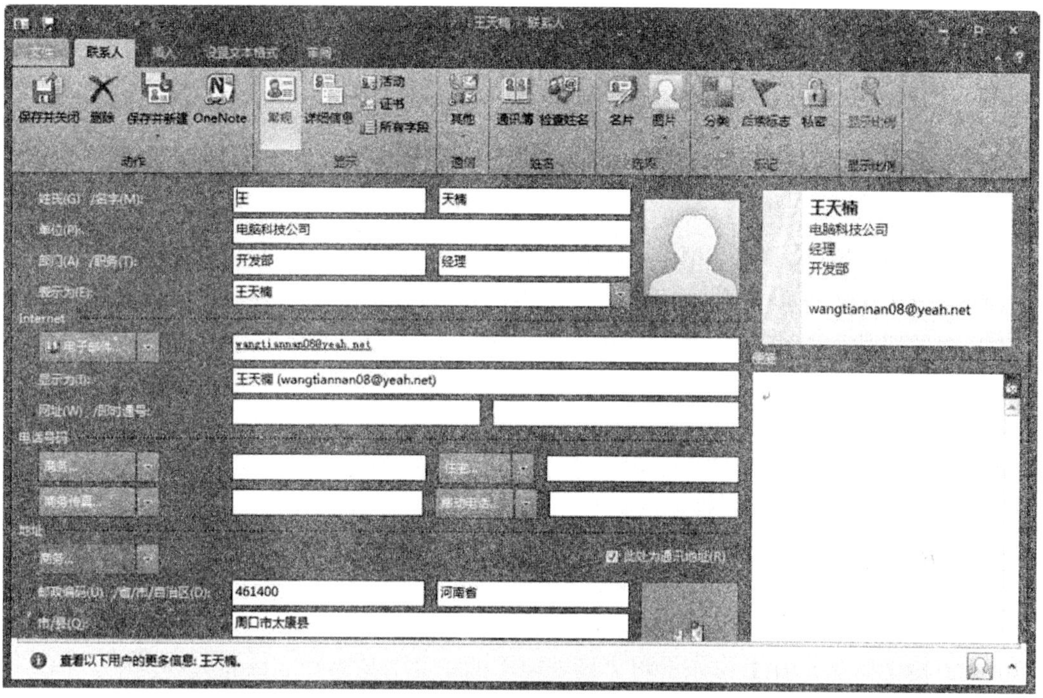
王天楠 - 联系人
文件
联系人
插入
设置文本格式
审阅
保存并关闭
删除
保存并新建
OneNote
常规
详细信息
活动
证书
所有字段
其他
通讯簿
检查姓名
名片
图片
分类
后续标志
私密
显示比例
动作
显示
通信
姓名
选项
标记
显示比例
姓氏(G) /名字(M):
王
天楠
单位(P):
电脑科技公司
部门(A) /职务(T):
开发部
经理
表示为(E):
王天楠
Internet
电子邮件...
wangtiannan08@yeah.net
显示为(I):
王天楠 (wangtiannan08@yeah.net)
网址(W) /即时通号:
电话号码
商务...
住宅...
商务传真...
移动电话...
地址
商务...
此处为通讯地址(R)
邮政编码(U) /省/市/自治区(D):
461400
河南省
市/县(Q):
周口市太康县
王天楠
电脑科技公司
经理
开发部
wangtiannan08@yeah.net
备注
查看以下用户的更多信息: 王天楠。

8.2　第 2 题

【操作要求】

请考生以 KS 邮箱登录，进入 Outlook，导入文件 A8.pst 至当前文件夹中，用导入的项目替换重复的项目，按下列要求进行操作。

1．处理电子邮件：

- 按【样文 8-2A】所示，答复王霞的邮件，并在答复的邮件中插入附件 C:\Win2010GJW\KSML1\KSWJ8-2.pptx。
- 按【样文 8-2B】所示，答复赵瑜的邮件，并抄送至赵树林，将邮件为收件人标记为“无须响应”，重要性设置为“高”。

2．调度日常安排：

- 按【样文 8-2C】所示，添加一次约会，主题为“庆祝建校二十周年”；地点为“学校操场”；时间为“2012 年 8 月 29 日”，8:00 开始，12:00 结束；提前 1 天提醒，并将此约会标记为私密。
- 按【样文 8-2D】所示，利用主题为“参加同学联欢会”的邮件定制一次约会，地点为“青年宾馆”；时间为“2012 年 9 月 30 日”，19:00 开始，21:00 结束，提前一小时提醒；并向 sunting80@sohu.com 发送邀请。
- 按【样文 8-2E】所示，将“杨立明”的相关信息添加到联系人列表中。

3．保存电子邮件：

- 以 A8-A.pst 为文件名将个人文件夹（包括子文件夹）导出至考生文件夹中，并设置保存密码为 ks8-2。

【样文 8-2A】

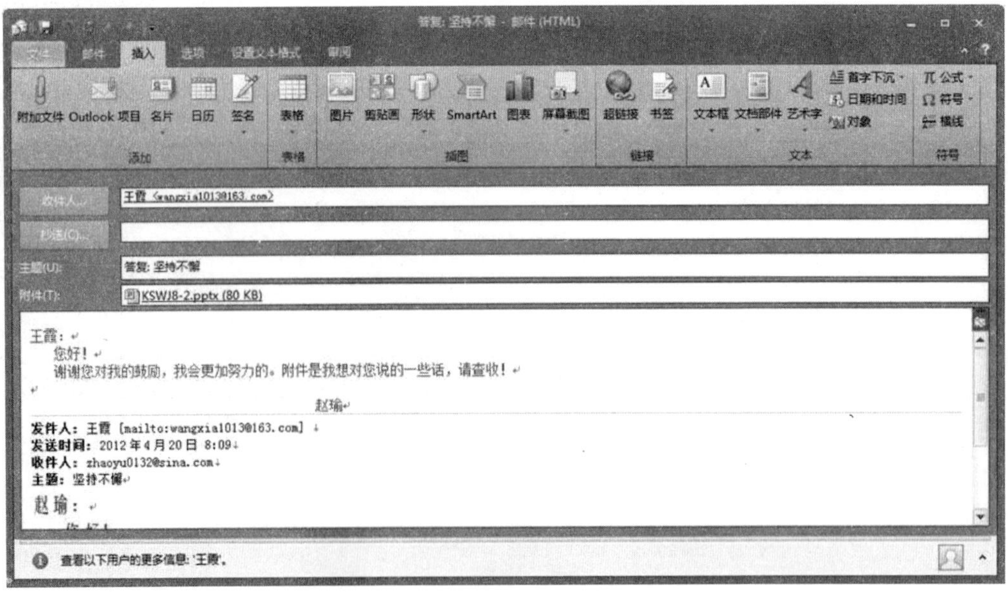

【样文 8-2B】

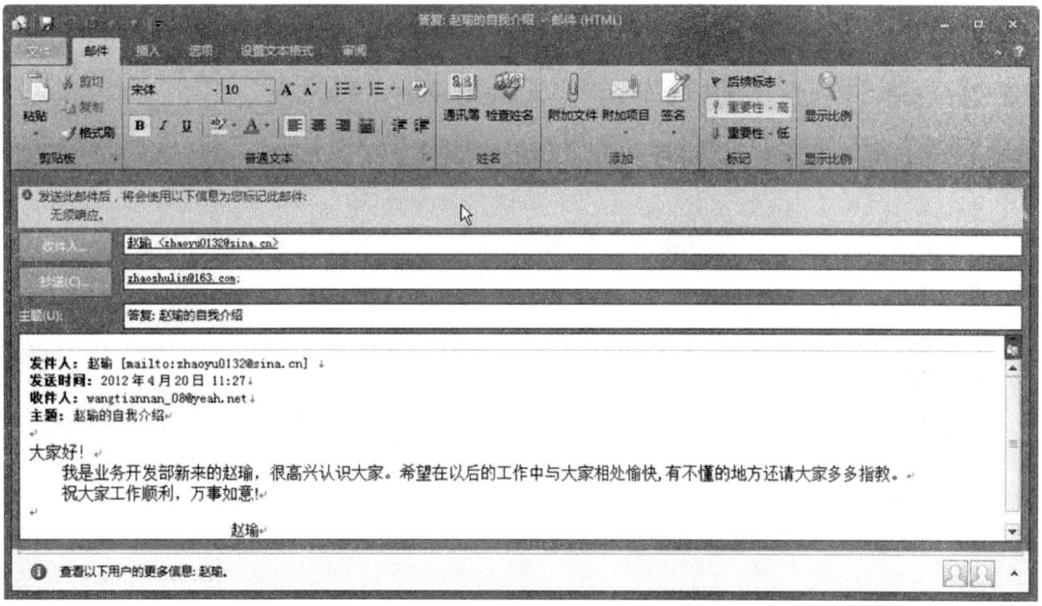
答复: 赵瑜的自我介绍 - 邮件 (HTML)
文件
邮件
插入
选项
设置文本格式
审阅
粘贴
剪切
复制
格式刷
剪贴板
宋体
10
普通文本
通讯簿
检查姓名
姓名
附加文件
附加项目
签名
添加
后续标志
重要性 - 高
重要性 - 低
标记
显示比例
发送此邮件后，将会使用以下信息为您标记此邮件:
无须响应。
收件人...
赵瑜 <zhaoyu0132@sina.cn>
抄送(C)...
zhaoshulin@163.com;
主题(U):
答复: 赵瑜的自我介绍
发件人：赵瑜 [mailto:zhaoyu0132@sina.cn]
发送时间：2012 年 4 月 20 日 11:27
收件人：wangtiannan_08@yeah.net
主题：赵瑜的自我介绍
大家好！
我是业务开发部新来的赵瑜，很高兴认识大家。希望在以后的工作中与大家相处愉快，有不懂的地方还请大家多多指教。
祝大家工作顺利，万事如意!
赵瑜
查看以下用户的更多信息: 赵瑜。

【样文 8-2C】

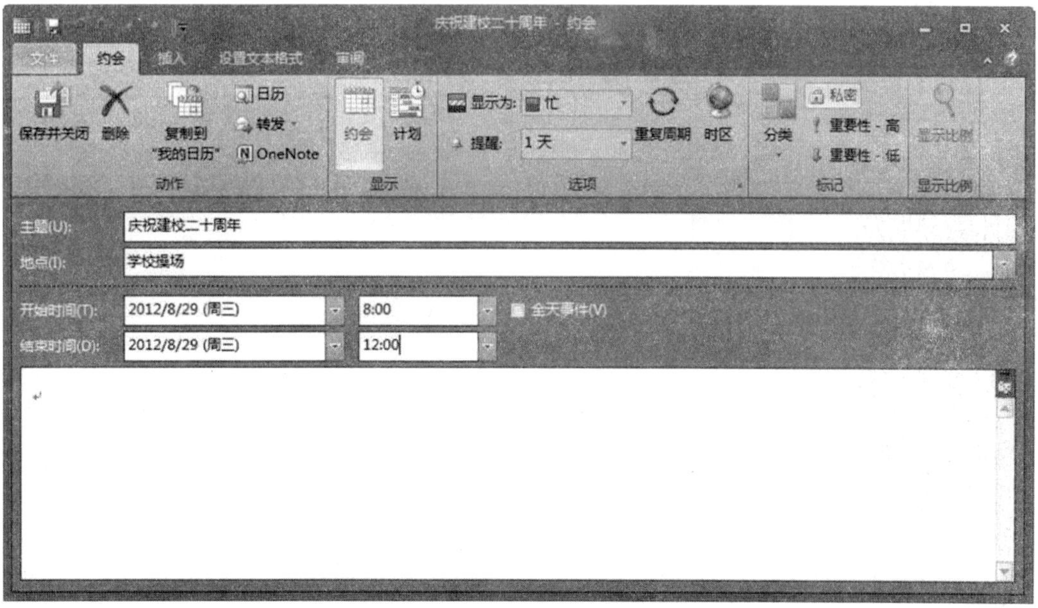
庆祝建校二十周年 - 约会
文件
约会
插入
设置文本格式
审阅
保存并关闭
删除
复制到
"我的日历"
日历
转发
OneNote
动作
约会
计划
显示
显示为:
忙
提醒:
1 天
重复周期
时区
选项
分类
私密
重要性 - 高
重要性 - 低
标记
显示比例
主题(U):
庆祝建校二十周年
地点(I):
学校操场
开始时间(T):
2012/8/29 (周三)
8:00
全天事件(V)
结束时间(D):
2012/8/29 (周三)
12:00

【样文 8-2D】

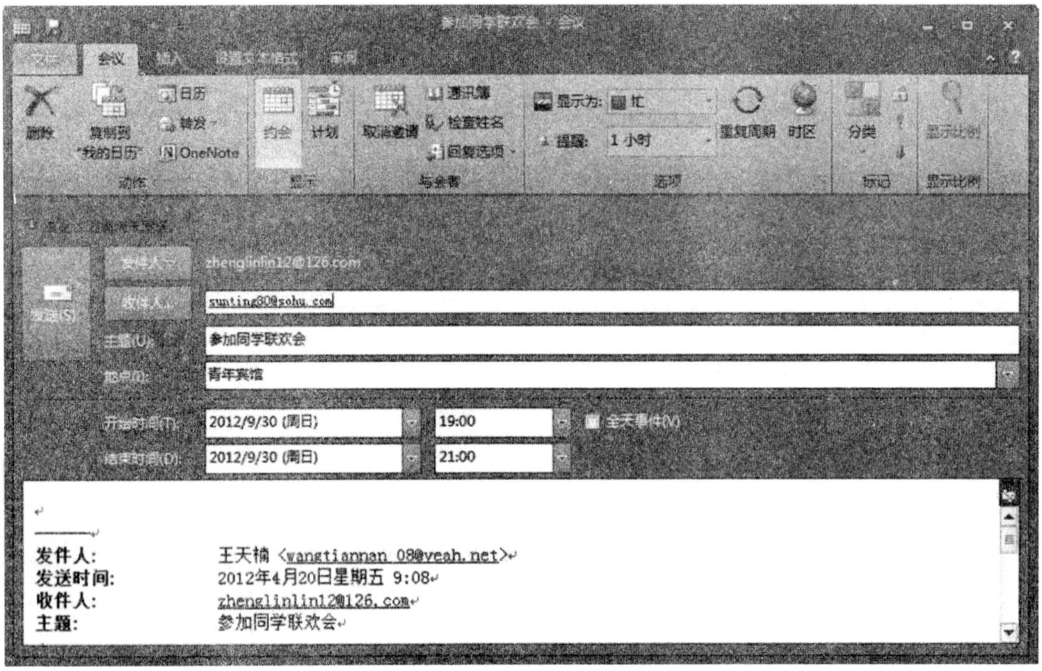
参加同学联欢会 - 会议
会议
删除
复制到"我的日历"
日历
转发
OneNote
约会
计划
取消邀请
通讯簿
检查姓名
回复选项
显示为: 忙
提醒: 1 小时
重复周期
时区
分类
显示比例
动作
显示
与会者
选项
标记
发件人
zhenglinlin12@126.com
收件人
发送(S)
sunting80@sohu.com
主题(U):
参加同学联欢会
地点(I):
青年宾馆
开始时间(T):
2012/9/30 (周日)
19:00
全天事件(V)
结束时间(D):
2012/9/30 (周日)
21:00
发件人:
王天楠 <wangtiannan_08@yeah.net>
发送时间:
2012年4月20日星期五 9:08
收件人:
zhenglinlin12@126.com
主题:
参加同学联欢会

【样文 8-2E】

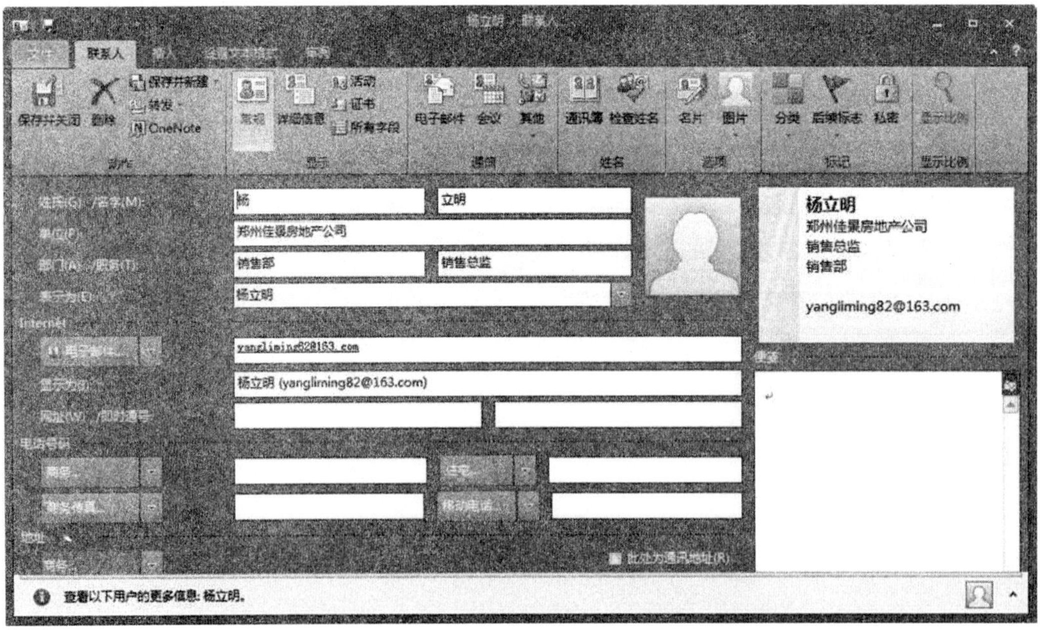
杨立明 - 联系人
联系人
保存并关闭
删除
保存并新建
转发
OneNote
常规
详细信息
活动
证书
所有字段
电子邮件
会议
其他
通讯簿
检查姓名
名片
图片
分类
后续标志
私密
显示比例
动作
显示
通信
姓名
选项
标记
杨
立明
郑州佳景房地产公司
销售部
销售总监
杨立明
杨立明
郑州佳景房地产公司
销售总监
销售部
yangliming82@163.com
yangliming82@163.com
杨立明 (yangliming82@163.com)
查看以下用户的更多信息: 杨立明。

8.3 第3题

【操作要求】

请考生以KS邮箱登录，进入Outlook，导入文件A8.pst至当前文件夹中，用导入的项目替换重复的项目，按下列要求进行操作。

1. 处理电子邮件：

- 按【样文8-3A】所示，将邮件“五一快乐”转发给张兰，并在转发的邮件中插入附件C:\Win2010GJW\KSML1\KSWJ8-3.xlsx。
- 按【样文8-3B】所示，答复邮件“坚持不懈”，并抄送给李明；将邮件为收件人标记为“仅供参考”，敏感度为“私密”，请在送达此邮件后给出“送达”回执。

2. 调度日常安排：

- 按【样文8-3C】所示，安排一次会议，主题为“关于绿云小区物业管理费的收缴”；地点为“物业管理办公室”；时间为“2012年6月5日”，16:30开始，17:30结束；并通知郑琳琳必须参加，提前2小时提醒。
- 按【样文8-3D】所示，安排主题为“劳动和社会保障部全国计算机信息高新技术考试”的任务日程；开始时间为2012年9月10日，结束时间为2012年9月12日，优先级为“高”，并在2012年9月9日18:00提醒。
- 按【样文8-3E】所示，将“白雪”的相关信息添加到联系人列表中。

3. 保存电子邮件：

- 以A8-A.pst为文件名将个人文件夹（包括子文件夹）导出至考生文件夹中，并设置保存密码为ks8-3。

【样文8-3A】

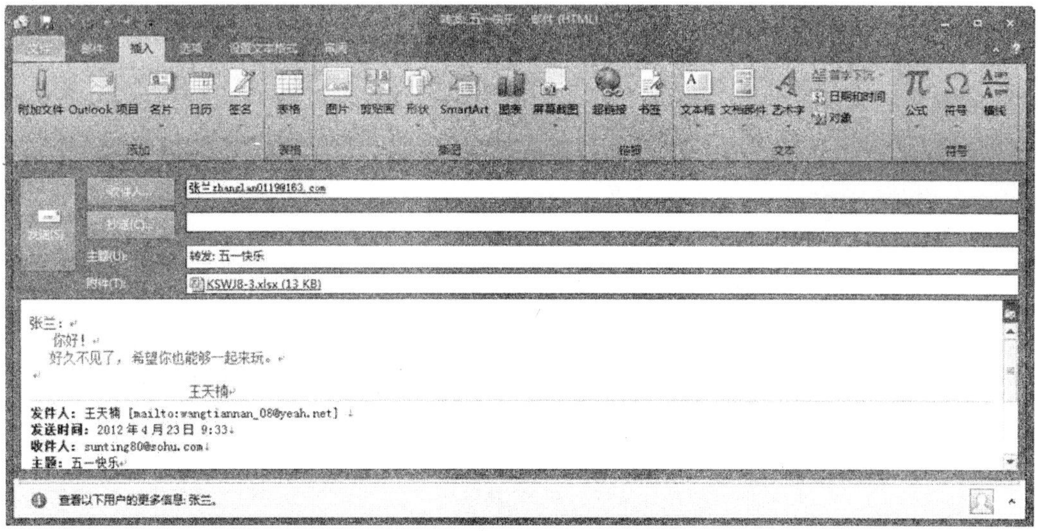

【样文 8-3B】

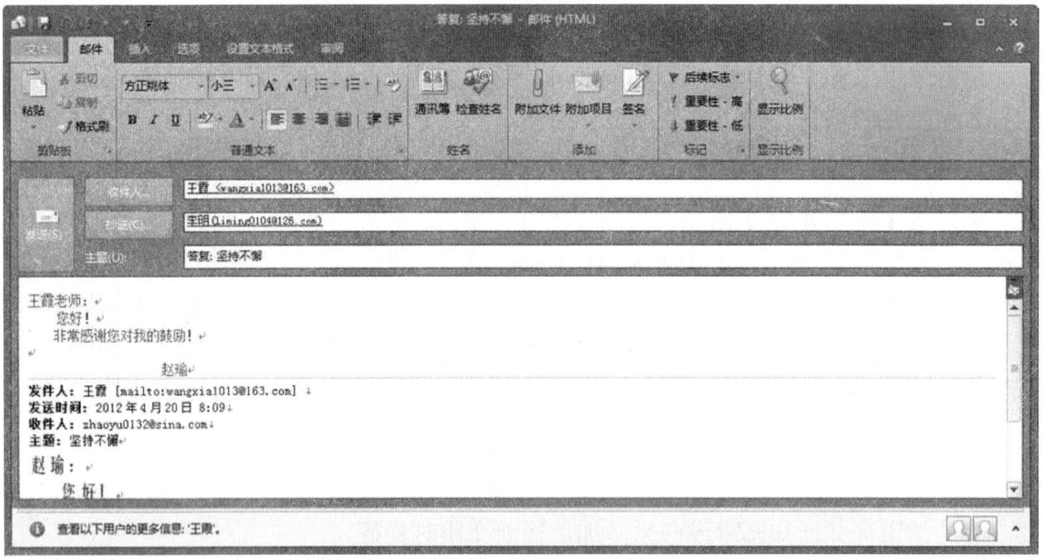
答复: 坚持不懈 - 邮件 (HTML)
文件
邮件
插入
选项
设置文本格式
审阅
粘贴
剪切
复制
格式刷
方正隶体
小三
通讯簿
检查姓名
附加文件
附加项目
签名
后续标志
重要性 - 高
重要性 - 低
显示比例
剪贴板
普通文本
姓名
添加
标记
显示比例
发送(S)
收件人...
抄送(C)...
主题(U):
王霞 <wangxia1013@163.com>
李明(liming0104@126.com)
答复: 坚持不懈
王霞老师：
您好！
非常感谢您对我的鼓励！
赵瑜
发件人：王霞 [mailto:wangxia1013@163.com]
发送时间：2012 年 4 月 20 日 8:09
收件人：zhaoyu0132@sina.com
主题：坚持不懈
赵瑜：
你好！
查看以下用户的更多信息: 王霞。

【样文 8-3C】

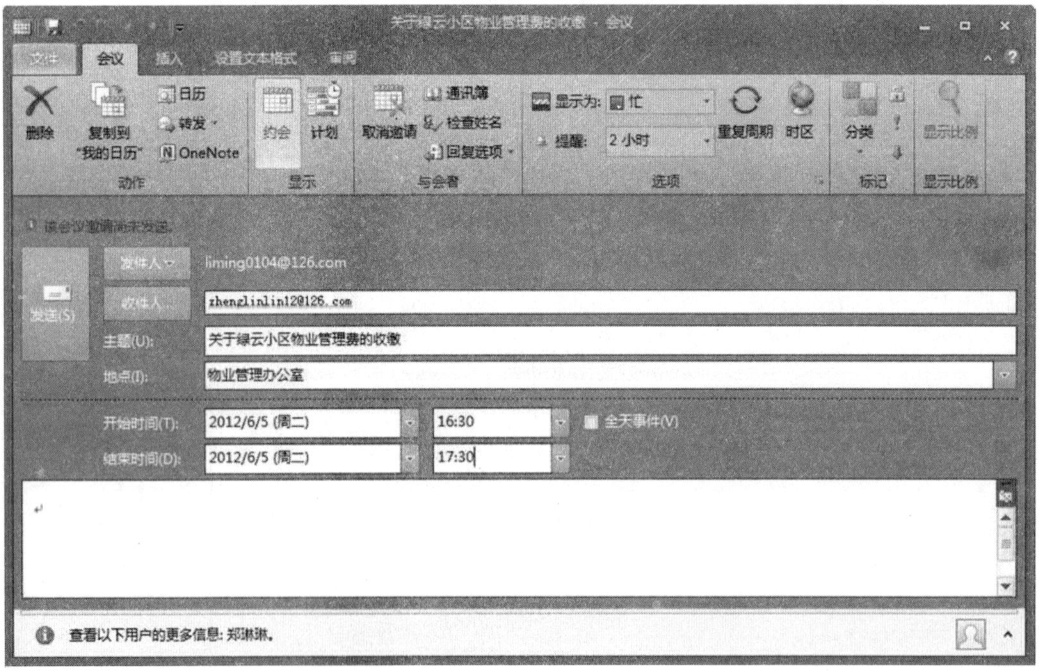
关于绿云小区物业管理费的收缴 - 会议
文件
会议
插入
设置文本格式
审阅
删除
复制到 "我的日历"
日历
转发
OneNote
约会
计划
取消邀请
通讯簿
检查姓名
回复选项
显示为:
忙
提醒:
2 小时
重复周期
时区
分类
显示比例
动作
显示
与会者
选项
标记
显示比例
该会议邀请尚未发送。
发件人
liming0104@126.com
收件人...
zhenglinlin12@126.com
发送(S)
主题(U):
关于绿云小区物业管理费的收缴
地点(I):
物业管理办公室
开始时间(T):
2012/6/5 (周二)
16:30
全天事件(V)
结束时间(D):
2012/6/5 (周二)
17:30
查看以下用户的更多信息: 郑琳琳。

【样文 8-3D】

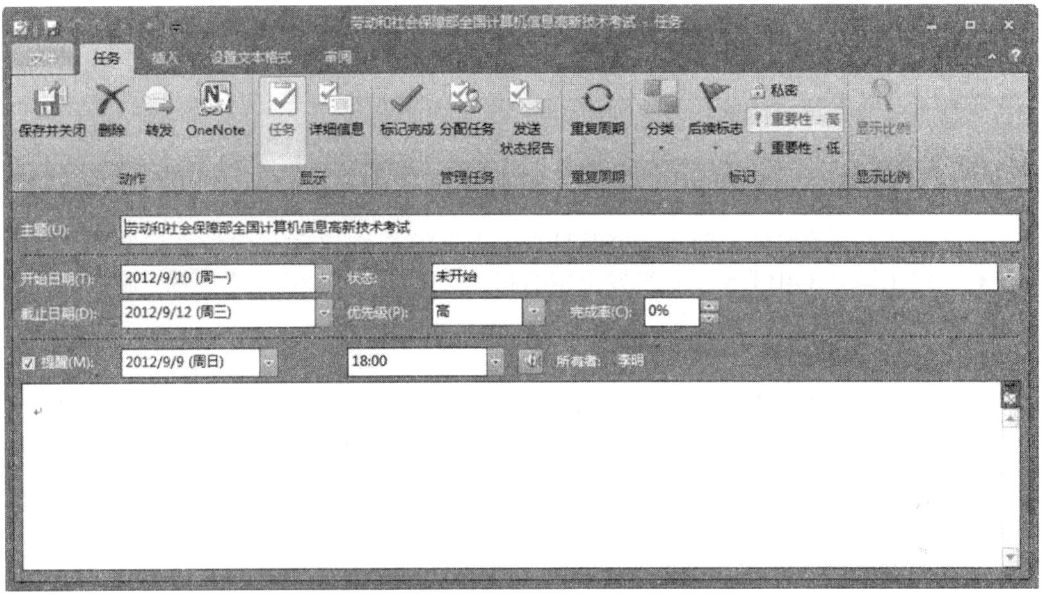
劳动和社会保障部全国计算机信息高新技术考试 - 任务
任务
保存并关闭
删除
转发
OneNote
详细信息
标记完成
分配任务
发送状态报告
重复周期
分类
后续标志
私密
重要性 - 高
重要性 - 低
显示比例
动作
显示
管理任务
标记
主题(U):
劳动和社会保障部全国计算机信息高新技术考试
开始日期(T):
2012/9/10 (周一)
状态:
未开始
截止日期(D):
2012/9/12 (周三)
优先级(P):
高
完成率(C):
0%
提醒(M):
2012/9/9 (周日)
18:00
所有者:
李明

【样文 8-3E】

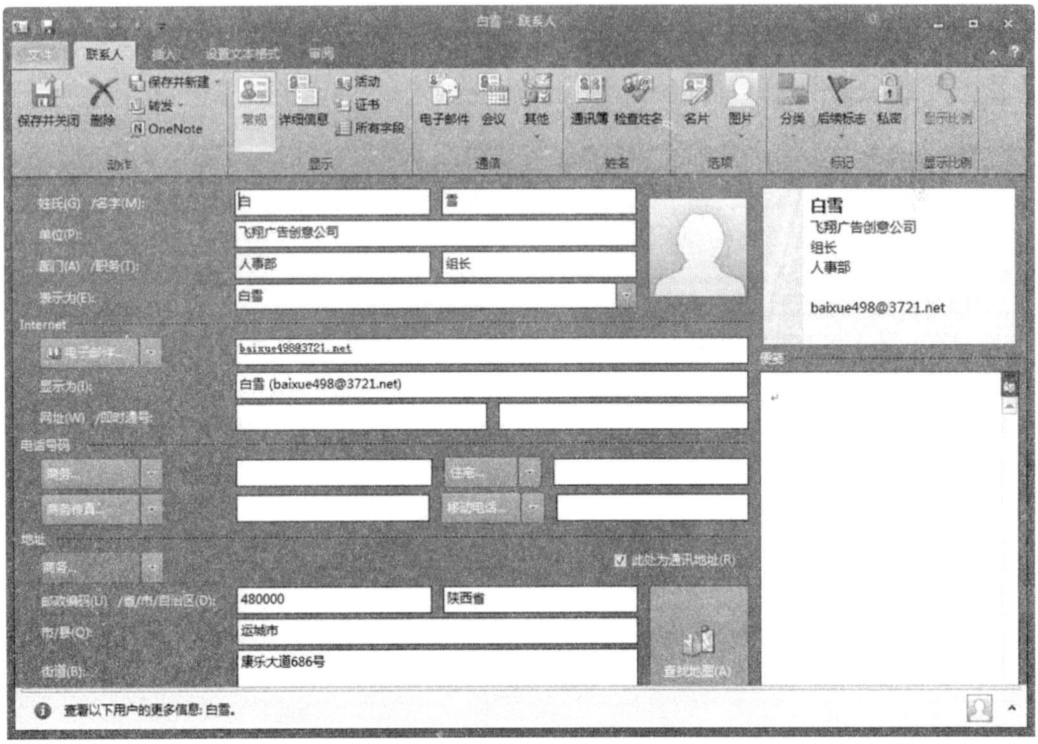
白雪 - 联系人
联系人
保存并关闭
删除
保存并新建
转发
OneNote
详细信息
活动
证书
所有字段
电子邮件
会议
其他
通讯簿
检查姓名
名片
图片
分类
后续标志
私密
显示比例
动作
显示
通信
姓名
选项
标记
白
雪
飞翔广告创意公司
人事部
组长
白雪
baixue498@3721.net
白雪 (baixue498@3721.net)
480000
陕西省
运城市
康乐大道686号
白雪
飞翔广告创意公司
组长
人事部
baixue498@3721.net
查看以下用户的更多信息: 白雪。

8.4　第 4 题

【操作要求】

请考生以 KS 邮箱登录，进入 Outlook，导入文件 A8.pst 至当前文件夹中，用导入的项目替换重复的项目，按下列要求进行操作。

1．**处理电子邮件：**

- 按【样文 8-4A】所示，创建一封新邮件，收件人是李明，主题是“元旦快乐”，并在发送的邮件中插入赵小虎的名片。
- 按【样文 8-4B】所示，转发王琪的邮件给张兰，并抄送至王天楠，将邮件为收件人标记为“请阅读”，重要性为“高”。

2．**调度日常安排：**

- 按【样文 8-4C】所示，安排一次主题为“参加老乡聚会”的个人约会，地点为“学校操场”，时间为“2012 年 10 月 10 日”，18:00 开始，22:00 结束；按年为周期，提前 3 小时提醒，定期模式为按年重复，并且重复 3 次后结束。
- 按【样文 8-4D】所示，为邮件“教师节快乐”添加“请打电话”的后续标志，设定开始时间为“2012 年 9 月 8 日”，截止时间为“2012 年 9 月 10 日”。
- 按【样文 8-4E】所示，将“秦军”的相关信息添加到联系人列表中。

3．**保存电子邮件：**

- 以 A8-A.pst 为文件名将个人文件夹（包括子文件夹）导出至考生文件夹中，并设置保存密码为 ks8-4。

【样文 8-4A】

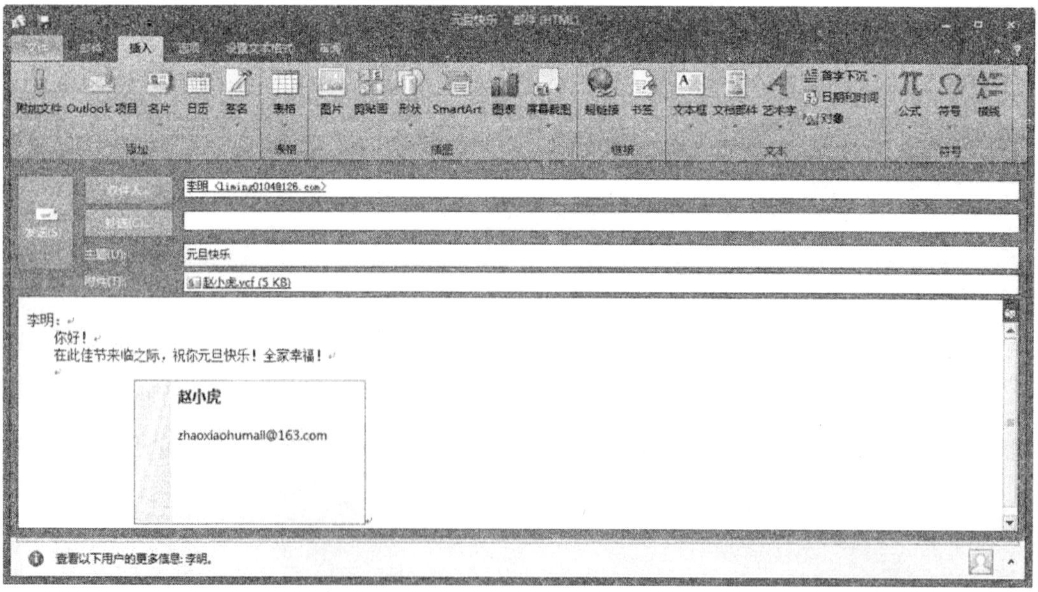

【样文 8-4B】

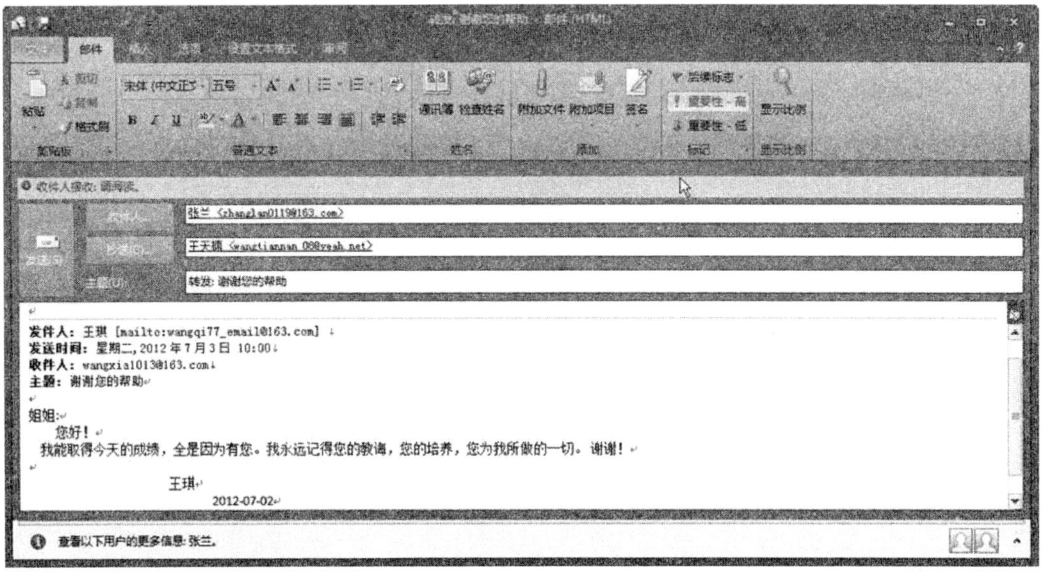
转发: 谢谢您的帮助
张兰 <zhanglan0119@163.com>
王天楠 <wangtiannan_08@yeah.net>
转发: 谢谢您的帮助
发件人: 王琪 [mailto:wangqi77_email@163.com]
发送时间: 星期二, 2012 年 7 月 3 日 10:00
收件人: wangxia1013@163.com
主题: 谢谢您的帮助
姐姐:
您好!
我能取得今天的成绩，全是因为有您。我永远记得您的教诲，您的培养，您为我所做的一切。谢谢!
王琪
2012-07-02
查看以下用户的更多信息: 张兰。

【样文 8-4C】

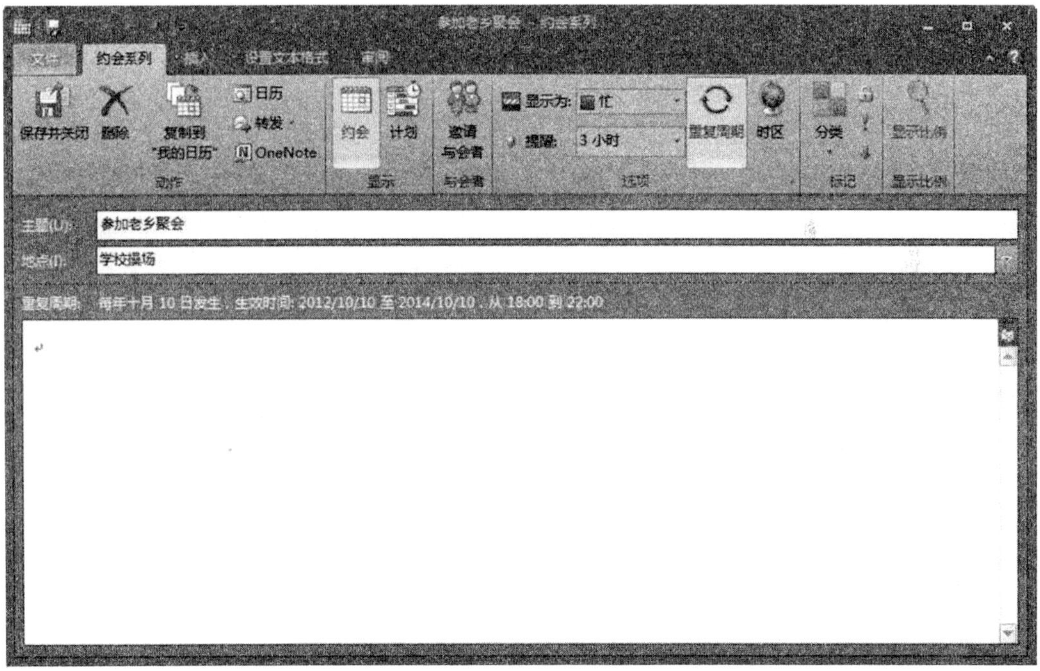
参加老乡聚会 - 约会系列
文件
约会系列
插入
设置文本格式
审阅
保存并关闭
删除
复制到"我的日历"
日历
转发
OneNote
约会
计划
邀请与会者
显示为: 忙
提醒: 3 小时
重复周期
时区
分类
显示比例
主题(U): 参加老乡聚会
地点(I): 学校操场
重复周期: 每年十月 10 日发生，生效时间 2012/10/10 至 2014/10/10，从 18:00 到 22:00

【样文 8-4D】

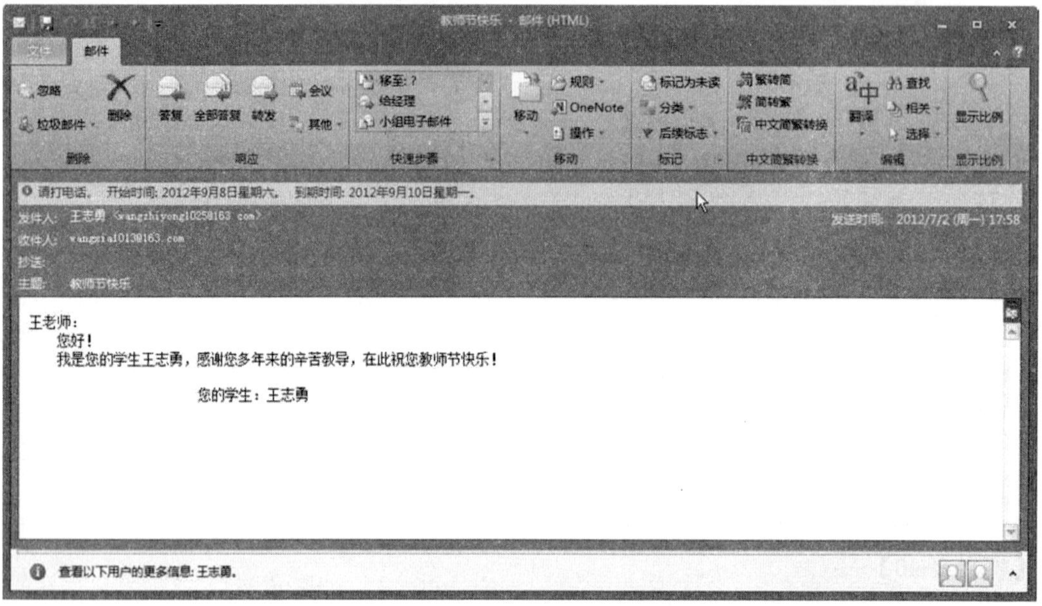
教师节快乐 - 邮件 (HTML)
请打电话。 开始时间: 2012年9月8日星期六。 到期时间: 2012年9月10日星期一。
王老师：
您好！
我是您的学生王志勇，感谢您多年来的辛苦教导，在此祝您教师节快乐！
您的学生：王志勇
查看以下用户的更多信息: 王志勇。

【样文 8-4E】

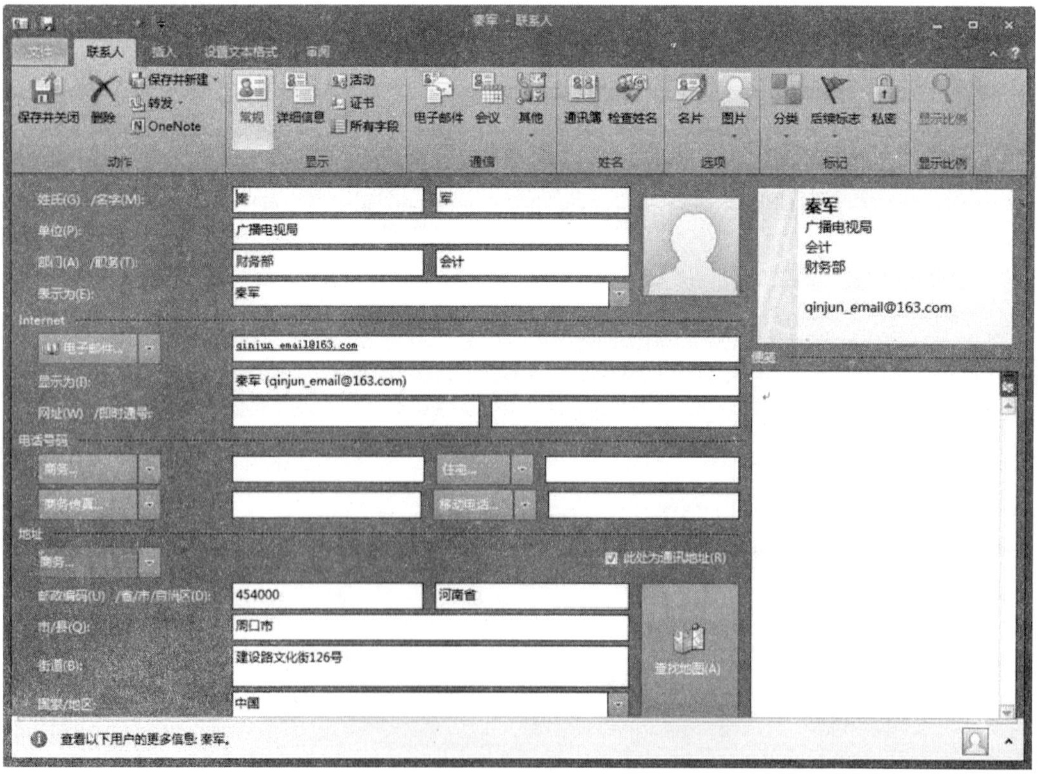
秦军 - 联系人
秦
军
广播电视局
财务部
会计
秦军
qinjun_email@163.com
秦军 (qinjun_email@163.com)
秦军
广播电视局
会计
财务部
qinjun_email@163.com
454000
河南省
周口市
建设路文化街126号
中国
查看以下用户的更多信息: 秦军。

8.5　第 5 题

【操作要求】

请考生以 KS 邮箱登录，进入 Outlook，导入文件 A8.pst 至当前文件夹中，用导入的项目替换重复的项目，按下列要求进行操作。

1．处理电子邮件：

- 按【样文 8-5A】所示，答复收件箱中的邮件“上大学的建议”，并在答复的邮件中插入附件 C:\Win2010GJW\KSML1\KSWJ8-5.docx。
- 按【样文 8-5B】所示，转发赵小虎的邮件给王霞，并抄送至张兰，将邮件为收件人标记为“请答复”，重要性设置为“高”。

2．调度日常安排：

- 按【样文 8-5C】所示，安排一次约会，主题为“面试”；地点为“办公室”；时间为“2012 年 8 月 20 日”，8:00 开始，9:00 结束；提前 30 分钟提醒，并将此约会标记为私密，重要性为高。
- 按【样文 8-5D】所示，利用主题为“学习刑法”的邮件安排一次会议，地点为“学校演播大厅”；时间为“2012 年 10 月 1 日”，8:00 开始，11:00 结束，提前一天提醒；赵小虎是必选与会者，李明是可选与会者。
- 按【样文 8-5E】所示，将“李博”的相关信息添加到联系人列表中。

3．保存电子邮件：

- 以 A8-A.pst 为文件名将个人文件夹（包括子文件夹）导出至考生文件夹中，并设置保存密码为 ks8-5。

【样文 8-5A】

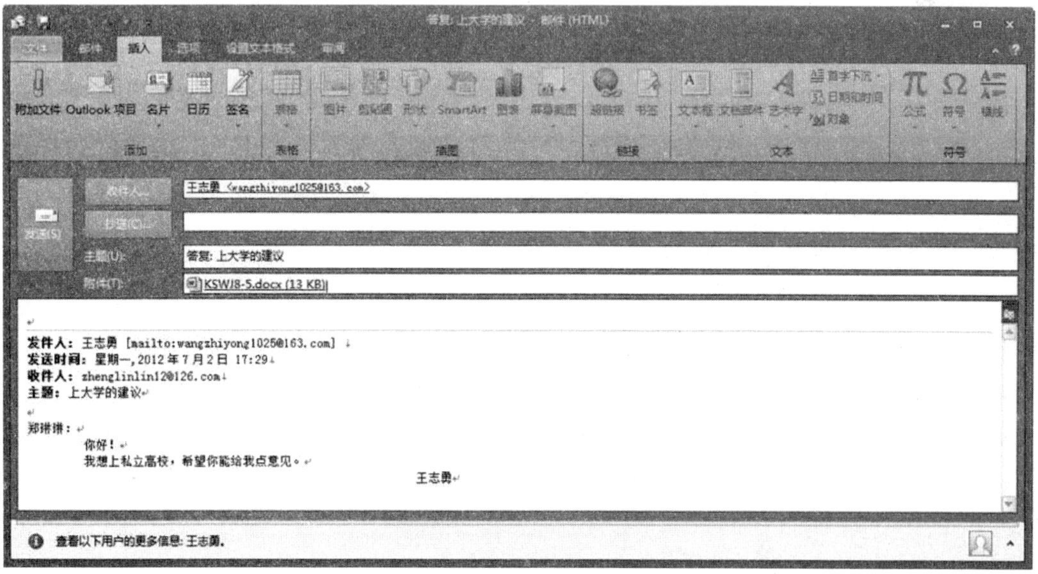

【样文 8-5B】

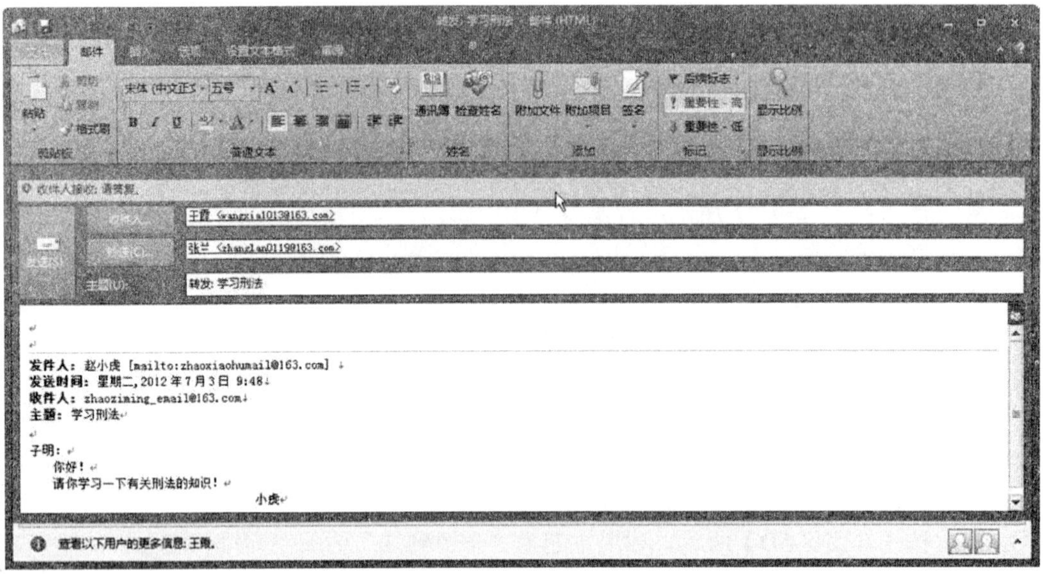
转发: 学习刑法
发件人：赵小虎 [mailto:zhaoxiaohumail@163.com]
发送时间：星期二，2012 年 7 月 3 日 9:48
收件人：zhaoziming_email@163.com
主题：学习刑法
子明：
你好！
请你学习一下有关刑法的知识！
小虎

【样文 8-5C】

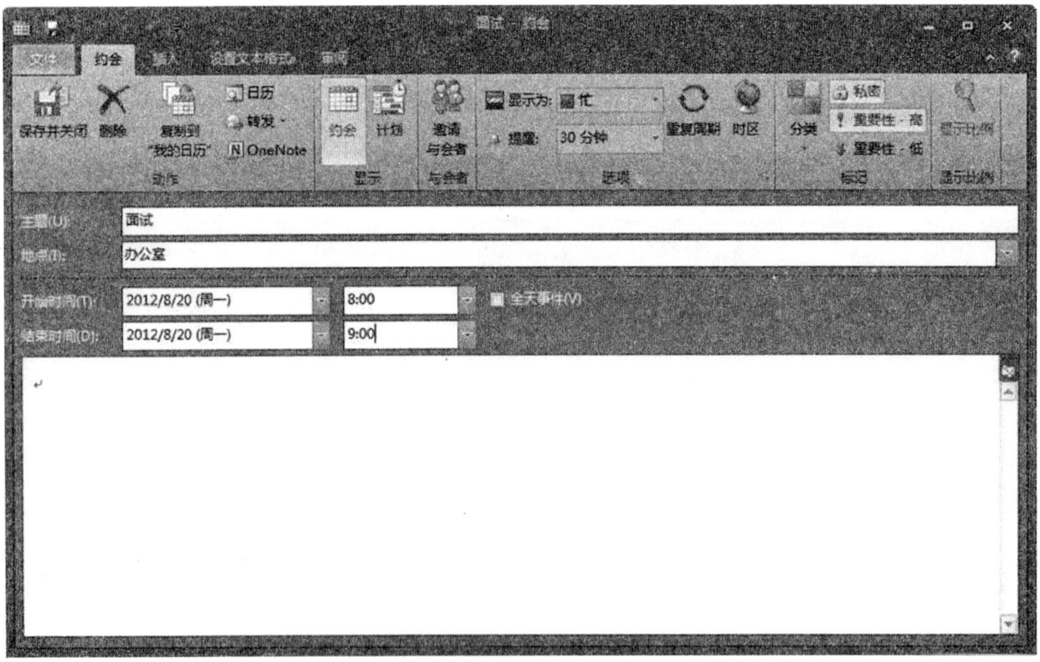
面试 - 约会
保存并关闭
删除
约会
计划
显示为:
提醒:
30 分钟
重复周期
时区
分类
私密
重要性 - 高
重要性 - 低
面试
办公室
2012/8/20 (周一)
8:00
2012/8/20 (周一)
9:00
全天事件(V)

【样文 8-5D】

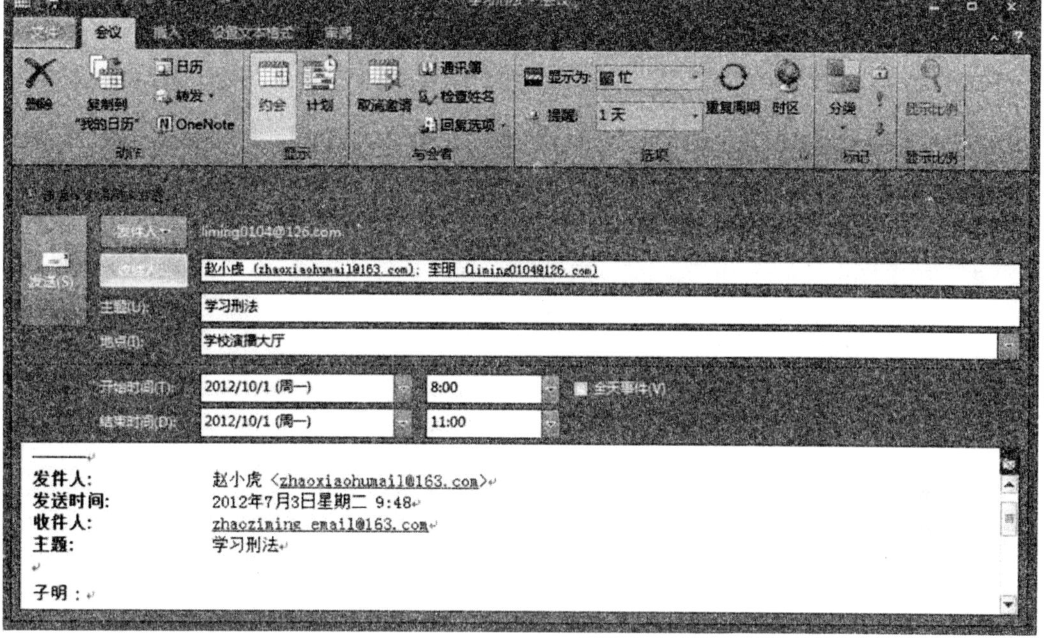
学习刑法 - 会议
会议
删除
复制到"我的日历"
日历
转发
OneNote
动作
约会
计划
显示
取消邀请
通讯簿
检查姓名
回复选项
与会者
显示为: 忙
提醒: 1天
重复周期
时区
选项
分类
标记
显示比例
liming0104@126.com
发送(S)
赵小虎 (zhaoxiaohumail@163.com); 李明 (liming0104@126.com)
主题(U):
学习刑法
地点(I):
学校演播大厅
开始时间(T):
2012/10/1 (周一)
8:00
全天事件(V)
结束时间(D):
2012/10/1 (周一)
11:00
发件人:
赵小虎 <zhaoxiaohumail@163.com>
发送时间:
2012年7月3日星期二 9:48
收件人:
zhaoziming_email@163.com
主题:
学习刑法
子明:

【样文 8-5E】

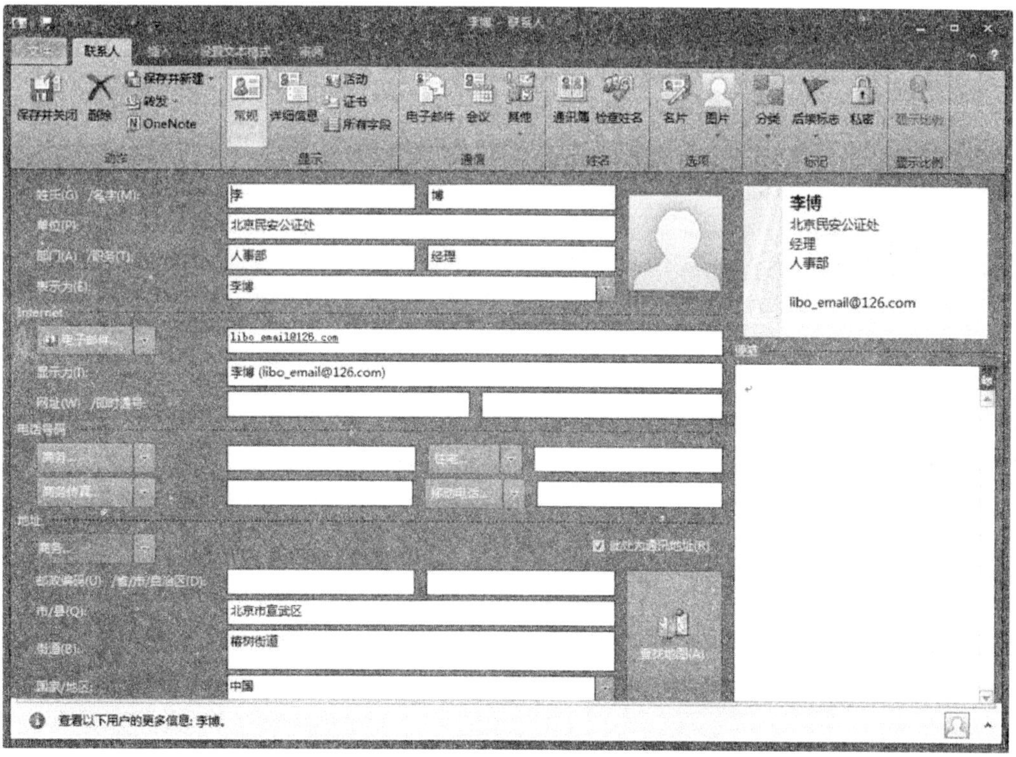
李博 - 联系人
联系人
保存并关闭
删除
保存并新建
转发
OneNote
动作
常规
详细信息
活动
证书
所有字段
显示
电子邮件
会议
其他
通信
通讯簿
检查姓名
姓名
名片
图片
选项
分类
后续标志
私密
标记
显示比例
李
博
北京民安公证处
人事部
经理
李博
李博
北京民安公证处
经理
人事部
libo_email@126.com
Internet
电子邮件...
libo_email@126.com
显示为(I):
李博 (libo_email@126.com)
电话号码
地址
北京市宣武区
椿树街道
中国
查看以下用户的更多信息: 李博。

8.6　第 6 题

【操作要求】

请考生以 KS 邮箱登录，进入 Outlook，导入文件 A8.pst 至当前文件夹中，用导入的项目替换重复的项目，按下列要求进行操作。

1．处理电子邮件：

- 按【样文 8-6A】所示，答复秦军的邮件，并在答复的邮件中插入附件 C:\Win2010GJW\KSML1\KSWJ8-6.docx。
- 按【样文 8-6B】所示，转发王冰的邮件给丁丽，并抄送至王占永，将邮件为收件人标记为“请全部答复”，重要性为“低”。

2．调度日常安排：

- 按【样文 8-6C】所示，添加一次约会，主题为“常规训练”；地点为“学校操场”；时间为“2012 年 9 月 29 日”，8:00 开始，10:00 结束；按周为周期，提前 1 天提醒，并将此约会标记为私密，重要性为“高”。
- 按【样文 8-6D】所示，添加一次日记条目，主题为“打扫卫生”；条目类型为“电子邮件”；开始时间为“2012 年 9 月 28 日 8:30”；持续时间为“30 分钟”；并将此日记条目标记为私密，分类标记为“紫色类别”。
- 按【样文 8-6E】所示，将“刘建”的相关信息添加到联系人列表中。

3．保存电子邮件：

- 以 A8-A.pst 为文件名将个人文件夹（包括子文件夹）导出至考生文件夹中，并设置保存密码为 ks8-6。

【样文 8-6A】

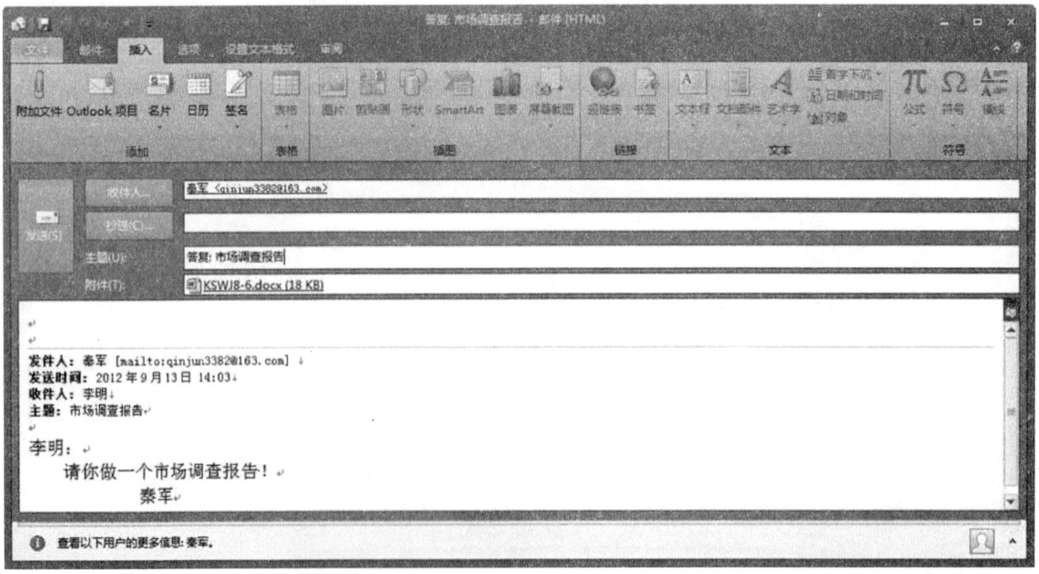

【样文 8-6B】

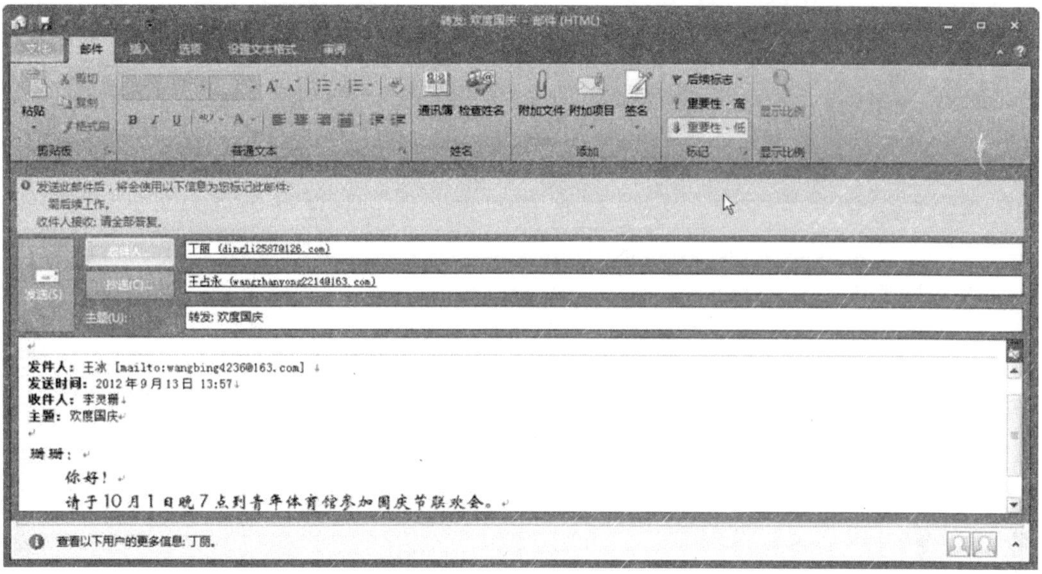
转发: 欢度国庆 - 邮件 (HTML)
发送此邮件后，将会使用以下信息为您标记此邮件:
请后续工作。
收件人接收: 请全部答复。
丁丽 (dingli25879126.com)
王占永 (wangzhanyong22148163.com)
转发: 欢度国庆
发件人: 王冰 [mailto:wangbing42360163.com]
发送时间: 2012 年 9 月 13 日 13:57
收件人: 李灵珊
主题: 欢度国庆
珊珊:
你好!
请于 10 月 1 日晚 7 点到青年体育馆参加国庆节联欢会。
查看以下用户的更多信息: 丁丽。

【样文 8-6C】

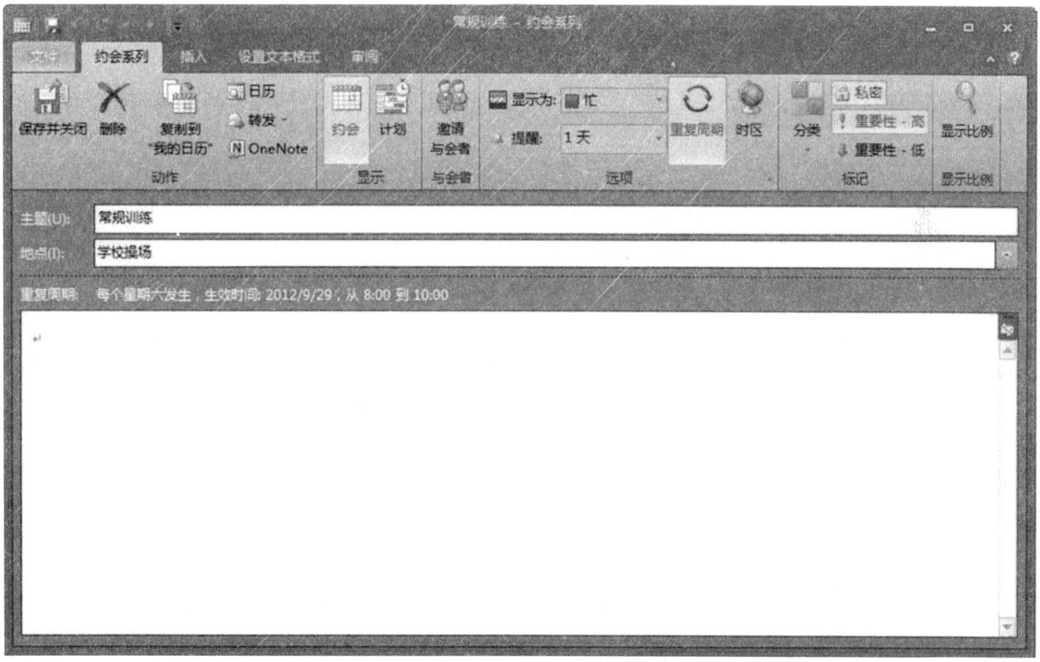
常规训练 - 约会系列
约会系列
保存并关闭
删除
复制到"我的日历"
日历
转发
OneNote
约会
计划
邀请与会者
显示为: 忙
提醒: 1天
重复周期
时区
分类
私密
重要性 - 高
重要性 - 低
显示比例
主题(U): 常规训练
地点(I): 学校操场
重复周期: 每个星期六发生，生效时间: 2012/9/29，从 8:00 到 10:00

【样文 8-6D】

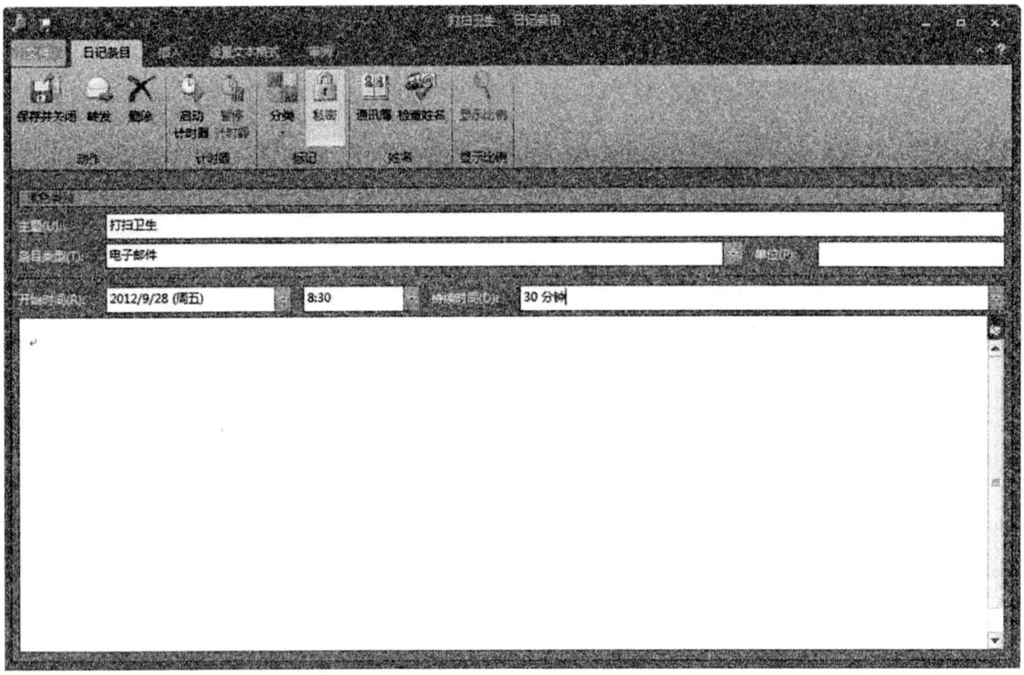
日记条目
保存并关闭
转发
删除
启动计时器
分类
私密
通讯簿
检查姓名
显示比例
打扫卫生
电子邮件
2012/9/28 (周五)
8:30
30 分钟

【样文 8-6E】

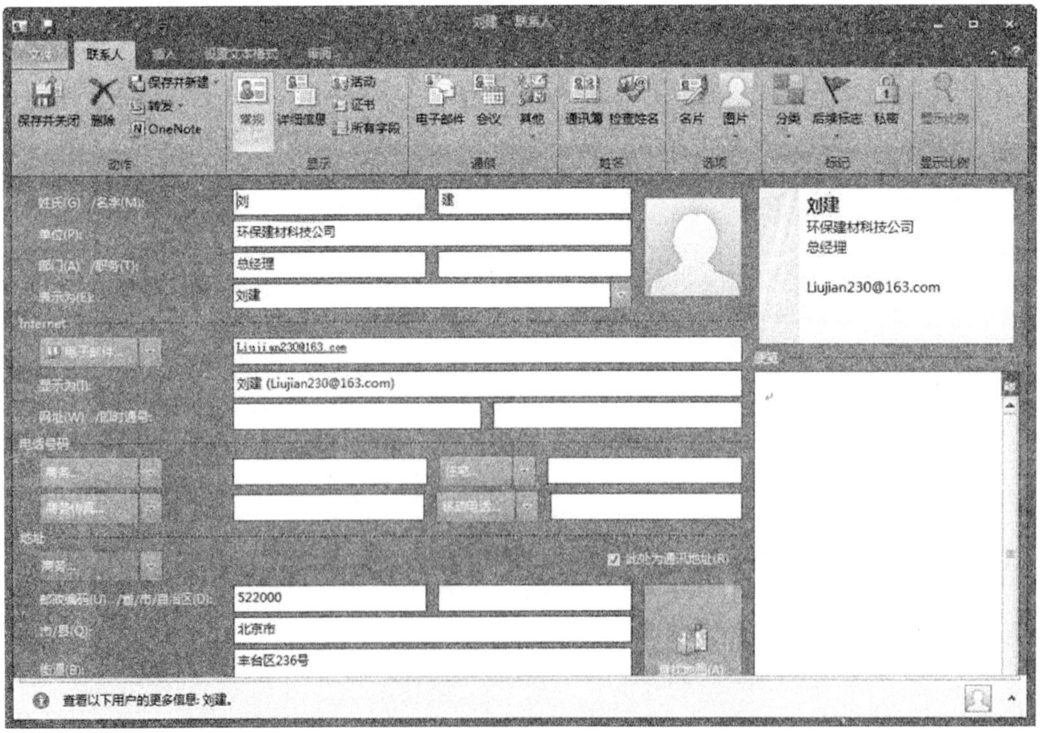
联系人
保存并关闭
删除
保存并新建
转发
OneNote
常规
详细信息
活动
证书
所有字段
电子邮件
会议
其他
通讯簿
检查姓名
名片
图片
分类
后续标志
私密
刘
建
环保建材科技公司
总经理
刘建
Liujian230@163.com
刘建 (Liujian230@163.com)
522000
北京市
丰台区236号
查看以下用户的更多信息: 刘建.

8.7　第 7 题

【操作要求】

请考生以 KS 邮箱登录，进入 Outlook，导入文件 A8.pst 至当前文件夹中，用导入的项目替换重复的项目，按下列要求进行操作。

1. **处理电子邮件：**

- 按【样文 8-7A】所示，答复赵瑜的邮件，并在答复的邮件中插入附件 C:\Win2010GJW\KSML1\KSWJ8-7.pptx。
- 按【样文 8-7B】所示，答复王天楠的邮件，并抄送至路瑶，将邮件为收件人标记为“请审阅”，重要性设置为“高”，敏感度为“机密”。

2. **调度日常安排：**

- 按【样文 8-7C】所示，添加一次约会，主题为“学习 Flash 动画”；地点为“学校演播大厅”；时间为“2012 年 11 月 29 日”，9:00 开始，11:00 结束；提前 6 小时提醒，并将此约会标记为“私密”。
- 按【样文 8-7D】所示，利用主题为“生日快乐”的邮件定制一次约会，地点为“李灵珊的家”；时间为“2012 年 5 月 15 日”，10:00 开始，14:00 结束，提前一小时提醒；并向王霞发送邀请。
- 按【样文 8-7E】所示，将“孙淼”的相关信息添加到联系人列表中。

3. **保存电子邮件：**

- 以 A8-A.pst 为文件名将个人文件夹（包括子文件夹）导出至考生文件夹中，并设置保存密码为 ks8-7。

【样文 8-7A】

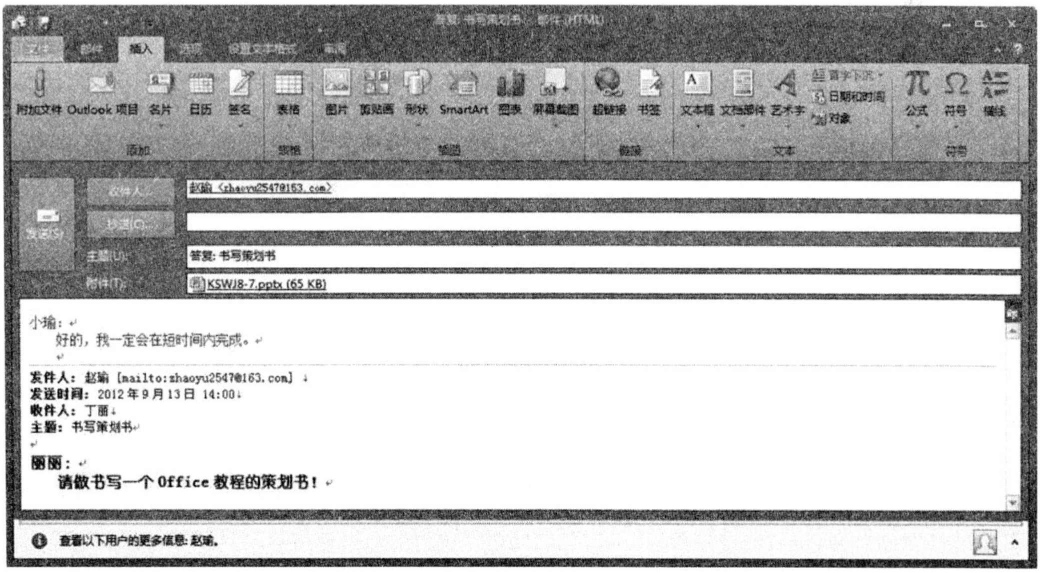

【样文 8-7B】

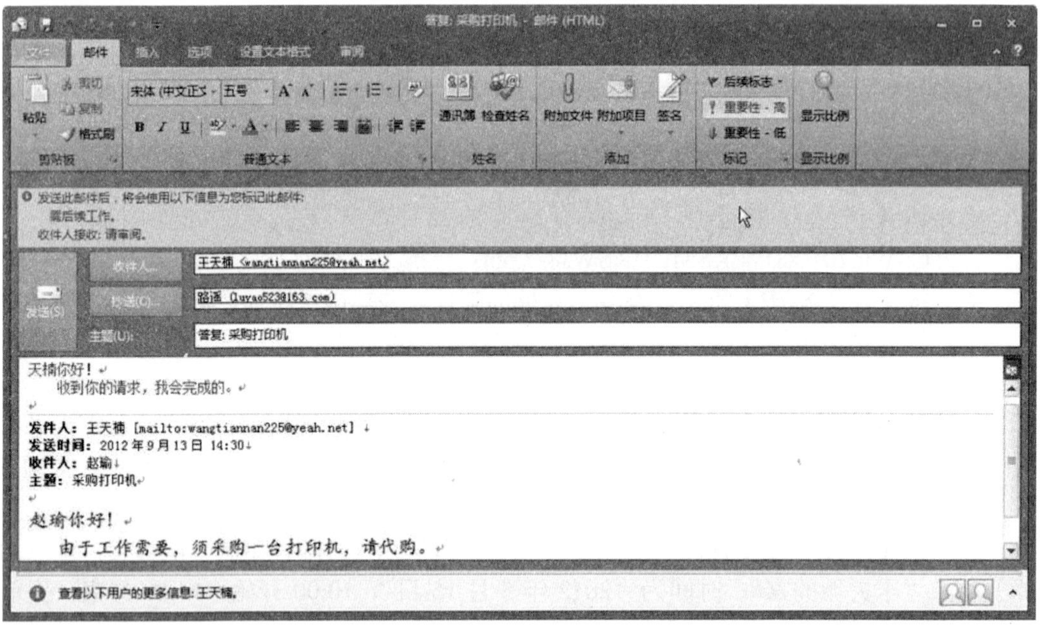
答复: 采购打印机 - 邮件 (HTML)
发送此邮件后，将会使用以下信息为您标记此邮件:
需后续工作。
收件人接收: 请审阅。
王天楠 <wangtiannan225@yeah.net>
路遥 (luyao523@163.com)
答复: 采购打印机
天楠你好！
收到你的请求，我会完成的。
发件人：王天楠 [mailto:wangtiannan225@yeah.net]
发送时间：2012 年 9 月 13 日 14:30
收件人：赵瑜
主题：采购打印机
赵瑜你好！
由于工作需要，须采购一台打印机，请代购。
查看以下用户的更多信息: 王天楠。

【样文 8-7C】

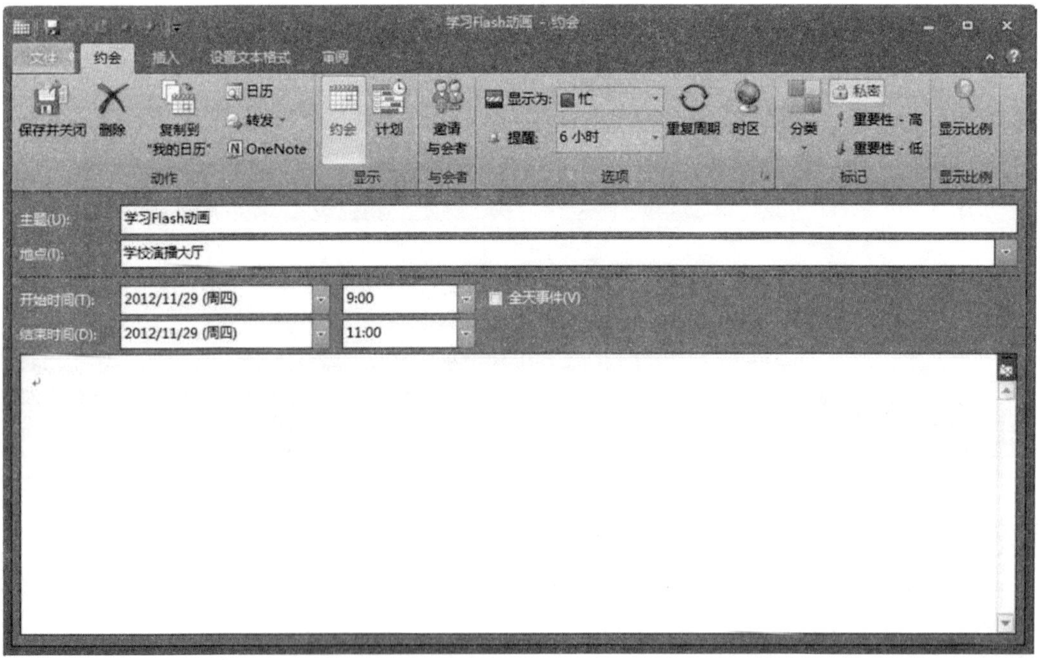
学习Flash动画 - 约会
保存并关闭
删除
复制到"我的日历"
日历
转发
OneNote
约会
计划
邀请与会者
显示为: 忙
提醒: 6 小时
重复周期
时区
分类
私密
重要性 - 高
重要性 - 低
显示比例
主题(U): 学习Flash动画
地点(I): 学校演播大厅
开始时间(T): 2012/11/29 (周四) 9:00
全天事件(V)
结束时间(D): 2012/11/29 (周四) 11:00

【样文 8-7D】

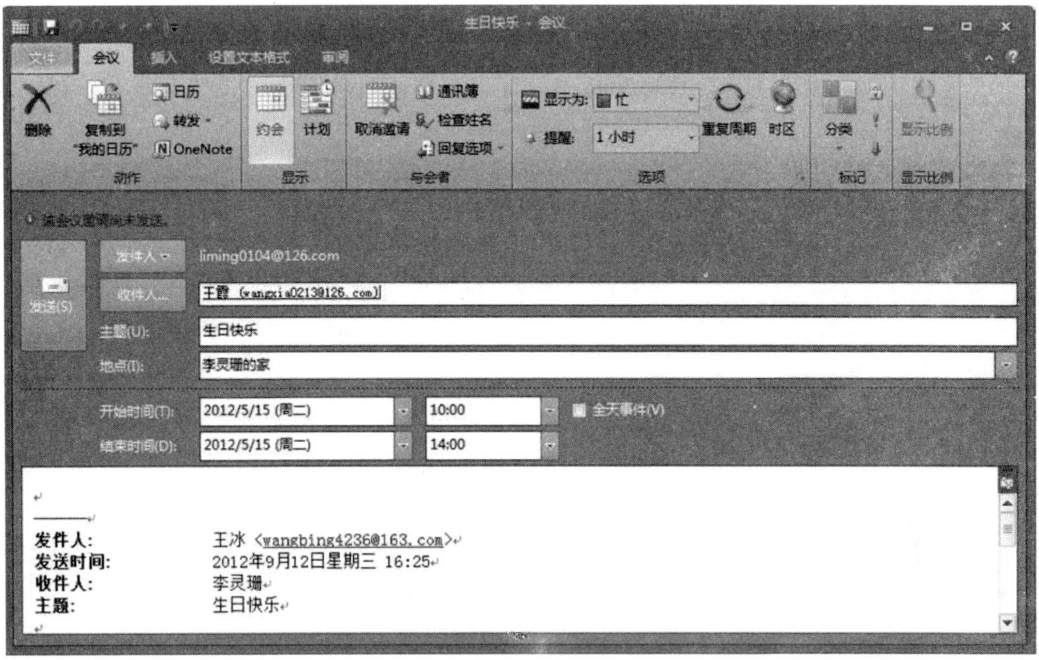
生日快乐 - 会议
文件
会议
插入
设置文本格式
审阅
删除
复制到"我的日历"
日历
转发
OneNote
动作
约会
计划
显示
取消邀请
通讯簿
检查姓名
回复选项
与会者
显示为:
忙
提醒:
1 小时
重复周期
时区
选项
分类
标记
显示比例
发件人
liming0104@126.com
发送(S)
收件人...
主题(U):
生日快乐
地点(I):
李灵珊的家
开始时间(T):
2012/5/15 (周二)
10:00
全天事件(V)
结束时间(D):
2012/5/15 (周二)
14:00
发件人:
王冰 <wangbing4236@163.com>
发送时间:
2012年9月12日星期三 16:25
收件人:
李灵珊
主题:
生日快乐

【样文 8-7E】

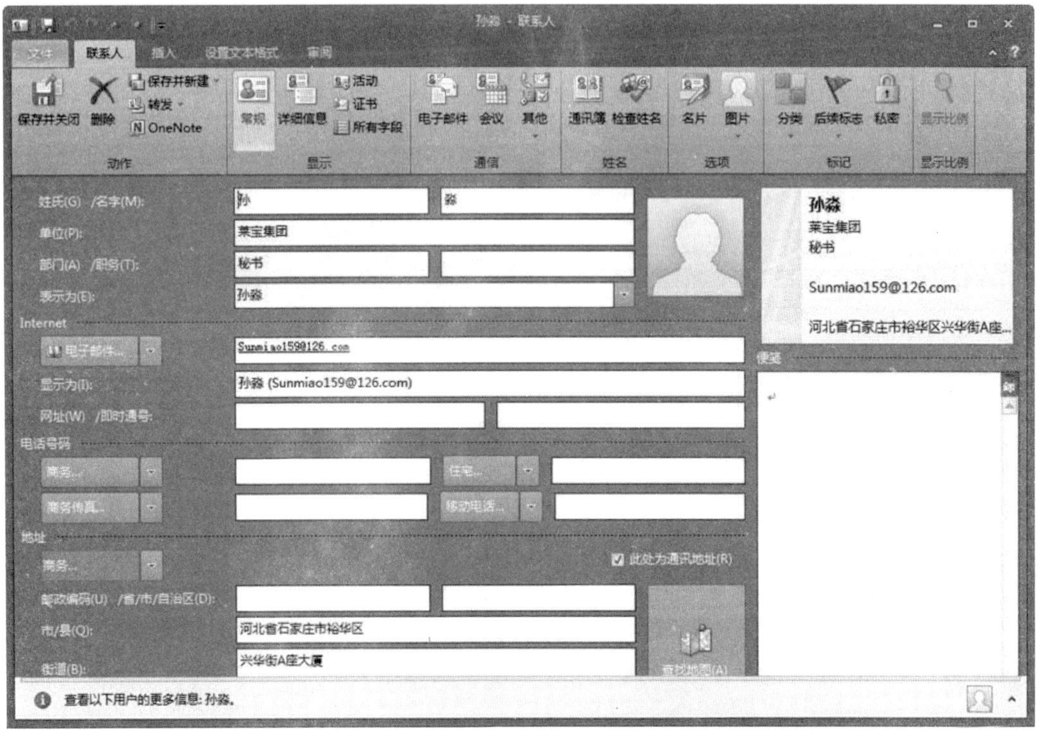
孙淼 - 联系人
文件
联系人
插入
设置文本格式
审阅
保存并关闭
删除
保存并新建
转发
OneNote
动作
常规
详细信息
活动
证书
所有字段
显示
电子邮件
会议
其他
通信
通讯簿
检查姓名
姓名
名片
图片
选项
分类
后续标志
私密
标记
显示比例
姓氏(G) /名字(M):
孙
淼
单位(P):
莱宝集团
部门(A) /职务(T):
秘书
表示为(E):
孙淼
孙淼
莱宝集团
秘书
Sunmiao159@126.com
河北省石家庄市裕华区兴华街A座...
Internet
电子邮件...
Sunmiao159@126.com
显示为(I):
孙淼 (Sunmiao159@126.com)
网址(W) /即时通号:
便笺
电话号码
商务...
住宅...
商务传真...
移动电话...
地址
商务...
此处为通讯地址(R)
邮政编码(U) /省/市/自治区(D):
市/县(Q):
河北省石家庄市裕华区
街道(B):
兴华街A座大厦
查找地图(A)
查看以下用户的更多信息: 孙淼.

8.8　第 8 题

【操作要求】

请考生以 KS 邮箱登录，进入 Outlook，导入文件 A8.pst 至当前文件夹中，用导入的项目替换重复的项目，按下列要求进行操作。

1．**处理电子邮件：**

- 按【样文 8-8A】所示，将邮件“参考资料”转发给林丽娟，并在转发的邮件中插入附件 C:\Win2010GJW\KSML1\KSWJ8-8.xlsx。
- 按【样文 8-8B】所示，答复邮件“接收硬盘”，并抄送给李宁；将邮件为收件人标记为“请打电话”，敏感度为“个人”，请在送达此邮件后给出“送达”回执。

2．**调度日常安排：**

- 按【样文 8-8C】所示，安排一次会议，主题为“经济宏观调控”；地点为“高法宾馆八楼”；时间为“2012 年 9 月 5 日”，14:00 开始，17:00 结束；并通知刘云必须参加，提前 4 小时提醒。
- 按【样文 8-8D】所示，安排主题为“维修德银商贸城供电线路”的任务日程；开始时间为 2012 年 8 月 12 日，结束时间为 2012 年 8 月 14 日，优先级为“高”，分类标记为“橙色类别”，并在 2012 年 8 月 11 日 14:00 提醒。
- 按【样文 8-8E】所示，将“刘源”的相关信息添加到联系人列表中。

3．**保存电子邮件：**

- 以 A8-A.pst 为文件名将个人文件夹（包括子文件夹）导出至考生文件夹中，并设置保存密码为 ks8-8。

【样文 8-8A】

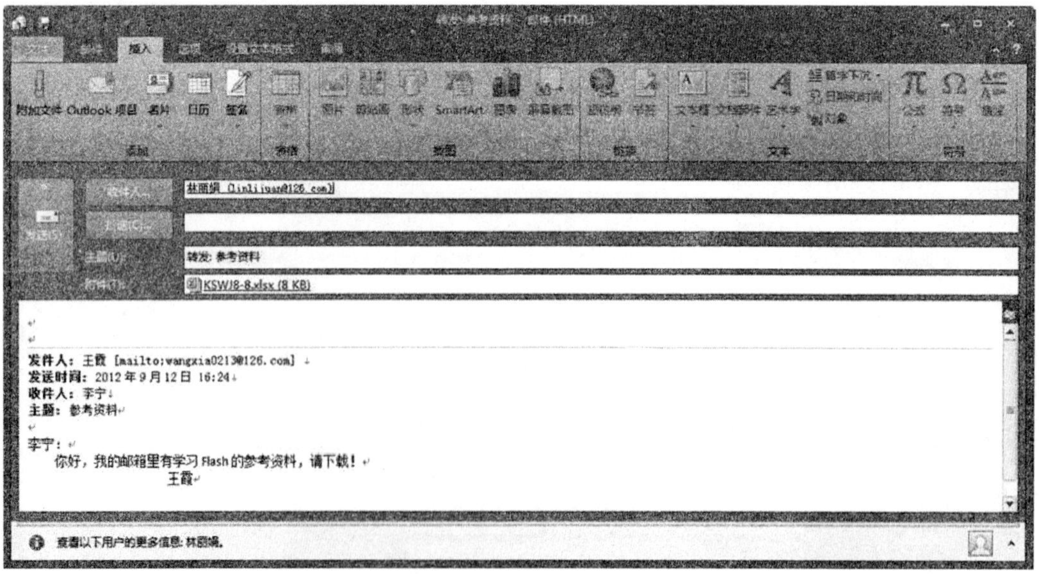

【样文 8-8B】

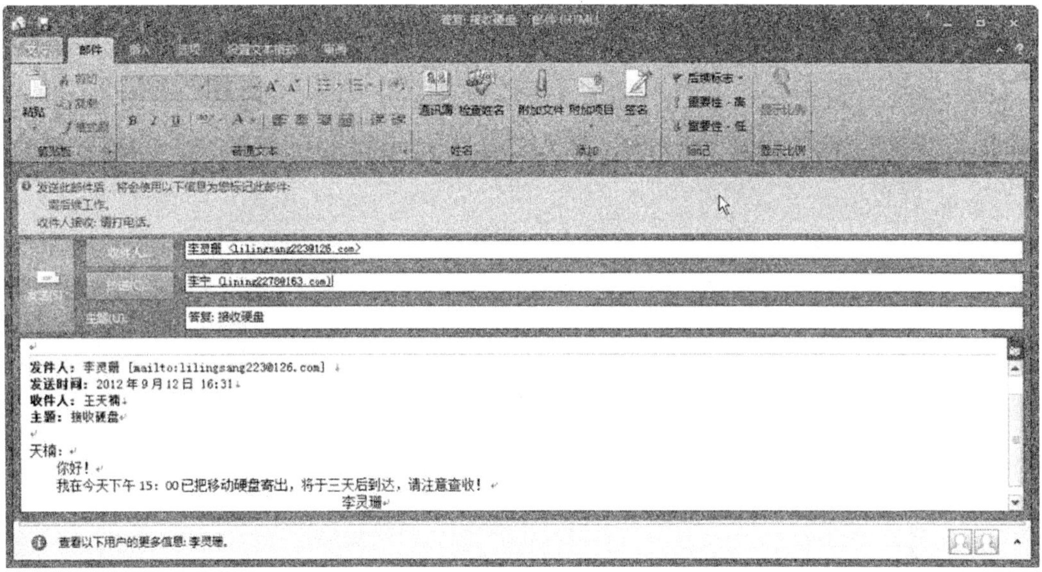
答复: 接收硬盘
发送此邮件后，将会使用以下信息为您标记此邮件:
需后续工作。
收件人接收: 请打电话。
答复: 接收硬盘
发件人：李灵珊 [mailto:lilingsang223@126.com]
发送时间：2012 年 9 月 12 日 16:31
收件人：王天椅
主题：接收硬盘
天椅：
你好！
我在今天下午 15：00 已把移动硬盘寄出，将于三天后到达，请注意查收！
李灵珊
查看以下用户的更多信息: 李灵珊。

【样文 8-8C】

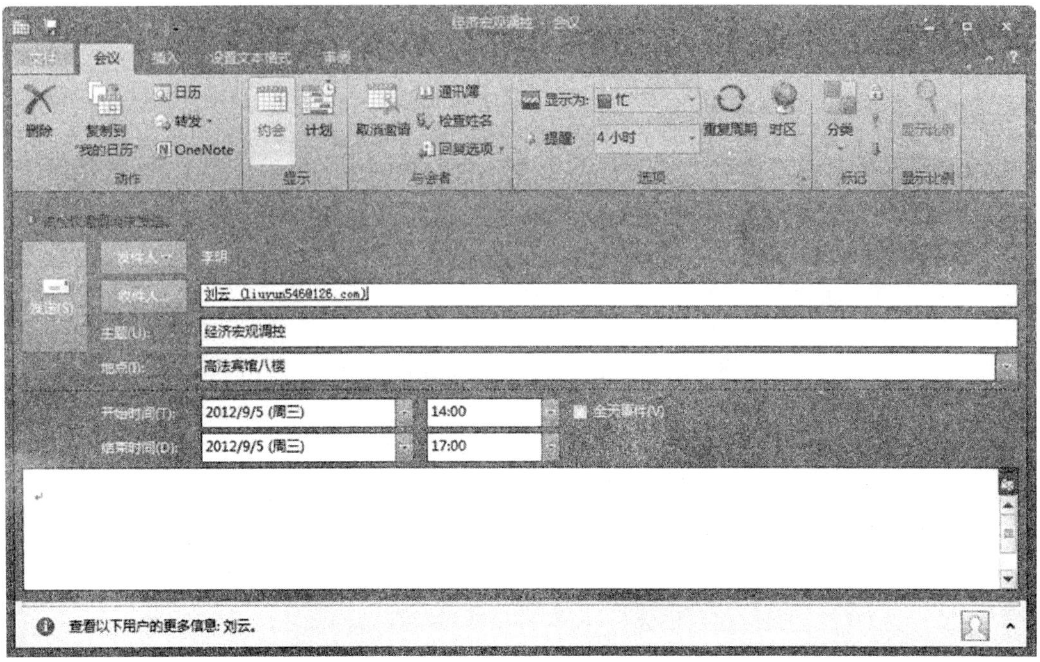
经济宏观调控 - 会议
删除
复制到"我的日历"
日历
转发
OneNote
约会
计划
取消邀请
通讯簿
检查姓名
回复选项
显示为:
忙
提醒:
4 小时
重复周期
时区
分类
显示比例
李明
经济宏观调控
高法宾馆八楼
2012/9/5 (周三)
14:00
2012/9/5 (周三)
17:00
查看以下用户的更多信息: 刘云。

【样文 8-8D】

维修德银商贸城供电线路 - 任务
文件
任务
插入
设置文本格式
审阅
保存并关闭
删除
转发
OneNote
任务
详细信息
标记完成
分配任务
发送状态报告
重复周期
分类
后续标志
私密
重要性 - 高
重要性 - 低
显示比例
动作
显示
管理任务
重复周期
标记
显示比例
橙色类别
主题(U):
维修德银商贸城供电线路
开始日期(T):
2012/8/12 (周日)
状态:
未开始
截止日期(D):
2012/8/12 (周日)
优先级(P):
高
完成率(C):
0%
提醒(M):
2012/8/12 (周日)
14:00
所有者:
zhenglinlin12@126.com

【样文 8-8E】

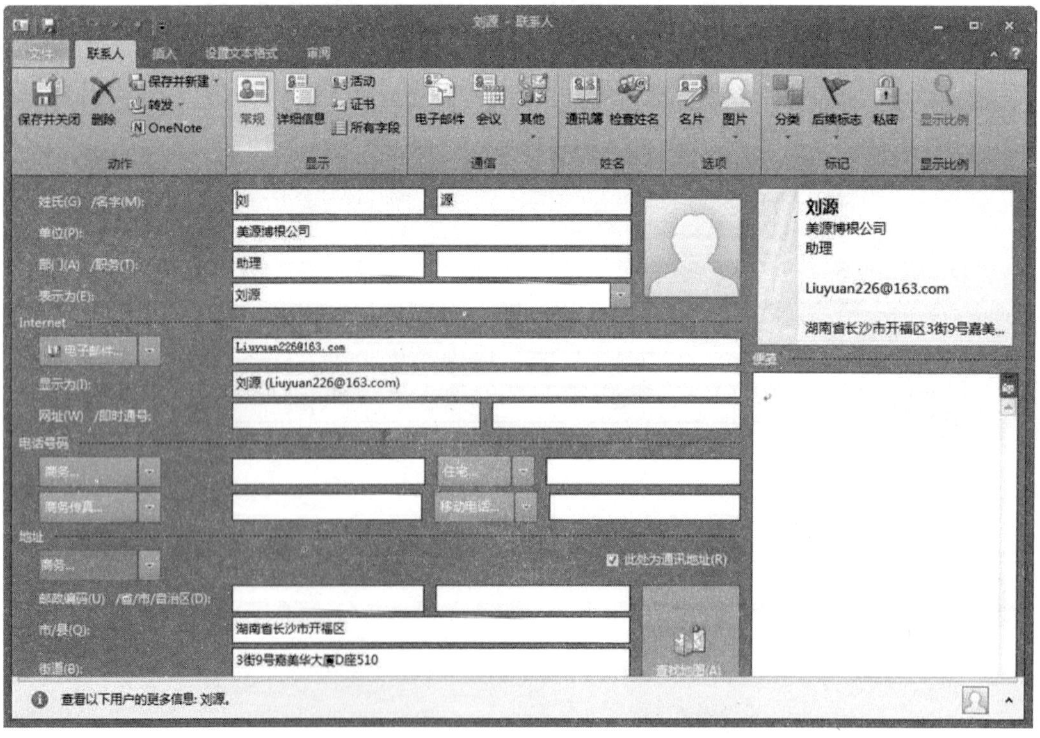
刘源 - 联系人
文件
联系人
插入
设置文本格式
审阅
保存并关闭
删除
保存并新建
转发
OneNote
常规
详细信息
活动
证书
所有字段
电子邮件
会议
其他
通讯簿
检查姓名
名片
图片
分类
后续标志
私密
显示比例
动作
显示
通信
姓名
选项
标记
显示比例
姓氏(G) /名字(M):
刘
源
单位(P):
美源博根公司
部门(A) /职务(T):
助理
表示为(E):
刘源
Internet
电子邮件...
Liuyuan226@163.com
显示为(I):
刘源 (Liuyuan226@163.com)
网址(W) /即时通号:
电话号码
商务...
住宅...
商务传真...
移动电话...
地址
商务...
此处为通讯地址(R)
邮政编码(U) /省/市/自治区(D):
市/县(Q):
湖南省长沙市开福区
街道(B):
3街9号嘉美华大厦D座510
刘源
美源博根公司
助理
Liuyuan226@163.com
湖南省长沙市开福区3街9号嘉美...
便笺
查看以下用户的更多信息: 刘源。

8.9　第 9 题

【操作要求】

请考生以 KS 邮箱登录，进入 Outlook，导入文件 A8.pst 至当前文件夹中，用导入的项目替换重复的项目，按下列要求进行操作。

1．**处理电子邮件：**

- 按【样文 8-9A】所示，创建一封新邮件，收件人是宋圆圆，主题是“周末愉快”，并在发送的邮件中插入张涛的名片。
- 按【样文 8-9B】所示，转发李灵珊的邮件给王冰，并抄送至刘云，将邮件为收件人标记为“请答复”，重要性为“高”。

2．**调度日常安排：**

- 按【样文 8-9C】所示，安排一次主题为“一周总结”的约会，地点为“会议室”，时间为“2012 年 4 月 8 日”，8:30 开始，10:30 结束；按周为周期，提前 30 分钟提醒，定期模式为按周重复，并且结束日期为“2012 年 6 月 24 日”。
- 按【样文 8-9D】所示，为邮件“参考资料”添加“请转发”的后续标志，设定开始时间为“2012 年 12 月 3 日”，截止时间为“2012 年 12 月 8 日”，分类标记为“绿色类别”。
- 按【样文 8-9E】所示，将“董建光”的相关信息添加到联系人列表中。

3．**保存电子邮件：**

- 以 A8-A.pst 为文件名将个人文件夹（包括子文件夹）导出至考生文件夹中，并设置保存密码为 ks8-9。

【样文 8-9A】

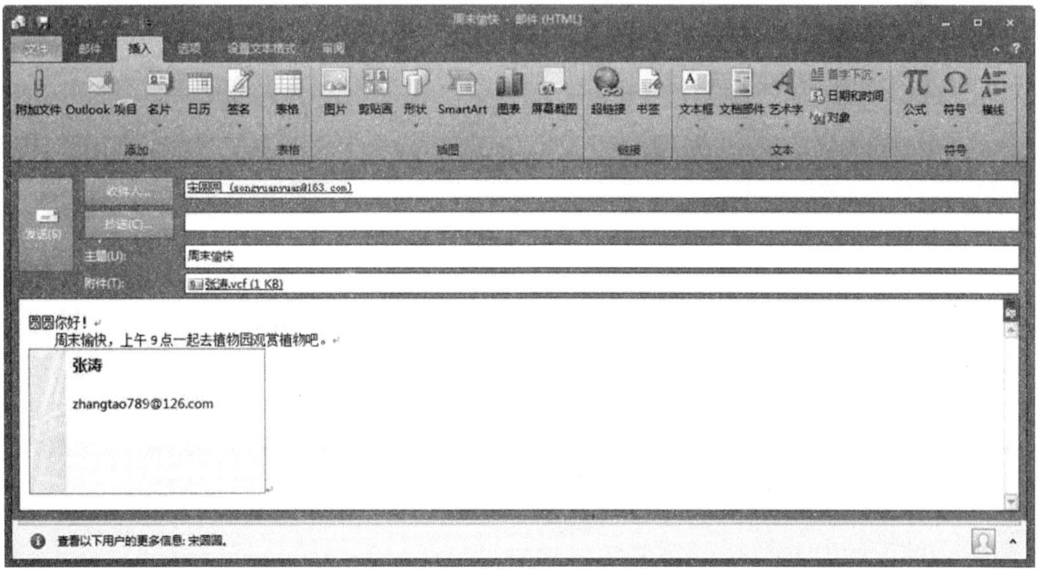

【样文 8-9B】

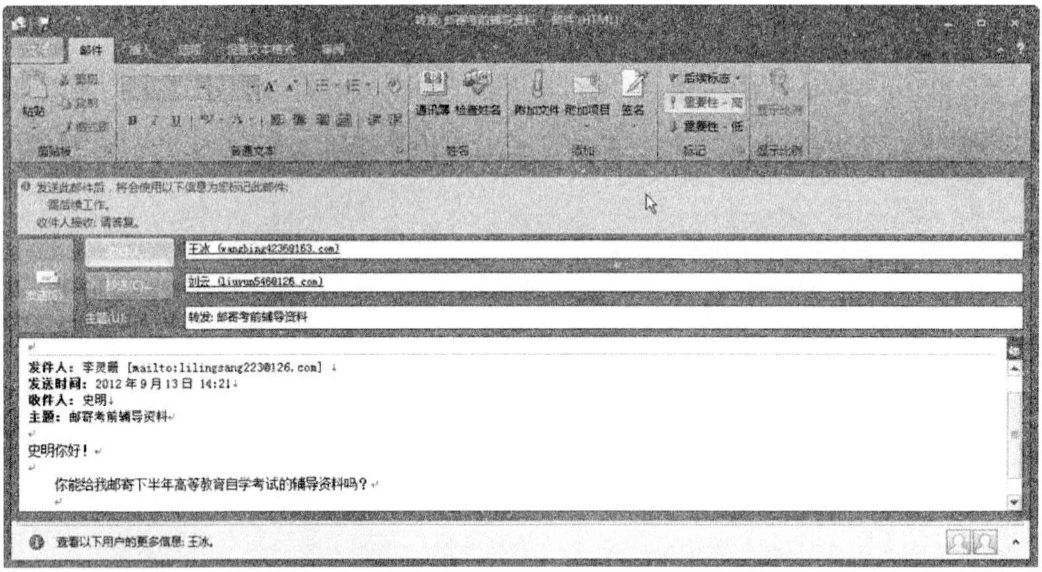
邮件
转发: 邮寄考前辅导资料
发件人：李灵珊
发送时间：2012 年 9 月 13 日 14:21
收件人：史明
主题：邮寄考前辅导资料
史明你好！
你能给我邮寄下半年高等教育自学考试的辅导资料吗？

【样文 8-9C】

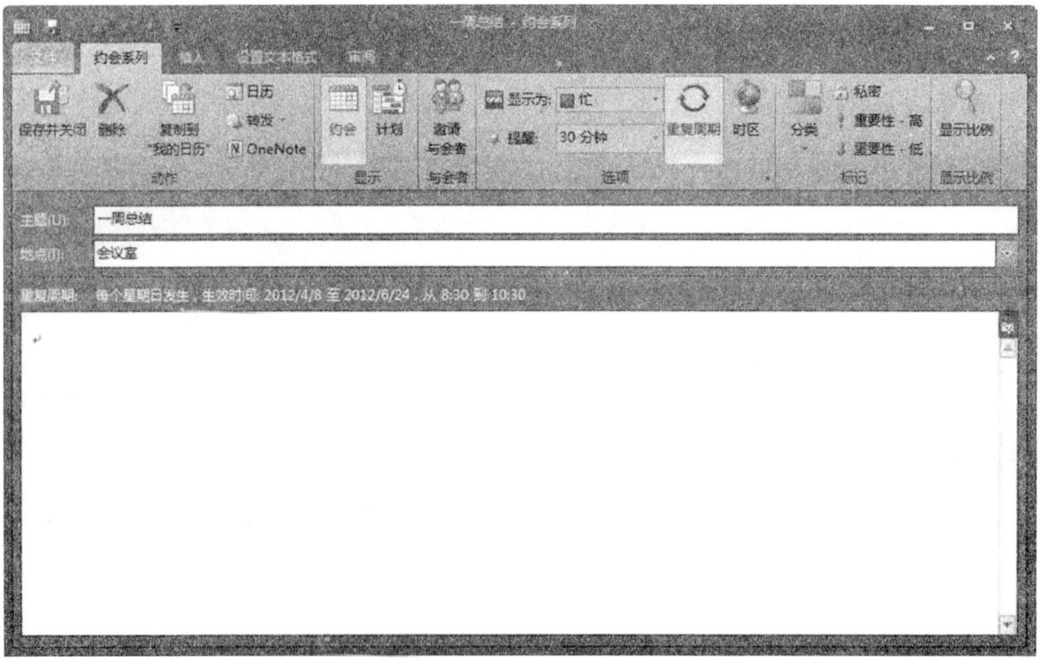
一周总结 - 约会系列
文件
约会系列
插入
设置文本格式
审阅
保存并关闭
删除
复制到"我的日历"
日历
转发
OneNote
动作
约会
计划
显示
邀请与会者
与会者
显示为: 忙
提醒: 30 分钟
重复周期
时区
选项
分类
私密
重要性 - 高
重要性 - 低
标记
显示比例
主题(U): 一周总结
地点(I): 会议室
重复周期: 每个星期日发生，生效时间 2012/4/8 至 2012/6/24，从 8:30 到 10:30

【样文 8-9D】

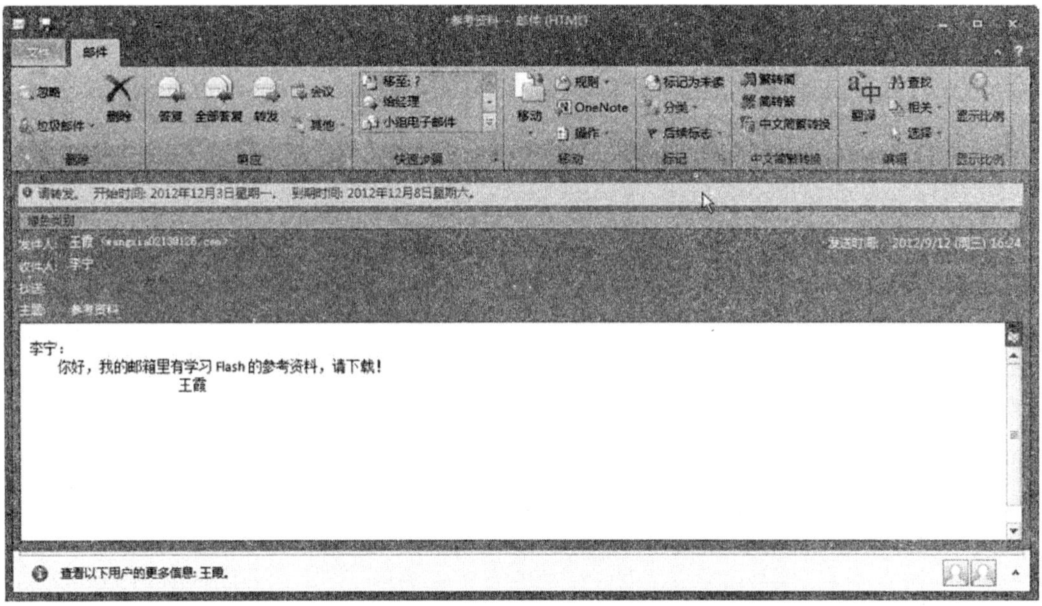
请转发。开始时间: 2012年12月3日星期一。到期时间: 2012年12月8日星期六。
发送时间: 2012/9/12 (周三) 16:24
李宁：
你好，我的邮箱里有学习 Flash 的参考资料，请下载！
王霞
查看以下用户的更多信息: 王霞。

【样文 8-9E】

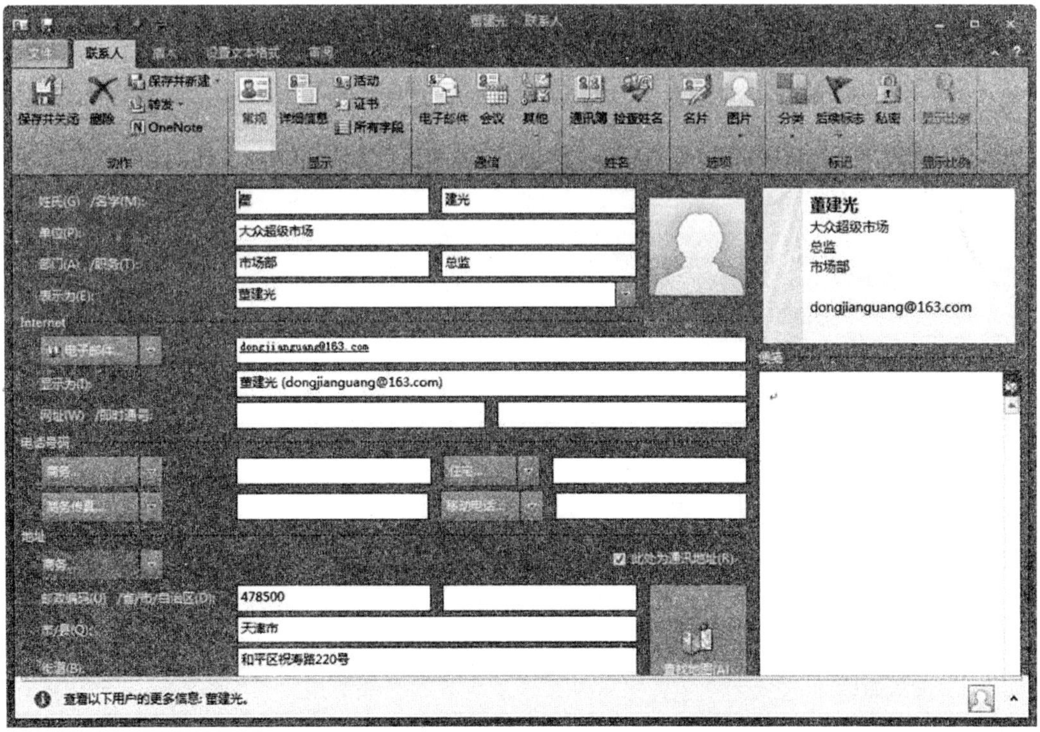
董
建光
大众超级市场
市场部
总监
董建光
董建光
大众超级市场
总监
市场部
dongjianguang@163.com
董建光 (dongjianguang@163.com)
478500
天津市
和平区祝海路220号
查看以下用户的更多信息: 董建光。

8.10 第 10 题

【操作要求】

请考生以 KS 邮箱登录，进入 Outlook，导入文件 A8.pst 至当前文件夹中，用导入的项目替换重复的项目，按下列要求进行操作。

1．处理电子邮件：

- 按【样文 8-10A】所示，创建一封新邮件，收件人是张兰，主题是“项目报价单”，并在发送的邮件中插入丁丽的名片。
- 按【样文 8-10B】所示，转发李宁的邮件给史明，并抄送至王天楠，将邮件为收件人标记为“请转发”，重要性设置为“高”。

2．调度日常安排：

- 按【样文 8-10C】所示，添加一次日记条目，主题为“参加篮球比赛”；条目类型为“任务”；开始时间为“2012 年 8 月 14 日 15:00”；持续时间为“2 小时”；并将此日记条目标记为私密，分类标记为“黄色类别”。
- 按【样文 8-10D】所示，利用主题为“招生考试”的邮件安排一次会议，地点为“学校二楼会议室”；时间为“2012 年 7 月 4 日”，13:00 开始，15:00 结束，提前 2 小时提醒；白雪是必选与会者，路瑶是可选与会者。
- 按【样文 8-10E】所示，将“沈叙”的相关信息添加到联系人列表中。

3．保存电子邮件：

- 以 A8-A.pst 为文件名将个人文件夹（包括子文件夹）导出至考生文件夹中，并设置保存密码为 ks8-10。

【样文 8-10A】

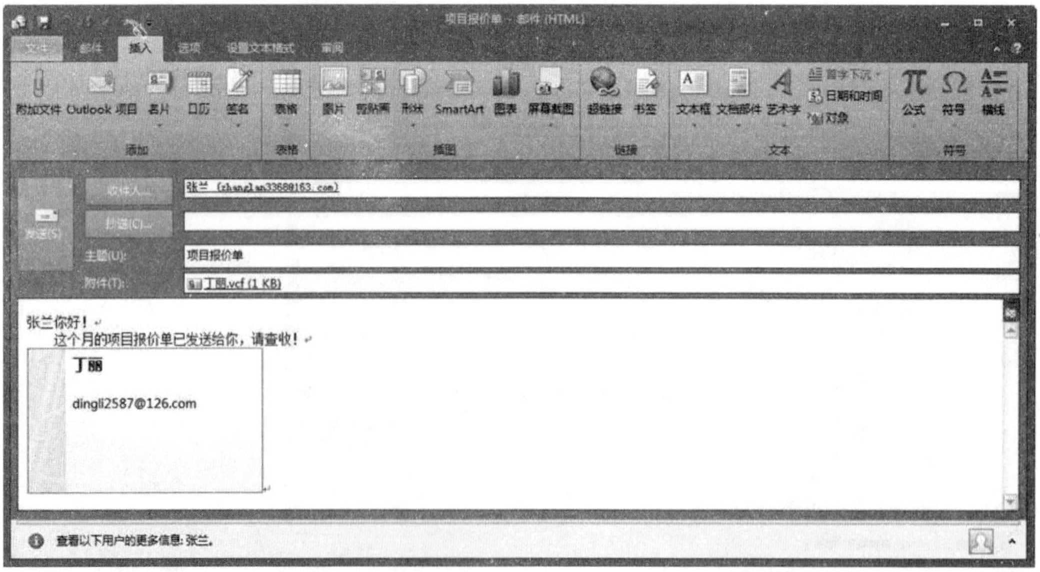

【样文 8-10B】

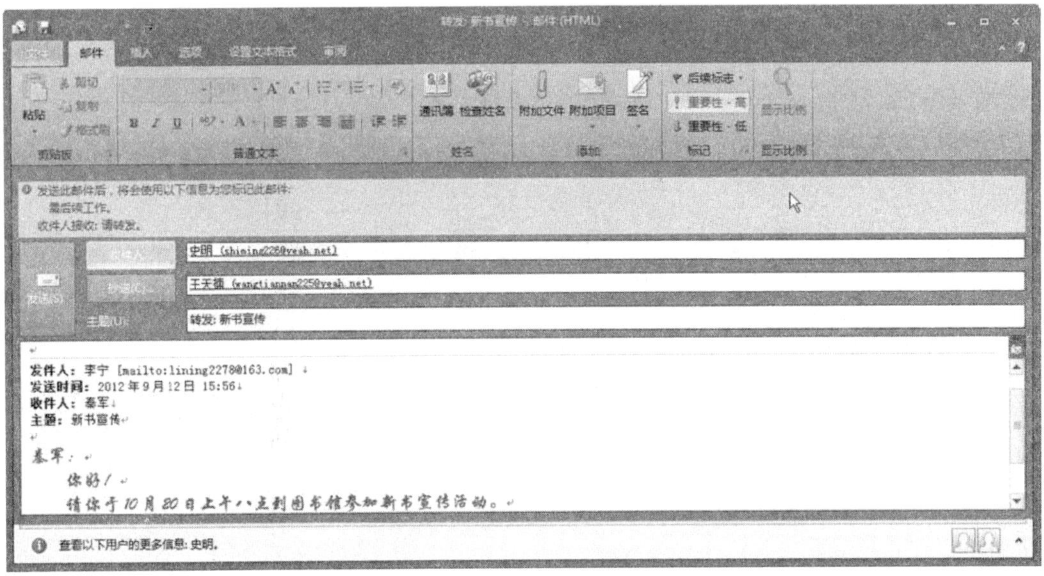

【样文 8-10C】

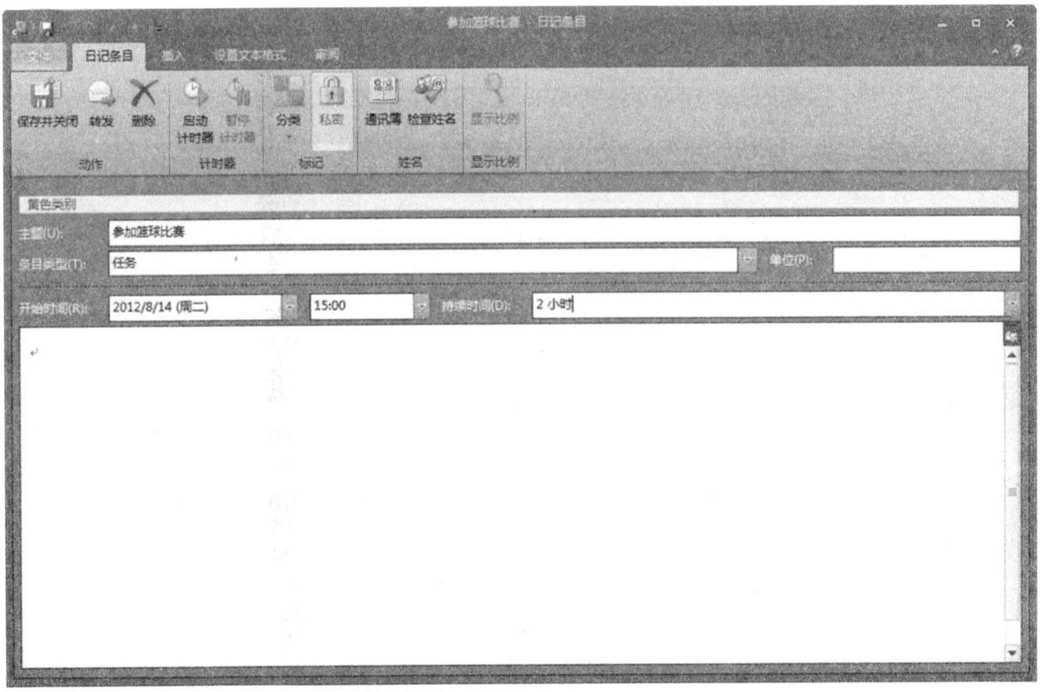

【样文 8-10D】

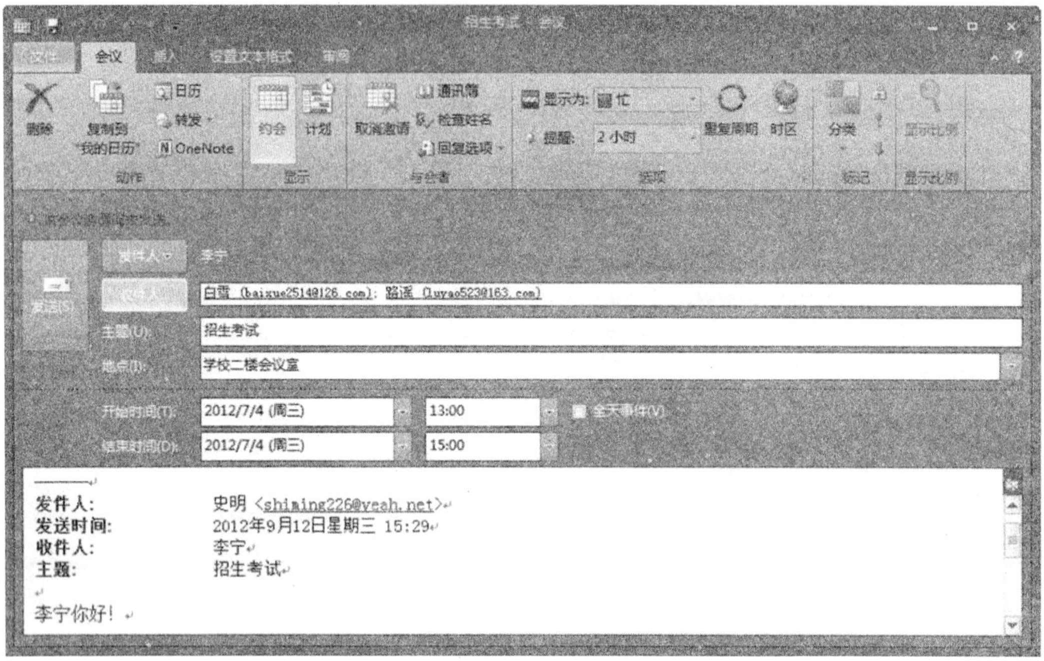

【样文 8-10E】

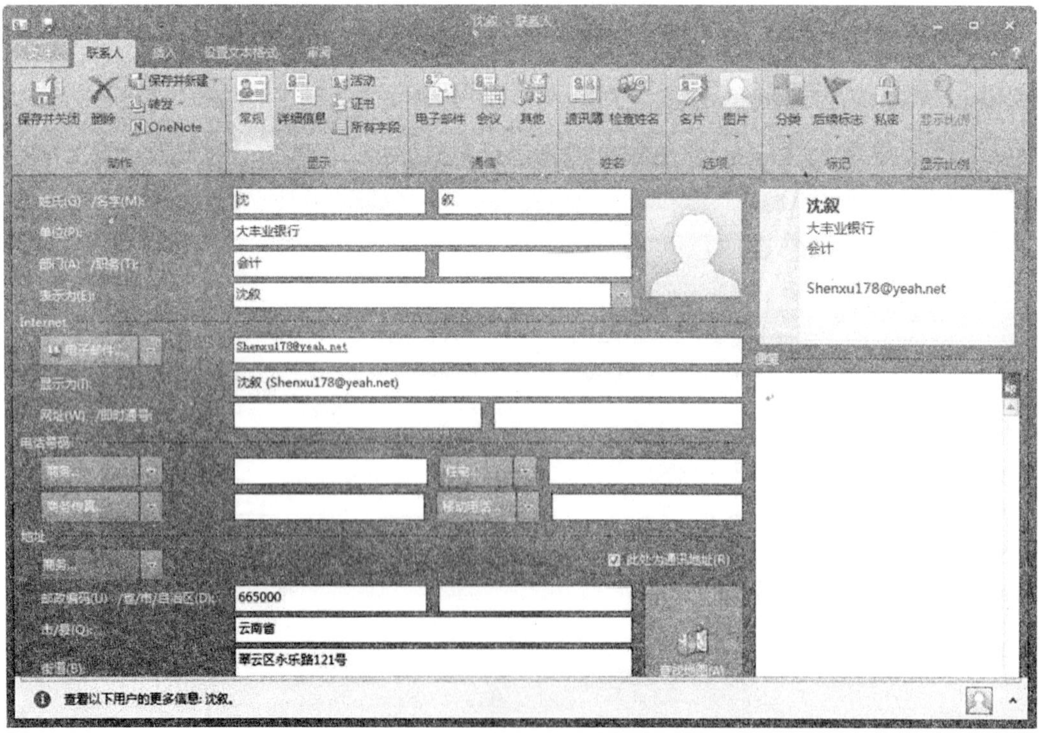

8.11　第 11 题

【操作要求】

请考生以 KS 邮箱登录，进入 Outlook，导入文件 A8.pst 至当前文件夹中，用导入的项目替换重复的项目，按下列要求进行操作。

1．**处理电子邮件：**

- 按【样文 8-11A】所示，答复张兰的邮件，并在答复的邮件中插入附件 C:\Win2010GJW\KSML1\KSWJ8-11.docx。
- 按【样文 8-11B】所示，转发王占永的邮件给孙婷，并抄送至张涛，将邮件为收件人标记为“请答复”，重要性设置为“低”。

2．**调度日常安排：**

- 按【样文 8-11C】所示，添加一次日记条目，主题为“全国测量工资格培训考试”；条目类型为“传真”；开始时间为“2012 年 7 月 20 日 9:00”；持续时间为“1 小时”；并将此日记条目标记为私密，分类标记为“红色类别”。
- 按【样文 8-11D】所示，利用主题为“新书宣传”的邮件安排一次会议，地点为“图书馆”；时间为“2012 年 6 月 21 日”，14:30 开始，16:30 结束，提前 3 小时提醒；张辉是必选与会者，宋圆圆是可选与会者。
- 按【样文 8-11E】所示，将“卢华”的相关信息添加到联系人列表中。

3．**保存电子邮件：**

- 以 A8-A.pst 为文件名将个人文件夹（包括子文件夹）导出至考生文件夹中，并设置保存密码为 ks8-11。

【样文 8-11A】

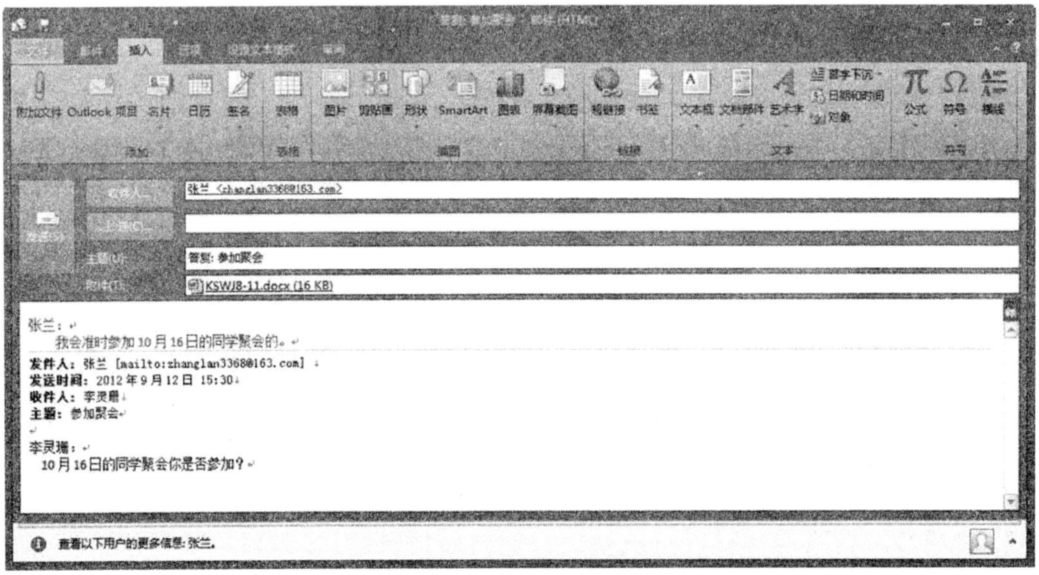

【样文 8-11B】

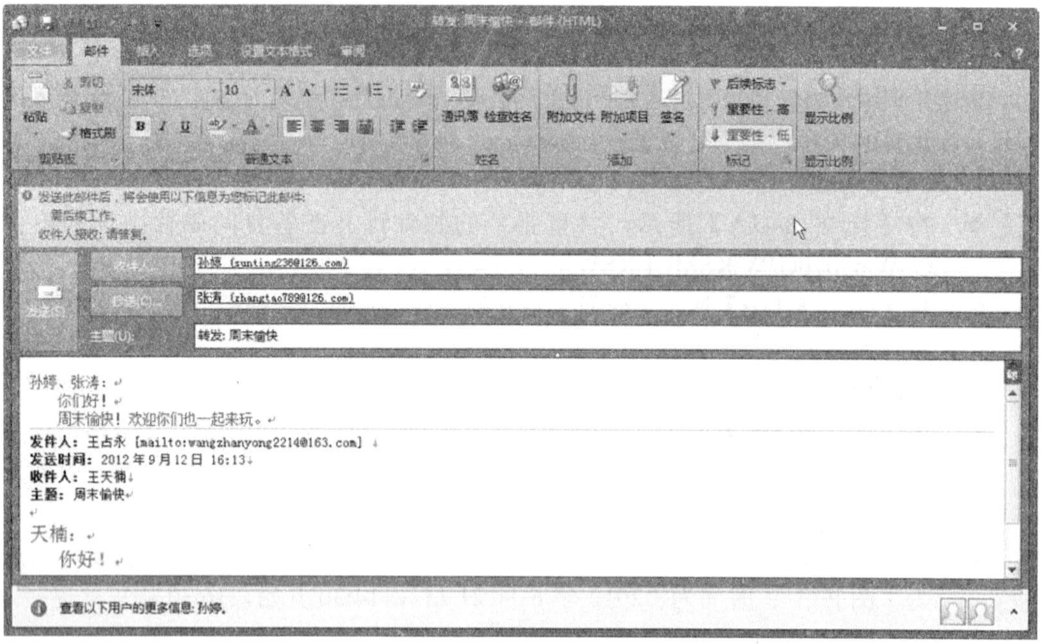

【样文 8-11C】

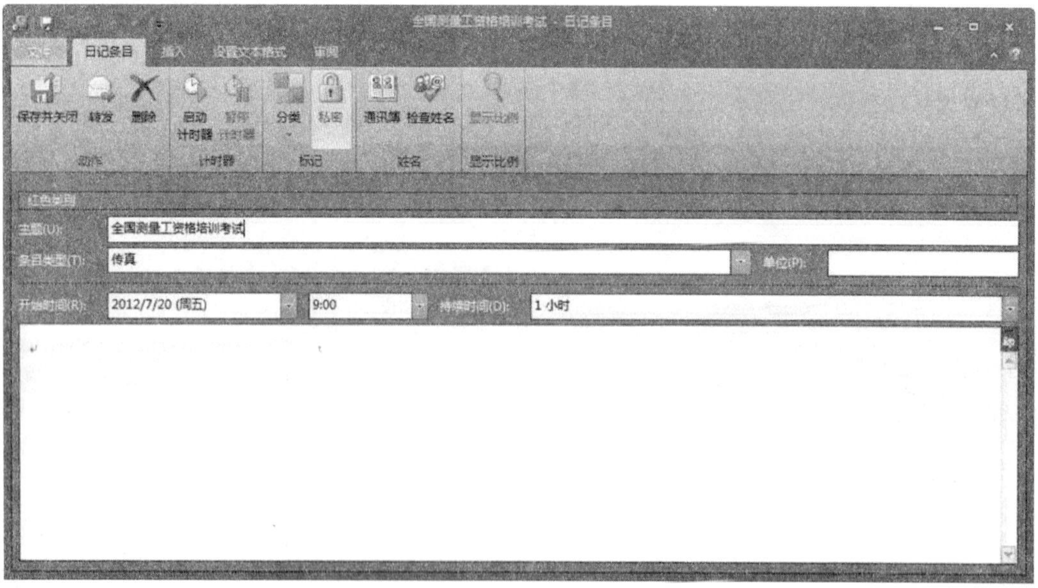

【样文 8-11D】

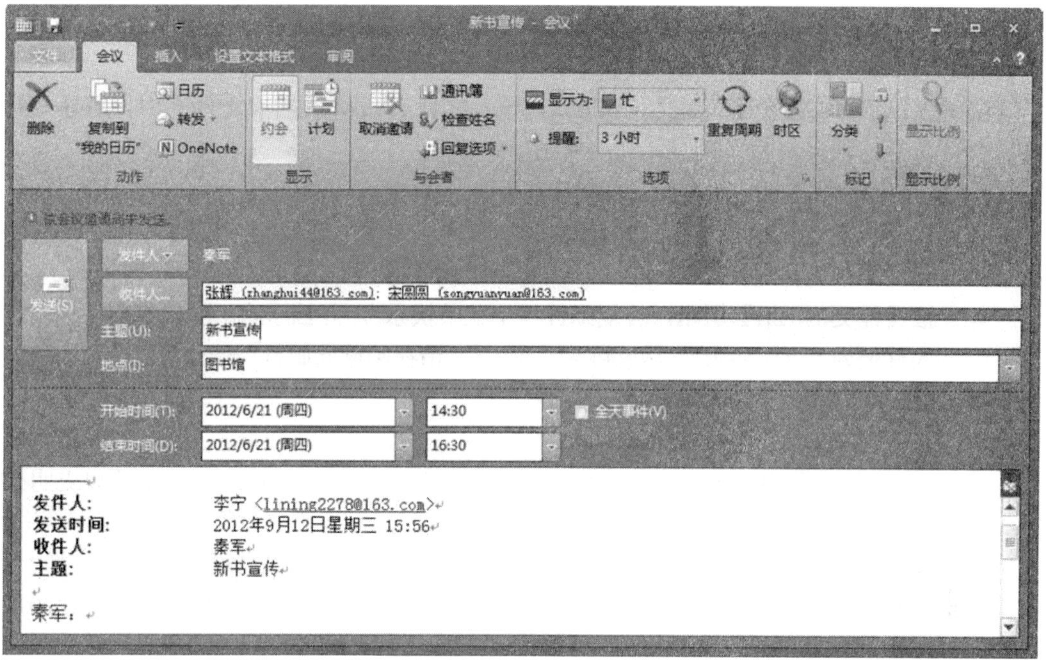

【样文 8-11E】

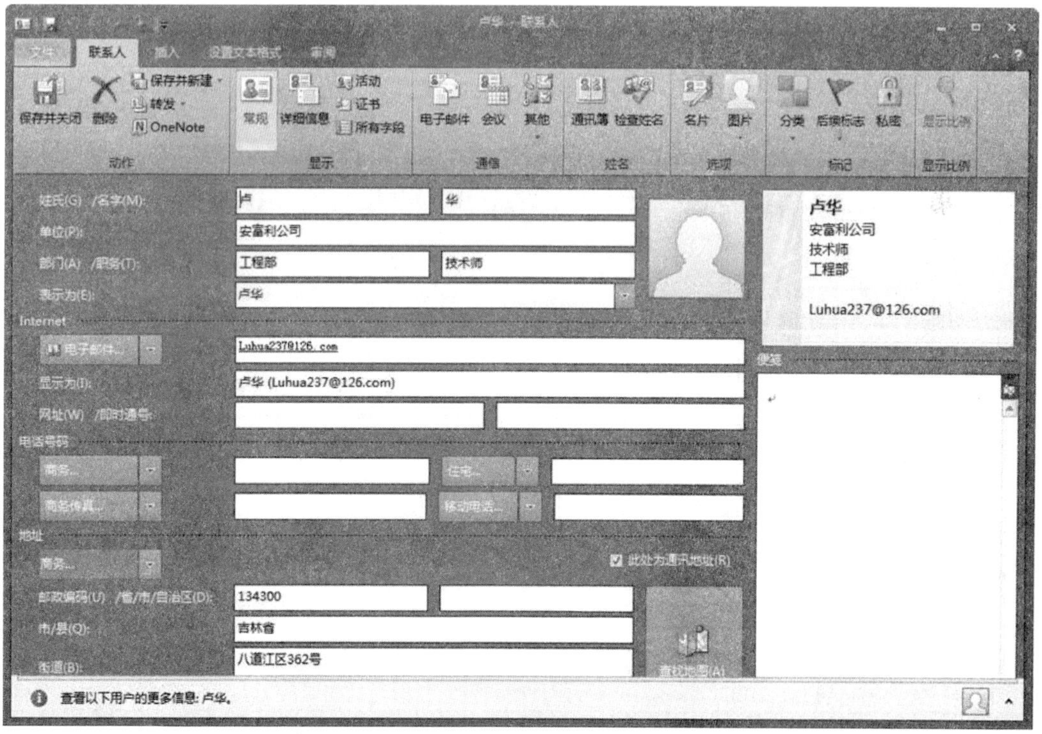

8.12　第 12 题

【操作要求】

请考生以 KS 邮箱登录，进入 Outlook，导入文件 A8.pst 至当前文件夹中，用导入的项目替换重复的项目，按下列要求进行操作。

1．处理电子邮件：

- 按【样文 8-12A】所示，将邮件“参加足球比赛”转发给王天楠，并在转发的邮件中插入附件 C:\Win2010GJW\KSML1\KSWJ8-12.xlsx。
- 按【样文 8-12B】所示，答复邮件“中秋节快乐”，并抄送给丁丽；将邮件为收件人标记为“仅供参考”，敏感度为“个人”，请在阅读此邮件后给出“已读”回执。

2．调度日常安排：

- 按【样文 8-12C】所示，安排一次会议，主题为“股东年会”；地点为“新月俱乐部”；时间为“2012 年 12 月 25 日”，18:00 开始，21:00 结束；并通知史明必须参加，提前 1 小时提醒。
- 按【样文 8-12D】所示，安排主题为“英语答辩赛”的任务日程；开始时间为 2012 年 10 月 27 日，结束时间为 2012 年 10 月 30 日，优先级为“高”，并在 2012 年 10 月 26 日 15:00 提醒。
- 按【样文 8-12E】所示，将“陆伟”的相关信息添加到联系人列表中。

3．保存电子邮件：

- 以 A8-A.pst 为文件名将个人文件夹（包括子文件夹）导出至考生文件夹中，并设置保存密码为 ks8-12。

【样文 8-12A】

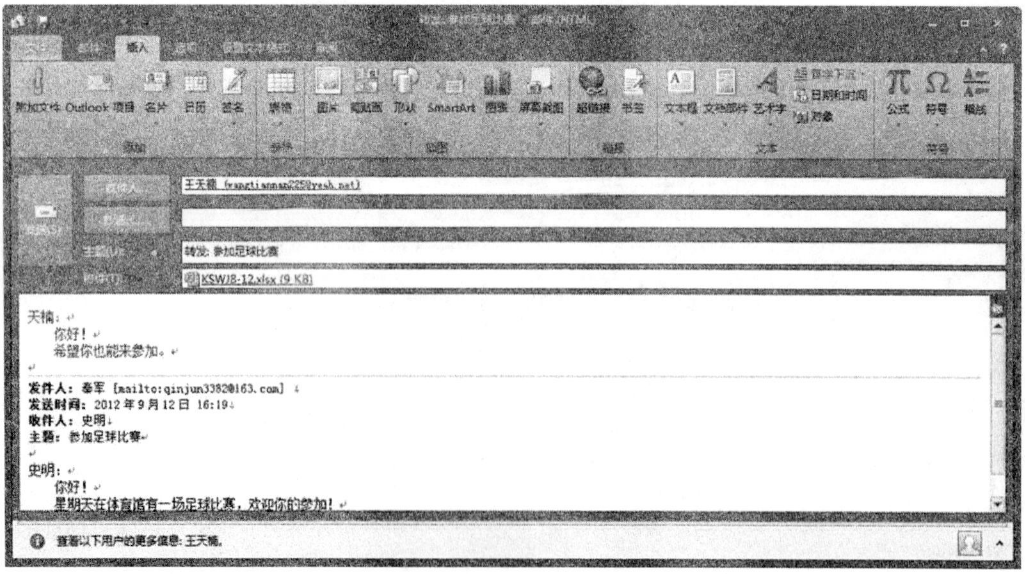

【样文 8-12B】

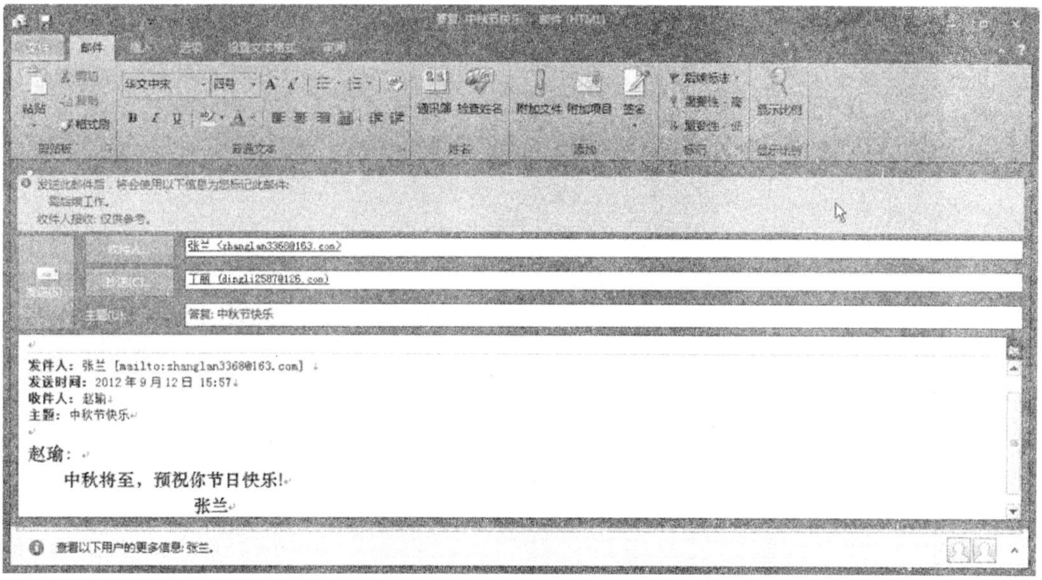

【样文 8-12C】

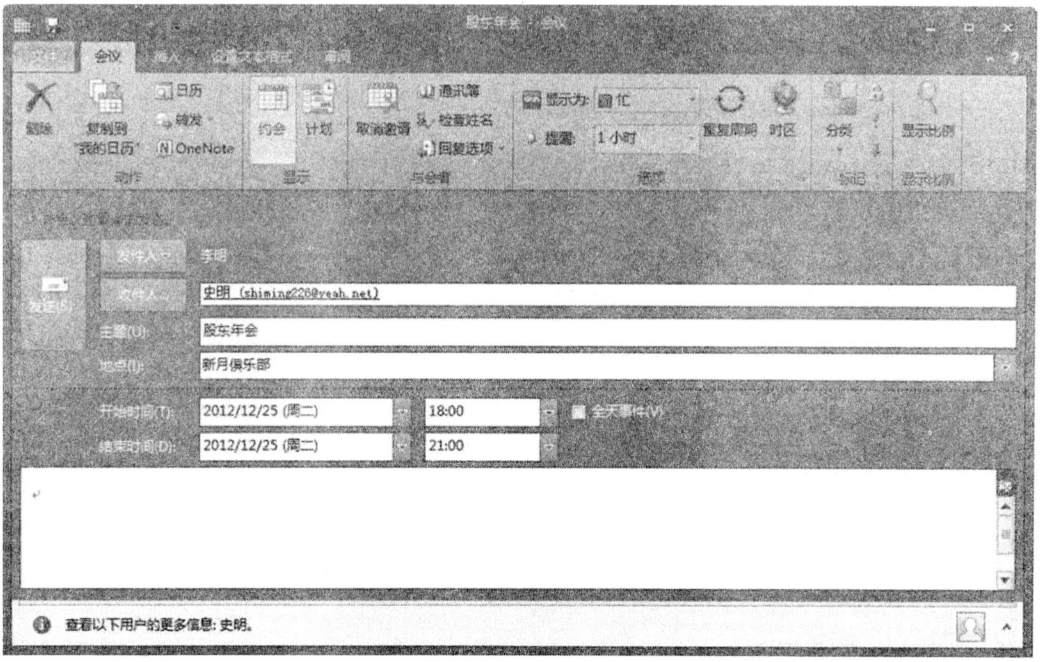

【样文 8-12D】

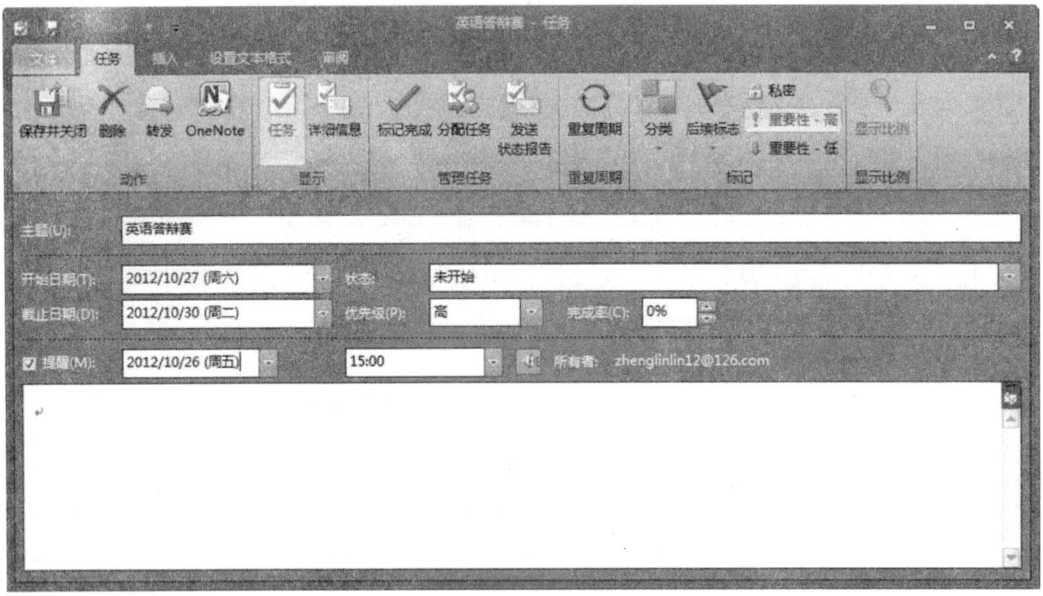

【样文 8-12E】

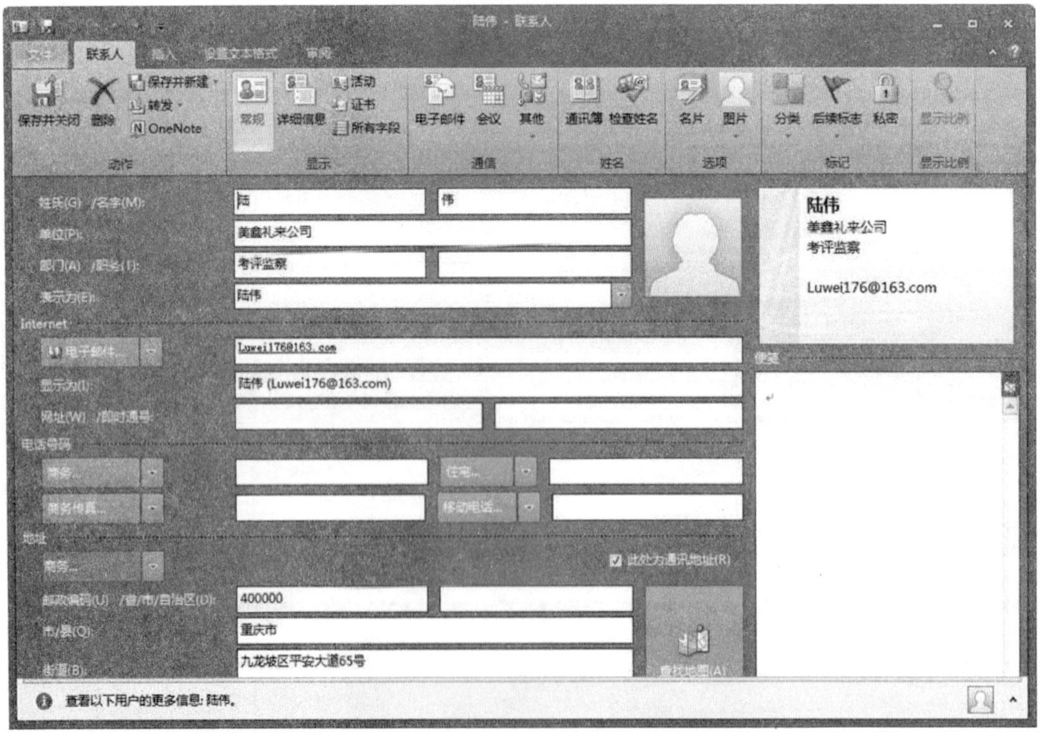

8.13　第 13 题

【操作要求】

请考生以 KS 邮箱登录，进入 Outlook，导入文件 A8.pst 至当前文件夹中，用导入的项目替换重复的项目，按下列要求进行操作。

1．处理电子邮件：

- 按【样文 8-13A】所示，创建一封新邮件，收件人是赵瑜，并抄送至王冰，主题是“人事调动”，并在发送的邮件中插入秦军的名片。
- 按【样文 8-13B】所示，转发李宁的邮件给张辉，并抄送至林丽娟，将邮件为收件人标记为“无须响应”，重要性为“低”。

2．调度日常安排：

- 按【样文 8-13C】所示，安排一次主题为“欢度元旦”的约会，地点为“青年体育馆”，时间为“2012 年 1 月 1 日”，10:00 开始，15:00 结束；按年为周期，提前 1 周提醒，定期模式为按年重复，并且重复 2 次后结束。
- 按【样文 8-13D】所示，为邮件“购买硬盘”添加“请打电话”的后续标志，设定开始时间为“2012 年 9 月 16 日”，截止时间为“2012 年 9 月 18 日”，并将分类标记为“蓝色类别”。
- 按【样文 8-13E】所示，将“林志强”的相关信息添加到联系人列表中。

3．保存电子邮件：

- 以 A8-A.pst 为文件名将个人文件夹（包括子文件夹）导出至考生文件夹中，并设置保存密码为 ks8-13。

【样文 8-13A】

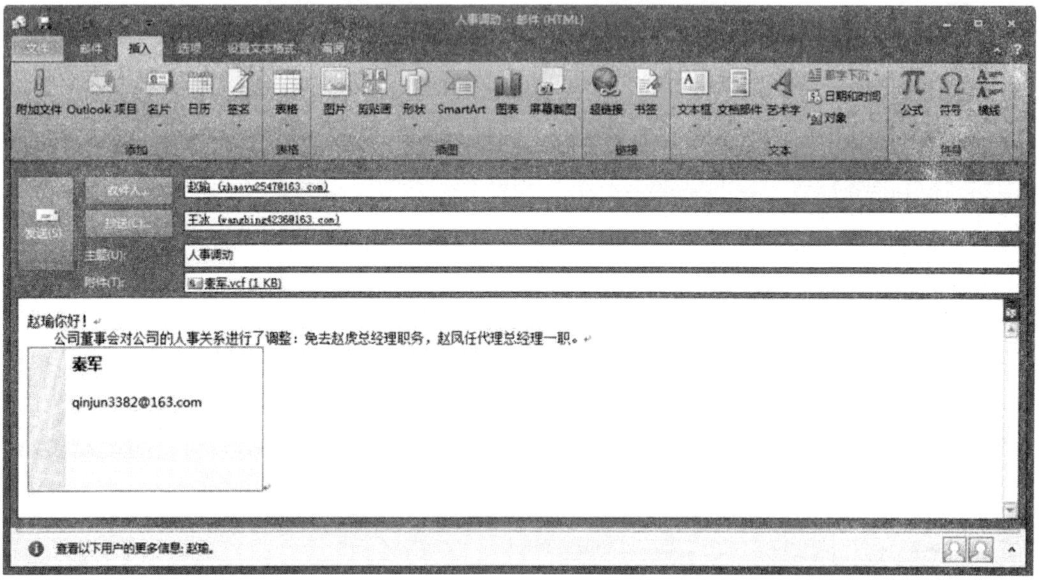

【样文 8-13B】

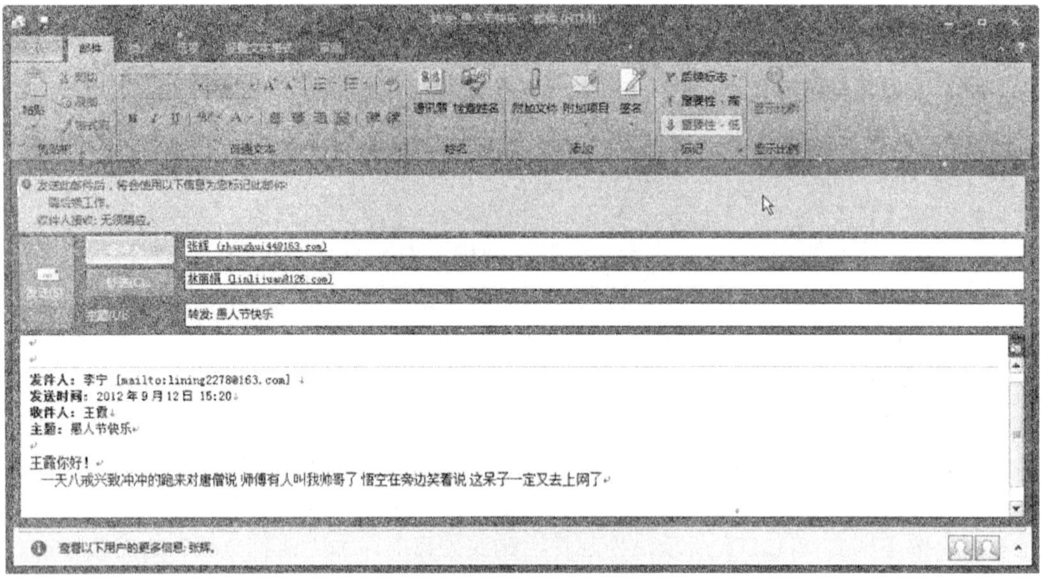

【样文 8-13C】

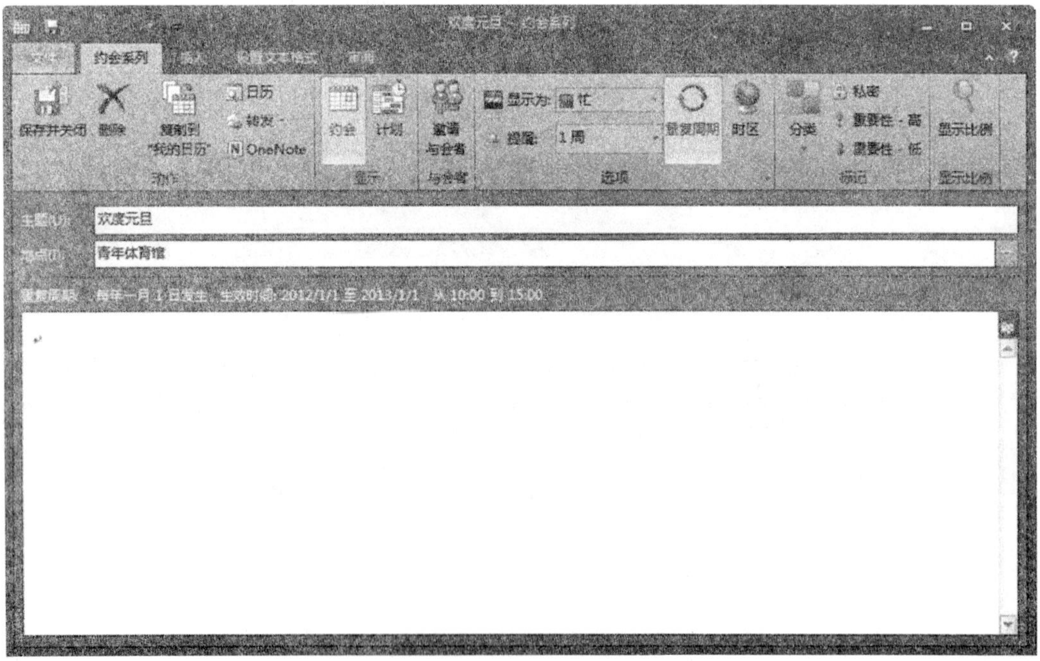

【样文 8-13D】

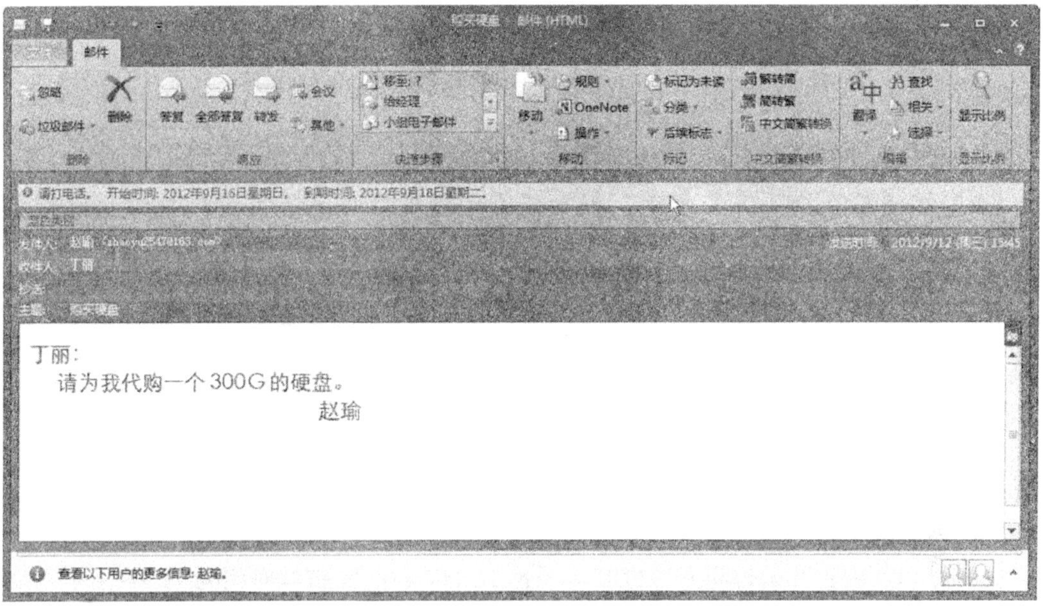

【样文 8-13E】

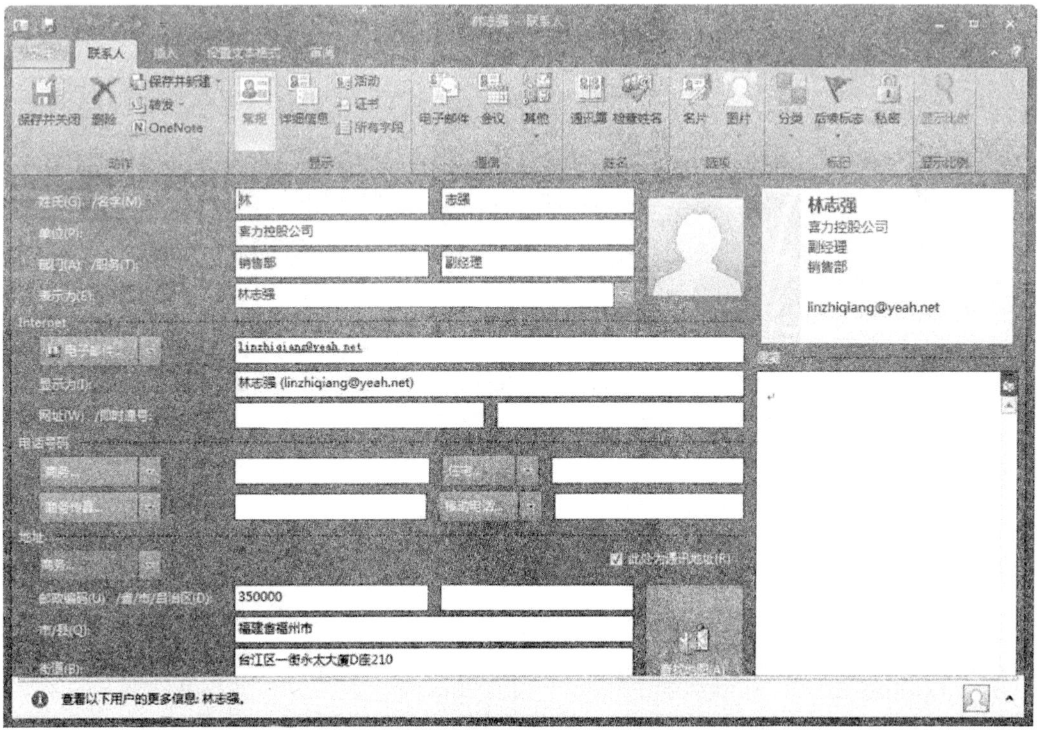

8.14　第 14 题

【操作要求】

请考生以 KS 邮箱登录，进入 Outlook，导入文件 A8.pst 至当前文件夹中，用导入的项目替换重复的项目，按下列要求进行操作。

1. **处理电子邮件：**

- 按【样文 8-14A】所示，答复王霞的邮件，并在答复的邮件中插入附件 C:\Win2010GJW\KSML1\KSWJ8-14.pptx。
- 按【样文 8-14B】所示，转发王冰的邮件给宋圆圆，并抄送至李明，将邮件为收件人标记为“请阅读”，重要性为“低”，敏感度为“个人”。

2. **调度日常安排：**

- 按【样文 8-14C】所示，添加一次约会，主题为“到建设兵团参加劳动”；地点为“建设兵团农场”；时间为“2012 年 4 月 20 日”，8:00 开始，17:00 结束；提前 1 天提醒，并将此约会标记为私密，分类标记为“橙色类别”，重要性为“高”。
- 按【样文 8-14D】所示，添加一次日记条目，主题为“参加考试”；条目类型为“信件”；开始时间为“2012 年 7 月 16 日 14:00”；持续时间为“2 小时”；并将此日记条目标记为私密，分类标记为“青色类别”。
- 按【样文 8-14E】所示，将“杜彭飞”的相关信息添加到联系人列表中。

3. **保存电子邮件：**

- 以 A8-A.pst 为文件名将个人文件夹（包括子文件夹）导出至考生文件夹中，并设置保存密码为 ks8-14。

【样文 8-14A】

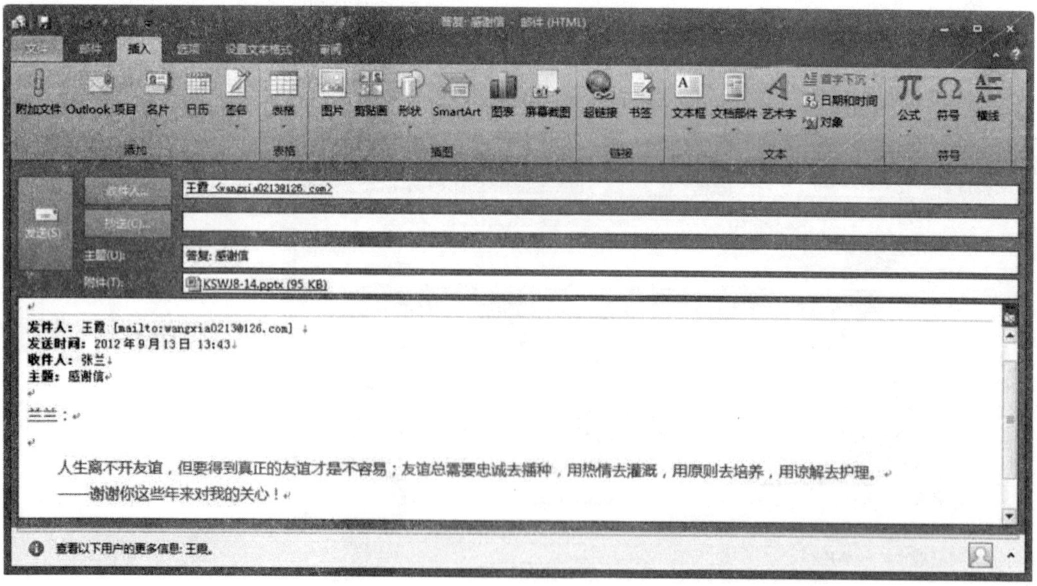

【样文 8-14B】

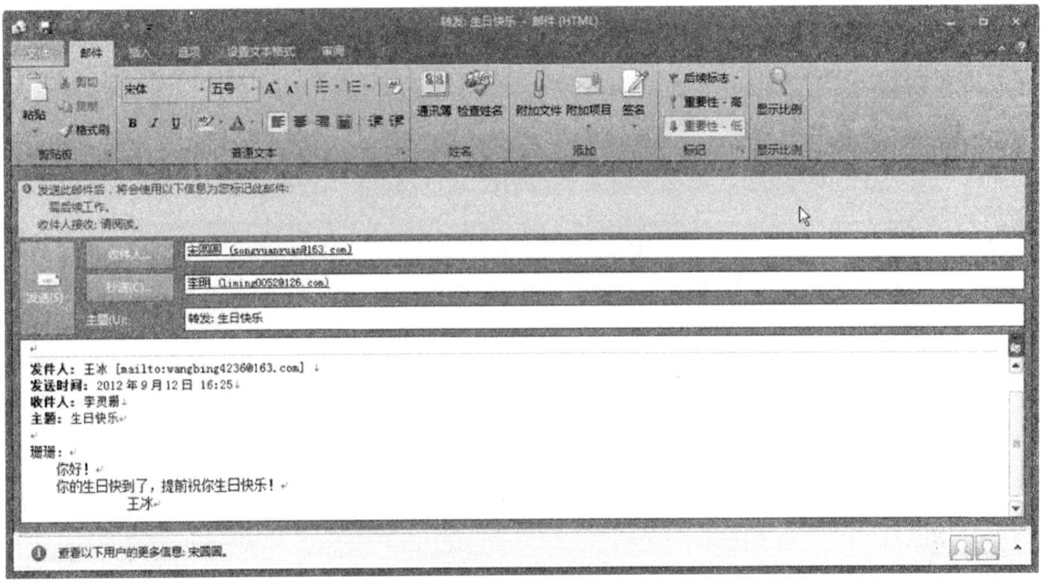

【样文 8-14C】

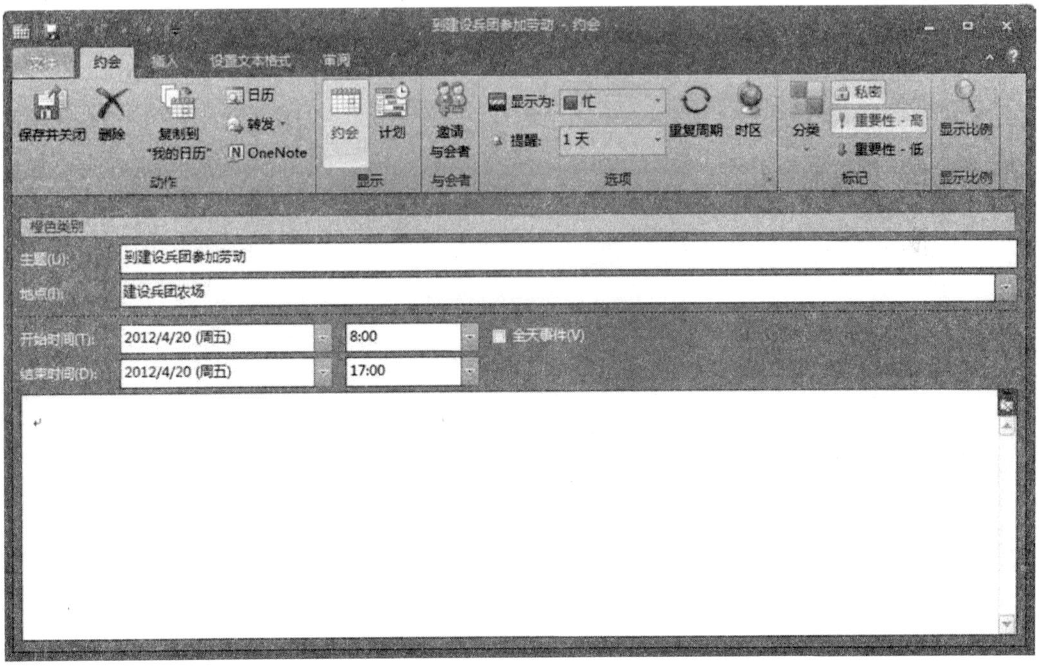

【样文 8-14D】

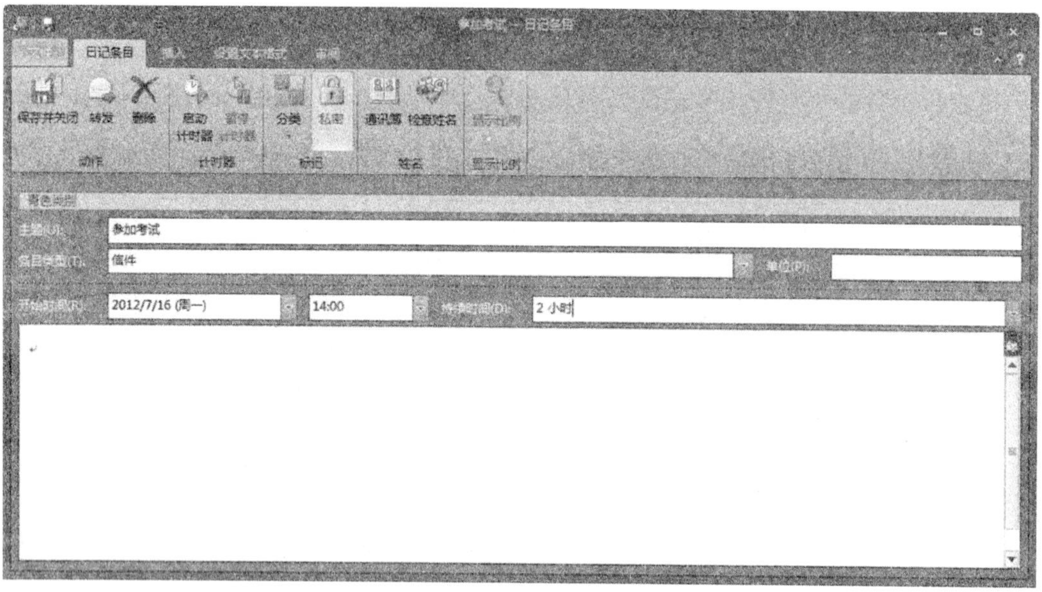

【样文 8-14E】

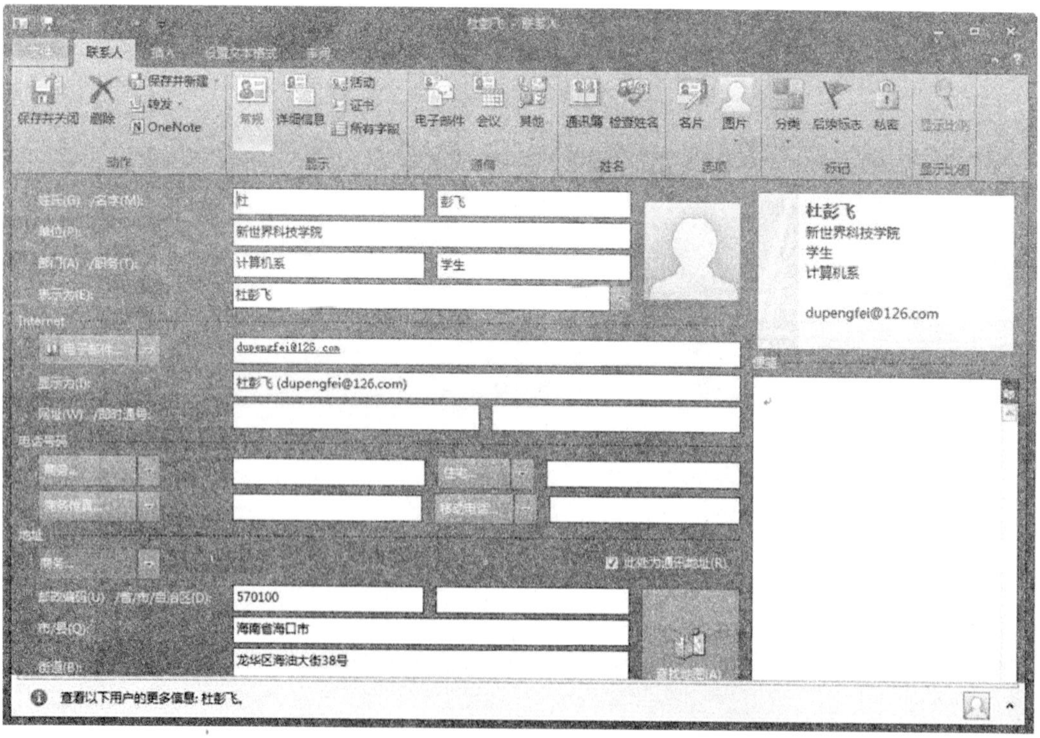

8.15　第 15 题

【操作要求】

请考生以 KS 邮箱登录，进入 Outlook，导入文件 A8.pst 至当前文件夹中，用导入的项目替换重复的项目，按下列要求进行操作。

1．处理电子邮件：

- 按【样文 8-15A】所示，将邮件“招生考试”转发给张辉，并抄送给孙婷，在转发的邮件中插入附件 C:\Win2010GJW\KSML1\KSWJ8-15.xlsx。
- 按【样文 8-15B】所示，答复邮件“想让你请我吃饭”，并抄送给李灵珊；将邮件为收件人标记为“仅供参考”，敏感度为“私密”，请在送达此邮件后给出“送达”回执。

2．调度日常安排：

- 按【样文 8-15C】所示，添加一次约会，主题为“房地产交易会”；地点为“人民广场”；时间为“2012 年 11 月 13 日”，8:30 开始，11:30 结束；提前 4 小时提醒，并将此约会标记为“私密”，重要性为“高”。
- 按【样文 8-15D】所示，安排一次会议，主题为“经济技术工作会议”；地点为“永乐路天都宾馆”；时间为“2012 年 8 月 10 日”，15:00 开始，17:00 结束；并通知李明必须参加，提前 30 分钟提醒。
- 按【样文 8-15E】所示，将“陈俊”的相关信息添加到联系人列表中。

3．保存电子邮件：

- 以 A8-A.pst 为文件名将个人文件夹（包括子文件夹）导出至考生文件夹中，并设置保存密码为 ks8-15。

【样文 8-15A】

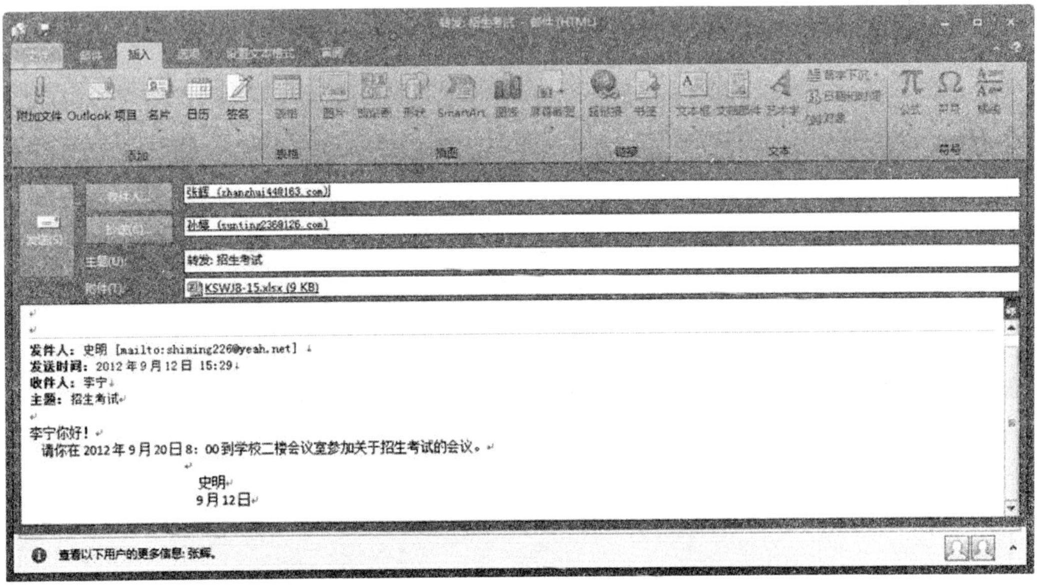

【样文 8-15B】

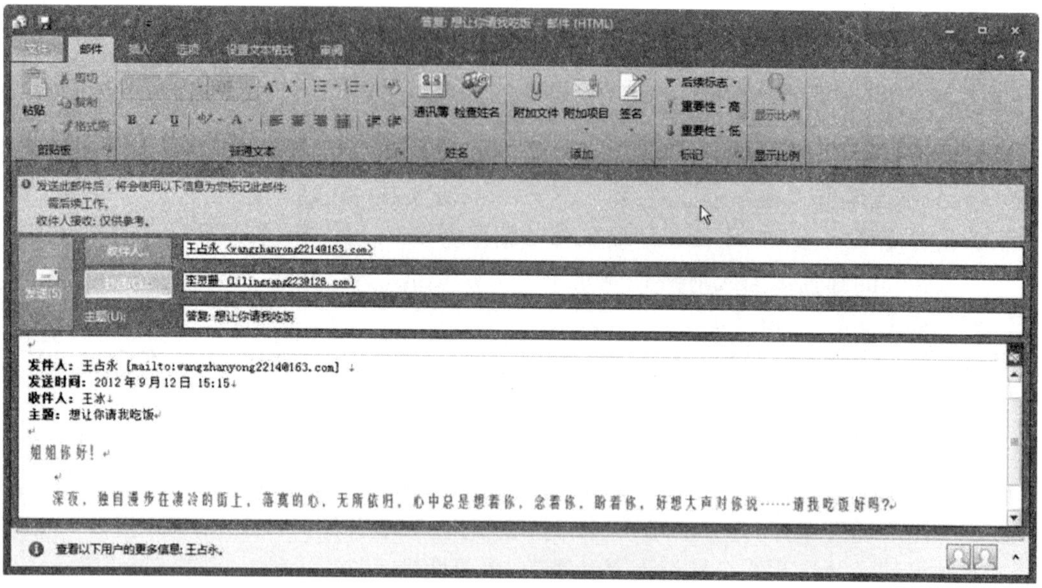

【样文 8-15C】

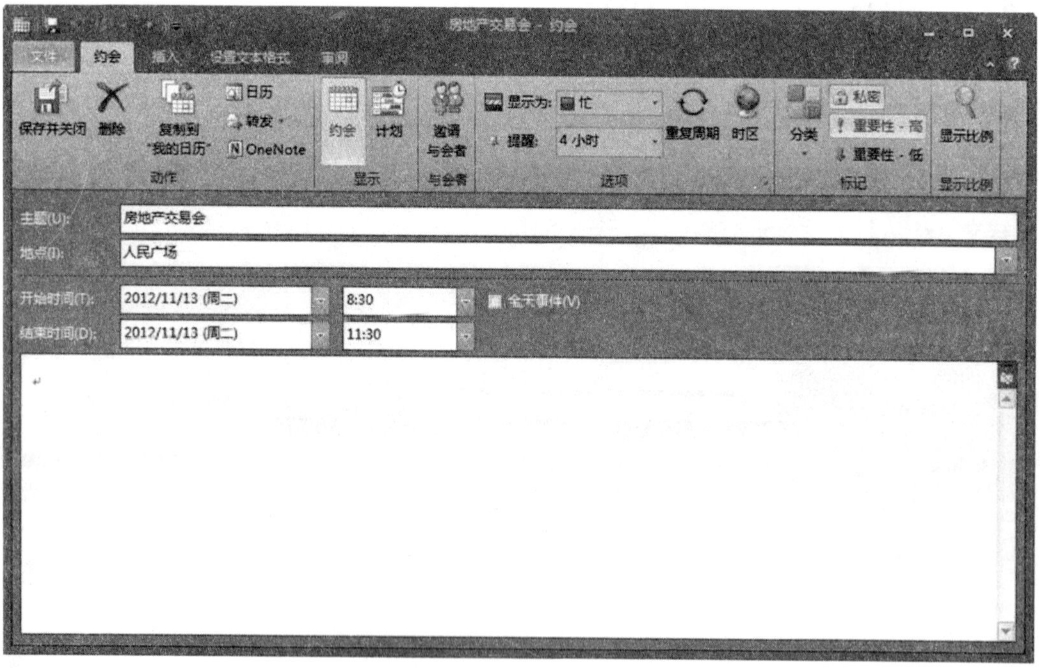

【样文 8-15D】

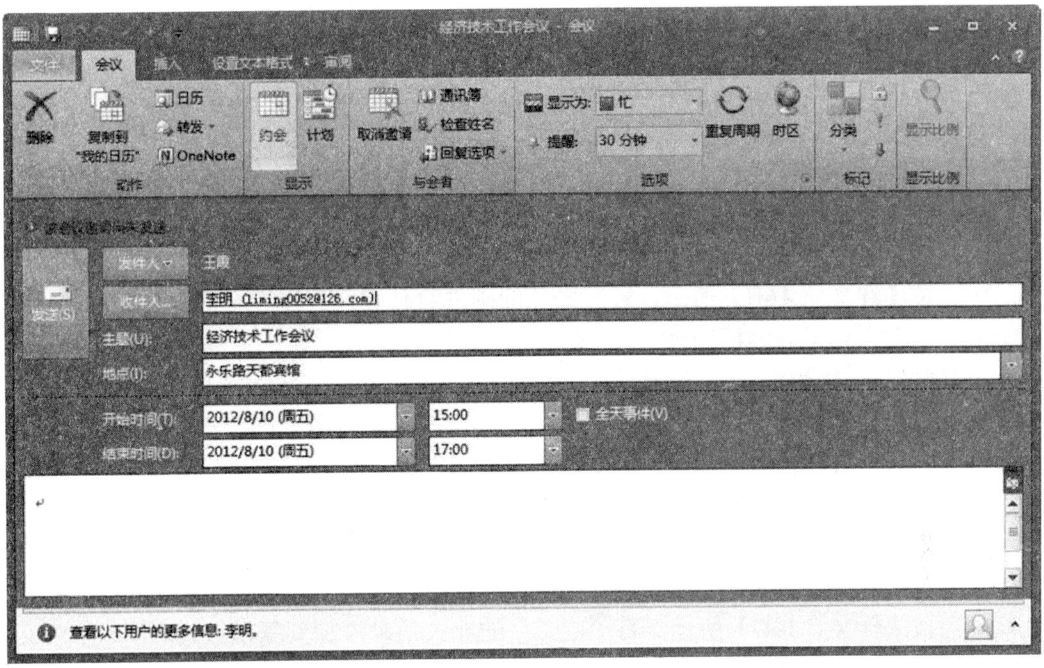

【样文 8-15E】

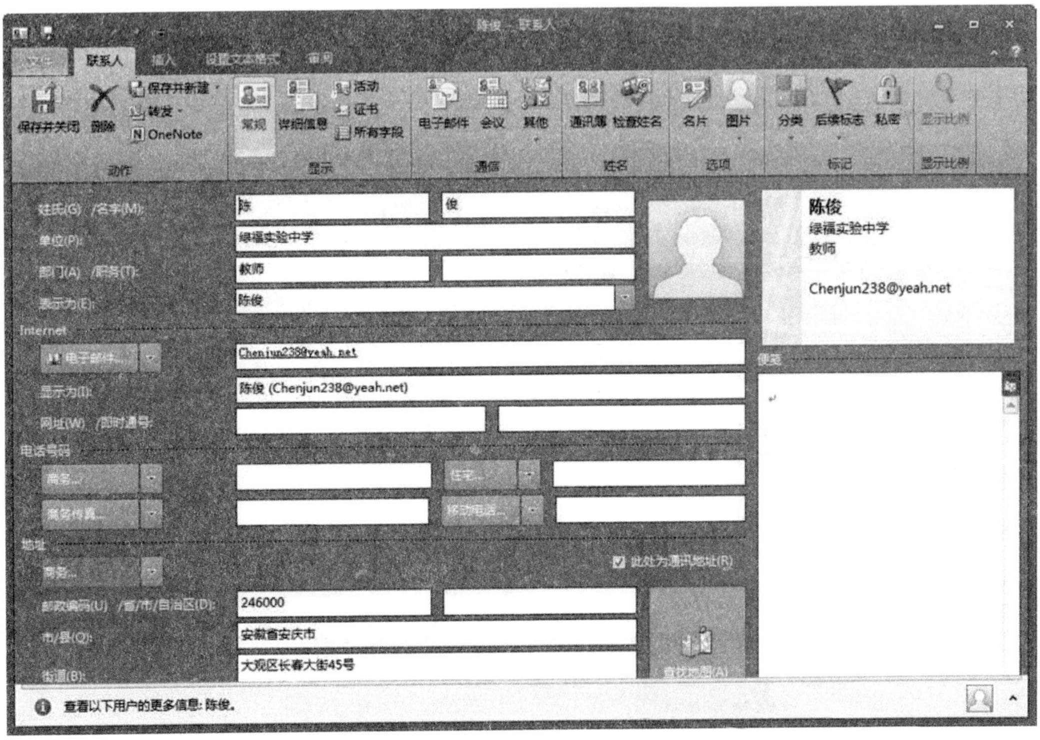

8.16　第 16 题

【操作要求】

请考生以 KS 邮箱登录，进入 Outlook，导入文件 A8.pst 至当前文件夹中，用导入的项目替换重复的项目，按下列要求进行操作。

1. 处理电子邮件：

- 按【样文 8-16A】所示，答复王霞的邮件，并在答复的邮件中插入附件 C:\Win2010GJW\KSML1\KSWJ8-16.docx。
- 按【样文 8-16B】所示，转发张兰的邮件给孙婷，并抄送至王志勇，将邮件为收件人标记为“请阅读”，重要性为“高”。

2. 调度日常安排：

- 按【样文 8-16C】所示，添加一次约会，主题为“庆祝元旦”；地点为“南二楼大教室”；时间为“2012 年 1 月 1 日”，18:30 开始，21:30 结束；按年为周期，提前 2 天提醒，并将此约会标记为私密。
- 为邮件“上大学的建议”添加提醒的后续标志，设定提醒的开始时间为“2012 年 8 月 30 日 12:00”。
- 按【样文 8-16D】所示，将“赵龙”的相关信息添加到联系人列表中。

3. 保存电子邮件：

- 以 A8-A.pst 为文件名将个人文件夹（包括子文件夹）导出至考生文件夹中，并设置保存密码为 ks8-16。

【样文 8-16A】

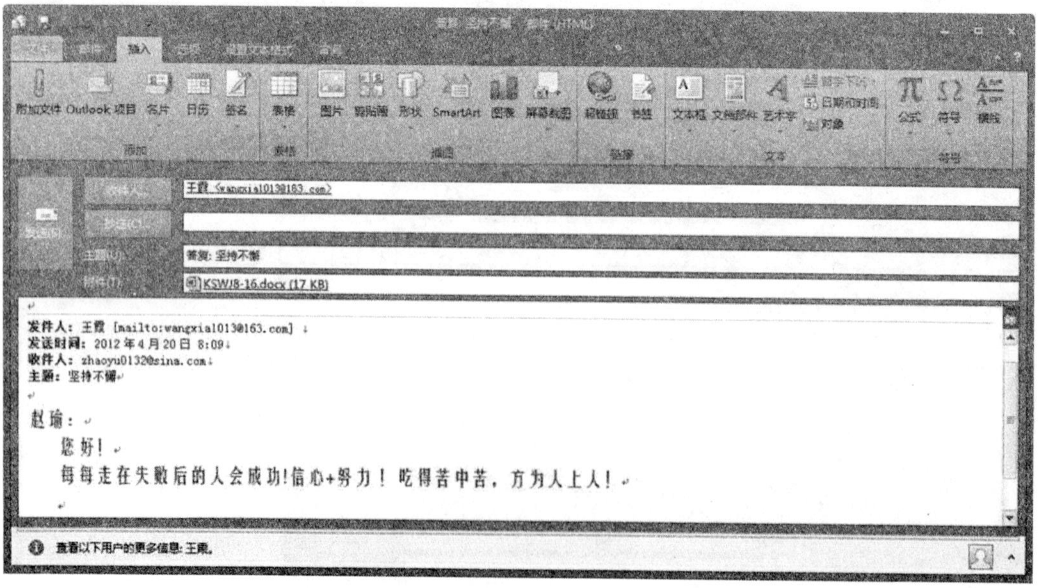

【样文 8-16B】

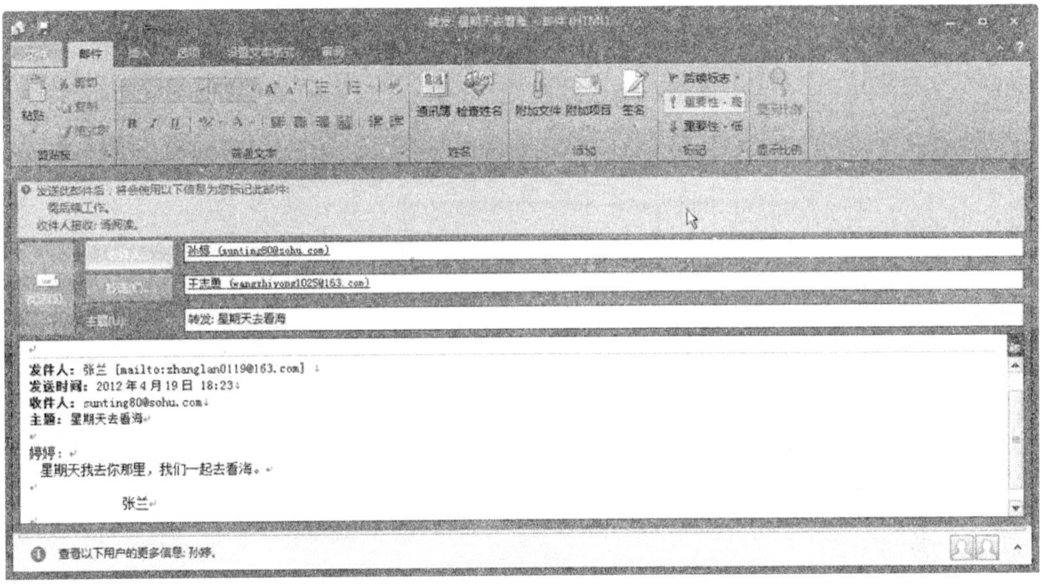

【样文 8-16C】

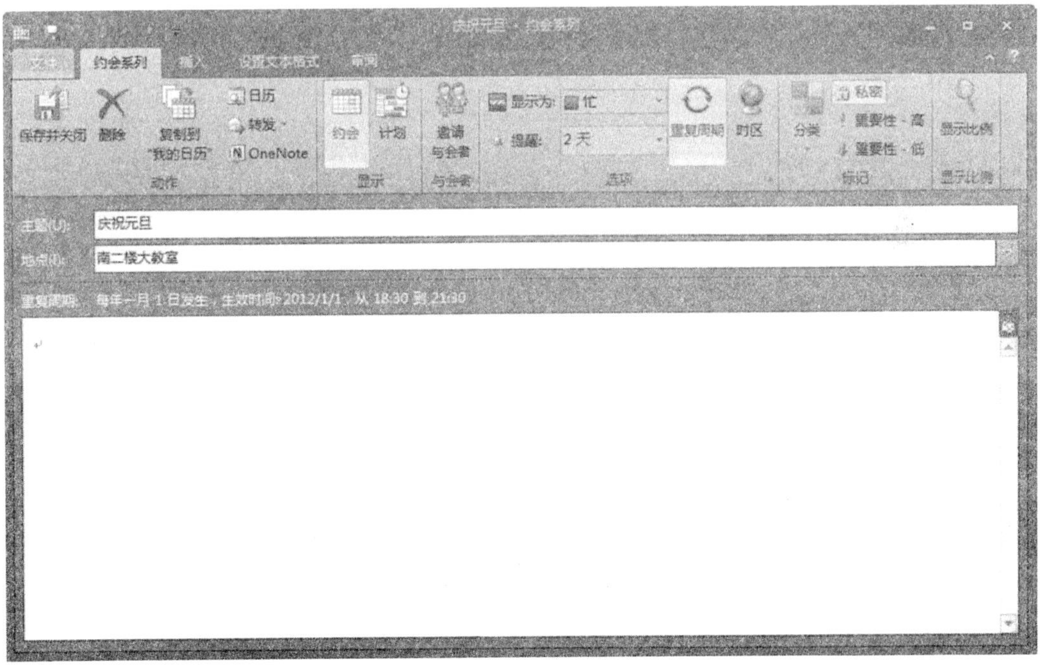

【样文 8-16D】

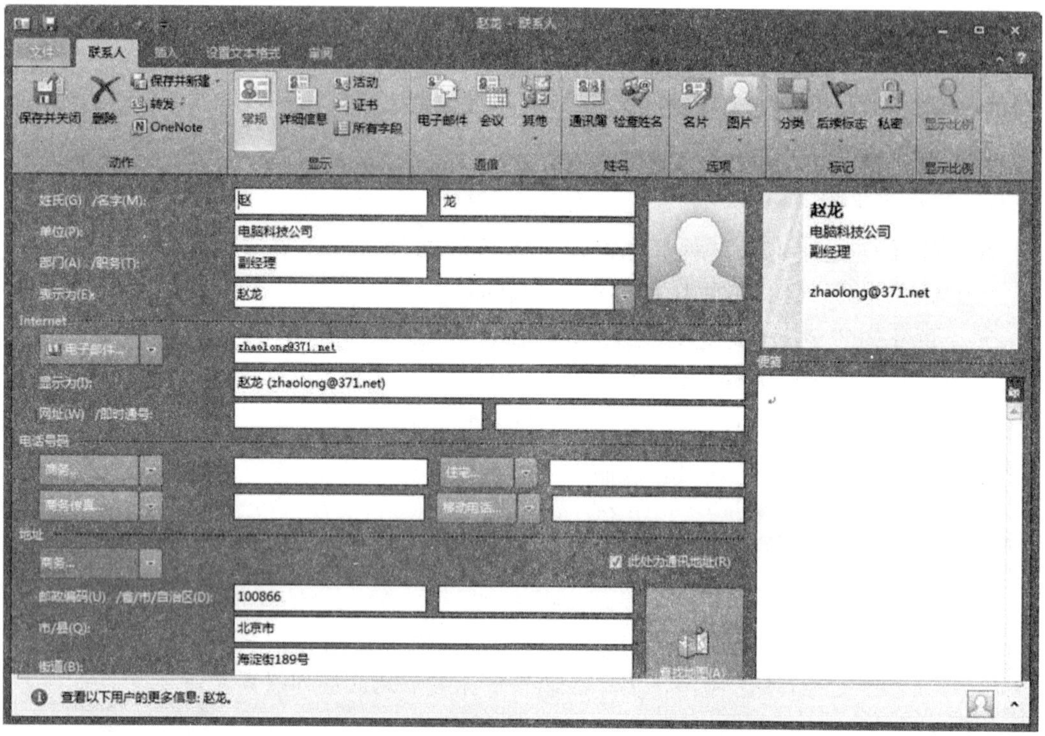
赵龙 - 联系人
文件
联系人
插入
设置文本格式
审阅
保存并关闭
删除
保存并新建
转发
OneNote
动作
常规
详细信息
活动
证书
所有字段
显示
电子邮件
会议
其他
通信
通讯簿
检查姓名
姓名
名片
图片
选项
分类
后续标志
私密
标记
显示比例
姓氏(G) /名字(M):
赵
龙
单位(P):
电脑科技公司
部门(A) /职务(T):
副经理
表示为(E):
赵龙
Internet
电子邮件...
zhaolong@371.net
显示为(I):
赵龙 (zhaolong@371.net)
网址(W) /即时通号:
电话号码
商务...
住宅...
商务传真...
移动电话...
地址
商务...
此处为通讯地址(R)
邮政编码(U) /省/市/自治区(D):
100866
市/县(Q):
北京市
街道(B):
海淀街189号
赵龙
电脑科技公司
副经理
zhaolong@371.net
便笺
查看以下用户的更多信息: 赵龙。

8.17　第 17 题

【操作要求】

请考生以 KS 邮箱登录，进入 Outlook，导入文件 A8.pst 至当前文件夹中，用导入的项目替换重复的项目，按下列要求进行操作。

1. 处理电子邮件：

- 按【样文 8-17A】所示，答复王志勇的邮件，并在答复的邮件中插入附件 C:\Win2010GJW\KSML1\KSWJ8-17.pptx。
- 按【样文 8-17B】所示，答复秦军的邮件，并抄送至周涛，将邮件为收件人标记为“请打电话”，重要性设置为“高”。

2. 调度日常安排：

- 按【样文 8-17C】所示，添加一次约会，主题为“月底工作报告”；地点为“经理办公室”；时间为“2012 年 10 月 31 日”，9:00 开始，11:00 结束；提前 15 分钟提醒，并将此约会标记为私密，重要性为高。
- 按【样文 8-17D】所示，为邮件“参加考试”添加“请答复”的后续标志，设定开始时间为“2012 年 8 月 18 日”，截止时间为“2012 年 8 月 21 日”。
- 按【样文 8-17E】所示，将“江璐”的相关信息添加到联系人列表中。

3. 保存电子邮件：

- 以 A8-A.pst 为文件名将个人文件夹（包括子文件夹）导出至考生文件夹中，并设置保存密码为 ks8-17。

【样文 8-17A】

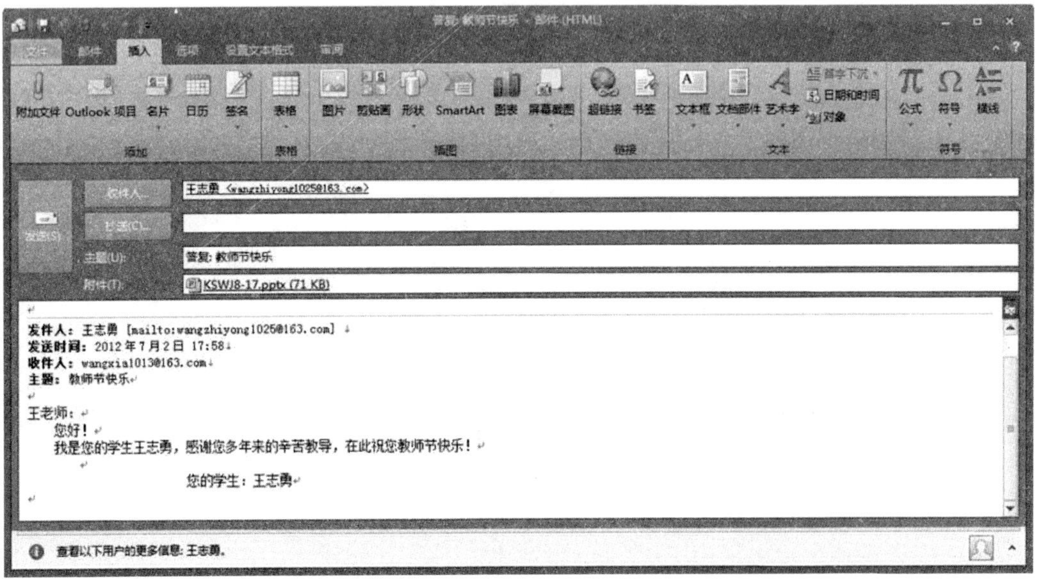

【样文 8-17B】

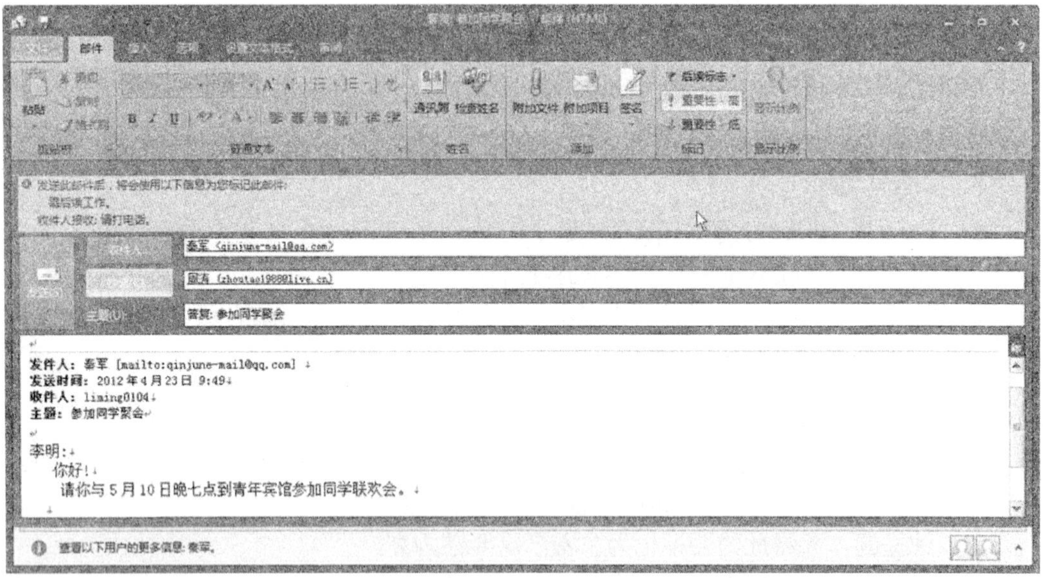

【样文 8-17C】

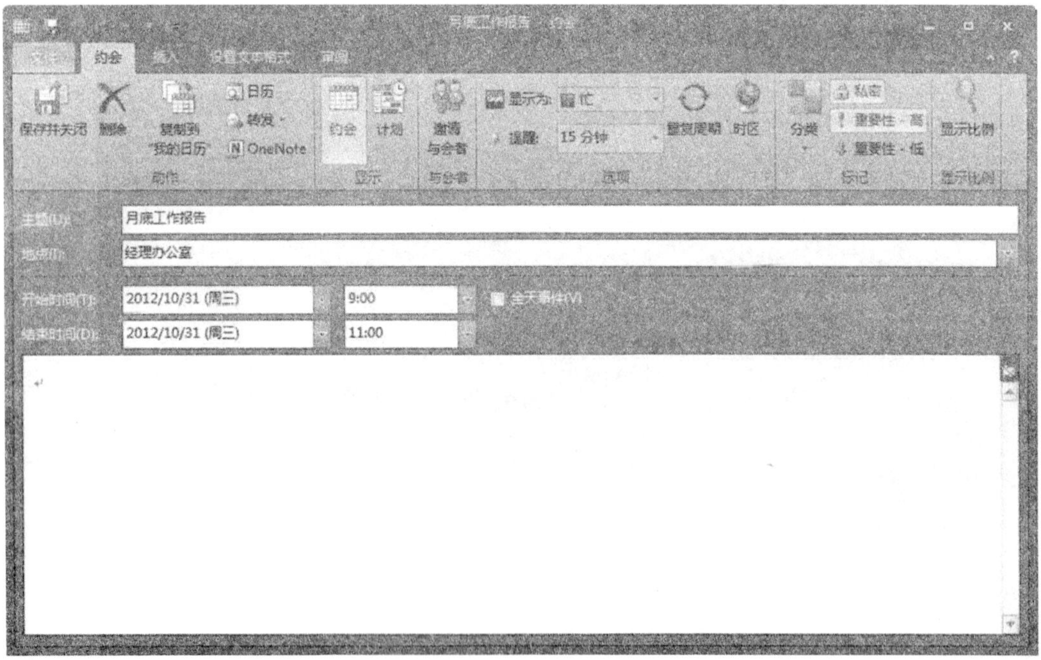

【样文 8-17D】

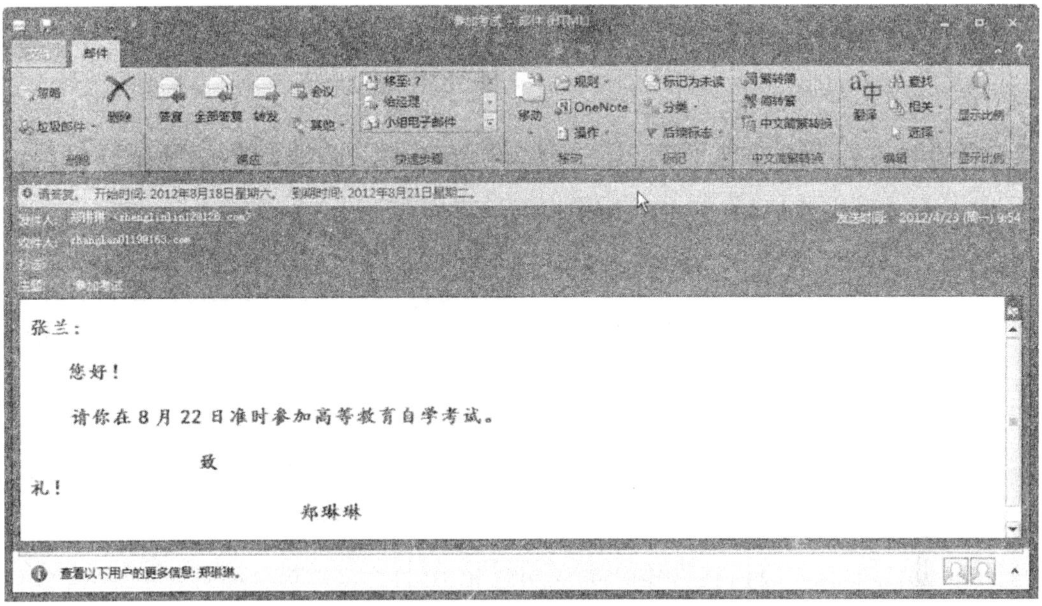

【样文 8-17E】

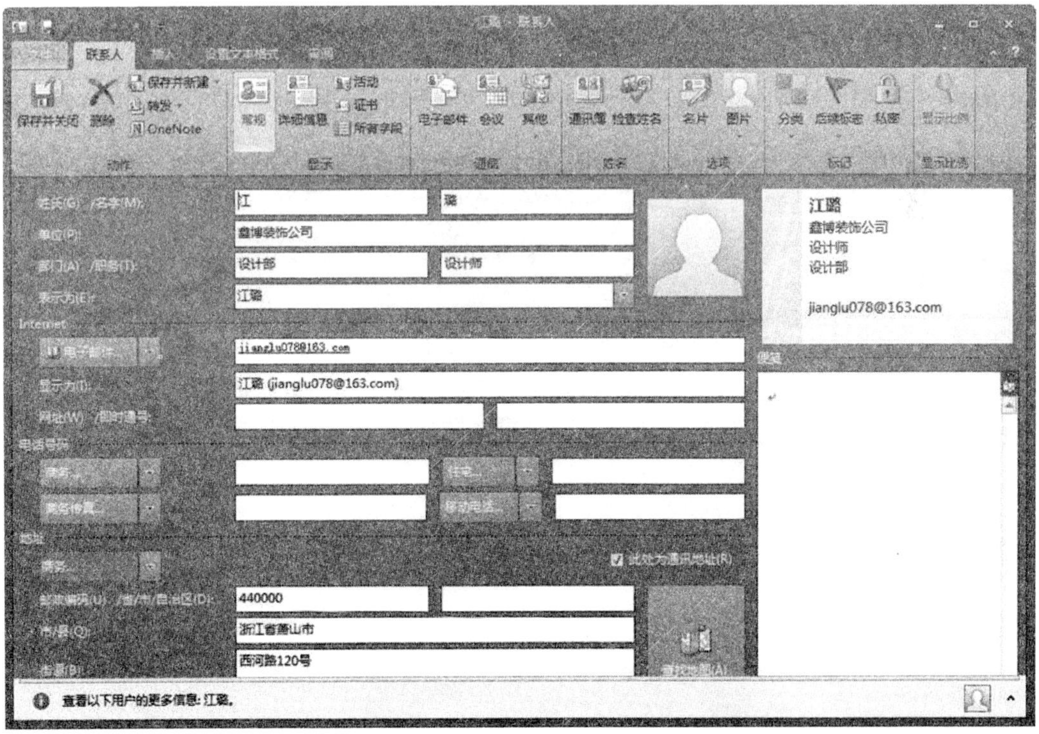

8.18 第 18 题

【操作要求】

请考生以 KS 邮箱登录，进入 Outlook，导入文件 A8.pst 至当前文件夹中，用导入的项目替换重复的项目，按下列要求进行操作。

1. **处理电子邮件：**

- 按【样文 8-18A】所示，将邮件“参加同学联欢会”转发给王琪，并在转发的邮件中插入附件 C:\Win2010GJW\KSML1\KSWJ8-18.xlsx。
- 按【样文 8-18B】所示，答复邮件“参加考试”，并抄送给张波；将邮件为收件人标记为“无须响应”，敏感度为“私密”，请在阅读此邮件后给出“已读”回执。

2. **调度日常安排：**

- 按【样文 8-18C】所示，安排一次会议，主题为“工作总结会议”；地点为“会议室”；时间为“2012 年 3 月 7 日”，15:00 开始，16:00 结束；并通知王天楠必须参加，提前 30 分钟提醒。
- 按【样文 8-18D】所示，安排主题为“采购打印机”的任务日程；开始时间为 2012 年 10 月 23 日，结束时间为 2012 年 10 月 25 日，优先级为“低”，并在 2012 年 10 月 22 日 20:00 提醒。
- 按【样文 8-18E】所示，将“孔明”的相关信息添加到联系人列表中。

3. **保存电子邮件：**

- 以 A8-A.pst 为文件名将个人文件夹（包括子文件夹）导出至考生文件夹中，并设置保存密码为 ks8-18。

【样文 8-18A】

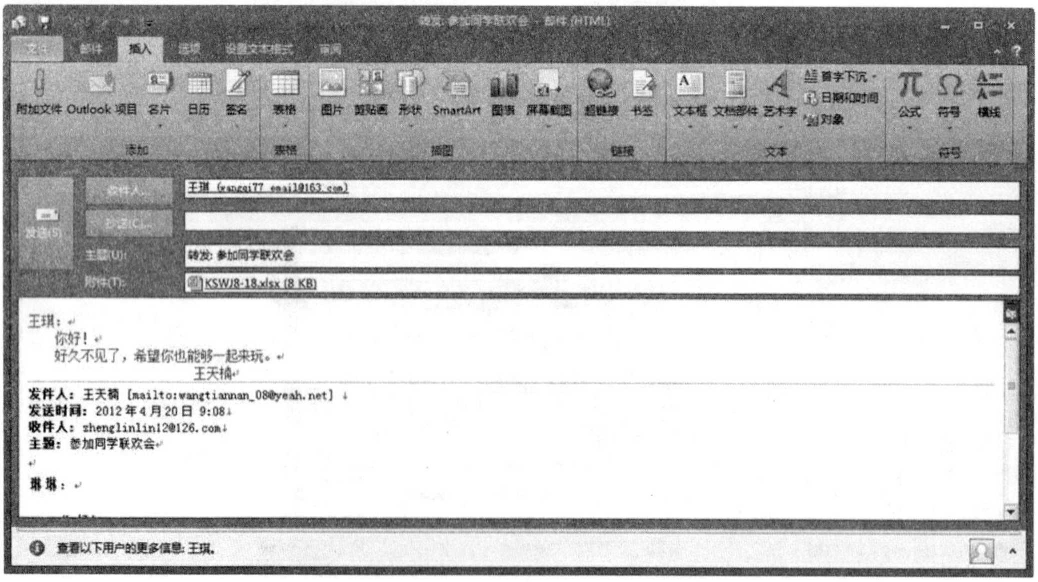

【样文 8-18B】

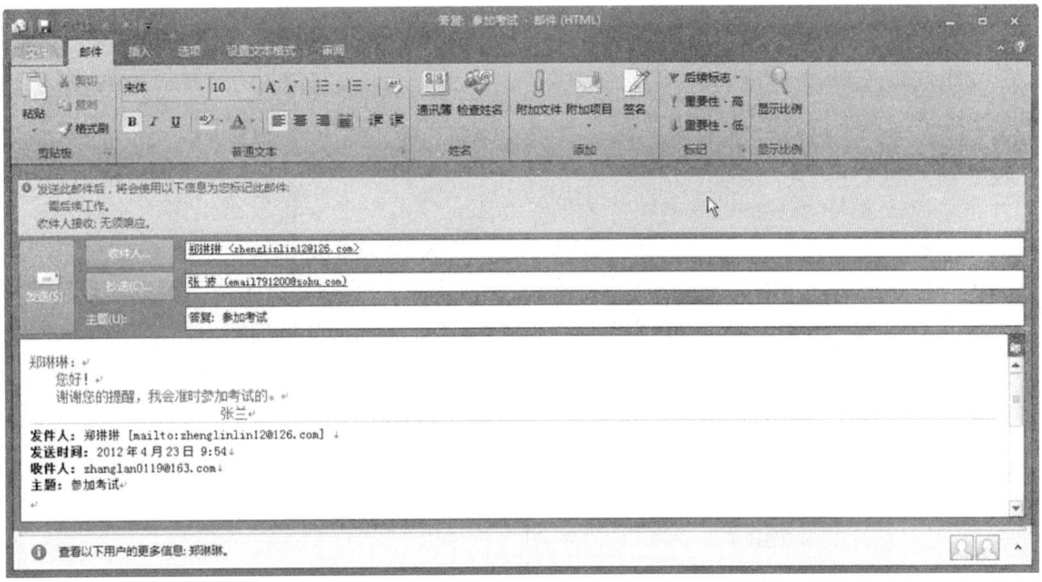

【样文 8-18C】

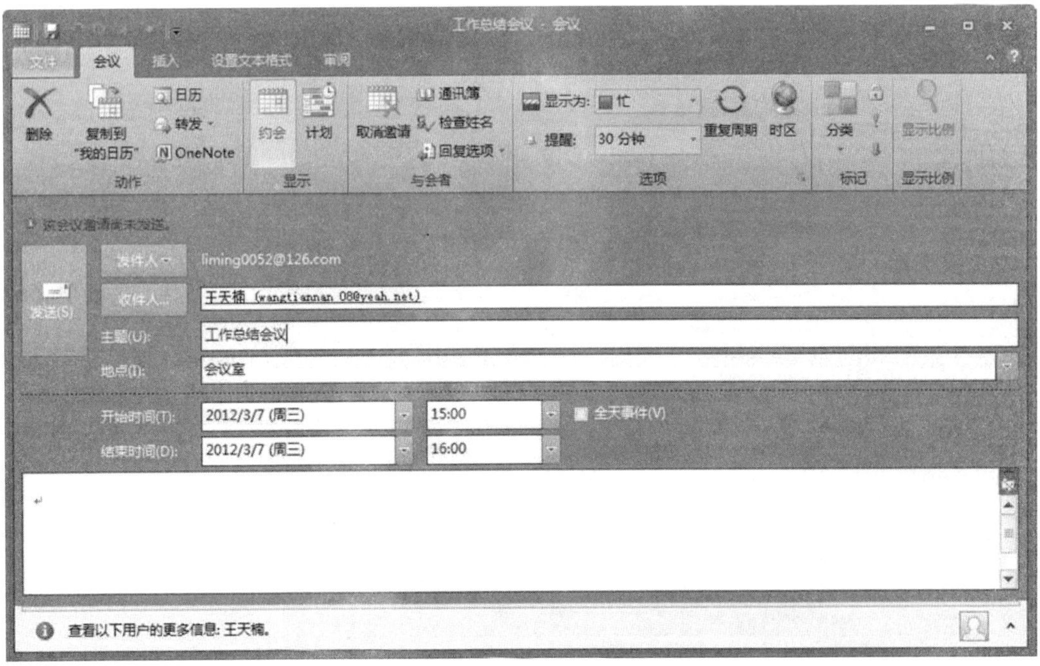

【样文 8-18D】

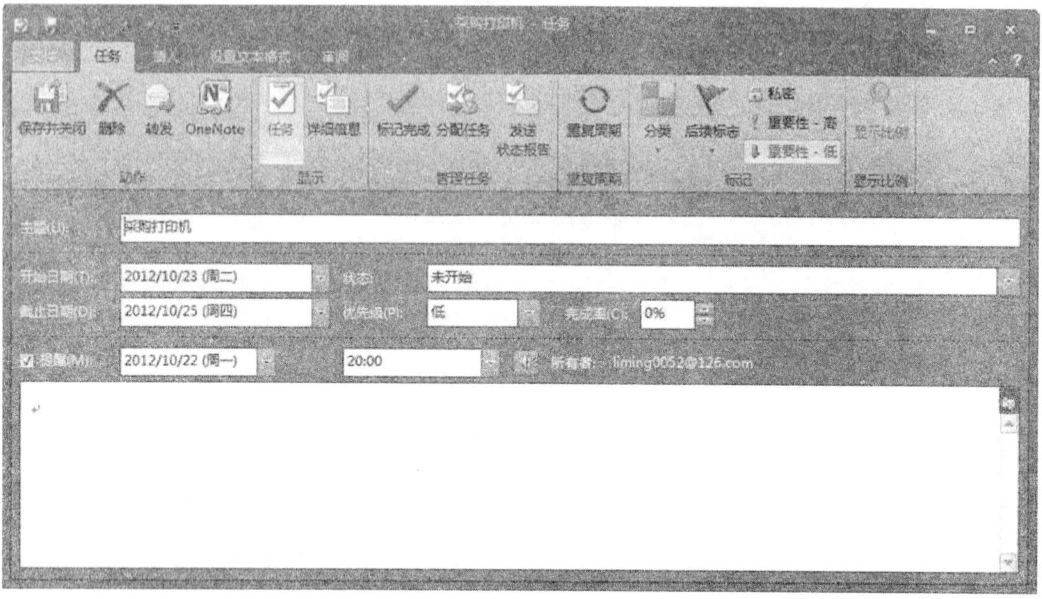

【样文 8-18E】

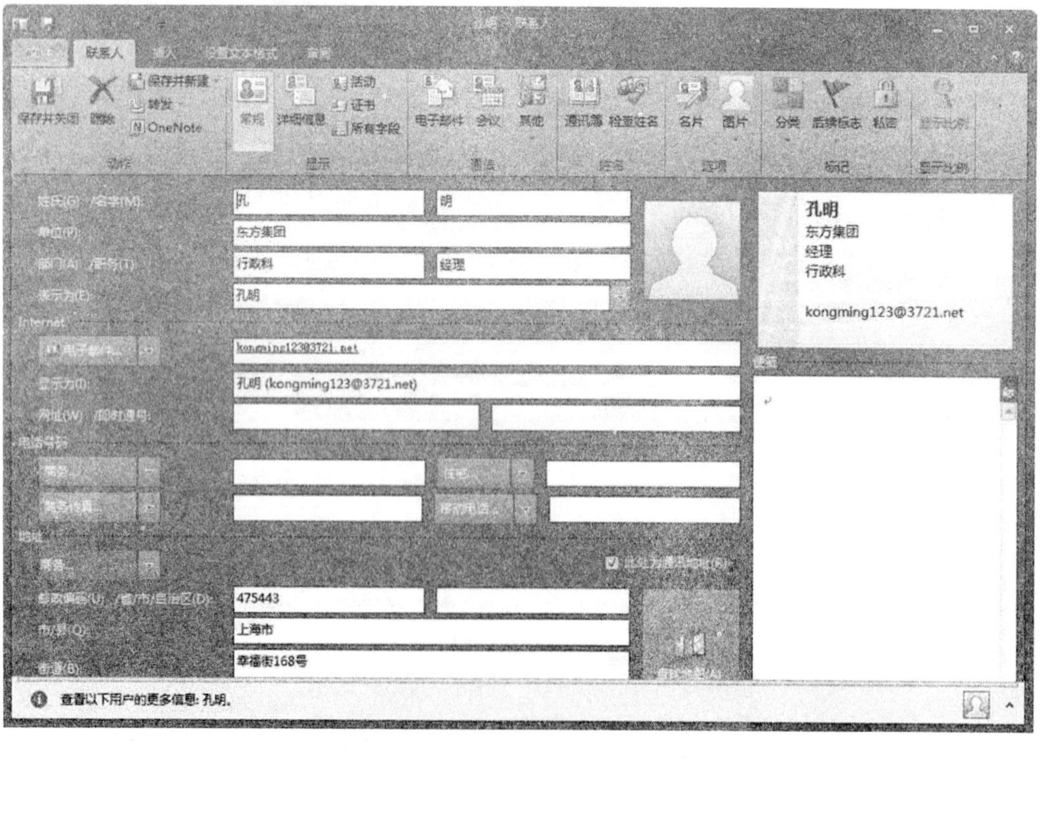

8.19　第 19 题

【操作要求】

请考生以 KS 邮箱登录，进入 Outlook，导入文件 A8.pst 至当前文件夹中，用导入的项目替换重复的项目，按下列要求进行操作。

1. **处理电子邮件：**

- 按【样文 8-19A】所示，创建一封新邮件，收件人是孙婷，主题是“感谢你帮助了我！”，并在发送的邮件中插入郑琳琳的名片。
- 按【样文 8-19B】所示，转发赵子明的邮件给王琪，并抄送至赵小虎，将邮件为收件人标记为“请转发”，重要性为“高”。

2. **调度日常安排：**

- 按【样文 8-19C】所示，安排一次主题为“电子产品交易会”的个人约会，地点为“红生体育馆”，时间为“2012 年 5 月 20 日”，9:00 开始，12:00 结束；按月为周期，提前 1 天提醒，定期模式为按月重复，并且重复 5 次后结束。
- 按【样文 8-19D】所示，利用主题为“星期天看球赛”的邮件定制一次约会，地点为“学校操场”；时间为“2012 年 6 月 25 日”，14:00 开始，16:00 结束，提前两小时提醒；并向王志勇发送邀请。
- 按【样文 8-19E】所示，将“刘华”的相关信息添加到联系人列表中。

3. **保存电子邮件：**

- 以 A8-A.pst 为文件名将个人文件夹（包括子文件夹）导出至考生文件夹中，并设置保存密码为 ks8-19。

【样文 8-19A】

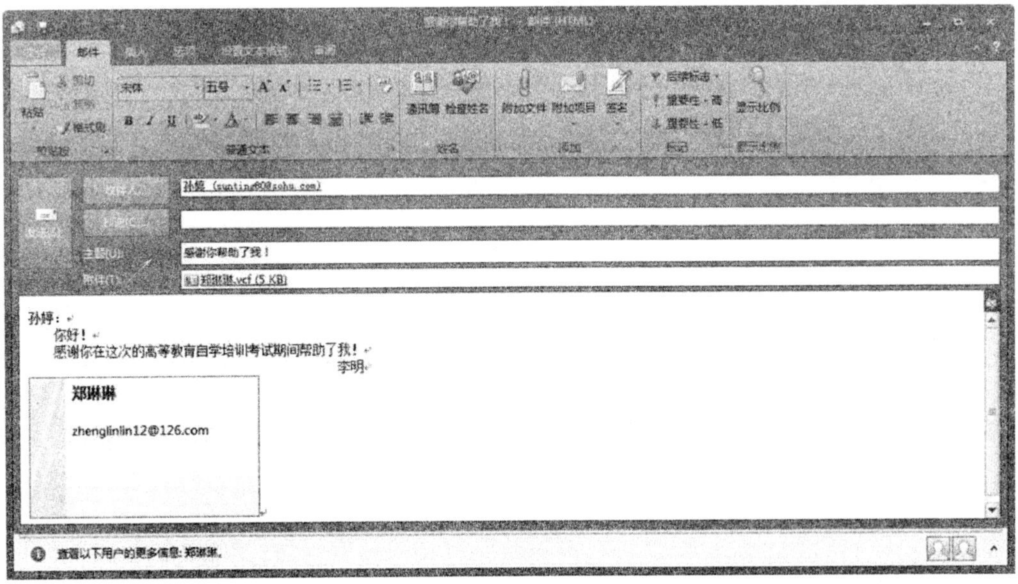

【样文 8-19B】

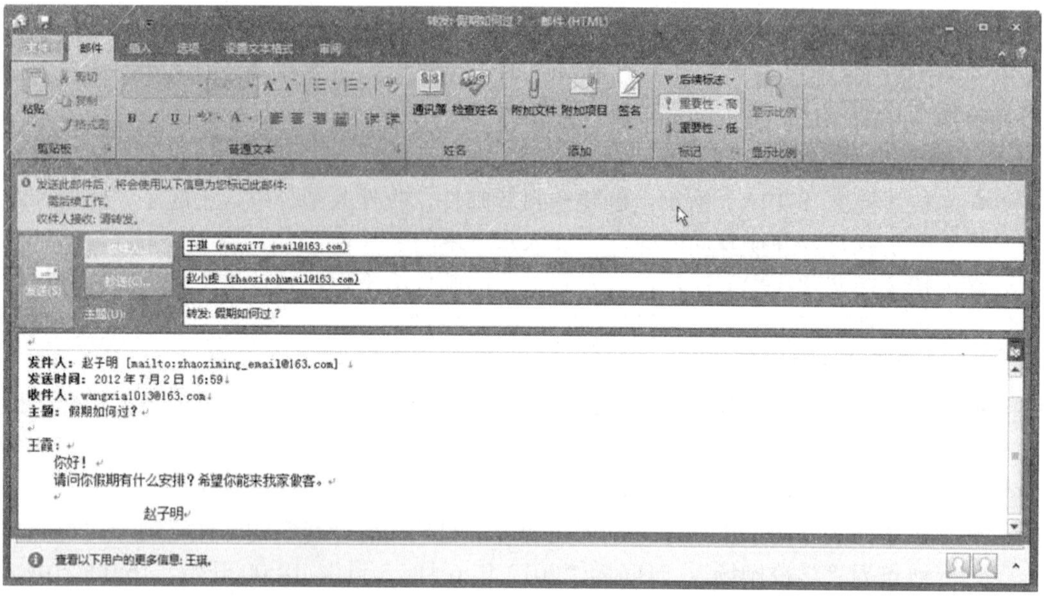

【样文 8-19C】

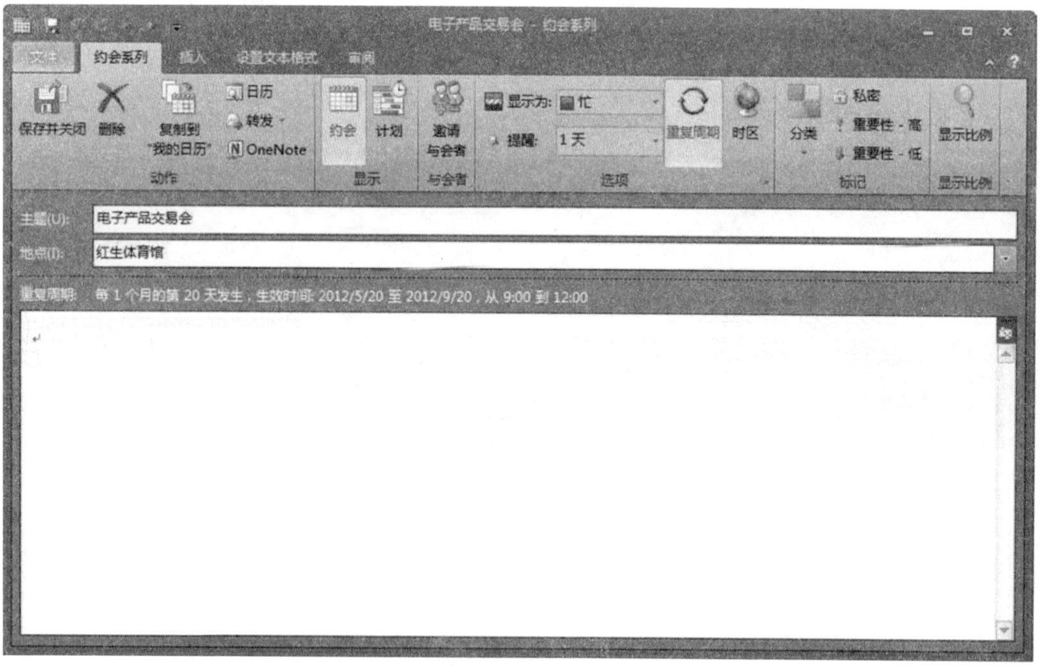

【样文 8-19D】

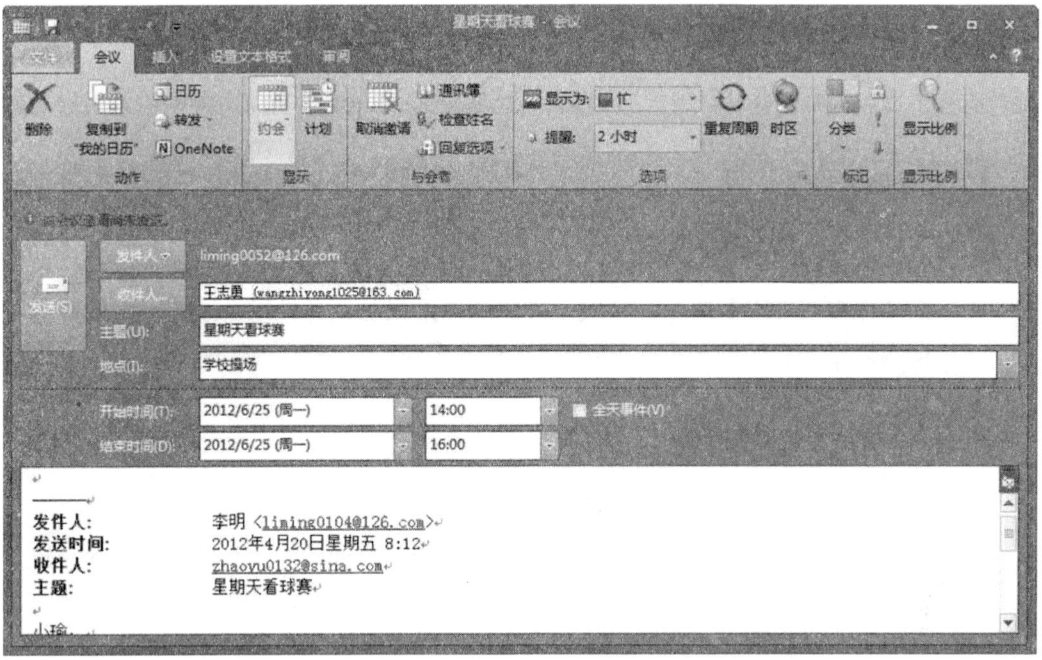

【样文 8-19E】

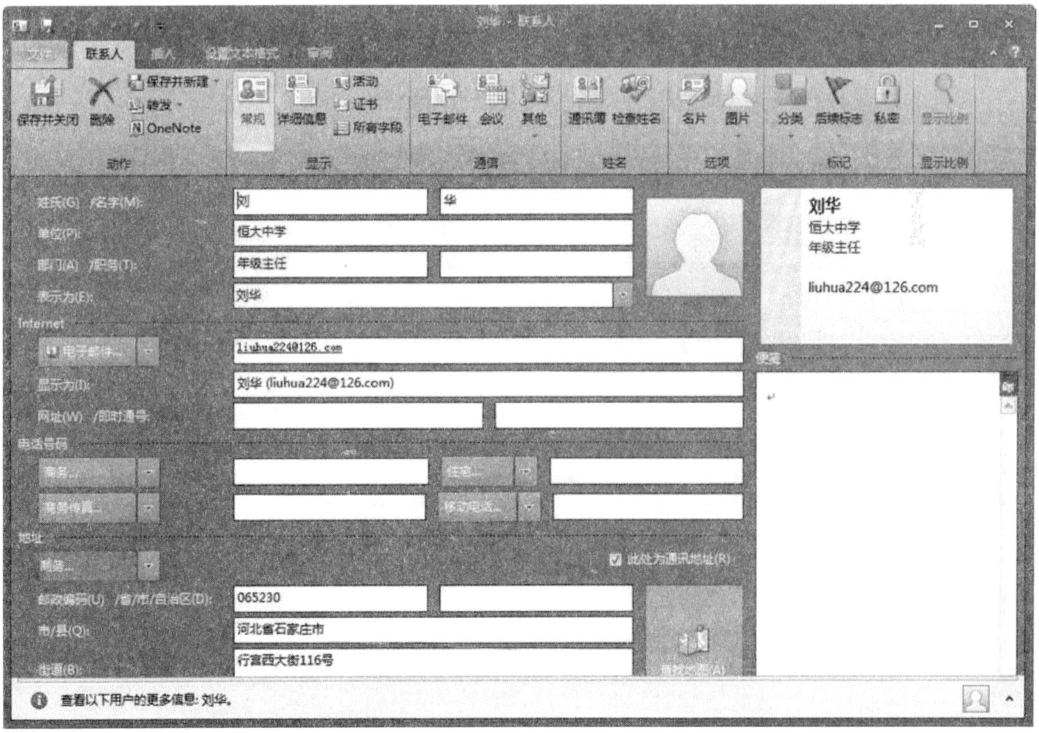

8.20　第 20 题

【操作要求】

请考生以 KS 邮箱登录，进入 Outlook，导入文件 A8.pst 至当前文件夹中，用导入的项目替换重复的项目，按下列要求进行操作。

1．处理电子邮件：

- 按【样文 8-20A】所示，答复收件箱中的邮件“星期天去看海”，并在答复的邮件中插入附件 C:\Win2010GJW\KSML1\KSWJ8-20.docx。
- 按【样文 8-20B】所示，转发王霞的邮件给张兰，并抄送至李明，将邮件为收件人标记为“仅供参考”，重要性设置为“高”。

2．调度日常安排：

- 按【样文 8-20C】所示，安排一次约会，主题为“关于大中专分配”；地点为“二楼小会议室”；时间为“2012 年 7 月 10 日”，14:00 开始，15:00 结束；提前 1 小时提醒，并将此约会标记为私密，重要性为高。
- 按【样文 8-20D】所示，利用主题为“假期如何过？”的邮件安排一次会议，地点为“赵子明的家”；时间为“2012 年 8 月 10 日”，9:30 开始，13:30 结束，提前三小时提醒；王霞是必选与会者，李明是可选与会者。
- 按【样文 8-20E】所示，将“周佳”的相关信息添加到联系人列表中。

3．保存电子邮件：

- 以 A8-A.pst 为文件名将个人文件夹（包括子文件夹）导出至考生文件夹中，并设置保存密码为 ks8-20。

【样文 8-20A】

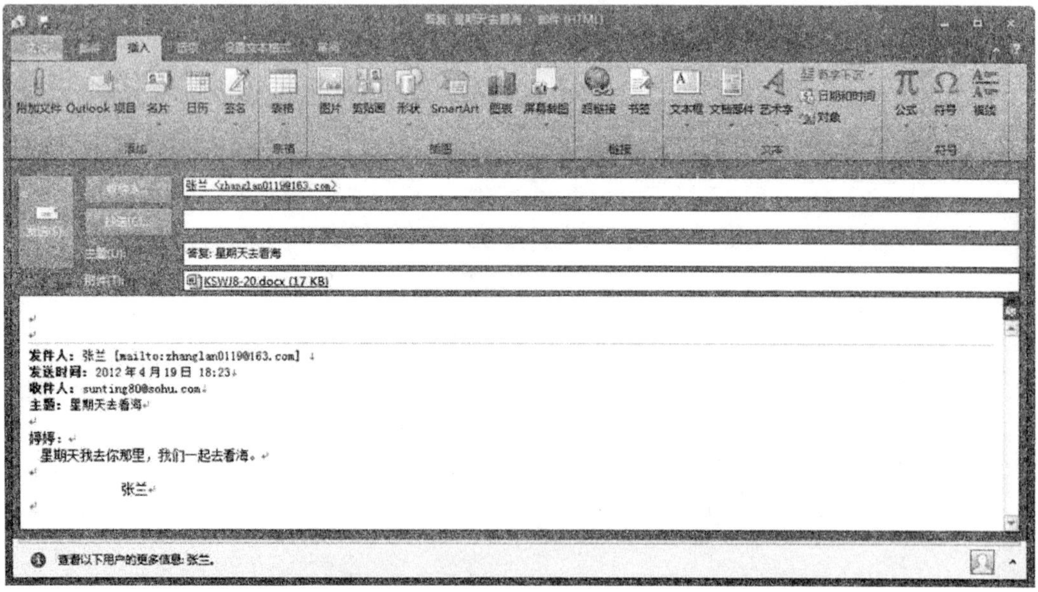

【样文 8-20B】

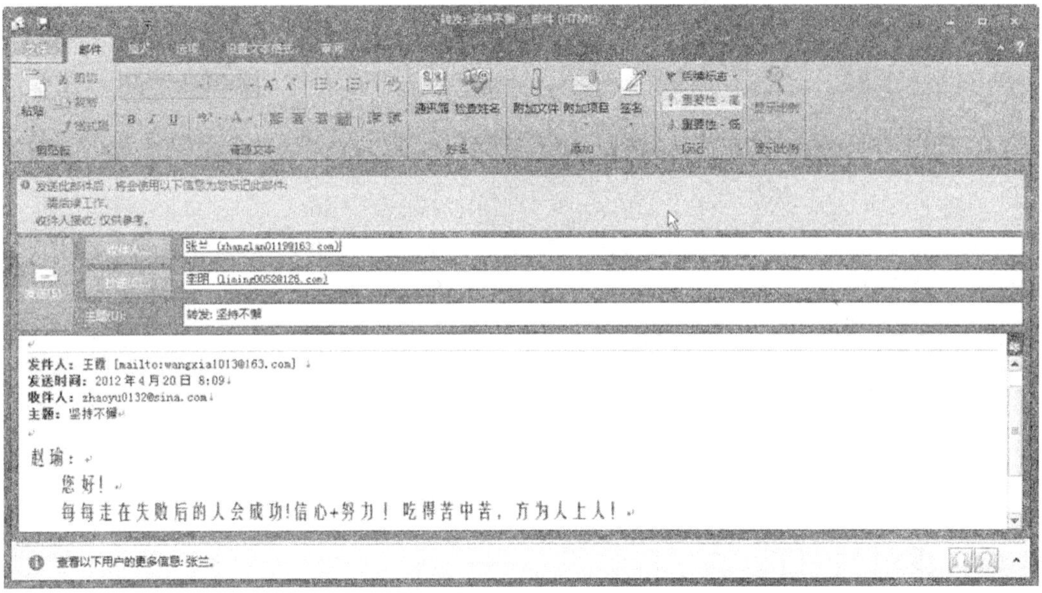

【样文 8-20C】

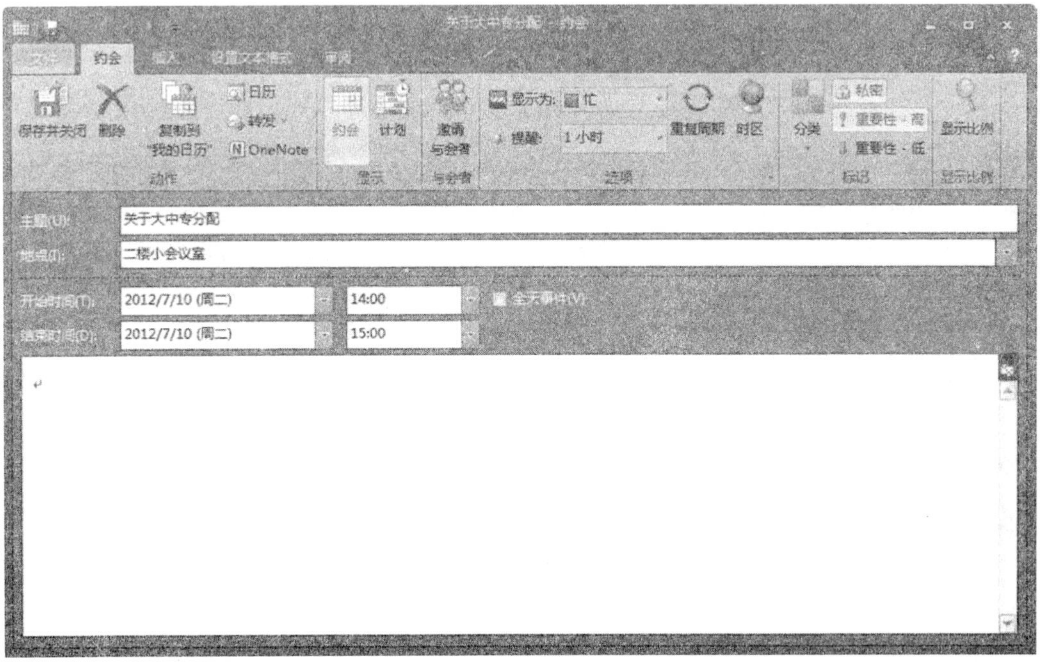

【样文 8-20D】

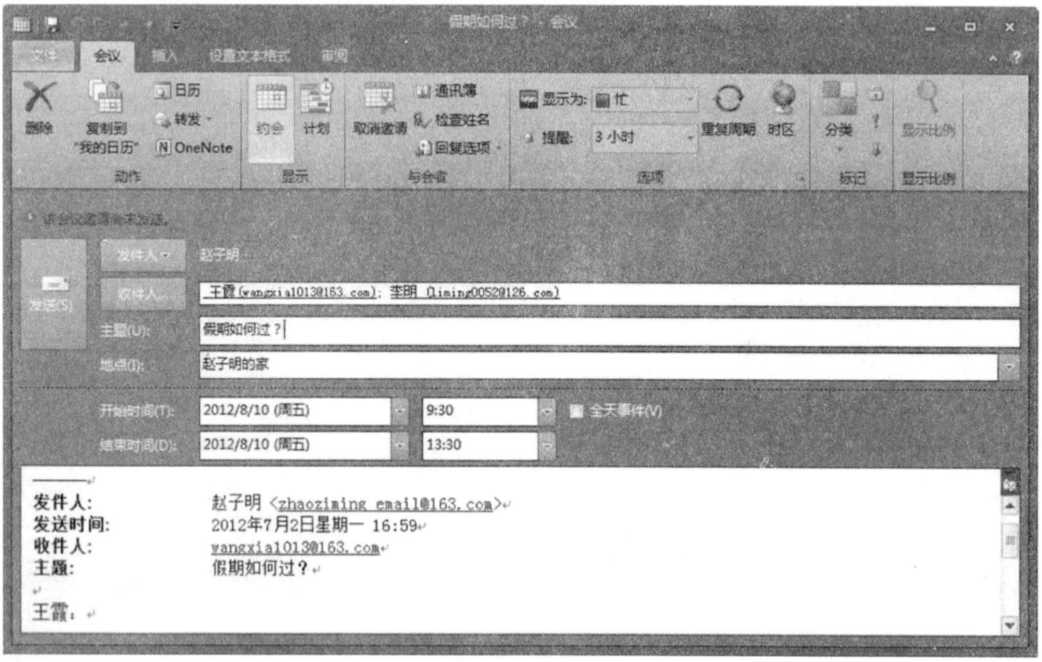

【样文 8-20E】

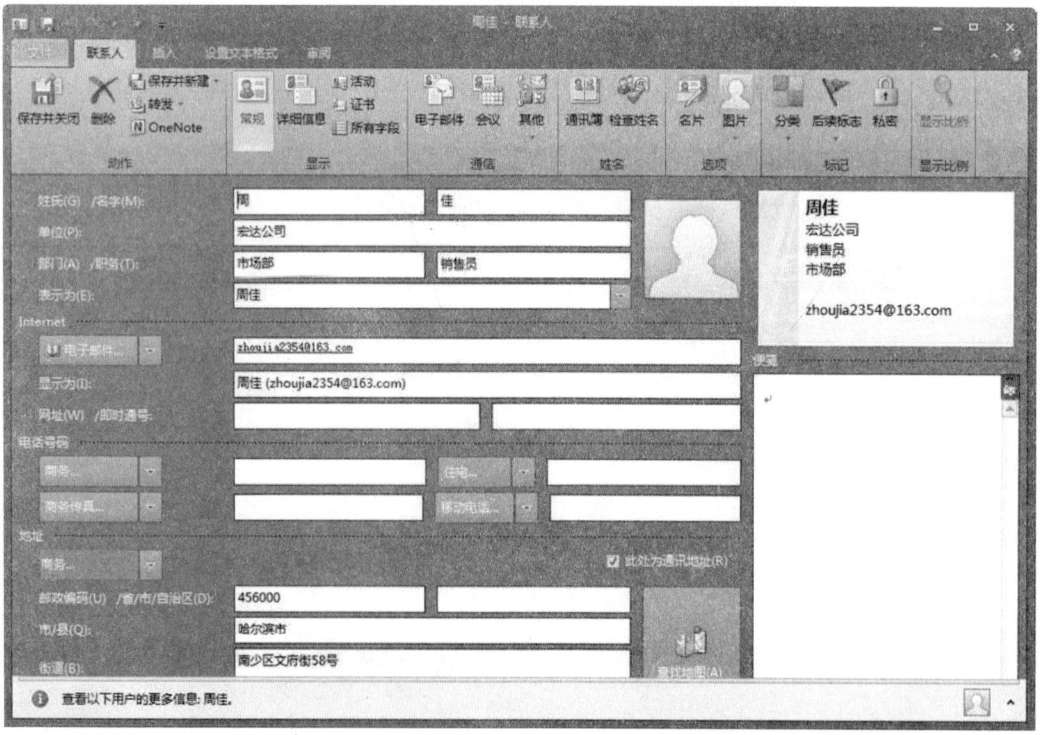